U0134922

寰宇智慧投資 425

# 巴菲特的繼承者們：波克夏帝國20位成功CEO傳奇

## The Warren Buffett CEO
Secrets from the Berkshire Hathaway Managers

羅伯・邁爾斯 Robert P. Miles —— 著
黃嘉斌 —— 譯

寰宇出版股份有限公司

# 目錄
CONTENTS

PART
# 05 波克夏六大家族企業經理人CEO

PART

# 06 各有特色的波克夏執行長

序文一

# 揭露巴菲特選股模式的最後一塊拼圖

價值投資者、財經作家／雷浩斯

介紹巴菲特的書很多，但是介紹波克夏子公司經理人的書卻很少，大多數的人都是透過巴菲特所寫的波克夏年報來認識旗下經理人。但是這些經理人的重要性不亞於巴菲特，為什麼呢？因為這反映了巴菲特的選股加上選人的能力。

以價值投資人說，買一張股票等於買一間公司，你買入的是該公司的「生產力」，而生產力又是由公司經營者所創造，所以經營者具備哪些特質非常重要，本書所介紹的經營者，大多具備以下特質：

1. 正直，慷慨，可靠的好人
2. 具備不屈不撓的意志，並且對自己設定高標準
3. 充沛的營運經驗

除了特質之外，決定該經營者是否能有優越的表現，關鍵點在於該經營者是否待在能力圈

內，我們可以用以下三點檢查：

1.經營者是否對該領域非常熱愛？

2.經營者是否能妥善的運用直覺，察覺客戶需求並提供產品？

3.經營者是否能察覺自己是否在能力圈內，並且在有可能偏離的狀況下即時矯正？

如果經營者待在他自己的能力圈內，那麼肯定會有優越的獲利，優越的獲利又會引來同業競爭，為了對抗競爭，因此我們要檢查該公司是否具備護城河要素，要檢視的問題是：

1.該公司是否建立一個屬於自己的成功架構？

2.經營者是否體認到整體產業競爭激烈，並且戰戰兢兢，不斷改善？

3.經營者能否明確地說出該公司的競爭優勢？

將前面一輪清單檢查後，就完成了基本的「質化分析」，充分的運用質化分析就能夠看出某種「模式」，練就巴菲特所說的：「高機率洞察力」。

很多人都說過，巴菲特擁有高明的看人眼光，這是巴菲特最特別的能力之一。基於這個能力，他就能做出「分權管理」，也就是無為而治到幾乎不管事的地步。相較於巴菲特，大多數管理者會抓緊控制權，或者要底下的按照他的規矩一板一眼的做事，這似乎是大多數公司的做事方法，如果這樣的方法正確，那麼表現良好，績效高超的公司為什麼這樣少？

答案在於：「缺乏自主性」。許多公司或者集團缺乏自主性決策，因此總部上面的人對營運問題資訊不足，第一線子公司的人對解決問題的權限不足，整體集團則把錢花在管理人而非管理事務，整體集團的運作成效就會很差。

波克夏集團則不同，因為巴菲特知道，高超的營運績效，和子公司執行長的自主權兩者息息相關。而要授權的基準又和「經營者」、「能力圈」、「護城河」三者密不可分。透過本書可以察覺巴菲特在「選股選人」方面的考量。

就個人而言，本書我特別喜歡的章節是介紹蓋可保險公司的路易斯．辛普森和介紹波克夏再保險部門亞吉．詹恩的部分。保險集團是波克夏的主要引擎，也是維持競爭優勢的重要環節。除了這兩篇之外，其他執行長的故事也精彩萬分，整本閱讀下來，宛如一連串的商學院基本教材，讓人獲益良多。

序文二

# 忠誠為萬事成功之本

美國國會議員、前內布拉斯加總教練／湯姆・奧斯本

長期而一貫的卓越表現，才能顯出真正的管理技巧與哲學。我有幸成為內布拉斯加大學足球隊一份子，我們球隊曾創下連續三十九個賽季獲勝的紀錄，並且連續三十二年的勝場數超過九場以上，因而得以參加季後賽。過程中，我們贏得五次全國冠軍，以及無數次聯盟冠軍。

運動比賽與做生意之間，其實有許多類似或共通處。創造輝煌成就的內布拉斯加大學，其引用的某些策略或許與波克夏海瑟威（Berkshire Hathaway）公司相仿，後者的重要特色之一，就是創造了極爲長期的傑出績效，而我的朋友華倫・巴菲特所建立的事業營運方針，正代表這段成功故事的核心。

華倫・巴菲特招募企業經理人的能力，無人堪與媲美。他經營的事業得以成功，關鍵在於懂得用人，而不是併購企業，他忠誠對待自己事業的最高主管，而這些CEO們也以忠誠的態度回報。

如同「忠誠」是造就波克夏海瑟威偉大事業成就的重要特質，我發現「忠誠」也是內布拉

斯加足球隊成功的關鍵。鮑伯・迪凡尼（Bob Devaney）在一九六二～一九七三年擔任內布拉斯加足球隊總教練，創立了這個忠誠傳統，球隊早期的豐功偉業有一大部分是他的功勞。但在一九六八年，球隊創下六勝四敗的慘澹成績，有人要求助理教練必須辭職負責，這時鮑伯公開表態，不允許有任何代罪羔羊；只要有教練被解雇，全體教練就一起辭職。內布拉斯加大學長久以來歷經的美妙成功，忠誠始終扮演關鍵因素。

巴菲特併購企業時，不會改變既有管理團隊，這種情況相當罕見，卻是經過設計的：巴菲特挑選信賴的人，讓他們像企業被併購前一樣繼續經營。這些ＣＥＯ們負責在場內拚鬥，巴菲特則在場外鼓舞加油。

對於助理教練的任務分派，理當給予明確的負責領域，讓他在該領域內自行擬定決策，前提是符合足球隊的基本原則。足球隊的助理教練，顯然不適用太細的管理規定，而巴菲特對於旗下事業經理人的處理態度，也是遵循這項原則。

波克夏集結了管理菁英團隊，根本不需調換人事，也從來沒有任何頂級主管另謀高就或投靠其他企業。這群不同凡響的人將永遠在一起打拚，巴菲特並不期待或希望他們退休，如同他也期待自己能一直工作下去。

同理，內布拉斯加足球隊教練群的任期也是無可比擬的，助理教練平均任期是十五年，而一般大學足球隊助理教練平均任期只有三年。四十年內，內布拉斯加大學只出現過三位足球總教練。多數學院或大學的教練人事經常更換，使得很多重要事務的執行往往缺乏連貫性，包括招募選手、培養團隊化學效應、凝聚比賽共識等，這種顯然會導致反作用的現象，卻經常發生在企業經營上。巴菲特所營造的環境，當然不希望人員高度流動，他旗下的ＣＥＯ們沒有必要每天打電話向老闆報告或每週呈交報告，他們可以將全副精神放在處理內部事務，因為是管理自己的公司。當然，他們大多希望能夠和巴菲特談話或定期報告，可是他們沒有必要這麼做。

關於巴菲特的危機管理，一個幾年前發生的小故事可以給我們特別的啟示：兩位高級主管突然離職，董事會指派巴菲特擔任一人委員會，負責挑選接任的ＣＥＯ，他必須很快做成決定。挑選過程，巴菲特根本不管候選人的履歷、在校成績、同業推薦等，完全只考慮個性，他表示繼任人選必須具備傑出的個性。巴菲特經營企業得以成功，主要是受惠於他的識人之明，除了耀眼的履歷與個人成就外，他懂得如何評估個性。

隨著年紀漸長，我也體認了相同的用人哲學，首先觀察個性，經常聘用那些履歷沒有傲人之處、經驗相對不足的人。重點是我必須信賴這些人，如果他們願意認真工作，並且真正感念我對他們的信賴，其他東西都可以慢慢學習。如同巴菲特遵循的，性格最重要。

雖然任何人都不太可能複製波克夏海瑟威的成功案例，但我相信每個人都可以從巴菲特——以及其ＣＥＯ們——的管理風格學到某些東西。本書提供這些經理人內心的祕密，包括他們的工作、與巴菲特共事的經驗以及其他等等，還有奧馬哈的獨特機構，包括這位偉人和他的公司。

自序

# 解開波克夏帝國長勝之謎

這個寫作計畫的源起相當渺小而簡單。我的第一本著作《擁有世界最棒投資的一〇一個理由：華倫．巴菲特的波克夏海瑟威》（*101 Reasons to Own the World's Greatest Investment: Warren Buffett's Berkshire Hathaway*）出版後，我寫信給華倫．巴菲特，他回道：「務必要給查理（副董事長查理．蒙格，Charles Munger）與我們的營運經理人公平待遇。」言外之意是：「我的故事已經夠多了，波克夏的真正故事是營運經理人，蠢蛋！」

「蠢蛋」不是他說的，他的本性和修養不至於說出這種字眼。接著，我打電話給路易斯．辛普森（Lou Simpson），也就是巴菲特在投資方面指定的繼承人，秘書告訴我，辛普森不接受訪問。聽起來是個相當令人失望的消息。可是出乎我意料之外，辛普森回電了，同意我趁著早餐機會，訪問他和同事湯姆．班克羅夫特（Tom Bancroft）。這個初次安排的會面，最終讓我得以橫跨整個美國，拜訪波克夏海瑟威旗下大多數企業的ＣＥＯ們。

本書主題不是探討「如何像華倫．巴菲特一樣投資」，而是介紹巴菲特投資之企業的執行長。讀者將瞭解各個家族企業，還有某些傑出事業的有趣發跡故事。另外，也將認識某些最受推崇之事業CEO們的管理和投資哲學。

巴菲特並沒有幫本書安排的研究和訪問背書，但他回信說，他會讓每位經理人自行決定是否接受訪問，「他們的時間屬於自己所有，」然後，「我很期待閱讀這些經理人的訪問，這方面內容可以寫成一本有趣的書。他們是一群傑出企業家，每個人的故事都具有啟發和教育意義；他們的風格各自不同，勢必會讓那些只懂得從僵化教育體制選擇經理人的傳統企業大感迷惑。」

後來，在他七十歲生日的慶祝餐會上，巴菲特表示他覺得路易斯·辛普森的訪問草稿寫得很有趣（為了致意，我把草稿寄給他看），但他讓我不要再寄訪問草稿，因為不希望影響我寫作。

巴菲特沒有鼓勵、也沒有阻擾任何人受訪，但我有理由相信，這些經理人大多曾經打電話給巴菲特，詢問他對於本書計畫的看法。如果老闆不贊同，這群巴菲特的CEO們會接受訪問嗎？大概不會。雖然他和副董事長查理·蒙格拒絕接受訪問，但他確實曾經說過期待閱讀我的書。我所受到的通融應該史無前例，但也有幾家波克夏旗下的附屬機構CEO們拒絕受訪，包括：冰淇淋專賣店「冰雪皇后」（Dairy Queen）、戴克斯特鞋業（Dexter Shoes）、中美能源（MidAmerican）、國家保險公司（National Indemnity）、通用再保險公司（General Reinsurance）等。

這些經理人談到自己大多感到不自在，但他們都很樂意談論事業。事業創辦人與家族經理人所提供的故事通常最有趣，而且很樂意和大家分享；非家族的專業繼任經理人，態度大多低調，不太願意談論自己在相關事業扮演的角色。

現在，我有必要透露個人資訊：我是波克夏海瑟威的股東，也認同這家公司與其管理團隊，可是從未服務於金融業或金融媒體業，我是生意人出身，寫作是愛好。另外，本書並不是波克夏「官方」產品，我從來沒有支領過任何波克夏相關事業的薪水，至於寫這本書的所有相關支出，包括機票、飯店、租車與稿件謄寫等費用，完全由我個人負擔。

我確實接受了數位經理人的禮物，包括早餐、午餐、晚餐、一次家庭烤肉、一次電視訪問、書籍、研究資料、幾個高爾夫球、一件T恤、一頂運動帽、行李箱標籤、一次飛行模擬體驗等。

某些讀者可能羨慕我有機會認識巴菲特的經營團隊與經理人，但這一切所費不貲，和二十位巴菲特CEO們見面的費用，大概是十股波克夏B股——前提是你有時間，而且這些經理人同意受訪。而相關研究大約需要花費二十股B股。另外，一整年的大部分時間裡，你必須整理、修改一千五百頁草稿，並且篩選一千五百頁左右的研究資料，把內容刪減到出版商允許的四百頁篇幅內。

為了進行廣泛而經常令人精疲力盡的研究，我搭乘了十趟飛機、一趟火車，還有幾次巴士旅程；我開車橫跨一千英里，造訪美國十五座城市；我還用了無從估算的時間進行後續電訪，以及幾乎每天都必須跑圖書館查閱資料。

為了讓內容迎合廣大的讀者群，也為了讓巴菲特的CEO們樂於閱讀本書，我承受不少壓力。一般來說，這些CEO們彼此並不相識，但他們都希望閱讀同僚的故事，想瞭解巴菲特對這些企業最高主管感到興趣的素質究竟是什麼。

巴菲特曾經說過，萬一他發生了什麼事，他會從目前的團隊成員中，挑選事業營運接班人。換言之，這些經理人當中，有一位將成為波克夏的總舵手，所以我自然對這個接班計畫感興趣並做評估。沒有人告訴我，誰會是巴菲特接班人，但我花了無數時間拜訪每位CEO後，應該多少猜得出答案。

每位營運經理人都透過自己的方式，說明波克夏的企業文化，及其獨特的管理哲學。就我個人來看，我無法理解其他事業為何不採用波克夏併購企業的經營方式：如同買進股票一樣，併購企業後，不要試圖改變其經營團隊。波克夏屬於商業大街，而不是華爾街的一份子。

巴菲特管理CEO們就像管理股票投資，他精挑細選，但取得所有權後，並不會要求他們做不同的事情。他忠誠地對待他的CEO們，他們也以相同態度回報。美國五百大企業的其他業者不會如此對待其CEO們。

巴菲特是個優秀的經理人，如同他是個優秀的投資人一樣。波克夏把「人」擺在第一位，

「事業」擺在第二位，除非對於企業CEO絕對信賴，否則巴菲特不會購買相關公司。他透過正確的投資去進行正確的管理，雖然他以投資聞名，但同樣是最高明的經理人。

後來，我曾經問過華倫．巴菲特，為何沒有其他企業採用波克夏的文化。我原本認為他會說，一般企業是為了營運綜效而購併其他事業，因此必須把自身的既有文化，強制套用在被購併企業與管理團隊。

但他卻解釋，他所建立的公司文化，是年輕時（三十四歲）開始購併許多小企業而形成的，由於他到了六十五歲還沒有退休，因此有充裕的時間營造動能。絕大多數CEO會在很短的時間內繼承企業文化，然後試圖強加其特質於組織。另外，這些企業的規模通常相當龐大，即使新任CEO有更好的管理辦法，往往也會抗拒變動。對我來說，這個概念是個重要的新發現。

我發現巴菲特的CEO們都有「回饋」的共通特質，這種慷慨心態相當令人訝異，也可以做為全世界其他企業經理人的啟示。

巴菲特的見解沒錯。波克夏已經超越華倫．巴菲特關於這家著名的事業與投資人，真正的故事是其背後的經理團隊。

二〇〇一年九月於美國佛羅里達州坦帕市

# 謝詞

本書的撰寫構想，其實源自華倫．巴菲特本人，他曾經回信說有關波克夏海瑟威的故事，實際是公司旗下經營團隊的故事。所以我首先要感謝他提供這個構想，還有巧妙地創造了這家神奇事業的無數故事，並默許他的CEO們公開接受訪問，並且沒有預先提出質疑或事後檢視草稿。

我也要感謝他的事業夥伴，即波克夏副董事長查理．蒙格，他一直以來提供各種睿智建議，從來沒有試圖透過任何方式影響本書。

路易斯．辛普森是第一位受訪的經理人，正常情況下，他不接受訪問，所以我要特別感謝他在百忙中撥空見我，提供許多非凡的見解。

按照受訪的順序，我感謝巴菲特的每位CEO：路易斯．辛普森（與他的助理湯姆．班克羅夫特）、艾爾．烏吉（Al Ueltschi）、東尼．奈斯里（Tony Nicely）、拉爾夫．舒伊（Ralph Schey，其繼承者Ken Smelsberger）、史丹．利普西（Stan Lipsey）、亞吉．詹恩（Ajit Jain）、艾略特與巴利．戴德曼（Eliot and Barry Tatelman）、法蘭克．魯尼（Frank Rooney）、蘇珊．雅克（Susan Jacques）、艾爾文．布朗金（Irvin Blumkin）、比爾．柴爾德（Bill Child）、哈羅德．

梅爾頓（Harrold Melton）、蘭迪・華森（Randy Watson）、梅爾文・沃夫（Melvyn Wolff）、傑夫・康門特（Jeff Comment）、恰克・哈金斯（Chuck Huggins）、唐納・葛蘭姆（Don Graham）以及理查德・桑圖利（Rich Santulli）。

企業執行長的助理們提供給我各方面的協助，包括安排會面、提供指示、研究資料、修改草稿、聯絡、電子郵件、照片以及審視文稿。這群人的服務年資總計長達三百零七年（每人平均十五年），對於相關企業與老闆的瞭解程度，絕對超過任何人。以下按照服務年資排序，並列載相關CEO，他們分別為：Flora Giaccio，三十三年（烏吉）；Linda Stine-Ward，三十二年（奈斯里）；Debbie Bosanek，二十七年（巴菲特）；Pam Gazenski，二十六年（葛蘭姆）；Kris Hughes，二十四年（舒伊）；Sherrie Bender，十七年（沃夫）；Marcia Garner，十六年（柴爾德）；Barbara Urbanczyk，十五又二分之一年，（利普西）；Carrie Berman，十五年（梅爾頓）；Josephine Faiella，十四年（魯尼）；Wendy Bannahan，十二年（葛蘭姆）；Edith DeSantis，十二年（Smelsberger）；Barbara Palma，十一年（辛普森）；Nancy Bernard，十年（哈金斯）；Judy Robinson，九年（傑夫・康門特）；Susan Goracke，九年（布朗金）；Karen Benson，八年（雅克）；Lisa Lankes，七年（華森）；Heather Copolas，五年（戴德曼）；Carol Bolicki，三年（桑圖利）；Beverly Ward，一年（詹恩）。

Malcolm Kim Chace 是波克夏紡織公司創業家族的第三代後裔，也是目前波克夏董事會成員，他與其助理 Stacey Courville 協助我深入了解這家公司的歷史背景。無線電屋公司（Radio Shack）前執行長約翰・洛奇（John Roach）與長達三十年的事業夥伴和助理 Lou Ann Blaylock，提供我最後一次購併的軼事，並安排這家「新進者」的訪問。

感謝柯特家具（Cort Furniture）的保羅・阿諾（Paul Arnold）撥空受訪，這是史無前例的通融。巴菲特的CEO們有些沒能受訪，相關原因不在他們，我也要特別向他們致意與感謝。感謝巴菲特CEO們的親切來函，解釋巴菲特CEO的族譜：Terry Piper（Precision Steel）、Ed and Jon Bridge（Ben Bridge Jewelers）、David Sokol（MidAmerican）、Brad Kinstler（Fechheimer）、Ron Ferguson（GenRe）、Don Towle（Kansas Bankers Surety）以及 Don Wurster（National Indemnity）。

感謝飛安公司（FlightSafety）的相關人員，包括 Bruce Whitman（四十年資歷）、Jim Waugh、Tom Eff、Roger Richie 以及 Tom Mahoney，讓我有機會駕駛三引擎公司專機，並安全著陸。美國航空公司機長 Kit Darby 指導我如何飛行，提供他花費三年時間整理的飛行模擬統計數據。感謝 Project Orbis 的 Kathy Spahn、Melanie Brandston 以及 Kristin Lax。

感謝比爾・柴爾德的家人，尤其是 Pat，招待我到她家參加傳統的後院戶外家庭烤肉。也感謝 Luci Schey 在拉爾夫退休後，接替成為他的秘書。

感謝 Dave Harvey 與其員工，包括 Bob Kemp、Lyle Dedman、Dan Dias 以及 Johnnie

Woods 招待公司股東參觀時思糖果的巧克力工廠，我們收下好幾盒巧克力，現在都愛上他們的產品！

感謝 Richard Smith, III，他是奈特傑位在 Columbus 指揮中心的主管，還有 Beth Ann Goettler 把我們當作國王一樣，招待我們享用豐盛的午餐，並參觀最先進的公務專機。任何潛在客戶或業主，只要拜訪他們的世界級營運，都將會成為奈特傑的顧客。

感謝華倫・巴菲特的線上橋牌夥伴，包括 Sharon Osberg、Jordan Furniture 的主管 Stephen Gaskin、以及摩根史丹利的保險分析師 Alice Schroeder。

一本好書需要完整的研究，就這方面來說，我要感謝坦帕大學（University of Tampa）圖書館主任 Marlyn Pethe 與工作人員，我每天都會來到圖書館，她與服務人員隨時協助我透過網路取得每一個研究主題的資料。

每一本書雖然是由作者掛名完成，實際是團隊努力的成果，如同本書描述的每位CEO，功勞雖然是某個人的，但工作卻是由許多人共同完成的。每本書都有宗旨，出版社需要瞭解作者想要完成什麼。很幸運地，某位作家朋友 Janet Lowe 與 Wiley 的業務代表 Tim Hand 介紹我認識出版社 Joan O'Neil，以及我每天例行聯絡的 John Wiley & Sons 公司編輯 Debra Englander。各位如果要寫有關巴菲特、投資或管理方面的書籍，不妨打電話和 Debra 聯絡，沒有人比她更瞭解書籍編輯的概念，她非常擅長協助作者。她的女兒 Elise 說，Debra 不只是母親；我則認為，她不只是編輯。

我要感謝其他的 Wiley 專業團隊成員：P.J. Campbell、Tess Woods、Greg Friedman、Robin Factor 以及 Mary Daniello。

每位作者都需要有位文稿經紀人，Altair Literary Agency 的 Andrea Pedolsky 是最棒的經紀人之一，她有條不紊地指導我瞭解出版相關事務，幫我協商合約，幫顧客爭取最大利益，而且不會破壞出版社與作者之間的和諧關係。

每位作者也需要有個勝任的助手，尤其是需要編輯一千五百頁稿件，外加一千五百頁研究資料。Rob Kaplan 幫助我把三千頁整理為三百頁，讓本書方便閱讀，而且整個過程充滿樂趣。Rob 是個才華橫溢的作家、編輯與決策者，他天生就是做這行的。

多數作家並不會安排試讀者，但我發現坦帕市的律師 Will Harrell 是最棒的書籍顧問。他仔細閱讀本書每章內容，提供坦率的評論。Will 建議我重新編寫某些重要內容，並對每位經理人提出不同的後續問題。他建議我保留一章篇幅給布朗金女士，做為巴菲特ＣＥＯ的代表。每週只要花費一頓午餐的代價，我就可以贏得律師顧客等級的待遇，擁有文法修正與造句結構編輯的服務，還有書籍內容試讀的意見回饋，讓我得以瞭解自己想溝通的概念是否可行，他不僅是個朋友、管理專家、業餘股票分析師，精通波克夏公司歷史、投資知識，而且擅長口頭與書面溝通。

Steve Rymers 協助我彙整訪問諸位ＣＥＯ們最初提出的問題的題綱，並且和我分享他對於本書的想法。感謝 Eric Balandraud、Lyle McIntosh、Leslie Trvex、Joann Floyd、Mark Forster、Kristine Gerber、Rich Rockwood、Jim Chuong、Selena Maranjian、Ken Roberts、Tom Juengel、Ben Keaton 以及 Lee Bakunin。

感謝熟悉波克夏公司歷史的作家 Andy Kilpatrick 致力於波克夏海瑟威的記事，並自行出版《永恆價值：華倫巴菲特的故事》（*Of Permanent Value: The Story of Warren Buffett*）他拒絕縮減這份每兩年重新編輯一次的一千一百頁巨作，因此任何作者如果要攜帶這部「波克夏百科全書」，勢必要先訓練紮實的體力。

感謝奧馬哈地區的書商 Jim Ross、Peg Hake，以及內布拉斯加奧馬哈大學教授 Laura Beal 與 Weiyu Guo，對於本書的支持與鼓勵。關於布朗金女士的訪問稿件，我要感謝 Andy Cassel 與 Linda O'Bryon。我也要感謝 PBS 電台「夜間商業報導」（Nightly Business Report）的 Jack Kahn。

感謝 John Zemanovich 在我撰寫本書過程給予的鼓勵，甚至還沒有閱讀本書前，他就大膽而熱心預測本書將成為暢銷書。感謝 John Baum 不斷鼓舞我完成本書，並相信始料未及後果的定律。

感謝 Whit Wannamaker 的鼓勵與支持。感謝 Janet Wright 的耐心與周全建議，並且在作者難免遭逢情緒波動時，給予最迫切需要的支持。

我尤其要感謝未來ＣＥＯ之星的啟發：我最棒的女兒 Marybeth。

# PART 01

# 波克夏之神：巴菲特

# 導論：天才執行長華倫・巴菲特

華倫・巴菲特是波克夏海瑟威的首席工程師與ＣＥＯ，雖然他贏得大部分喝采，但想要瞭解這家偉大的企業，必須先體認那些相對而言默默無聞的營運經理人的功勞。市面上大概有二十多本專書介紹這位全世界最著名的投資人，但截至目前為止，還沒有任何書籍深入介紹巴菲特的管理團隊及其獨特文化，因此本書將描述波克夏海瑟威完全持有之事業的ＣＥＯ們，藉以彰顯這家企業的本質。

波克夏海瑟威（紐約證券交易所［ＮＹＳＥ］報價代碼：ＢＲＫＡ）是一家綜合企業，最著名的持股包括可口可樂（八％）、吉列（九％）、美國運通（十一％）等，它同時是可口可樂的最大股東。

巴菲特的聲譽與財富，主要是來自於波克夏，該企業的價值從一九六七年的四千萬美金，增長到目前的四百億美金。藉由精明的普通股投資，波克夏逐漸轉型而完全持有某些知名企業，包括冰雪皇后（Dairy Queen，冰淇淋專賣店）、班哲明摩爾（Benjamin Moore，油漆品牌）、蕭氏工業（Shaw Industries，地毯生產商）、約翰曼菲爾（Johns Manville，建築材料製造商）。（完整清單詳見五一四頁附錄三。）

本書雖然也會談論波克夏部分持有股權的企業ＣＥＯ（《華盛頓郵報》的葛蘭姆），但焦點還是擺在完全持有的企業。秉持這種立場的主要理由為：

- 波克夏海瑟威是由金融、管理天才創辦的投資媒介，但其發展已經超越華倫．巴菲特的創辦規模。這是一個在扁平化組織結構內，由財務獨立經理人所管理的分散性單位。波克夏海瑟威擁有價值一千四百億美金的資產，卻沒有典型的公司基本結構。
- 長久以來，波克夏海瑟威雖然被視為是華倫．巴菲特投資公開掛牌股票的控股公司，但現在則持有許多獨資附屬機構，取代了過去類似共同基金的形象。不久前，巴菲特的控股公司還持有九〇％的掛牌股票、一〇％營運事業，很多投資人到處打聽巴菲特究竟買進什麼股票。目前，波克夏海瑟威持有七〇％的營運事業，只有三〇％的掛牌股票，其目標是擁有九〇％營運事業與一〇％有價證券。當該公司還屬於規模較小的保險業者時（現在擁有三十家個別的保險公司），巴菲特決定透過股票市場擁有某些大型企業，藉以保持資產的流動性，隨時準備因應保險求償。隨著企業規模擴大，因為保險求償而必須出售資產的風險已經降低，使得巴菲特擁有更多獨資事業。
- 管理者很容易買進不該買的普通股。ＣＥＯ的行事作為，如果不是基於股東利益考量，新購置的企業往往很快就在公開市場重新出售；反之，所併購的企業如果不能融入既有管理體系，處置上恐怕不太容易，代價也會很高。巴菲特曾經表示，「（我們）不只想要購買好企業，而且管理者必須是深具才華的最頂級經理人。萬一經理人不合適，只要我們擁有足夠的股權就具備某種優勢，有權力要求改變。可是這方面享有的優勢，實際上往往不足為憑。管理階層的變動，如同婚姻發生危機一樣，任何改變都痛苦、耗費時間，而且也要靠運氣。」[1] 過去三十五年來，巴菲特事業的ＣＥＯ們雖然有些人退休，但從來沒有人投靠競爭對手，他們都被視為終身夥伴，單是這種現象就非常值得研究。在公司組織內，這些經理人究竟是如何經過篩選、管理、評估、決定報酬、指派任務，以致於他們願意如此奉獻，心態如此忠誠？波克夏擁有一群經過挑選的經理人，他們本身也是億萬富豪，但服務對象卻是公司裡更富有的董事成員，以及多數為百萬富豪的長期股東。

- 其他企業的ＣＥＯ們通常會自行決定資本配置，積極擴張經營企業，波克夏則由中央統籌，資本配置集中於某專門機構。這種獨特的管理結構，創造了優異的投資與管理績效，也是巴菲特所打造，最傑出的企業文化和結構策略。這或許可以解釋ＣＥＯ流動率偏低的原因。大致而言，波克夏海瑟威旗下的事業，其就業員工人數呈現穩定成長趨勢。除了早期的紡織業，以及目前海外競爭壓力沈重的製鞋業之外，很少部門曾經發生大規模的資遺。

- 對於波克夏來說，科技，尤其是網路與其影響，是個相當值得探討的議題。巴菲特處心積慮地故意避開科技相關行業，偏好科技恐懼者，看空他所不能評估價值的任何產業，包括絕大多數的所謂「新經濟」股票，飛安公司（FlightSafety）可能是唯一例外。最近市場表現也支持這種觀點，網路業者很難擬定成功的事業經營模型。雖說如此，但如同古代輪子發明一樣，網路協助企業降低營運成本。對於波克夏旗下的企業來說，這方面的科技發展有助於蓋可車險公司與時思糖果，對於世界百科全書（World Book）則造成傷害。歸根究柢，網路最終也會威脅《水牛城新聞》（*Buffalo News*）與《華盛頓郵報》，但間接來看，網路可能幫奈特傑航空（NetJets）創造客戶。巴菲特的CEO們將在書中針對自己的行業，討論科技造成的影響。

有一天，當華倫．巴菲特不再視事，波克夏將會如何？這位董事長完全還沒有「退休」的跡象——根據巴菲特的定義，所謂「退休」是指他過世五年後——但股東們還是很好奇，想知道巴菲特一旦不能主持大局，公司將會如何演變？這個問題當然沒有明確的答案，但我們可以觀察某些線索，因此本書將聚焦於波克夏的營運與其經理人，觀察誰將脫穎而出，成為CEO們的CEO。我將一一介紹這些經理人，包括他們經營的事業、認同的管理哲學、如何處理事業繼承問題，以及他們的事業如何融入波克夏的拼圖裡。

這系列訪問，凸顯了一項頗令人訝異的事實：營運經理人彼此之間認識不深，也不太清楚其他獨資附屬機構的狀況，他們所掌握的資訊和一般人相同，大多是來自董事長的年度致股東信函，以及媒體報導。所以就某種程度來說，受訪者也將和讀者一樣，藉由本書瞭解波克夏旗下事業經理人的狀況。

巴菲特的CEO們沒有所謂的一般代表類型，不過本書勾畫的主角，多是六十多歲的白人，身為第三代經理人，他們管理的事業多數已經有一百多年歷史。這些經理人當中，只有一位不是從事業內部晉升。巴菲特的CEO們所管理的企業，大多屬於「傳統產業」：建材、糖果、家具、珠寶、百科全書、吸塵器、空氣壓縮機、報紙、鞋類、保險等。

本書每一位受訪者，巴菲特對其人品都有毫無妥協的要求：超高道德標準的健全品格。當他為了挽救所羅門兄弟（Salomon Brothers）而賭上自己的聲譽時，他對美國參議院某小組委員會表示：「犯了誠實的錯誤，我可以體諒；但賠上了企業聲譽，我絕對不會留情。」他經常說：「不要做那些會登上本地報紙頭條新聞的事情。」

本書獨家訪問路易斯．辛普森，他是巴菲特在資本配置領域指定的接班人。至於營運方面，波克夏內部沒有人願意透露誰將會是接班人，但本書訪問的某位CEO可能擔任這方面的職務。波克夏旗下事業的CEO們，幾乎全是由內部晉升，所以這位未來的營運CEO應該是資深員工。

等到巴菲特「退休」，他的工作將分別由三個人接手：將有位家族成員擔任董事長，繼續傳遞巴菲特家族的氛圍、影響力與文化，這個人可能是他的兒子霍華（Howard）；另一位經理人將處理資本配置工作，包括投資公開掛牌股票，獨資購併其他營業機構等；還有另一位經理人將領導整個企業的管理團隊。所以波克夏將有位董事長、一位管理資本作業的CEO／總裁，以及一位主管營運CEO／總裁。

根據路易斯．辛普森的看法，波克夏將來採用的管理結構，可能類似蓋可（路易斯．辛普森是蓋可車險公司目前負責資本作業的CEO／總裁，東尼．奈斯里〔Tony Nicely〕則是負責營運的CEO／總裁）。這項預估安排只代表可能採用的結構，和相關職務的人選全然無關。

辛普森認為自己是巴菲特的備胎，而非真正的繼承人。他們兩人只相差六歲，所以辛普森不太可能接替巴菲特。公司內部沒有人暗示東尼．奈斯里將成為波克夏的營運繼任領袖，但他具備的條件讓股東們可以預想將來的可能狀況。

波克夏從來沒有出售任何一家營運事業，也從來沒有在購併其他企業後，開除原來的經理人。少數人選擇退休，但那些對於既有事業抱有熱忱的經理人，多數都持續工作下去。

對於多數上市公司來說，即使其經理人非常傑出，只要年齡到達六十五歲，通常會被迫退休（譬如奇異電器的傑克．威爾許〔Jack Welch〕），但巴菲特旗下的每位經理人——譬如B女士——都可以繼續工作到一百零四歲，然後才退休。如同優秀的戰士，波克夏管理團隊的成員被允許、甚至被鼓勵死於戰場上。這或許正是為什麼巴菲特的CEO們總是面露微笑的原因。

以飛安公司的情況來說，其創辦人兼總裁艾爾・烏吉（Al Ueltschi）已經八十好幾，巴菲特雖然從來不主張股票分割，但等到艾爾一百歲生日時，巴菲特可能會分割其年紀。

巴菲特的CEO們所負的職責，不同於一般企業的最高主管，他們不必和分析師或股東打交道、不需接受媒體採訪、沒有必要擴張營運、營運資本不受限制、不必接受總部指示，他們享有最高信用評等，而這個財務後盾，全世界只有七家其他事業堪與比擬。

巴菲特的CEO們享有獨特的條件，可以全神貫注於企業內部與長期營運宗旨，不必受到外界干擾，他們有很大的自主權，曾有某位經理人在服務企業被購併二十年後，才首度拜訪奧馬哈。

在巴菲特的領導下，波克夏的管理階層，採用獨特的薪資報酬制度。巴菲特的年薪只有十萬美金，沒有分派任何股票選擇權，在美國《財星雜誌》五百大企業的CEO中，這算得上是最低薪資。他旗下的所有經理人，支領的薪資更高，而且所有的巴菲特CEO們都持有本身事業的股權。他們的薪資結構很單純，直接和營運績效掛勾。

關於企業營運，不要期待巴菲特有什麼神奇的故事或策略，他的企業營運原則很單純：

- 買下你打算永遠持有的好事業。

- 只考慮那些你認同與信賴的經理人，然後慢慢買下整家公司，包括原來的傑出管理團隊。
- 管理旗下企業的方法，就像管理股票投資組合的經理人一樣。
- 讓經理人繼續扮演當初吸引你投資的角色。

巴菲特的CEO們雖然彼此不認識，卻累積了足夠的財富，可以說出自己心裡的話，但每個CEO對於巴菲特的描述，以及他的影響力，說法大致相同。

這是由某位非凡人士領導之傑出經理人的神奇故事。關於波克夏海瑟威與華倫．巴菲特的CEO們，巴菲特在一九八七年的致股東信函談到，「這個神聖組合……所糾集的企業，其經濟性質由優良到卓越。而這群企業的經理人，則是由卓越到卓越。這些高級主管大多不需基於生活考量而工作，他們來到比賽場地，是因為想要揮出全壘打。事實上，這也正是他們所做的。每當我呼喊這些經理人的名字——布朗金（Blumkin）、恰克．哈金斯（Chuck Huggins）、史丹．利普西（Stan Lipsey）、拉爾夫．舒伊（Ralph Schey）——我覺得自己就像一九二七年的紐約洋基棒球隊總教練米勒．哈金斯（Miller Huggins）宣布其比賽隊員陣容時，臉上綻露的光彩。」[2]

# 巴菲特挑選ＣＥＯ之道

如何成為巴菲特的ＣＥＯ呢？波克夏海瑟威採行的獨特併購程序，是根據明確公開或某種特有的原則，有別於市場上其他優質企業，不論是擁有全部或部分企業，它採取的方法都相同。不論是私人或機構投資人，波克夏可能是唯一採用相同方式同時購買企業——全部或部分——與其經理人的活躍投資人。

巴菲特選擇ＣＥＯ與管理團隊，性質類似於選擇股票投資的管理團隊，決定是否購買某家企業的過程中，也會涉及選擇經理人。由於不會改變管理團隊，所以不會在不考慮經理人的情況下，透過股票市場投資某公司。巴菲特與其事業併購整家公司的情況也一樣，除非企業經營團隊完全符合標準，否則波克夏絕對不會考慮投資。

波克夏篩選ＣＥＯ的程序值得研究，因為波克夏海瑟威從來沒有任何ＣＥＯ轉而投靠競爭對手。想要真正瞭解ＣＥＯ篩選程序，讀者需要瞭解波克夏併購其他企業的信念、目標與方法。

## 波克夏海瑟威採行的方法

波克夏獨資擁有的精密鋼材（Precision Steel Warehouse），其CEO／總裁泰利．派柏（Terry Piper）說得好，「一九七九年，巴菲特買下精密鋼材，當時公司裡的每位經理人，現在還和我們在一起，除非退休。他實在是個了不起的老闆，我們以身為波克夏海瑟威的一份子為傲。」

「我很幸運能夠拿起電話，和某位全世界最親切、最聰明、最誠實的人談話。他尊重每個人，而且非常樂意聽別人講話，每次與他對話，我都學習到很多。」[1]

波克夏併購其他企業與其CEO的方法，對於資本家而言可以說是夢想。幾年前，巴菲特曾經解釋他的方法：「對於波克夏來說，經理人還會繼續從那些看似不起眼的行業，賺取非凡的報酬。首先，對於賺取的盈餘，這些經理人會設法運用於本身經營的事業，剩下的部分則繳回給查理和我，我們再運用這些資金設法提升每股內含價值。我們的目標，是想辦法取得全部或部分，我們認為卓越、本業具有持續經營之經濟性質的企業，而且其管理團隊是我們喜歡、讚賞、信賴……。」[2]

關於事業經營與CEO篩選的程序，巴菲特繼續進行簡化，「假定我的事業經營版圖只局限於奧馬哈當地的私有企業，我首先會評估每家企業的長期經濟性質；其次，評估這些企業經營者的素質；第三，試著按照合理價格購買某些最優質的企業。我當然不會每家企業都做等份的投資。同理，面對更廣泛的投資世界，波克夏不會採取其他不同的方法。另外，想要找到了不起的事業與傑出的經理人，顯然非常不容易，所以我們為何要放棄已經獲得驗證的產品？（我甚至想說「真實的東西」）我的座右銘是：『如果打從一開始成功，就並不必再嘗試。』」[3]

## 巴菲特篩選CEO的條件

自從一九八二年以來，這些篩選條件就公布於波克夏每年出版的年度報告，當時設定五百萬美金稅前盈餘的條件。這些條件始終都沒變，除了年度盈餘逐漸調升為五千萬美金。波克夏採用一項相當不尋常的準則：交易必須附帶管理團隊。

「凡是符合下列條件的企業，我們熱烈期待聽到負責人或公司代表的消息：

1. 大型事業的併購（稅前盈餘至少五千萬美金）。
2. 實際展現一貫性的盈餘能力（我們對於未來預估毫無興趣，也不要轉機事業，因為轉機通常都轉不了）。
3. 企業負債有限或沒有負債，股本報酬率表現優異。

4. 現成的管理團隊（我們無法提供）。
5. 事業性質單純（如果涉及太多高科技的事業，我們恐怕不懂）。
6. 提供賣價（如果價格未知，我們不想浪費雙方的時間談交易）。」

「企業規模愈大，我們愈有興趣：目標鎖定於五十億～兩百億美金之間。但我們對於透過股票公開市場購買的建議不感興趣。」

「我們不會進行不友善的併購活動，而且承諾完全保密、儘快回覆是否有興趣——通常是在五分鐘內。相關的併購活動，我們希望支付現金，如果所取得的企業具有對應的內含價值，也願意考慮發行股票。」

「經常有人聯絡查理和我，推銷完全不符合條件的併購交易：你如果登廣告說要買柯利牧羊犬，一定有很多人打電話向你推銷他們的柯卡獵犬。這些有關新投資、轉機或拍賣等機會，不禁令人想起某首鄉村歌曲的歌詞：『電話如果沒響，你就知道是我。』」[4]

## 波克夏併購事業的技巧

一般業者如果尋找併購對象，通常都是聘請專門的探子、交易代理或經紀人，而且併購交易不會附帶既有的管理團隊，但巴菲特則是靜待電話鈴響，最佳的交易往往會自己上門。另外，波克夏的觸角無遠弗屆，該公司有三十萬名股東，而且與多數產業巨頭保持聯絡。對於巴菲特來說，符合條件的企業CEO主動打電話聯絡，當然最理想。

巴菲特還會運用某些獨特的併購技巧。他讓旗下的CEO們提供協助，他們往往有最佳的管道和消息來源，而且他也會厚顏地透過年度報告大登廣告。波克夏每年印製、發行三十萬份年度報告，電子版也吸引了無數人上網瀏覽。

## 蛤蟆價格的收購

凡是具備優異經濟本質與卓越管理團隊的企業，波克夏從來不排斥收購的可能性，不論是完全取得企業，或只是取得少部分有價證券，關鍵在於理想的收購價格。

巴菲特表示，「我們的收購決策，目標在於實質經濟效益的最大化，而不是積極追求財務報表方面的管理議題或數據。（長期而言，經營者對於財務表象的強調如果超過實質經濟，通常會兩頭落空。）」

「不論對於當期申報盈餘會造成何等衝擊，我們寧可按照每股X的價格，收購『絕佳公司T』的一〇%股權，而不是按照每股兩倍的價格取得百分百股權。可是，多數企業經營者卻寧可採取相反作法，而且可以提出各種理由支持這種行為。」

「我們懷疑業者可能基於下列三種動機——通常不言可喻——之一或某種組合，藉以進行高價收購：

1. 不論商業或其他領域的領袖，絕對不乏動物精神，甚至經常推崇積極行動與挑戰。但對於波克夏來說，即使準備進行收購，我們的脈搏跳動也不會變快。

2. 不論商業或其他領域的多數機構，也不論是自我衡量或由他人衡量，高級主管的薪資報酬評估基準，通常都強調營業規模而非其他。（不妨詢問美國《財星雜誌》五百大企業經理人，其所屬機構在這份著名榜單的排序，幾乎是以銷售金額為準，他甚至可能不知道自家企業獲利能力的排序。）

3. 許多企業經營者往往過分沈迷於幼年時期聽過的童話故事：某位被監禁在蛤蟆軀殼內的英俊王子，經過美麗公主的親吻，最終得以恢復人身。所以他們相信自己的管理親吻，也可以奇蹟般地釋放標的公司T的獲利能力。」

「樂觀的念頭很重要，如果缺乏這種美好想法，收購企業A的股東，為何要按照雙倍價格併購T公司，而不是按照市場價格買進呢？」

「換句話說，投資人永遠可以按照當時的蛤蟆價格購買蛤蟆；反之，投資人如果願意提供資金給公主，讓她花兩倍價錢取得親吻蛤蟆的權利，則這種親吻最好能夠蘊涵真正的爆發力。我們看過太多這類的親吻，卻很少看到奇蹟。雖說如此，很多經營者仍然樂於扮演公主，對於其親吻所能夠創造的未來奇蹟深具信心，即使他們的後院已經堆滿完全沒反應的蛤蟆。」

「持平而論，某些併購活動確實創下耀眼的成果，這主要發生在兩種類型的公司身上。」

「第一種類型的標的公司——不論故意或巧合——其從事的行業特別適合通貨膨脹環境。這些受到青睞的事業必須具備兩種性質：（一）在市場占有率或銷售數量幾乎不受影響的情況下，相當容易地提高產品價格（即使產品需求不變，而且產能沒有充分使用）；（二）只要增加少量的資本投資，就能明顯提升銷貨金額（主要是受惠於通貨膨脹，而不是真實成長）。資質普通的經營者，通常會全神貫注於符合前述條件的潛在併購對象，而且近幾十年來也確實創下顯著績效。但很少標的公司同時具備前述兩個條件，而且這方面併購活動的競爭程度，幾乎已經發展到自毀長城的地步。

第二種類型的公司涉及超級經營巨星——他們具備特殊才能，得以辨識偽裝為蛤蟆的少數王子，而且擁有點石成金的管理能力。」

「不幸地，各位的董事長實在缺乏第二種條件。我雖然能夠合理瞭解第一種類別明顯蘊涵的經濟因素，但我們在這個領域實際進行的併購活動相當零星而不充分。我們鼓吹的概念，顯然勝過實際表現。（我們忽略了諾亞方舟法則：預測下雨不算數，建造方舟才算數。）」

「我們也曾經嘗試低價買進蛤蟆，結果可以參考過去的報告。我們的親吻失敗得很慘，雖然曾經碰到幾位很不錯的王子——但購買當時他們已經是王子了。不過，我們的親吻至少沒有把王子變成蛤蟆。最後，我們也曾經按照蛤蟆價格，在公開市場買進某些很容易辨識的王子。」[5]

「關於波克夏所進行的活動，讓查理和我最為振奮者，莫過於併購那些經濟素質絕佳，而且管理團隊深受我們喜愛、信賴和讚賞的事業。這類的併購機會並不常見，但我們持續尋找。在尋覓過程中，我們秉持的態度就如同尋找配偶：保持積極、熱忱、開放的心胸，絕對不該草率。」

「過去，我們看過很多在併購方面飢不擇食的經營者，他們顯然沈迷於孩童時代聽過公主親吻青蛙王子的故事。這些經營者無法忘懷公主的成功經驗，因此願意付出昂貴的代價取得親吻蛤蟆的機會，並期待蛤蟆會神奇地變成王子。最初，失敗只會勾起他們繼續嘗試的念頭。（桑塔亞納〔Santayana〕說：「一旦忘掉初衷，狂熱就會讓你付出加倍的努力。」）最終，即使是最樂觀的經理人也必須面對現實——四周布滿深達及膝的蛤蟆。這個時候只能宣布龐大的『重整』費用。經過這種當頭棒喝，CEO贏得教訓，學費卻必須由股東支付。」

「身為經理人，早期的我也曾經和蛤蟆約會。雖然都是相當廉價的約會——我從來都不擅長此道——但結果和那些向高價蛤蟆獻殷勤的併購者差不多。我親吻，然後牠們就掛了。」

「經過幾次失敗教訓後，我終於記起某位高爾夫球職業選手（如同和我有關的任何專家一樣，他們都不希望透露姓名）的建議，『練習不能創造完美，但能夠創造恆久。』此後，我調整策略，試著按照合理價格購買好企業，而不是按照好價格購買合理事業。」[6]

## 波克夏的優勢

賣方對於自己所賣東西的瞭解程度，永遠超過買方對於所買東西的瞭解，所以賣方享有優勢。當賣方代表透過「書面」預測相關事業未來營運的榮景，巴菲特從來不會落入圈套。另外，由於波克夏沒有採用明確或策略性併購計畫，所以能夠從寬廣的產業立場評估交易，放過那些不符合經濟效益的機會，重新掌握優勢。除此之外，巴菲特擁有的優勢還包括：豐富的經驗、雄厚的財力、選擇最佳或寧可不要的立場。不同於其他併購者，對於打算完全持有的交易，波克夏會比較股票公開市場所能提供的最佳投資機會。就波克夏來說，買方顯然掌握了選擇的優勢，幾乎所有的交易都是賣方主動找上門來。巴菲特併購企業的真正奧祕之一，在於併購對象包括事業與經營者，所以經營者通常會提出合理價格，而不是偏高價格。合理價格才不至於讓經營者將來陷入尷尬局面，而且更能贏得買方的信賴。

併購交易完成時，業主可以挑選營運總部所在位置，由於能夠控制企業繼任程序，業主會關心繼承者、員工、供應商，以及客戶的利益。

一九九五年，巴菲特曾經談到波克夏享有的更多優勢，「從事併購活動，我們享有另一種優勢：我們可以支付股票給賣方，這些股票擁有一系列頂尖事業做為後盾。任何個人或家族如果想處理某優質事業，而且又希望無限期地遞延個人所得稅，他將發現波克夏股票是相當適合持有的工具。」

「除此之外，賣方為了讓管理團隊享有更好的工作環境、創造更高的生產力，往往對於公司總部的設立地點有意見。關於這點，波克夏也提供特殊的彈性——經理人享有異常的自主權。另外，我們主張的所有權結構將讓賣方清楚瞭解，當我們說買進而繼續保持既有經營結構，這項承諾絕對有效。對於業主，我們希望他關心其公司與人員的未來狀況與待遇，相較於那些只想脫手賣掉事業的業主，這類業主比較不會讓買方碰到不愉快的意外。」

## 用現金併購

波克夏寧可以現金進行收購，這種支付方式對於既有股東比較有利。該公司過去進行的收購交易，大多是透過這種方式完成。雖然某些賣方堅持支付股票，但波克夏會儘可能提出各種誘因，試圖說服對方接受現金。下列事業都是運用現金併購：《水牛城新聞》、時思糖果、史考特費澤（Scott Fetzer）、蓋可車險公司、內布拉斯加家具商場、喬登公司（Jordan's）、飛安公司、《華盛頓郵報》（持股十八％）、波仙珠寶（Borsheim's）、布朗鞋業（H.H. Brown）、賈斯汀靴子（Justin Boot）、艾可美磚瓦（Acme Brick）。

## 挑選熱愛自己事業的CEO

華倫・巴菲特在最近的年度報告曾經提到，他不喜歡企業透過拍賣方式出售：「業主如果關心自己所銷售的事業，這種態度甚具意義。我們喜歡和那些熱愛自己公司的人打交道，這一切不該只是為了錢而已（雖然能理解他為什麼喜歡鈔票）。存在這種感情牽連，就代表某些重要的素質也會存在：誠實的財務報表、對於自家產品的驕傲感、尊重客戶，以及一群具有明確方向感的同事。反過來說也正確。業主如能拍賣自家事業卻完全不涉及情感，你會發現一切都是專為交易而做的精心打點，尤其賣家是個「財務業主」。總之，業主的行為如果全然不重視其經營事業與人員，上樑不正，下樑自然歪，對應的態度與作法也會瀰漫整個企業。

某些人花了一輩子或數輩子的時間，透過無限關懷與傑出才華而創辦的卓越事業，如果要交付，自然會挑選他相信可以繼承其傳統的人。查理和我相信波克夏幾乎是唯一適當的對象，我們有責任照料那些認真創辦事業的人，而波克夏的所有權結構可以確保履行承諾。我們告訴約翰・賈斯汀（John Justin），他的事業總部可以繼續設立在沃斯堡（Fort Worth）；或者許諾布里奇（Bridge）家族，其營運不必與另一家珠寶業合併。對於這些事業賣家來說，他們可以相信這些承諾。

畫家林布蘭特（Rembrandt）應該幫自己的事業挑選某個適當的家，或讓毫不關心的繼承者公開拍賣其事業。這些年來，我們經常和能夠體認這方面真理、並運用於事業的人合作，而把拍賣活動留給其他人。」[8]

## 出售自家事業的想法

本書訪問的許多CEO們可能收過下列這封信，或在初步協商電話中，聽過這方面內容，以下摘錄自一九九〇年的波克夏年度報告：

出售自家事業的一些想法

以下這封信是我在幾年前寄給某位想要出售其家族事業的人，內容事後經過編輯。此處附上這封信，是要把相同的訊息傳遞給其他可能的賣家。

華倫・巴菲特

親愛的業主：

關於我們前幾天進行的談話，我有些想法。

多數企業主花了大半輩子經營事業，藉由重複的程序累積經驗，磨練自己在銷貨、採購、人事等方面的技巧。這是一種學習程序，某年所犯的錯誤，經常成為來年成功的基礎與依據。反之，業主或經營者只有一次出售自己事業的機會，而且經常是處於情緒糾葛的氣氛下，承受來自各方的壓力。這些壓力有很大成分來自經紀人，其報酬將取決於這筆交易能否完成，而且他們根本不在意這筆交易對於買賣雙方的影響。不論從財務或情感層面來說，相關決策非常重要，因此業主更容易犯錯。面對終身只有一次出售事業的機會，任何錯誤都是不可挽回的。

價格很重要，卻經常不是交易的最關鍵因素。你和你的家族擁有獨一無二的非凡事業，任何買家都應該體認這點。隨著時間流逝，這個事業勢必愈來愈有價值，如果你決定現在不賣出，將來想必可以賣得更高價格。有了這種領悟後，你對於這筆交易將占有優勢，有充裕的時間可以挑選適當的買主。

萬一你決定出售，波克夏海瑟威可以提供其他買主所不及的條件。撇開波克夏不談，其他的買主大致分為兩大類：

一、某家座落他處、經營類似或相同行業的企業。這類的買家不論提出任何承諾，通常其經理人都覺得知道如何經營你的事業，而且遲早會派遣人手提供「協助」。收購方公司的規模如果夠大，旗下通常都會長期培養一整隊經理人，有些人負責未來的收購活動。他們有自己的行事方法，即使你的經營績效遠超過他們，但他們認為終有一天其經營方式會勝過你，此乃人性使然。你的親朋好友或許有過此類經驗，曾經把自家事業賣給這些大企業，他們的經歷應該會驗證我的說法，母公司遲早都會接管旗下的附屬機構，尤其是母公司瞭解──或自認為瞭解──相關行業的話。

二、買家屬於財務操作者，其運作勢必涉及大額資金融通，他之所以買進你的事業，是為了將來在正確時機重新出售、公開上市，或賣給其他事業。一般來說，這類買家的最大貢獻，可能是變更你的會計作帳方法，使得盈餘狀況顯得更好，方便轉手出售。我隨信附上一份最近的研究報告，就是描述這種類型的交易，現在隨著股票市場行情好轉，這種交易也愈來愈普及，相關資金供應非常充裕。

賣家出售事業的唯一動機，如果只是為了兌現籌碼，然後從此將其經營的事業置之腦後──很多賣家的心態正是如此──則前述兩種買家都能滿足賣家的需要。可是，賣家所打算出售的事業，如果是一輩子苦心經營的成果，屬於人生經歷的重要部分，則前述兩種買家都存在嚴重瑕疵。

波克夏是全然不同的買家類型——非常不同。我們買進之後，將繼續保留既有事業，而且現在沒有、將來也沒打算提供經營人手。我們旗下擁有的事業，在很大程度內，都是自主經營。事實上，許多事業經營者多年來不曾踏足奧馬哈，甚至不曾彼此見過面。當我們收購某事業，既有的管理團隊會繼續經營，就如同收購前的情況；我們會去適應對方的經營方式，而不是顛倒過來。

對於收購的企業，我們從來沒有承諾任何人——家族或最近取得ＭＢＡ學位的人——由其負責經營。我們不會做這種承諾，或指派經營者。

你應該知道我們過去所進行的某些收購活動，隨信附上一張清單，列舉我們曾經收購的所有企業，並邀請你檢視我們的表現，以及我們是否履行承諾。你應該特別去檢視那些最近經營績效不太好的幾家事業，藉以確定我們即使碰到艱困狀況，也不會改變承諾。

任何買家可能都會向你保證，他需要你親身協助經營——買家如果真有起碼的頭腦，當然需要你的協助。可是，基於前述種種理由，絕大多數買家隨後採取的行動，經常會違背當初的承諾。我們的情況不同，會完全遵照當初的承諾，一方面是有履行承諾的義務，另一方面也是因為需要你的協助，否則不足以實現最佳經營成果。

我們需要解釋為何希望你的家族成員保留二〇%的股權。基於整合盈餘的稅務考量，我們需要擁有八〇%的股權，這點很重要，可是同等重要的，是你的家族成員必須繼續經營事業，仍然保留業主身分。理由很簡單，除非既有的管理團隊繼續擔任我們的事業夥伴，否則我們不會收購你的事業。當然，簽訂契約不能保證你能繼續全神投入；我們只能信賴你的承諾。

我們會介入的領域包括資本配置，以及最高經營者的選擇與薪資決策。至於其他人事決策、營運策略等，則是經營者的管轄範圍。波克夏旗下的某些經營者會跟我討論決策；有些則否。這取決於經營者的個性，以及我們的私人關係。

你如果決定和波克夏打交道，我們會支付現金。你的事業不會被波克夏抵押而申請任何貸款，整筆交易也不會有仲介機構介入。

另外，我們絕對不會公開宣布這筆交易，使得買家打退堂鼓或開始做其他建議。最後，你會明確知道自己打交道的對手是誰，不必現在面對某位負責協商交易的主管，幾年後又面對另一位，或讓某位總裁通知你，其董事會要求這項或那項改變（甚至基於母公司的利益考量，為了資金融通而必須出售你的事業）。

我們必須很清楚告訴你，這筆出售交易不會讓你變得比目前更富有。你所擁有的事業已經讓你非常富有，而且做了健全的投資，出售事業只會讓你擁有的財富變更形式，但不會變更金額。你如果決定出售事業，會把原本熟悉而百分百擁有的有價資產，轉換為另一種有價資產——現金——而你可能運用這些資產，投資自己比較不熟悉的事業（股票投資）。出售事業通常都有合理原因，但交易如果公平合理，則出售事業的原因應該不會讓賣者變得更富有。

我不會糾纏你，如果有意出售事業，希望你打電話給我。波克夏如果有幸能夠和你的家族成員共同擁有，我相信我們在財務上應該會合作愉快，我也相信你在未來二十年內還會熱中於管理這家企業，就如同過去二十年一樣。

真誠地，

華倫・巴菲特敬上

## 巴菲特的CEO哲學

華倫・巴菲特的CEO管理哲學，最好的定義可能是他在一九九八年寫的董事長致股東信函：不要來自總部的指指點點、不要有人在背後盯著你、徹底的尊重。巴菲特很早就從有價證券的投資過程中，學會了如何管理旗下的CEO們。他管理《華盛頓郵報》執行長唐納・葛蘭姆（Don Graham）的方式，就如同他管理蓋可車險公司執行長東尼・奈斯里。

「如果從波克夏總部告訴那些傑出的CEO們（譬如蓋可車險公司的執行長東尼・奈斯里）如何管理他們的公司，顯然是相當愚蠢的事情。如果背後老闆老是想要指指點點，我們的經理人多數都不會做（大致來說，這些人當中有七十五％是億萬富豪，根本不必為了討生活而工作）。另外，他們就像是生意圈子裡的馬克・麥奎爾（Mark McGwires，以打擊聞名的棒球選手），完全不需要有人告訴他們如何揮棒。

「雖說如此，事業由波克夏完全擁有，經營者能夠更有效發揮功能。首先，我們取消執行長通常需要處理的一些拘泥形式或不具生產力的活動，經營者能夠依本身的需要安排時間與行程；其次，我們對於每位經理人的任務要求很單純，即根據下列原則管理自家事業：（一）假設自己持有一〇〇％股權；（二）這個事業是你和家人目前和將來所持有的唯一資產；（三）這個事業至少在一世紀內不得出售或合併。還有一項補充原則，任何決策不得受到會計考量的影響。我們希望旗下的經營者思考什麼才是重要的東西，而不是如何計算。」

「上市公司的CEO們，受命進行工作的架構通常並非如此，主要是因為公司業主著重短期展望與會計盈餘。但波克夏的股東們——包括未來數十年內——可能是全世界投資期限最長的上市公司業主。事實上，我們所發行的股份中，絕大部分的持有者可能是終身投資人。因此我們可以要求CEO們，以最長期價值為管理宗旨，不必過度強調下一季的盈餘數據。我們當然不會疏忽目前的營運績效——事實上很重要——但我們絕不會因為想要完成短期目標，而犧牲更重要的競爭優勢。」

「我相信蓋可車險公司的成功故事，可以彰顯波克夏制度的效益。查理和我從來沒有——將來也不會——教導東尼・奈斯里任何事情，但我們創造的環境，讓他得以在重要領域充分發揮才能。他沒有必要把時間和精力浪費在董事會、記者招待會、投資銀行簡報，乃至於和金融分析師的談話。他從來不需要思考財務、資金融通議題、信用評等，或華爾街對於每股盈餘的預期等。由於我們採行的所有權結構，他也清楚這種營運架構將持續到未來數十年。處在這種得以自由發揮的環境下，東尼和他的企業可以把幾近於無限的潛力，轉換為實際成就。」[9]

PART

# 02

# 波克夏資本來源：保險業三大CEO

# 經營者：東尼．奈斯里

● 蓋可保險公司

在我搭機前往蓋可總部前，執行長東尼．奈斯里雖然已經同意接受訪問，並做好相關安排，但他還是打電話給我，希望我不要有太高的期待。他表示，蓋可真正的故事是發生在員工身上；另外，他不認為自己是很好的受訪者，也不會不小心透露閒話或祕密給競爭對手。我向他保證，身為股東之一，我絕對不希望、也不會洩露任何重要情報給競爭對手。

不論是電話交談或實際見面，我都可以立即感受這位執行長並不是自我意識強烈的人，他認為自己擔任全世界最棒的CEO工作，對於公司充滿熱忱。他希望這場訪問聚焦於他服務的公司、同事、客戶，以及波克夏。後來，當我向他索取照片時，他不是給我個人照片，而是二十二位蓋可經理人的合照。所有的巴菲特CEO中，他是唯一嘗試說服我取消訪問的人，而且清楚表示不希望成為注目焦點，他寧願協助股東或其他有興趣的人認識蓋可，向他們解釋如何融入母公司的運作。奈斯里降低我對於訪問的期待，我也希望讀者降低對於本章內容的期待。關於蓋可的CEO部分，我只能取決於他的談話意願，所以本章談論的重點將是事業，而不是經營者。

來到蓋可總部，我很訝異大樓廣場的公司標誌竟然是白底黃字，而不是電視廣告裡經常看到的白底藍字。人們很難不注意蓋可的廣告，因為這是有線電視第一名的廣告。後來，基於相同理由，我也很訝異公司總部的蓋可郵寄標籤竟然是紅色。

辦公園區內，有兩條街是為了紀念蓋可創辦人而命名：一條叫做里奧．古德溫車道（Leo Goodwin Drive），另一條叫做莉莉安．古德溫車道（Lillian Goodwin Drive）。停車場的「公司同仁」標誌，告訴拜訪者如何稱呼蓋可的員工。來到主要辦公大樓內部，我發現辦公室的家具和裝潢都是採用一九六〇年代的金屬桌子，老舊的接待櫃台同時負責處理汽車保險付款，某位保安人員處理訪客登記與安全檢查。如同波克夏旗下公司呈現的傳統文化，老舊的辦公大樓默默傳遞某種訊息：節約的成本都會轉嫁為較低保費，提升股東價值。自從華倫．巴菲特在一九五一年第一次搭火車拜訪此處，這裡的辦公室想必一直沒有改變，當時他還在哥倫比亞大學商學院跟著班傑明．葛拉漢（Benjamin Graham）學習。

東尼．奈斯里的助理琳達．史汀—沃特（Linda Stine-Ward）在行政辦公大樓的七樓接待我，然後領我到奈斯里辦公室旁邊的會議室。東尼以南方人特有的親切態度歡迎我。開始訪問時，我發現錄音機壞掉了，這大概是訪問者所能發生的最糟情況。我手忙腳亂地更換備用電池和錄音帶，試圖修理一動都不動的錄音機，但換上新電池完全沒用。東尼非常同情我的處境。他站在辦公室窗戶旁，指著附近的雜貨店，要我去另外買一台新的錄音機，他也可以趁這段時間處理其他事情。

我倉促穿越華盛頓郊區，買了一台新的錄音機，回來看到東尼還耐心地等待著，確信他真是名副其實的好好先生（nicely）。巧合的是，辦公室附近的地鐵站名稱也剛好叫做友誼高地（Friendship Heights）。

東尼．奈斯里可以說是絕對忠誠、完全奉獻給蓋可，因此他不能理解當前職場上的就業者為何經常跳槽、換工作。他一輩子只結識現任妻子、建立一個家庭、服務於一家公司、從事一項工作，當你和他談話時，可以清楚感受到他熱愛這一切。如果有人想知道什麼叫做終極而完美的CEO，東尼．奈斯里絕對符合條件。

蓋可有一萬八千多位員工，本書訪問的所有巴菲特旗下CEO裡，東尼是管理最多員工的經理人。波克夏組織所屬的每五位員工，就有一位接受東尼的領導，而每當波克夏進行另外的併購，這個百分率就會往下降。事實上，最近併購蕭氏實業（Shaw Industries）而新招募的執行長鮑伯．蕭（Bob Shaw），其員工人數就超過蓋可。我還發現一件有意思的事，蓋可已經成為波克夏在巴菲特「退休」後的營運樣版。換言之，一位CEO負責管理營運，另一位最高主管路易斯．辛普森則負責管理投資活動。

每當我提出一個問題，東尼在回答前都會稍做思考，偶爾從辦公室的窗戶鳥瞰華盛頓，或許是回想蓋可承保政府員工的情況。由於錄音機出了差錯，訪問一直進行到午餐時間。東尼又幫我在下午保留一段額外訪問時間，讓我留到他的同事都離開辦公室為止，甚至還允許我事後打電話給他。東尼實在是名副其實的「好好先生」。

---

座落在馬里蘭州華盛頓郊區吉維蔡斯（Chevy Chase）的蓋可公司總部大樓裡，大廳並沒有懸掛東尼．奈斯里的肖像，顯然他不同於過去的執行長們。威廉．史奈德（William B. Snyder）——奈斯里前公司CEO——肖像上的標籤只注明他上任的時間，卻沒有顯示離任日期，雖然奈斯里是在一九九三年接替他擔任執行長職務。奈斯里表示，「這要說到我的父親，但我對他的瞭解有限。他相信人們的行為將代表一切，因此沒有必要多說什麼。我懷疑自己的照片最後會不會掛在蓋可總部，如果會的話，應該也是在我走了之後。」

雖然把自己形容為「相當無趣且才智程度普通、重視家庭和公司的男人」，但他在擔任營運執行長任內的作為，已經清楚說明一切，而且奈斯里的肖像最終還是可能懸掛在蓋可總部。事實上，身為典型的公司一員，即使沒有擔任CEO，他的肖像還是可能懸掛在蓋可總部大廳。他在一九六一年進入蓋可服務，當時才十八歲，在承保部門擔任職員，這也是蓋可規模最大的附屬機構：政府員工保險公司（Government Employees Insurance Company）。奈斯里的整個職涯一直待在這家公司。

一九四三年，他出生在維吉尼亞州阿里蓋尼郡（Alleghany County）的農場之家，本名奧爾札・麥納・奈斯里（Olza Minor Nicely）是為了紀念其祖母，從這名字可以猜測其祖先應該來自奧地利（Olza）與瑞士（Nicely）。他說話稍微帶有南方口音，一般稱呼他為東尼，他表示自己原本希望當個工程師。他回憶，「讀高中時，我希望將來成為土木工程師，進入喬治亞學院第一年也是主修這門課。我是在鄉下長大的，希望在戶外工作，蓋些橋樑或其他建築。」但在大二那年，他就轉到商學院夜間部，一九八六年取得商業管理學士學位。

奈斯里在蓋可服務的時間超過四十年——從一九六一年八月十七日開始——而且曾經服務於公司各部門。他從基層做起，每個工作都多少做過，一九七三年擔任助理副總裁，一九八〇年擔任副總裁，一九八五年擔任資深副總裁，一九八七年擔任執行副總裁，一九八九年被推選為公司總裁，兩年後擔任執行長。

一九九三年，當母公司執行長比爾・史奈德退休時，奈斯里被提名和路易斯・辛普森（Louis A. Simpson）共同擔任執行長，後者從一九八〇年開始主管蓋可的投資活動。辛普森的辦公室位於加州蘭喬聖達菲（Rancho Santa Fe），他擔任資本營運總裁，負責所有投資和資本配置的事務；奈斯里則留在華盛頓的公司總部，擔任保險營運總裁，負責蓋可所有的產物與意外保險業務。

奈斯里進入蓋可後，長久以來和公司一起度過事業的顛簸起伏，因此相當尊重公司的歷史傳統。一九三六年，蓋可成立於德州沃斯堡，創辦人是會計師里奧・古德溫與其妻子，專門銷售保險給統計上風險最低的軍事人員，以及聯邦政府員工（因此公司名稱為政府員工保險公司）；隔年，為了方便服務客戶，公司搬遷到華盛頓；一九四八年，公司掛牌上市；一九五二年，開始銷售保險給州、郡與市鎮等公家機關員工；六年後，蓋可的保險業務拓展到非政府機關員工；到了一九六六年，保費收入已經到達一・五億美金。

可是，到了一九七〇年代中期，由於開始承保風險程度較高的汽車駕駛人、設立新的營業據點、招募數以萬計的新員工，公司營運顯然陷入麻煩。承保部門的虧損急遽攀升，營運成本也跟著暴增，保單求償金額持續累積，客戶服務品質低落。此外還要面對兩位數的超高通貨膨脹、較高的事故率、聯邦政府取消物價管制、無過失保險、同業競爭轉趨劇烈等，這些因素導致公司瀕臨破產邊緣。[1]

當時擔任助理副總裁的奈斯里，對於公司營運陷入困境的原因，提出另外一種解釋。他說：「歸根究柢，你必須提到管理。外在經濟環境雖然不好，但其他公司還是得以生存、安然度過。蓋可成長快速，但管理方法卻沒有做出該有的調整。」一九七六年，公司虧損一・二六億美金，資本告罄，幾乎破產。同年，董事長與副董事長均被開除，由約翰・柏恩（John J. Byrne）接任CEO。

奈斯里相當推崇柏恩挽救公司的功勞，他表示，「傑克．柏恩對於蓋可有兩項無可比擬的貢獻。首先，他挽救蓋可，使其免於徹底瓦解，而當時很少人——如果有的話——可以辦到這點。傑克擁有超凡的魅力，擅長說服他人，同時也具備各種必要條件。他熟悉保險事業，而且個性堅韌，得以完成別人辦不到的事情。奈斯里補充，「另一項貢獻，是他幫蓋可樹立了嶄新的管理程序，許多安排甚至到現在還在實施。」過去二十五年來，公司雖然做了許多變革和改進，但奈斯里說，「蓋可至今仍然保存這個程序的根本部分。當時和傑克一起度過危機的人，從他身上學到關於保險事業、經營管理，還有很多其他事情。」

一九七七年初，柏恩帶領全體資深主管與部門領導前往某隱蔽場所，要求他們提交作業計畫。他用了整個週末去挑戰大家的計畫，解釋他們為何會讓公司營運陷入困境。這位新上任的CEO發現，訂價由某個單位處理，準備金由另一群人決定，而求償事宜又由另一群人負責。柏恩經常聽到一句話：「我不知道，這不屬於我的工作範圍。」這顯然不是經營事業的適當辦法，因此蓋可陷入財務麻煩也就不令人意外了。

身為現任CEO，奈斯里從那個週末學到重要的管理教訓，雖然他當時的資歷還太淺，不克參加那次聚會，「事業計畫程序雖然已經做了調整，但程序本身仍然存在，這讓我們處於有利地位，非常適合培育人才。」

但協助也來自他方一個名叫華倫．巴菲特的人。直到一九七六年，巴菲特對於蓋可感興趣的時間已經超過四分之一世紀，他最初在一九五一年成為該公司股東，因為他發現自己在哥倫比亞大學商學院的老師班傑明・葛拉漢是蓋可的股東與董事長。如同他在一九九五年的董事長致股東信函提到的，「一九五一年一月份某個星期六……當時蓋可對我來說，還是一家我不太熟悉的陌生公司，我搭火車從華盛頓來到該公司位於市中心的總部。很遺憾地，辦公大樓關門，我用力敲門直到管理人員出來。我詢問這位滿臉疑惑的人，辦公室裡是否有人可以和我談一談，他說六樓還有人在工作。」

「於是，我認識了羅里莫・戴維森（Lorimer Davidson），他當時是總裁助理，後來成為CEO。雖然我當時唯一能夠自我介紹的身分，就是葛拉漢的學生，但戴維森親切地用了四小時對我解釋一切。有關保險產業的知識，大概沒有其他人曾經上過更棒的半天課程，還有該公司勝過其他競爭同業的各項因素。戴維森說得很清楚，蓋可的銷售方法——直接行銷——讓他們擁有明顯的成本優勢，其他競爭同業還要讓代理仲介賺一手。對於保險業來說，藉由代理機構銷售的方式已經根深蒂固，幾乎不可能放棄。自從和戴維森談過後，我對於蓋可的股票投資更感興趣。」隨後幾個月內，他購買了該公司三百五十股普通股，成本為一萬零兩百八十二美金。到了年底，這些股票的價值已經成長為一萬三千一百二十五美金，約占巴菲特總財富的六五%以上。[2]

巴菲特雖然在隔年就賣掉他所有的蓋可持股，但隨後二十五年內，他仍然持續追蹤該公司發展，直到傑克．柏恩於一九七六年擔任該公司CEO。當時，公司狀況岌岌可危，如同他後來告訴波克夏股東的，「因為我相信傑克，也相信蓋可基本面享有的競爭優勢，所以波克夏在一九七六年下半年買進該公司相當龐大的股權，後來又陸續購買一些。」[3] 事實上，到了一九八〇年底，波克夏對於蓋可的投資金額已經有四千五百七十萬美金——相當標準的價值型投資——持有三十三．三%的股權，主要理由就是該公司擁有的競爭優勢。由於該公司後來決定買回庫藏股，所以波克夏原本持有的三分之一股權，在沒有進行額外投資的情況下，持有股權已經到達一半稍多。一九九六年，當波克夏買進蓋可剩餘的四十九%股權，加上原本擁有的五十一%股權，投資價值來到二十四億美金，相當於二十年中，每年的投資報酬將近二十二%。

巴菲特在一九八〇年告訴股東們，「蓋可自設計上就是個低成本的營運機構，受限其所隸屬的龐大市場與業者的行銷策略而難以調整。根據其營運目標，蓋可可以提供不尋常價值給客戶，同時幫自己賺取不尋常的報酬。過去數十年來，該公司就透過這種方式運作。它在七〇年代中期遭遇的麻煩，並沒有讓這種根本經濟優勢因此消失或減少。」他說，「這項優勢仍然完整無缺地存在該公司，雖然受到財務與營運困境的干擾。」[4]

所以，綜合了柏恩的管理能力、蓋可的競爭優勢，以及巴菲特的資金和長期投資期限，這些因素共同挽救了蓋可。但正如同奈斯里強調的，蓋可得以生存並非沒有付出代價。他記得，「一九七五年到一九七六年之間，我的生命徹底改變，至少就事業生涯來說是如此。我原本是個年輕人，但在兩、三年內，突然變成老人，完全沒有度過中年期。這一、兩年內，我的時間幾乎完全投入公司，我既盡不了身為父親的責任，也做不到丈夫的責任。我之所以發生蛻變，並不是因為漫長的工作時間，也不是因為沒有時間，甚至也不是這家我奉獻了十五年的公司，到我下班時是否還能生存下來的不可知壓力。讓我變老的理由，是我必須直視著人們的雙眼——那些我熟識且在公司已經服務二十、二十五或三十年的人——告訴他們，『我很抱歉。我知道你對公司忠誠，而且認真工作，但因為某些和你無關的理由，下星期一開始，你將沒有工作了。』我不希望還要做這種事。」

重新站穩腳步後，蓋可在一九八〇年代創下卓越的投資報酬，保險業務的績效也相當理想。一九八五年，傑克・柏恩退休，蓋可的投資表現與承銷保險業績雖然持續成長，但客戶人數卻陷入停頓。到了一九九〇年代初期，蓋可又面臨新的財務困難。一九九二年，安德魯颶風造成的災難，讓蓋可付出超過八千一百萬美金的代價。由於客戶大多居住在距離海岸線五十英里範圍內，因此必須提高保費，新保單受到限制。另外，由於保險事業在傑克・柏恩任期內，擴張到再保險與飛行保險等非核心領域，還有柏恩的繼任者比爾・史奈德（Bill Snyder）收購的多家保險附屬機構，使得公司營運方向變得模糊，而且營運的財務績效也不理想。

已經擁有公司半數股權的華倫・巴菲特，對於這種情況發展顯然很不高興。蓋可的客戶數量沒有成長，巴菲特身為管理階層必須做出調整。正常情況下，巴菲特不會干預波克夏海瑟威普通股投資事業的日常營運，但他這次干預了。史奈德決定提早退休；一九九三年五月，東尼．奈斯里與路易斯．辛普森擔任公司的共同CEO。

奈斯里緊接著採取的行動很重要，可以被視為絕佳的管理課題。他清楚蓋可最持久的競爭優勢——經濟護城河——在於低成本的汽車保險，以及卓越的客戶服務。企業執行長的工作，就是維護與拓展既有的護城河，而不是擴張到其他領域。掌握公司經營權後不久，奈斯里就把蓋可的間接市場業務賣回給過去的執行長史奈德，並結束航空保險業務，最終還出售屋主財產保險業務。然後，奈斯里把營業重心擺在他所謂的蓋可核心專長（core competency），專心拓展汽車保險，更積極藉由廣告擴展客戶群。如此經過一年多，到了一九九四年八月，巴菲特告知公司董事薩謬爾．巴特勒（Samuel Butler）與辛普森，他想要買下蓋可剩餘的半數股權。[5]

實際採行進一步行動前，巴菲特先聯絡東尼．奈斯里，他回答，「我們沒有出售蓋可的打算。」

「巴菲特打電話給我，告知他想要買下公司剩餘的股權，前提是我必須同意這是個好點子。此處涉及兩個我必須考慮的問題：第一，蓋可的股東是否能夠從這筆交易中，取得合理的價格？第二，就客戶服務來說，蓋可採行哪種業主結構更好？繼續由股東擁有或由波克夏擁有？我已經思考過第二個問題，而且很快回答巴菲特，基於許多理由，蓋可如果由波克夏擁有，客戶服務會更好。所以剩下的問題，就是確定蓋可股東的利益必須得到妥善處理。」

蓋可的資深主管對於這筆交易相當感興趣，但整個協商的關鍵還是在股東的權益問題。巴菲特最初建議，波克夏海瑟威透過免稅交易方式併購蓋可，換言之，保險公司股東將其持有股份交換成為波克夏的普通股。但是辛普森和巴特勒對這個提議有意見，因為波克夏股票不分派股息（這點和蓋可不同），而且他們也不確定股票交換是否公平合理。隨後經過無數次討論，還有各種報價和還價。一年後，蓋可建議巴菲特按照每股七十美金現金價格，或運用市場價值相當於七十美金的可轉換優先股完成這筆交易。當時，波克夏剛好把首都傳媒公司（Capital Cities／ABC）的股票賣給迪士尼公司而獲利二十億美金，手中抱滿現金，所以同意運用現金完成這筆總價格為二十三億美金的交易。雖然交易條件商議了一年才取得結論，但雙方董事會只花了一週就核准、簽署這筆交易。一九九五年八月二十五日，華倫·巴菲特從四十四年前開始投資蓋可公司，現在則取得整家公司。[6]

巴菲特為何拖延如此多年後，才決定買下蓋可呢？最主要的原因無疑是保險浮存金（float）。保險公司現在收取的保險費，通常要等到將來才需要實際運用於理賠。所以這段期間裡，保險業者可以充分運用這些資金或浮存金。蓋可可以幫巴菲特提供價值三十億美金的浮存金——也是他可以妥善運用的資金。[7] 事實上，自從巴菲特取得該公司後，蓋可提供的浮存金金額成長超過十億美金。某位不具名分析師在《華盛頓郵報》談到另一個理由：巴菲特和蓋可的「世界觀幾乎完全一致」。根據這位分析師描述，「如果能夠把華倫·巴菲特變成一家公司，他將是蓋可——低調、不追求時髦的一座金礦。」巴菲特表示，「這是一場愛情長跑。」[8]當人們問他，為何花了如此長久的時間才決定併購蓋可，他面帶微笑回答，「你知道，這種事情需要錢。」[9]

東尼・奈斯里很滿意相關安排。當時，他曾經強調，「我真的相信我們將因此取得更好的立場，保險事業的成長速度會變得更快。」他解釋，「開拓某些新事業的第一年，通常會發生虧損。費用變高，虧損變大，」這讓股東們緊張。由波克夏接手後，他說，「我們不必再面對那些關心每年帳面數據變動的股東。我們背後的老闆是個真正的長期投資人，他說：『你們這些人……儘量發揮自己的能力，財務融通的事情由我來擔心。』」[10]現在，加入波克夏海瑟威家族五年後，他仍然相信自己和蓋可其他高級主管做了正確的決定，「整個安排的運作顯然很好，我很滿意。不論是蓋可或波克夏的股東，這筆交易都很公平，所以蓋可與蓋可的客戶都會因此變得更好。」

這筆交易完成當時，蓋可是美國規模第七大的汽車保險業者，保險客戶有兩百五十萬人，承保汽車三百七十萬輛，公司員工超過八千人，許多區域設有分公司，包括喬治亞州、紐約州、維吉尼亞州、加州與德州。一九九四年，公司營業收入為二十六・四億美金，盈餘為兩億七百八十萬美金。奈斯里當時曾經表示，「巴菲特告訴我們，十年後，蓋可的市占率如果來到一〇%，他也不會覺得奇怪。」就本書撰寫時的情況判斷，公司營運顯然朝正確方向發展。在奈斯里的領導下，到了一九九九年，蓋可已經成為美國規模第六大的汽車保險業者，保險客戶超過四百萬人，承保汽車六百三十萬輛。目前公司員工超過一萬八千人，散布在全國各地，並且在數個地方新設立服務中心，包括愛荷華的克拉爾維爾（Coralville）、夏威夷的檀香山、佛羅里達的雷克蘭（Lakeland），以及維吉尼亞的維吉尼亞海灘（Virginia Beach）。

自從波克夏接手後，蓋可的廣告預算成長七倍，而且巴菲特表示他每年願意花費十億美金的廣告費。因此到了一九九五年，保險客戶為兩百三十萬名；到了二○○○年底，這項數據成長逾倍而成為四百七十萬人。

更重要者，自從巴菲特設定市場占有率目標的五年後，蓋可的保險費營業收入增加到每年五十六億美金，就國內個人汽車保險市場整體一千兩百五十億美金規模來說，市占率由二．七％成長為四．五％。

就波克夏旗下的所有保險附屬機構來說，過去四年來，蓋可最賺錢，但提供的浮存金最少。我們可以藉由一種簡單而保守的方法計算蓋可的獲利，然後和波克夏旗下其他保險業者比較：把浮存金乘以無風險報酬率，然後扣減取得該浮存金的成本（或利潤）。四年期間的（稅前）累積淨利將近十二億美金，這個估計數據非常保守，因為路易斯．辛普森實現的投資報酬率，足以匹配、甚至超過S&P指數在相同期間的報酬率十八％。如果從更現實的角度估計稅前累積淨利，應該是下列表格呈現數據的兩倍，也就是說，波克夏購買蓋可的成本在四年內就賺回來了。

**表 3.1 蓋可的四年期獲利計算**

| 年份 | 浮存金 | 無風險報酬率六% | 營業利潤（虧損） | 稅前淨利 |
|---|---|---|---|---|
| 1997 | $2,917,000,000 | $175,000,000 | $281,000,000 | $ 456,000,000 |
| 1998 | 3,125,000,000 | 188,000,000 | 269,000,000 | 457,000,000 |
| 1999 | 3,444,000,000 | 207,000,000 | 24,000,000 | 231,000,000 |
| 2000 | 3,943,000,000 | 237,000,000 | (224,000,000) | 13,000,000 |
| 總計 | | | | $1,157,000,000 |

**表 3.2 波克夏再保險的四年期獲利計算**

| 年份 | 浮存金 | 無風險報酬率六% | 營業利潤（虧損） | 稅前淨利 |
|---|---|---|---|---|
| 1997 | $4,014,000,000 | $241,000,000 | $128,000,000 | $ 369,000,000 |
| 1998 | 4,305,000,000 | 258,000,000 | (21,000,000) | 237,000,000 |
| 1999 | 6,285,000,000 | 377,000,000 | (256,000,000) | 121,000,000 |
| 2000 | 7,805,000,000 | 468,000,000 | (175,000,000) | 293,000,000 |
| 總計 | | | | $1,020,000,000 |

**表 3.3 通用再保險的兩年期獲利計算**

| 年份 | 浮存金 | 無風險報酬率六% | 營業利潤（虧損） | 稅前淨利 |
|---|---|---|---|---|
| 1999 | $15,166,000,000 | $910,000,000 | $(1,184,000,000) | $(274,000,000) |
| 2000 | 15,525,000,000 | 932,000,000 | (1,124,000,000) | (192,000,000) |
| 總計 | | | | $(466,000,000) |

如同右頁表格內容，重點不在於浮存金總額，而是創造這些可供波克夏投資運用之浮存金的成本。如果創造浮存金的成本高於無風險報酬，則保險事業就不足以獲利。企業營運成本可能歸因於許多事項，包括產品訂價太低、申請求償理賠的案件太多、銷售素質不佳保險、過多資本追逐太少優質客戶，或者就蓋可的情況來說，競爭同業為了保有優勢市占率，願意從事短期內賠錢的業務。蓋可很幸運，其採行的營業模式，讓他們可以在汽車保險直銷市場成為低成本提供者。

奈斯里表示，另外還有其他的回報，其中最重要的是他對於公司的想法。公司被併購前，他雖然擁有蓋可的股權，「我現在已經沒有任何蓋可股票。蓋可只有一位所有者——波克夏海瑟威。可是我覺得自己仍然是所有者，就像過去一樣。蓋可是我的事業，除了家庭之外，這可能是我生命中最重要的東西。幾年後，我希望公司每位同事都能產生類似的感覺。」很有趣地，當人們詢問有關巴菲特併購該公司後，是否發生什麼重要的改變，奈斯里說（就如同絕大多數巴菲特CEO們的想法一樣），「就我所不需做的事情來說，很多事情都改變了。」他不再需要擔心無關緊要的表面事務，譬如應付專業分析師、尋找會計方法讓企業盈餘顯得穩定等等，這讓他能夠更專心處理那些和公司長期成功有關的重要業務。

增進品牌認知、提升市占率，這都是和長期成功有關的議題，雖然他說這些也不是真正最重要的東西。奈斯里強調，「我們已經明顯提升品牌認知度，市占率也取得不錯的成績。但除非我們真的做得很好——事實上做得不錯——否則這些也不太重要。你必須確定自己能夠提供某種根本架構，讓所有的東西，包括人員、設備與計畫都能夠持續成長。但歸根究柢，真正的滿意，也就是真正重要的東西，來自於對客戶做正確的事情：幫客戶省錢與提供最佳服務。這是讓我們得以繼續前進的動力，也是真正的成就所在。」

他也相信，蓋可和從事直銷活動的其他保險業者，他們的努力將讓消費者普遍受惠，包括那些和其他保險業者往來的消費者在內。他解釋，「保險產業實際上屬於卡特爾組織，但這種情況不可能繼續下去。現在保險產業呈現的競爭狀況，激烈程度可能類似其他產業。不論你是銷售哪種類型的保險，不論採用哪種行銷制度，長期而言，如果不能保持最高效率，市占率就會流失。直接銷售的制度，不只可以幫客戶省錢，而且可以繼續幫客戶直接省很多錢，並間接促使其他業者改善效率。」事實上，蓋可的某些競爭對手，其保險業務也開始採用直接行銷方式，可是他相信，這些業者很難趕上蓋可的競爭優勢。

這家公司具備的最顯著優勢，就是偏低的營運成本。「蓋可的成功沒有什麼神祕之處，」巴菲特在該公司與波克夏合併後，如此告訴股東們，「公司具備的優勢，來自低成本營運結構。低成本創造低價格，低價格吸引與保有優質保險客戶。當保單客戶向朋友推薦時，整個圓圈就形成了。蓋可每年都有上百萬筆的推薦，其新業務有半數是來自於此，這讓我們得以節省許多拓展客戶的成本，使得營運成本變得更低。」[11]

奈斯里相信，這家公司還具備其他競爭優勢。他承認，「不幸地，我們沒有鎖在保險箱裡的可樂祕方，我真希望擁有這類的競爭優勢。我們擁有的是六十五年來直接與客戶面對面處理事情的經驗，還有根據必要做出調整與回應，因而繼續在相關領域擔任領導者的能力。」舉例來說，蓋可很快就順應潮流採用網路技術，協助營造新事業、維持既有客戶。另外，奈斯里相信巴菲特本身也代表另一種優勢。身為波克夏海瑟威旗下的一份子，「最棒的事情，是能夠經常和巴菲特談話。我們擁有一位業主、一位經理人，他對於保險業的看法，就如同他對於所有其他投資的看法一樣，那就是：『從現在開始的三十年後，我們將變得如何？這個世界將發展成什麼樣子？』他不只要求我們對於事業經營要保持長期觀點，而且也允許我們根據這個觀點自由採取行動。這讓我們得以創造、革新與擴張既有的管理團隊，讓公司得以持續保持健全，不只明年如此，而是未來的三十年都如此。」

事實上，關於華倫．巴菲特，奈斯里談得滿多的。他說，「人們如果問我，幫巴菲特工作的感覺如何，我的回答很簡單，沒有人會比我擁有更好的老闆，不管他們是誰，也不管他們所屬的行業是什麼。他就是全世界最好的老闆。就是這樣。不論是從支持、智慧或鼓勵的角度來說，他都是你最想做報告的那位老闆，所以我是個相當幸運的人。」奈斯里用稍帶著南方口音的語調說，「我真的希望讓他覺得驕傲。雖然不論有或沒有巴菲特，我經營蓋可的方式都不會變，但我確實希望讓他覺得驕傲。」

同樣地，巴菲特也非常肯定東尼・奈斯里。一九九五年的董事長致股東信函，他稱呼奈斯里為「非凡的經理人」，又說，「除了他之外，我再也不會選擇其他人負責管理蓋可的保險營運。他有頭腦、正直而專注。」[12] 隔年，他對波克夏的股東表示，「奈斯里是個超級事業經理人，讓人樂意和他一起工作。不論任何情況下，」他補充道，「蓋可都是極端有價值的資產。東尼掌舵期間，這個組織創造的績效表現，即使是短短幾年前也被認為不可能。」[13] 一九九八年，他寫道，「結合了偉大構想與偉大經理人……當然會得到偉大的結果。這個組合活生生地存在於蓋可。所謂的構想是指低成本汽車保險……經理人則是東尼・奈斯里。事實上，這個圈子裡，除了東尼之外，大概沒有人能夠把蓋可經營得如此有聲有色。他的直覺完全可靠，他的活力沒有止盡，他的行動無懈可擊。」[14] 他在二〇〇〇年的致股東信函表示：「東尼……仍然是老闆眼中的夢想人物，他所做的每件事情都合理。碰到意外發展時，他從來不會一廂情願，或扭曲事實——就如同許多經理人一樣。」[15]

奈斯里雖然承認巴菲特是他的英雄，但對他人生影響最大的兩個人，分別是他父親與祖父，「我如果能夠達到父親或祖父的一半，應該就是相當成功的人。他們是我最景仰的兩個人。」

反之，請教他最在意哪些人的肯定，他說：「我的妻子和小孩。」但他從來沒打算把自己的小孩引進這個事業內，他解釋，「蓋可對於任用親戚有嚴格規定，我們對自己設定高標準，不僅要儘可能維持這個組織的公平，還希望被人們視為最公平的組織。我想，這應該是更高的標準。」

當人們向他請教，成功的營運經理人應該具備什麼條件，他也同樣表示，「誠實與正直應該是首要條件，但不只應該具備這些條件，還必須讓人們認為是如此。」他也相信，「溝通能力很重要……必須能夠和其他人為了共同目的打拚，這點對於成功非常重要。」歸根究柢，他不認為自己應該給別人建議。他唯一想對別人提出的建議，就是剛開始踏進某個行業，務必「謹慎觀察別人，然後建立自己的架構。不要試圖模仿別人的成功祕訣，」他警告，「這些可能不會成功。」

關於工作，哪些方面讓他覺得最有意思？奈斯里說：「當我和同事們一起工作時，我覺得最有意思。我們公司現在有一萬八千位同事，他們也是讓蓋可發光發熱的人。我花了很多時間和同事相處，這也是我最樂在其中的時刻。」事實上，奈斯里認為，蓋可的最大資產就是員工。根據《聖地牙哥聯合論壇報》（*San Diego Union-Tribune*）報導，這家公司「重視升遷機會，提供優渥的福利計畫，工作場所舒適，儘可能讓工作人員在退休前都保持快樂。」舉例來說，一九九九年，當該公司在加州波威市（Poway）興建西岸總部，除了必要的辦公室之外，還提供沙灘排球場、健身房、自助餐廳，以及販售牛奶、麵包等日常用品的商店。「我們公司不希望讓員工擔心逗留太晚，」奈斯里如此對該報紙表示。[16]

華倫・巴菲特似乎不用擔心如何留住東尼・奈斯里。「我有全美國最棒的CEO工作，」他說，「就我看來，我們擁有最棒的公司：提供偉大的產品、歷史長達六十五年、擁有長期服務客戶的傳統、創造非凡的價值。而且我們的產品在很久、很久之後，仍然還會是人們最需要的東西。這是一種幾乎影響每個美國家庭的服務，但不會造成環境污染，也不會讓人罹癌。我最深以為傲的，」他說，「是蓋可所創造的成就，而且我參與其中。這種成就和物質、財富或任何享受無關，而是參與某種真正有價值東西的創造活動。」

處在這種情境下，難怪奈斯里從來沒打算退休。「波克夏的工作同仁多數都是如此，他們熱愛自己的工作，而不是另有目的，」他說，「我也是這類型的人。我甚至不想思考什麼時候退休，雖然我知道這天遲早會來，也就是我想做點別的事情的時候。我的妻子莎莉過去三十九年來一直都支持我，有一天我也許會讓她擁有更多時間，但那一天可能會發生在很久之後的未來。」

談到嗜好與消遣，奈斯里的反應不令人意外，他說，「我最大的嗜好就是蓋可。至於消遣，我喜歡打獵、釣魚，打高爾夫球，但花在這方面的時間很少。我每打一場高爾夫球，平均成本可能要花好幾千元，因為我很少打球。我的高爾夫球會員和其他類似花費，顯然都不是好投資。」他也不特別愛好旅遊，很少離開維吉尼亞大瀑布城（Great Falls）的住家。「過去幾年來，我們夫妻曾經跟著教會團體出遊兩次，一次前往英倫島嶼，另一次前往希臘和希臘群島。

這兩次都玩得很高興，但我很少外出旅遊。」

雖說工作的時候相當認真，他補充，「我最近十年來改變相當多，會儘可能在家裡工作，因為至少有太太陪伴。我很喜歡太太陪伴，只要待在一起，即使不說話也沒關係，她的陪伴對我很重要，但願我對她也是如此。我們的電腦擺在起居室隔壁的書房，即使用電腦工作，我和太太仍然可以交談。」這或許是因為他相信在家裡工作，可以避免重踏覆轍，不至於將來懊悔沒有好好陪伴太太。「我工作很認真，上學與上班都是如此，當時我的孩子還小，我錯過了很多和他們相處的機會。我的兩個小孩（一男一女）現在都很不錯，他們的母親帶得很好，所以我有一雙全世界最健康的兒女，他們現在都已成家，我也變成祖父了。可是我至今仍然很懊悔，他們的成長過程，我沒有好好陪伴，盡到自己該盡的責任。」

談到未來，奈斯里描述他的看法，「世界整體展望相當樂觀，我認為最好的部分還沒有來到，」他說，「對於公司和國家來說都是如此。上個世紀的進步當然最大，但我認為那些有幸回顧二十一世紀發展的人，會認為這才是最棒的世紀。」同時，他也採取必要行動，確保公司將面對光明的未來。「我因應未來的策略，」他說，「就是讓蓋可繼續保持成長。我們的市占率很小，我雖然不重視市占率，但認為努力的結果自然會讓未來的市占率提高。這是很單純的策略，成為提供最佳服務的低成本業者。我不認為這是兩種彼此對立的概念。事實上，我相信你如果是個低成本營運業者，自然會提供最佳服務；反過來說，除非你是個長期的低成本業者，否則也不可能提供最佳服務，因為消費者會把這兩者視為相同。」

「我們專注於最有機會的領域，也就是讓汽車保險業務繼續成長。外面有很多人——分析師、商業評論家——認為我們如果想要成長，就必須提供更多產品給更多人。我就是不相信這種說法。我相信汽車保險對於每個美國家庭都很重要，人們花了一大部分可支配所得在這方面，如果能夠按照低成本提供最佳的服務給客戶，客戶根本毋須要求你提供更多的產品。」

奈斯里想要促進公司成長的手段之一是運用大量的廣告。蓋可原本預定在二〇〇〇年花費三億美金的廣告費，後來因為成效不佳而刪減，因為那一年夏天舉辦奧林匹克運動會，還有秋天的總統大選，廣告費率高，競爭劇烈，成效不彰。他相信品牌認同非常重要，因為將來「只會有兩、三家真正知名的品牌。我相信蓋可會是其中之一，」他補充，「但另外兩家是誰就無從得知了，或許是全州保險（Allstate）與州立農業保險（State Farm）。但我的最終目標，是要把蓋可的名氣營造成像可口可樂和麥當勞一樣。當我提到汽水，大家就想到可口可樂；當我提到漢堡，大家就想到麥當勞；當我提到汽車保險，希望大家就想到蓋可。我們距離這個目標還很遠，但我們會朝那裡邁進。」

他也相信網路會明顯影響蓋可的經營業務，「網路會繼續改變我們產品和服務的分銷機制，」他說，「愈來愈多人用網路聯絡，直接上網買保險、更改保險條件。他們不想填寫書面表格。除非政府規範太多，但我認為不至於，否則網路會降低所有使用者成本。當然，這並不代表蓋可獨享的機會，但我們相對於其他同業將是最大受惠者，因為網路不會威脅蓋可，這點不同於多數代理機構。」

雖然奈斯里預期自己在很久之後的未來，還會繼續掌管蓋可，但他也知道——不論身為保險業主管或任何其他人——將來的事情，誰也說不準。如同每個CEO一樣，他知道自己是可以被取代的，並且強調，「儘可能讓這個組織在我離開後，會變得更好。」很多觀察家認為，將來可能有份新工作等著東尼．奈斯里就任：巴菲特期待接替自己位置的兩位波克夏海瑟威共同CEO們。雖然巴菲特已經指定奈斯里的共同CEO路易斯．辛普森負責掌管整體公司的投資活動，但誰將接任營運部門主管，則流傳著各種猜測。當人們詢問奈斯里，誰會在營運領域接替巴菲特，他說：「我不認為這是個重要問題，因為時間還早，巴菲特還會活很長、很長一段期間。」

即便如此，當問到波克夏將來共同CEO們之間的合作關係時，奈斯里強調他和辛普森之間的相處情況，他說：「最重要的是相互尊重。路易斯和我維持很好的關係，我們兩人從來都沒打算干擾對方，不論在個人或專業領域，完全彼此尊重。但我從來都不喜歡建議任何人如何經營事業，也不想告訴任何人，他在某種情況下最好應該怎麼做。我所能夠說的，就是我們在蓋可服務，路易斯與我合作得相當愉快。」

當問到波克夏未來願景時，奈斯里把一切推託給巴菲特。「我沒有這方面的願景，」他說，

「那應該是巴菲特的願景。我不知道他是否準備了總體藍圖，但我知道波克夏如果想保持成功，就必須繼續演進，如同其他公司一樣。巴菲特會找出一條最好的演進途徑，我相當確定這點。」他相信未來十或二十年後，蓋可將演進為許多事業，而不是維持原本單純的產物意外保險公司，「產物意外保險領域如果出現好機會，我們當然一定會掌握，但是世界上還有很多事業值得嘗試。有些事業現在看起來還不明顯，因為世界會繼續演進，我們也不清楚二十一世紀會出現什麼好機會。真正的挑戰是要找到未來十年、二十年或三十年最適合發展的事業，也就是在未來具有價值的事業。這方面的工作，沒有人比巴菲特更擅長。」

不論巴菲特是否繼續掌舵，奈斯里認為波克夏海瑟威的股東們都不用擔心公司的未來發展，「即使巴菲特走了，」他說，「波克夏可能還是和現在類似。巴菲特採用的方法很好，我猜他的接班人也會採用相同或類似的方法。當然，巴菲特如果離開，波克夏的股價勢必會波動，但公司的價值不會真的發生變化。波克夏仍然是個好投資。」

除了對於蓋可與波克夏海瑟威的未來保持正面看法外，他對於整個美國企業體系的未來發展，也抱持著樂觀的態度，「自由市場企業體系，」他說，「是個美妙的東西。這個自由競爭制度如果可以繼續運作，結果絕對會成功，消費者最終也會蒙受其利。美國人之所以享有最高生活水準，原因有二：首先是採用民主政治的政府形式；其次是因為我們接近——雖然不如我想要的程度，但已經相當接近了——真正的自由競爭企業體系。有些時候，特殊利益團體似乎接管一切，但它們只能掌握到某種限度。最終，消費者將決定根本法則，而這也是應該有的情況。」

**東尼・奈斯里的經營宗旨**

- 服務客戶，瞭解客戶想要什麼，協助省錢，他們會跟著你。
- 對於各方面，永遠保持誠實。
- 學習如何有效溝通。
- 不要放棄自己的核心事業。從事其他新嘗試前，首先拓展自己最擅長的領域。

## 替補資本配置者：路易斯・辛普森

### ●蓋可保險公司

為了慶祝千禧年來臨，路易斯・辛普森前往南美洲南部的巴塔哥尼亞山區徒步旅行。山地徒步旅行是相當孤獨的運動，但很適合這位個性低調的人。辛普森重視隱私，很少接受訪問（這次訪問例外），不喜歡出風頭，不愛在媒體曝光，也不想成為名流。

為什麼辛普森不喜歡接受訪問？我只能自行猜想，或許是因為他不想公開提供投資建議。最近有關他的報導，大多是討論他買賣的股票，似乎這方面的決策將透露其投資成功的祕訣。他雖然輕視金融媒體，也不喜歡媒體強調的「擊敗市場」概念，但他尊重那些從事積極調查的新聞工作者。（他的兩位助理都來自新聞界。）

巴菲特旗下的其他CEO們，都把事業的超額資金送回奧馬哈，由總公司負責資本配置，並調度事業擴張所需的資金，但辛普森的情況不同，他自行負責蓋可的資本配置決策，因此他實質上是巴菲特的「替補」。

路易斯・辛普森同意接受我的深入訪問時，他提出的唯一條件，是不討論蓋可股票投資組合的內容。然後，他回答了兩百七十個問題。

辛普森的工作場所在一棟獨立式建築裡，有四個玻璃隔間的個人辦公室、一處開放式的接待室，還有一間小型會議室。整個辦公室看起來就像建築雜誌裡的模型：一塵不染的木質地板、現代化書房裝潢、訂製的檔案櫃擺滿年度報告和文件、木質雜誌架上陳列著商業與投資刊物。

經過友善的接待，介紹湯姆．班克羅夫特（Tom Bancroft，路易斯的助理，約三十多歲）後，我們進入會議室。辛普森看起來像典型的大學教授，班克羅夫特看起來則像天才學生，這不禁讓我想起班傑明．葛拉漢和巴菲特多年前的師生關係。訪問過程裡，路易斯相當看重湯姆，而且也如實表現出來。

訪問結束後，路易斯先離開，湯姆接著回答了幾個問題。我表示這裡的工作環境很好，湯姆承認，「這是很適合思考的地方。」

離開時，我不禁回頭看看這棟規模不大，但絕佳無比的建築。透過玻璃窗，我看到路易斯還待在辦公室裡，正專心講電話。

我住的飯店就在路易斯的辦公室對面，當我在晚上七點半回到飯店時，看到他仍待在辦公室；隔天清晨，當我離開飯店準備趕往機場時，發現他已經待在辦公室裡了。

路易斯．辛普森是相當獨特的所謂「超級投資人」。一般投資人踏入投資市場，都相信自己可以像路易斯．辛普森一樣成為超級投資人，或者模仿他的選股方式和績效。但想要模仿辛普森，你這輩子必須花很多時間閱讀財務資料，即使聰明才智足以和他相提並論，恐怕也沒有辦法像他一樣憑著直覺行事。

這讓我想起班傑明．葛拉漢在《智慧型股票投資人》（*The Intelligent Investor*）一書開端，他請讀者做決定：你可以成為積極投資人，自行配置資本，把辛普森和巴菲特當作競爭對手；或者，你也可以做個被動型投資人，讓電腦、指數型基金，或另一位超級投資人幫你管理投資。

---

波克夏海瑟威股東們多年來一直揣測，誰會是巴菲特的接班人，更別提整個投資市場的猜測，結果卻相當令人意外，在一九九五年的董事長致股東信函已透露答案。他談到公司併購蓋可保險事業，推崇蓋可投資主管與資本管理執行長路易斯．辛普森的表現，巴菲特表示，「路易斯的表現超越蓋可的範疇：他的出現，確保查理（蒙格）和我如果發生什麼意外，波克夏馬上擁有一位非凡的專家可以處理投資活動。」[1]

當時，路易斯．辛普森還沒有什麼名氣，但巴菲特已經認識他一陣子了。併購蓋可前，巴菲特多年來一直是該公司的大股東，所以相當瞭解路易斯．辛普森的成就。辛普森在一九七九年進入蓋可服務，很快就和班傑明・葛拉漢、查理・蒙格等人一樣，成為巴菲特集團（Buffett Group）的成員，這個由幾位超級投資人組成的核心小圈圈，每隔一年都會和巴菲特一起討論投資事務。現在，仿照蓋可採行的模式，巴菲特允許自己離開後，把他所負責的職務劃分為兩部分，由兩位主管分別擔任：一位營運經理人負責組織經營，另一位資本配置者負責處理公司的投資活動。他所提名的一位公司最高主管，無疑是辛普森，由他掌管投資活動。五年後，或許是為了慶祝七十歲生日，巴菲特正式宣布，當他離開後，他的兒子霍華將接任波克夏海瑟威董事長職務，辛普森將接管公司的投資事務。[2]

當然，這一切都是假定辛普森在巴菲特走了之後還活著，不過巴菲特只比辛普森年長六歲，而且還曾經開玩笑表示，他要在死後五年才正式退休，這段過渡期會定期和波克夏董事透過招魂法會進行溝通。另外，辛普森認同「按照蓋可的方式，把執行長的功能劃分為營運和資本配置兩部分，這種安排雖然很合理，」但自認為由他接替巴菲特的可能性不高。「我完全不從這個角度看待自己，甚至不思考這件事。我把自己看成可能的替補。華倫就是波克夏，」他強調，「只要華倫還在，波克夏就由他主導。他把一生都奉獻給這家公司，他是最適任的領袖。」當然，一旦真的接替巴菲特，絕對是令人望之生畏的工作。辛普森不僅要負責七百五十多億美金的投資，也要站在傳奇人物的立場思考。當人們問他為何願意讓自己落到這種處境，辛普森回答，「我之所以這麼做，是基於善待我者的一種責任感。」

辛普森雖然不確定自己可以靠著投資選股謀生，但他相當適合這項工作。一九三六年，他出生在芝加哥郊區的海蘭德公園（Highland Park），一九五四年高中畢業後，他進入西北大學主修工程。可是，他後來告訴某記者：「我不適合讀工程。」在西北大學待了一年，他轉學到俄亥俄衛斯理大學（Ohio Wesleyan University）主修會計學和經濟學，一九五八年取得學士學位。兩年後，他在普林斯頓大學取得經濟學碩士學位，原本打算從事學術研究工作，卻因為不滿意學術界的薪資報酬，一九六二年決定加入芝加哥的投資機構「史坦—羅伊—法罕」（Stein, Roe & Farnham）。[3] 他在此待到一九六九年，然後離職，根據史坦前同事理查·彼得森（Richard Peterson）的解釋，「對於年輕的路易斯·辛普森來說，他認為公司的心態太保守，錯失很多大好機會。」[4]

一九七〇年，他加入洛杉磯的投資機構「股東管理公司」（Shareholders Management），其發行的企業基金（Enterprise Fund）相當成功而成為媒體報導焦點。但就在辛普森加入後不久，華爾街的氛圍突變，該基金也隨之崩跌。另外，美國證管會控告該公司績效登錄不實。「這對於路易斯是一場痛苦不堪的經驗，」彼得森回憶，「在此之前，路易斯是個純粹的價值型投資人——設定長期目標的人。他清楚自己必須尋找低風險的理想投資機會，換言之，具備成長潛能且價格偏低。」[5] 辛普森在這家公司只待了八個月。然後，一九七一年，他進入「西部銀行」（Western Bancorporation）旗下的西部資產管理公司（Western Asset Mangement），一九七六年晉升為該機構的總裁兼CEO。在他的領導下，該公司的發展雖然成功，但到了一九七九年，他發覺自己很想測試某些構想，但如果繼續管理別人的資金，恐怕沒有機會做這方面的嘗試。[6]

就在這時，蓋可的董事長約翰・柏恩（John J. Byrne, Jr.）剛好想找一位新的投資總監，而辛普森是最後四位候選者之一。為了表達對於華倫・巴菲特的尊重（他當時大約擁有蓋可三〇%股權），柏恩同意讓這四位候選者前往奧馬哈拜訪巴菲特。事後，他告訴《錢雜誌》（*Money*）記者，「在路易斯離開辦公室後，巴菲特打電話給我，『不用再找了，就是這個人。』」辛普森的正式職稱是資深副總裁兼投資總監。柏恩對於這項安排特別高興，因為他不需支付「異常的」薪資，他解釋，「辛普森真的想回到選股工作，做個優秀的投資人，而不是管理整家公司。」[7]

當時，蓋可的當務之急就是省錢，並且尋找一位擅長選股的投資專家。一九七〇年代中期，由於管理不善、投資選擇不當，公司幾近倒閉，一九七六年甚至出現一・二六億美金虧損。當然，整體經濟景氣更是雪上加霜，成為公司表現不佳的原因之一。如同多數保險公司，蓋可的投資組合只持有少量股票，絕大部分都是債券。事實上，根據保險公司普遍採行的標準投資模型，公司資金大多會投資美國公債，而辛普森接手蓋可投資業務時，公司投資組合中，股票只占十二%，一九七〇年代的通貨膨脹更造成投資方面的嚴重損失。

**投資研究與選擇**

辛普森的投資構想來自何處？他每天工作十四小時，並且閱讀所有年報和金融刊物，在擬定重大投資決策前，他會向相關人員蒐集資料，包括經理人、公司客戶、供應商，乃至於競爭同業。他還有個工作小組配合投資作業，專門過濾雜訊、詢問正確問題，並研究每個重要數據。

得到老闆充分授權後，辛普森把債券轉換為公用事業、能源與工業股票，同時也增加食品包裝和銀行股票。公司投資組合的普通股比率很快就提升到三十二％。第一年的股票投資報酬雖然只有二十三．七％，明顯低於市場平均報酬三十二．三％，但到了一九八二年，股票市場上漲二十一．四％，蓋可則成長四十五．八％。「我們給他開放、完全沒有羈絆的環境，允許他持有不尋常比率的股票投資，」約翰．柏恩後來談到，「路易斯則猛力揮擊，把球的外皮都打掉了。」[8] 事實上，辛普森繼續猛力揮擊。從他加入蓋可，到一九九六年蓋可被波克夏海瑟威併購為止的十七年期間，辛普森把公司原來持有的三十三種股票分散性投資組合，減少到只持有十種股票，這個過程也讓整體價值由原來的二一．八億美金，成長為十一億美金。十七年裡，他曾經十二次擊敗S＆P股價指數，平均年度投資報酬二十四．七％，相較於S＆P指數的十七．八％。

辛普森相當堅持一項違背傳統投資智慧的投資原則：持有價值二十五億美金的股票，但總共只持有七種股票。反之，價值型的大型股共同基金，平均持有八十六種股票。[9] 巴菲特長久以來都採用集中性投資，波克夏持有的普通股組合，其中七〇％只集中於四支股票。巴菲特寫道，「路易斯和波克夏一樣，也採取相同的保守性集中投資方法。」[10]

辛普森強調，「我們如果能夠找到十五個確實可信的部位，就會建立十五個部位，但絕不會持有一百個部位，因為不可能熟知一百家公司。集中性投資組合的好處是：『刀口覓食者死於刀下。』如果判斷正確，就會增添價值；如果能夠增添價值，意味著你的看法不同於市場。這代表如果不是集中火力於少數股票，就是集中投資某些行業或產業。」

關於集中性投資組合創造的非凡績效，辛普森雖然有理由覺得驕傲，實際談到這個話題時，他卻表現得很低調。「經由投資組合管理，」他說，「我可以創造報酬幫蓋可賺錢，讓我們可以買回更多自家股票，如此可以提升公司的股價。」由於路易斯奉行的第二個投資原則：「投資那些追求股東利益的高報酬事業」，再加上在一九七九到一九九五年之間創造的優異股票投資表現，蓋可在外流通的股票，由三千四百多萬股減少到不足一千七百萬股。因此波克夏在一九八〇年之前，花費四千五百七十萬美金投資取得的三十三％蓋可股權，到了一九九六年已經成長為五十一％，而且完全沒有做額外的投資。當然，此處真正關鍵的字眼是「投資組合管理」，沒有人比辛普森更擅長此道，巴菲特是明顯的例外。由於辛普森個性低調，這一切聽起來似乎非常簡單，他表示自己的投資方法是經過長時間「嘗試錯誤」調整而慢慢發展成形。

他認為研究代表整個程序的開端，一旦他或首席助理湯姆．班克羅夫特發現某個潛在投資對象，就會安排與相關公司高級主管會面。「這些年來，我學到一件事，」他說，「就是公司管理對於企業價值增減影響的重要性。我們會試著安排和公司資深主管見面，而且希望能夠實際到辦公室拜訪。你可以閱讀世上所有相關的書面資料，但必須知道辦公室的資深主管究竟是怎麼想。」[11] 就辛普森的條件（實際控制二十五億美金，還有更多資金可供運用），以及他確實可以代表蓋可進行重大投資，企業高級主管通常欣然同意見面。他們如果不是欣然同意，辛普森就不會做投資。

就這方面來說，辛普森顯然不同於他的老闆和著名價值投資人班傑明．葛拉漢。反之，他遵循傳奇投資人菲力普．費雪（Phil Fisher）倡導的定性（qualitative）投資方法。巴菲特與葛拉漢相信定量（quantitative）分析方法：研究相關數據，精明投資人就能判斷最佳投資。事實上，葛拉漢曾經表示，拜訪管理團隊的作法屬於定性分析，這可能讓投資人受到經理人的各種行銷手段迷惑。秉持著嚴肅舉止、直話直說、就事論事的態度，很少經理人可以迷惑辛普森。

## 價值型投資

「當你詢問某人究竟是屬於價值型或成長型投資人時，你必須瞭解他們實際上是連體嬰。價值型投資人可以是成長型投資人，因為可以買進成長潛能高於平均水準的對象，也能夠買進企業價值被低估的對象。」

——路易斯・辛普森

辛普森具有三項特質深受華倫・巴菲特讚賞：理智、性格與脾氣。巴菲特如此評論辛普森：「脾氣經常讓聰明人變得不聰明，而他的脾氣可能和我沒有什麼不同，我們通常都會做合乎理性的事情，不會讓情緒干擾理智。」[12]

甚至連波克夏副董事長查理・蒙格也認同辛普森的個性：「我認為，想要維持優異的選股紀錄，投資人需要有點古怪、願意和群眾作對，而路易斯就具備這種心態，這讓我們印象深刻。」[13]

除了像華倫・巴菲特一樣集中火力投資少數幾種股票，辛普森也是無所不讀，且手下只有少數參謀人員。如同巴菲特一樣，但不同於多數機構投資人，不論管理資產規模如何，薪資報酬直接和投資績效掛勾，而且辛普森手下的配置人員始終保持相同。他們兩個人都強調思考密集，而不是人員密集；強調閱讀密集，而不是交易密集。

但辛普森與巴菲特之間也存在差異，他們畢竟不同，過去不會，將來也永遠不會相同：

- 路易斯是個擁有自己投資方法和理論的獨立思考者，身兼許多外部董事職務與社會關係；巴菲特則否。

- 辛普森挑選一整組價值型股票，只購買企業的一部分；巴菲特大多收購整家公司。
- 辛普森是掛牌股票的淨買家；巴菲特最近幾年來情況則不同，他已經成為掛牌股票的淨賣家。
- 辛普森的投資完全是上市掛牌股票；巴菲特則持有三〇％掛牌股票，其餘七〇％則擁有整家營運事業，他設定的目標組合是一〇／九〇。
- 對於個別投資對象，辛普森投入的資金目標為五億美金；巴菲特則偏好價值五十億美金的交易。
- 辛普森默默單獨工作；他的老闆每年會收到三千多封信件，每年春天要主持股東會議。
- 辛普森不會欣然接受蠢行，他不在意名聲，也不想出風頭。辛普森是唯一樂於和同事共同接受訪問的CEO；巴菲特就像他父親一樣，是個具有政治家性格的經營者，隨時都願意擺姿勢照相，也樂意幫人簽名。
- 辛普森無所不讀，但從來不寫作或出版；巴菲特每年出版三十萬份年度報告，網路上還有無數的讀者。
- 辛普森和波克夏旗下企業的CEO一樣，每年賺取的薪酬和紅利，金額遠超過大老闆。

關於股票投資組合的管理，辛普森表示遵循五項基本原則，他在一九八六年的蓋可年度報告概述過這些原則，並在隔年接受《華盛頓郵報》訪問時，詳細解釋其內容：

1. 獨立思考。「我們試圖質疑傳統智慧，」他說，「嘗試避開華爾街每隔一陣子就會出現的非理性行為與情緒。我們不會忽略冷門事業。事實上，剛好相反，這類情況往往代表最佳機會。」

2. 投資那些追求股東利益的高報酬事業。「長期而言，」他解釋，「企業如果想幫股東的投資賺錢，促使股價上漲可能是最有效的辦法。現金流量是另一種有用的績效衡量；相較於申報盈餘，現金流量比較難以透過會計手段操縱。評估企業經營者時，我們思考下列問題：經營者是否持有公司的明顯股權？經營者是否坦誠對待股東業主？經營者是否願意放棄不賺錢的業務？經營者是否願意利用超額現金買回自家股票？最後這個問題最重要。賺錢事業的經營者，經常運用超額現金擴張某些比較不賺錢的業務。很多情況下，剩餘資源運用於購回庫藏股，效率往往最高。」

3. 即使是最優異的事業，其投資也只能支付合理價格。「關於購買股票所支付的價格，即使是最優質的企業，我們也會儘可能遵循嚴格紀律。縱使是全世界最棒的企業，投資價格如果太高，也不會是好投資，」他表示，「本益比或其倒數的盈餘殖利率，兩者都是衡量公司價值的有用指標，還有股價／自由現金流量比率。另外，盈餘殖利率與代表無風險報酬的美國長期公債利率，兩者之間的比較也頗有參考價值。」

4. 長期投資。「想要猜測個別股票、股票市場，或甚至是整體經濟的短期波動，」他認為，「無助於創造穩定的績效，短期發展太難以預測。反之，對於追求股東利益的優質企業，其股票投資很有機會創造平均水準以上的長期報酬。另外，股票投資如果經常殺進殺出，會因為兩方面損失而明顯降低績效：交易成本與稅金。如果可以，儘量避免佣金與稅金的剝削，毫不間斷地持續進行複利，資本會成長得更快。」

5. 投資不可太過分散。「買進代表整體市場的眾多股票，非常不可能創造突出的績效，」他認為，「愈是分散投資，表現頂多愈接近整體市場的平均水準。我們的投資會集中火力於少數幾家符合我們標準的企業。好的投資對象，即符合投資條件的企業不容易找到；當我們認為找到適當對象時，就會大量投資。蓋可持有的五個最大部位，其價值就超過整體股票組合的五〇％。」[14]

華倫．巴菲特把辛普森的投資表現，刊登在一九八六年的年度報告中，一方面解釋他為什麼認為辛普森可以接替他成為波克夏的投資主管。他們兩人不僅採用類似的投資方法，績效也相當接近。一九八〇到一九九六年之間，辛普森創造的平均年度報酬為二十四．七％，稍低於巴菲特的同期表現二十五・六%，但兩人都明顯優於S&P股價指數的十七・八%。辛普森的表現可以和十年前著名投資人彼得・林區（Peter Lynch）相提並論，後者是富達麥哲倫基金（Fidelity's Magellan fund）的經理人。

需注意的是，辛普森只投資上市掛牌股票，從這個角度來看，其表現似乎更傑出。巴菲特的年度投資績效是根據波克夏每股帳面價值計算，因此受惠於保險浮存金與其他因素，還有獨資企業的盈餘。所以單就投資選股來說，辛普森可能是更優秀的選股者。

彼此推崇讓他們得以更有效合作。事實上，早在波克夏完全併購蓋可前，巴菲特就相當讚賞辛普森。一九八二年初，巴菲特稱呼辛普森為「產物意外保險領域的最佳投資經理人」。[15]在一九八六年的董事長致股東信函，巴菲特寫道，「對於負責波克夏投資活動的人來說，細數推崇路易斯的表現，確實不免讓我有點尷尬。只因為我持有波克夏的控制股權，才有足夠的安全感如此讚美辛普森。」[16]

一年後，巴菲特告訴《華盛頓郵報》：「路易斯幫我賺了很多錢。就現況來說，在我所知道的人當中，他是最棒的。最近幾年來，他的表現遠超過我，他抓住了我所錯失的機會。波克夏二十四億美金的總淨值中，有七億美金投資於蓋可，但我從來沒有干涉路易斯的投資管理。他完全嚴格遵循自己的原則。華爾街的投資人多數根本沒有原則可言，即使有，他們也不會嚴格遵守。」[17]

辛普森對於他的老闆也抱著肯定看法，「他是個很棒的人，」他說，「我懷疑將來是否還能有另一個華倫．巴菲特。幫他做事的最大好處，就是他是完全公平、理性的。他讓你可以放手去做，如果做得好，他會鼓掌；如果做得不怎麼好，他也能夠瞭解。他的眼光看得很遠。」

關於巴菲特，辛普森說，「就基本價值來說，我們的投資方法相當類似，」但他也認為兩人之間存在重大差異，包括個人與專業方面都是如此，「華倫是個相當特殊的人，他擁有的智慧幾乎已經不是常人可以揣測的程度。他把全副精神都擺在波克夏，他的生命就是工作，他熱愛自己的工作。我也熱愛自己的工作，但我的投入程度無法和他相提並論。我可以休息一、兩個星期，放下工作，完全不理會市場表現。我懷疑華倫是否會這麼做。」還有，雖然辛普森沒有特別指出，兩人的投資哲學還是存在些許不同。舉例來說，辛普森似乎願意——或更擅長——頻繁調度投資；當然，這可能是因為他持有的部位規模較小。就本書撰寫當時來說，蓋可只有九種股票：鄧白氏（Dun & Bradstreet）、第一資料（First Data）、房地美（Freddie Mac）、GATX公司、大湖化學（Great Lakes Chemical）、瓊斯服飾（Jones Apparel）、耐吉（Nike）、蕭氏通訊（Shaw Communications）、美國合眾銀行（U.S. Bancorp）。[18] 辛普森強調，「對於多數投資人來說，持股種類不該超過十～二十種。」

事實上，蓋可持有的股票，也凸顯辛普森和他老闆之間的另一項差異。他們兩人的投資，都可以輕鬆擊敗股市大盤或分散性股票組合，進一步證實巴菲特主張的理論：超級投資人當初都是來自葛拉漢—陶德小鎮；換言之，這是泛指採用葛拉漢和陶德（Dodd）倡導之價值型投資方法的投資人。價值型投資人可以持有不同的股票，而同樣獲得成功。辛普森個人曾經投資柯特家具租賃（Cort Furniture Rental），這是發生在巴菲特透過相同的價值型投資方法收購這家公司前。路易斯也曾經投資電話電報公司，這意味著他比較能夠接受高科技企業，巴菲特則以厭惡高科技事業而聞名。辛普森最近還接受AT&T的董事職務。

一九七九年，辛普森剛進入蓋可時，巴菲特與他雖然在面試過程已經彼此認識（根據辛普森的說法，「我們曾經談到芝加哥小熊棒球隊」），但直到波克夏在一九九六年完全收購蓋可後，兩人的關係才變得更親密。「我大概每週或每隔十天會和巴菲特通一次電話，」辛普森說，「但有時候我們會連續兩、三天都通電話，談話主題永遠是股票與企業。」另一方面的重大變動是辛普森負責的工作。置身於樸實的辦公室，辛普森說，「除了管理投資組合之外，我每天必須處理的例行公事並不多。我每年參加四次蓋可內部的董事會，通常是透過電話進行，每年還要飛往首都華盛頓的總部參加會議。我也會定期和蓋可負責營運的執行長東尼．奈斯里通電話，並且和總部其他人溝通。」

就沒有發生變動的事情來說，辛普森仍然自行擬定投資決策。一九九八年，巴菲特接手管理波克夏其他主要保險機構通用再保險公司（Gen Re）的投資組合，蓋可雖然也成為被完全擁有的附屬機構，但他允許辛普森繼續管理蓋可的股票投資組合。關於這項安排，辛普森解釋，

「我們已經認識很久，他完全清楚這邊的人，所以願意讓我們繼續處理。他過去從來沒有這麼做，但這次情況不同，因為蓋可的投資，長期以來都是由我們管理。至於通用再保險，」他補充，「管理投資組合的（傳統）方法全然不同。」當全世界最著名的投資經理人同意他繼續負責管理投資組合，顯然是了不得的恭維，但辛普森只是揮揮手說，「到目前為止……，你知道他們怎麼說的。」然後笑笑。但當被問到波克夏併購該公司後，蓋可是否發生了什麼變動，辛普森的態度馬上又變得認真。「我們的眼光必須放得更遠，」他說。「我認為短期內創造保險利潤，應該比較不重要；在合理領域創造成長的能力，應該更重要。」

蓋可的股票投資稍微不同於波克夏進行的投資，差異在於買進部分企業與整體企業——類似個人投資者與綜合企業投資人之間的差別。小型組合擁有較廣泛的投資選擇，或如同路易斯比喻的「有較大的池塘可以抓魚」。投資組合的規模雖然有差別，但進行的分析則相同，所以收購整個事業所創造的經濟效率，最終會提供更高價值，在控制、稅務、現金流量等方面也會變得更具吸引力。

雖然曾經考慮過其他事業生涯，但路易斯說，「我真的很高興能夠從事投資管理工作，這在智識上深具挑戰性，而且也很講究實務和根本。」有趣的是，如果考慮他對於處理例行事務顯然缺乏興趣的特質，當被問到投資管理之外，他最可能從事的工作，辛普森竟然回答，「我可能會從事綜合管理方面的工作，或許在非高科技事業擔任總經理。倒不是完全因為其講究根本的性質，而是我喜歡參與最高管理程序，實際經營事業，創造企業價值。我雖然擁有某種特殊才能，這也是我在蓋可扮演的角色，但我把自己看成是擁有投資和財務專長的總經理。」

這種專長幫辛普森帶來相當優渥的收入，雖然收取的管理費微不足道。就價值二十五億美金的管理資產來說，一般專業經理人每年可以收取兩千五百萬美金的管理費。雖然不知道確實收入，但辛普森收取的管理費可能只有前述金額的十分之一。不同於一般專業資產管理的收費，路易斯的報酬並非取決於管理資產規模，而是根據實際績效決定。他從來不想做廣告，也不想渲染自己的績效，或成為電視名嘴、行情預測者、受訪的紅人等。如同其他的巴菲特CEO一樣，他把精神放在企業內部，而非外部。以每年二十四％報酬率計算，辛普森可以幫公司股東創造六億美金的額外年度投資盈餘。

波克夏沒有申報辛普森的薪資或績效紅利。一九九六年，也就是巴菲特收購蓋可的前一年，辛普森領取的薪資報酬為六十萬美金。一九九九年，當波克夏本身的價值型投資沒能超越S&P大盤市場，路易斯也沒有收到紅利，因為其紅利是根據三年期滾動式平均報酬與S&P五百指數做比較。事實上，這算不上是豐厚的薪資，尤其是和當今共同基金經理人的報酬比較，他在一九九二年因為擊敗大盤市場而賺取一百五十萬美金紅利，隔年因為執行選擇權而幫他帶來三千八百萬美金財富。另外，當波克夏收購蓋可，他又兌現了超過兩千五百萬美金的現金。因此辛普森就如同波克夏許多高級主管一樣，雖然不必為了討生活而工作，但他還是決定繼續這麼做，完全都是為了樂趣。他說，「這種樂趣來自於真正瞭解事業。當我體認到某種大家不太懂的見解，我就覺得很興奮。」事實上，路易斯表示，他的勝任感覺完全來自於理解的能力。

這種理解只能夠來自於大量的研究學習。如果有所謂美好的一天，他說，「那應該是我坐在辦公室裡，市場沒有開盤、沒有電話，我可以整天閱讀。」事實上，閱讀占據他整天的大部分時間，「我每天大約花費五～八個小時閱讀很多不同的東西，像是各種檔案文件、年報、產業報告、商業雜誌等。」他最愛好閱讀的商業刊物，包括《華爾街日報》、《商業週刊》、《富比士雜誌》、《巴倫週刊》，「這些刊物都可能提供好點子。可是……，」他馬上又補充，「雜訊也很多。」關於投資評估，你必須過濾雜訊，獨立思考。

他很仔細閱讀年報。「企業發行年報的期間，」他說，「我每天可能閱讀十五～二十份年報。我通常會閱讀董事長致股東信函，體會企業的文化氣氛，然後閱讀『資金來源與運用』，也會閱讀某些註腳，但CEO致股東信函大致上可以設定基調。」如果CEO的信函反映太多私人觀點，就會讓他覺得不對勁。他承認，「波克夏某些地方也涉及太多私人事務。」但他忙著補充，「波克夏就是華倫，華倫是公司的明星。」他不想看到故意討人歡喜的公司董事長，並指出，「即使華倫有些太過強調個人，他還是處理了許多重要議題。有很多CEO的信函實在是言不及義，沒有透露太多企業訊息；一切都是公關、行銷與煙幕。」

辛普森確實執行了他所主張的觀點。一九九三年，《華盛頓郵報》圈選蓋可的年報以及投資長給予表揚。「這些年來，」特派記者史丹‧辛登（Stan Hinden）解釋，「我們發現閱讀年報——聽起來雖然頗為乏味——得以探索企業發表官樣文章背後的真相，同時也有機會瞭解不尋常的構想，藉以彌補壞消息，或發覺罕見的企業坦率之語。」由於這家報紙認為蓋可的報告可以做為企業坦率的典範，所以授與該公司「直話直說獎」。「辛普森如果做得好，」《華盛頓郵報》強調，「他會告訴你；如果做得糟糕，他也會告訴你。」引用年報的內容，辛登說明辛普森如何解釋蓋可在一九九〇年代初期為什麼表現相對不佳，他坦白承認，「表現不彰的主要理由有兩點：第一，我們沒有精準辨識好的投資機會；第二，股票市場的整體表現不如一九八〇年代。」[19]

事實上，辛普森給大家相當清新的感覺，坦白承認自身的弱點、限制與錯誤。他認為自己做為投資人，最嚴重的缺失就是「對於科技缺乏瞭解，因為某些科技是經濟體系至關重要的東西。」另外，他認為自己沒有「花時間試著瞭解科技，」同時也承認，「我不知道這方面嘗試是否會帶來任何好處，我似乎將其完全封閉。」很有趣地，他雖然承認，「科技代表賺錢的好機會，」但他對於自己沒有積極介入，並不覺得遺憾。「我認為這方面活動必須落在能力範圍內，」他說，「處理那些你有能力瞭解的企業，必須能夠精確評估公司價值、盈餘能力。」他舉例解釋，「我不瞭解美國線上（AOL）的價值評估。我瞭解AOL的事業經營，就創造價值來說，該公司經營得很好，但相較於營運展望，我不瞭解其價值評估，」然後，想了想，他又補充，「或許我也不瞭解該事業。事實上，我確定自己不瞭解。」

至於最後導致失敗的風險承擔，辛普森說，「過去，我們下的賭注相當集中，這可能是我們面對的最大風險。某些案例結果很理想，另一些案例結果並不符合預期。我們對於人員的判斷有時候也不夠精確，尤其是管理團隊和業者。」

「我們嘗試讓自己變得更勝任，這實際上是兩者的結合：瞭解事業與人員。我們對於瞭解事業方面的表現可能更好，但其實這兩方面都還在學習。而且，」他補充，「每當犯錯，我們都會事後剖析原因。我認為必須面對錯誤，瞭解自己為何犯錯。」

關於股票投資，辛普森所犯的最大錯誤，不是賣得太早，也不是沒有花時間研究科技、過度交易，更不是盲目相信小道消息，問題在於他聽取自己所投資之公司的內線消息。「這實際上凍結了我的部位，因為我成了內線者。」辛普森解釋，「我們因此賠了一些錢，有了內線消息既不能賣出，也不能買進，我們再也不會落入這種處境。我們不想要任何內線消息，我們要儘可能保持彈性。」

相當典型地，當被問到自己的最大長處，辛普森說，「我們如果擁有任何長處的話，那應該是對於事業的瞭解，但願還有對於管理團隊的瞭解。為了取得相關信念，你假定自己是按照合理價格買進，甚至可能是便宜的價格，然後集中火力下注。一般來說，這套方法的運作結果相當不錯，但有時候則否。」

辛普森表示，必須分別從定量與定性角度評估企業。他的團隊對於產業與企業所做的深入分析，讓他覺得在這方面擁有優勢。另外，被問到企業評估的最重要定量因素是什麼，他回答：「資本報酬。這可以透露很多訊息，盈餘的最大問題之一是雜訊實在太多，你必須拆解許多財務資料，才能知道真正的數據。股權資本報酬率才是真正重要的，不過有時候並不明顯。即便如此，」他說，「我認為必須觀察很多東西，琢磨公司的盈餘成長可以持續多久，然後引用適當的折現率去計算儘可能精準的價值評估。理論上，說起來很簡單；實務上，做起來非常困難。」

辛普森雖然很樂意分享專業意見，但他不認為可以教導某人成為傑出的投資人。「這是一種藝術，」他說，「涉及許多心理和情緒層面的東西，」他也相信，「很多人就是缺乏投資人必須具備的耐心或脾氣，歸根究柢，一般投資人並不具備成功的條件。」不過他認為有件事應該可以提供幫助，就是熟讀班傑明・葛拉漢的兩本經典著作，包括他寫的《智慧型股票投資人》，以及他和大衛・陶德合著的《證券分析》（*Security Analysis*）。當他被問到對於目前在金融產業服務，或考慮投入投資管理行業的人有什麼建議，他說，「我建議各位及早跟隨真正適合的前輩學習，那些正直而有信心、那些你可以學習的人，而且投資眼光不要太短。」事實上，他認為自己最值得受到讚賞的投資特點，就是眼光長遠，「我學到一件事，那就是無法強求市場按照你的希望發展，但隨著時間經過，市場最終會有理性的表現，或至少在某種程度內是合乎理性的。」

至於給個人投資者的建議，他借花獻佛地引用華倫．巴菲特的說法，「第一次碰到他的時候，他建議我把整個投資程序想像為一張只可以使用二十次的票卡，你只可以採取二十次投資行動，然後只能保有當時持有的部位。由這種角度思考，真的很有幫助，這讓你保持全神專注、謹慎選擇，你所做的任何行動都必須有強烈的信念。一般來說，」他補充，「人們只是不斷攪拌投資組合。班傑明．葛拉漢曾經告訴我，很多個人投資者和機構投資人的行為，都讓他想到彼此只是在交換要洗的髒衣服。他們為了交易而交易，不認為自己擁有相關事業的一部分。投資人如果認為自己擁有相關事業，而且抱持著合理的投資期限，表現應該會好得多。」

雖然已經六十四歲，辛普森認為距離退休的時間還很久。他仍然早上六點進辦公室，比三位助理都早，然後待到晚上七點半才離開。最近他租賃的辦公室才又續約五年。「我真的很喜歡目前正在做的事情。」他說，「我們有個很棒的小型工作團隊，大家相處融洽，而且周遭環境再好也不過了。如果退休的話，我不知道自己要做什麼。」最近剛再婚，三個小孩都已經成人，他又沒有什麼其他興趣，除了偶爾從事山地徒步旅行之外。但他倒相當熱中於公民活動，舉例來說，雖然幾個兒子數年前已從凱特中學（Cate School）畢業，但辛普森仍然擔任學校的受託人，經常提供投資方面的建議，並在校內成立財務協助基金，每年捐獻超過一百萬美金。

「路易斯的標準行為，」學校開發部門主管梅格・布萊德利（Meg Bradley）告訴《錢雜誌》，「提供了全世界最慷慨的禮物，而且不附帶任何條件。他實在是個非常大方的好人。」[20]

由於還沒有打算退休，辛普森並沒有培養接班人負責蓋可的資本運作，「我不認為這個領域可以培養接替人選，我們是在學院式環境工作，希望繼續保持如此，直到永遠。」當被問到蓋可的願景，他將此推託給共同CEO東尼・奈斯里，但補充道，「蓋可可能是汽車保險業的未來典範。保險業的經營將愈來愈強調直接回應，或許會愈來愈仰賴網路。我認為蓋可目前是——將來也仍然是——按照優惠價格提供絕佳的服務。」

談到波克夏海瑟威的未來，他也同樣不願隨便發表意見，甚至更有保留，如同有關蓋可未來發展問題的回應一樣，他只說，「那要由華倫決定。但我認為這一切將取決於未來的機會。」他不相信巴菲特對於公司的未來發展已經有了具體的藍圖（他認為這是隨著情況發展而繪製的畫作），他也不願意臆測這幅畫作在十年或二十年後將會變成如何，「情況將取決於機會發展，所以我相信整個情況會很有趣，」他也認為，股東們不必擔心巴菲特退休的影響，「只要巴菲特繼續保持敏銳的心智狀態——他目前的反應靈敏程度，如同我二十多年前剛認識他的時候一樣——他就會繼續做目前所做的事。」

根據同事表示，當巴菲特任命辛普森為將來準備接手波克夏海瑟威的兩位共同CEO之一時，他對於這項認同感到高興，但並不特別關心。[21]「當他卸任時，」辛普森說，「將有很多年輕人可以接手。」[22] 至於誰會接手營運CEO，他也閉口不談。「波克夏有很多可能的人選，我不知道應該選誰。內部認為最有可能的三個人選，分別是波克夏再保險公司的亞吉・詹恩（Ajit Jain）、商務客機公司（Executive Jet）創辦人兼總裁理查德・桑圖利（Rich Santulli），以及目前和辛普森共同擔任蓋可執行長的東尼・奈斯里。[23] 當然，究竟是由這三個人當中的哪一個或其他人接替華倫・巴菲特，只有將來才可能知道答案。」

這個時候，路易斯・辛普森只打算繼續從事他長久以來一直在做的事情。「就我們的行事來說，其中完全沒有祕密，也沒有意外，我們非常清楚所做的事情。我們有很好的方法，重點只是如何進行。當然，方法的執行並不簡單。這是一場長期競賽，但我們確信這套方法能夠成功。」

## 彼得・林區與路易斯・辛普森

想要瞭解路易斯・辛普森的投資理論與實務，最好的辦法是和著名投資經理人彼得・林區比較，兩個人之間呈現強烈的對照。

**表 4.1 彼得·林區與路易斯·辛普森對照表**

| 彼得·林區 | 路易斯·辛普森 |
| --- | --- |
| 媒體紅人，出版三本著作，發表很多雜誌文章，廣告代言人。 | 默默無聞，通常不接受訪問，沒有寫作或出版計劃，不喜歡曝光。 |
| 十多年前，年僅四十六歲就從基金管理領域退休。 | 現年六十四歲，仍然積極管理投資。 |
| 「投資你和家人熟悉的股票，投資你瞭解的股票。」 | 「投資價值型股票。投資別人不瞭解，而你透過研究與獨立思考而發現的股票。」 |
| 「每個人都可以成為平均水準以上的投資人。」 | 「一般投資人並不具備成功的條件。」 |
| 管理一百四十億美元資產，分散投資三百五十種股票。 | 管理二十五億美元資產，集中投資七種股票。 |
| 幫富達基金老闆強生家族賺錢。 | 幫蓋可股東和波克夏海瑟威賺錢。 |
| 事業生涯十三年（一九七七～一九九〇） | 事業生涯三十八年（一九六二～） |
| 數百萬名股東。 | 三十萬名股東。 |
| 持有三、四年的股票報酬最佳。 | 按照一輩子只做二十筆投資的方法。 |
| 偏好轉機股。 | 偏好不受市場青睞的價值型股票。 |
| 根據資產規模賺取個人報酬。 | 根據企業盈餘或藉由買回自家股票幫股東創造價值而賺取個人報酬。 |

表 4.2 辛普森的股票報酬比較

| 年份 | 辛普森 | 巴菲特 | 林區 | S&P 500指數 |
|---|---|---|---|---|
| 1980 | 23.7 | 19.3 | 69.9 | 32.3 |
| 1981 | 5.4 | 31.4 | 18.5 | (5.0) |
| 1982 | 45.8 | 40.0 | 48.1 | 21.4 |
| 1983 | 36.0 | 32.3 | 38.6 | 22.4 |
| 1984 | 21.8 | 13.6 | 2.0 | 6.1 |
| 1985 | 45.8 | 48.2 | 43.1 | 31.6 |
| 1986 | 38.7 | 26.1 | 23.7 | 18.6 |
| 1987 | (10.0) | 19.5 | 1.0 | 5.1 |
| 1988 | 30.0 | 20.1 | 22.8 | 16.6 |
| 1989 | 36.1 | 44.4 | 34.6 | 31.7 |
| 1990 | (9.1) | 7.4 | (4.5) | (3.1) |
| 1991 | 57.1 | 39.6 | | 30.5 |
| 1992 | 10.7 | 20.3 | | 7.6 |
| 1993 | 5.1 | 14.3 | | 10.1 |
| 1994 | 13.3 | 13.9 | | 1.3 |
| 1995 | 39.7 | 43.1 | | 37.6 |
| 1996 | 29.2 | 31.8 | | 23.0 |
| 平均 | 24.7 | 26.8 | | 16.9 |

附注：辛普森（蓋可）與林區（富達麥哲倫基金）的報酬沒有考慮稅金和管理費，表示為股票投資報酬率。林區的報酬沒有計算購買基金當初支付的 3% 手續費，波克夏的報酬已經考慮稅金和管理費，是根據公司帳面價值計算，不是市場價格。S&P 500 指數沒有考慮稅金和管理費，但包含股利再投資。

自從蓋可一九九六年成為波克夏海瑟威獨資擁有的企業後，辛普森和蓋可的年度投資報酬就沒有公開資料可供查詢。《富比士雜誌》估計辛普森一九九九年報酬為十七％。[24]

## 路易斯．辛普森計分板

1. 十七年內有七年勝過巴菲特。
2. 十七年內有十二年擊敗S&P五百指數。
3. 彼得．林區掌管麥哲倫基金的最後七年，有五年是由辛普森勝出。
4. 彼得．林區掌管麥哲倫基金的最後十年，總報酬輸給辛普森。
5. 辛普森在股票市場所創的報酬績效，如果與巴菲特的帳面價值變動報酬做比較，顯然不公平。
6. 績效公開的年數為十七年。
7. 績效不如整體市場的年數為四年。
8. 績效表現連續低於S&P五百指數的年數為一年。
9. 一九八〇年：蓋可的投資組合中，股票部分只占十二％。
10. 一九八三年：蓋可的投資組合中，股票部分只占三十二％。

11. 一九八二年：蓋可持有價值二·八億美金的股票，投資於三十三家公司。
12. 一九九五年：蓋可持有價值十一億美金的股票，只投資十家公司。

**路易斯·辛普森的經營宗旨**

- 大量閱讀金融新聞。
- 投資任何企業前，先深入研究。
- 投資價格不可過高。
- 長期投資。
- 集中投資少數股票。

# 意外經理人：亞吉·詹恩

## 波克夏再保險部門

亞吉·詹恩出生在半個地球之外，他是印度奧里薩邦（Orissa）加爾各達南部人，這個小鎮以颶風和其他氣候天災聞名，他沒有想到老家的惡劣天然條件，有一天將幫助他在「意外」專業領域闖蕩成功。

英語是亞吉的第二語言，他單槍匹馬創造的營收與盈餘，金額超過波克夏任何員工。

巴菲特旗下的CEO是由基督教徒與猶太人構成的分歧團隊，亞吉·詹恩是其成員之一。詹恩的名字取自印度某古老宗教「耆那教」（Jainism）。這個經營團隊的文化、宗教、政治與教育背景差異極大，絕對不是按照華倫·巴菲特的指示或計畫安排，而是取決智識、辛勤工作與功勞。

如同內布拉斯加家具商場（Nebraska Furniture Mart，參考下一章）的蘿絲·布朗金（Rose Blumkin）一樣，亞吉也在海外出生，天生是業務好手。他走過遙遠的路途才來到目前所在，並且很快就能適應新環境，深受老闆重用。不同於蘿絲·布朗金從來沒有受過正統教育，就巴菲特旗下的CEO來說，亞吉是受過高等教育程度者之一。撇開老闆不談，詹恩是波克夏最會賺錢的人，短短十四年內，他創造了高達七十八億美金保險浮存金的事業，手下員工卻只有十四名。他即將完成再保險事業規模最大的一筆買賣，但對他來說，沒有金額太小的生意。即使是金額一百萬美金的保險合同，他也會搭車前往完成。

座落在康乃迪克的史丹佛（Stamford）——也就是康乃迪克大學、通用再保險公司（General Re，波克夏獨資擁有的附屬機構）與全錄公司（Xerox）的所在地——亞吉的辦公室堆滿紙張與文件。

亞吉天性十分節儉，或許更甚於巴菲特。接受訪問當時，他已經三個月時間沒有秘書，所以必須自行收取電子郵件、預定出差的飯店房間。雖然公司備有主管噴射機可供搭乘，但他太過擔心成本而捨不得利用。

詹恩是個有趣、謙卑、不愛出風頭、親切、開朗、端莊，看起來就像一般人的傢伙——總之，很難想像這樣的人竟然會走過如此遙遠的路途，完成如此非凡的成就。但或許正因為如此，他才能夠有如此了不起的作為。

---

二〇〇一年春天，當華倫·巴菲特發出他每年的董事長致股東信函，曾經引起波克夏忠實

員工——或許是基於好奇的緣故——的小小震撼。他談到波克夏再保險部門的主管亞吉・詹恩時，提到大家最近經常談論他的健康問題，巴菲特寫道，「談到亞吉對於波克夏的價值，無論如何評定也不會高估，所以大家不要擔心我的健康問題，各位更應該擔心他的健康。」[1] 這種顯然是不經心的隨意評論，對於瞭解內情的人來說——包括波克夏海瑟威員工與董事會成員，以及巴菲特的親朋好友——顯然引起不小的震撼，因為詹恩是波克夏三位最可能在巴菲特離開後接任營運CEO的人選之一，另外兩位分別為商務客機公司（Executive Jet）的理查德・桑圖利，以及蓋可的東尼・奈斯里。[2] 截至本文撰寫當時，巴菲特的身體狀況仍然正常，至少就他的年齡而言是如此。詹恩是傳聞接任者中年紀最輕者，較他的老闆年輕二十多歲，因此非常可能由這位出身卑微的人，接任公司的營運主管。

根據《商業週刊》報導，最近華倫・巴菲特前往巴黎拓展波克夏商務客機的業務時，他曾經把一大群法國政治與商業領袖留在飯店房間等待，自己卻溜走和亞吉・詹恩通電話。[3]

一九五一年，詹恩出生於印度，原本希望擔任工程師，因此就讀克勒格布爾（Kharagpur）的印度理工學院（Indian Institute of Technology，簡稱IIT），並於一九七三年取得工程學士學位。一九五六年，印度國會通過IIT法案，宣布印度理工學院是國家最重要的機構之一。想要進入這所名聞全球工程界和科技界的學校完全憑成績，它被公認為全世界科技教育的最高殿堂。處在人口總數高達九億的印度，這所學校六個校區每年錄取的新生不到四千人。

一九九一年，比爾．蓋茲曾經對巴菲特說，如果只能從全世界某單一學校招募科技人才，他會選擇印度理工學院。

但詹恩認為，「我雖然很喜歡擔任工程師，但如果要將其當作一種職業，我發現是有缺陷的——印度顯然如此，美國也一樣。即使每週工作六天，我賺的錢大概只有業務行銷人員的四分之一。所以我琢磨著，既然不能擊敗他們，那就加入他們。」

「當時（一九七三年），ＩＢＭ剛好在招募資料處理運算產品的市場行銷人員，所以我決定加入他們，在印度銷售電腦系統。」詹恩展現了天生具備的銷售才能，被ＩＢＭ提名為該地區年度最佳新人。但到了一九七六年，印度政府通過法令，規定跨國公司在印度的營運必須有印度本地業主的參與。多數跨國公司被迫屈服，但可口可樂與ＩＢＭ卻非常堅持，「就立場來說，印度作業完全由美國母公司百分之百擁有，否則我們就退出市場。」結果，這兩家公司確實退出印度，詹恩因此失業。

這時詹恩過去的一位上司，鼓勵他到美國商學院就讀。「我雖然告訴他，我不想去，美國生活太辛苦，但他幾乎是強逼著我參加考試，想看看我究竟能夠考得多好。相當幸運地，」詹恩補充，「我考得還算可以。」用還算可以來形容恐怕有點言不由衷。事實上，他申請並獲准進入哈佛商學院就讀，但這顯然是一段不太愉快的經驗。「這是我第一次出國，」他說，「我是個純素食者，所以食物是個大問題。我也相信自己找不到工作。我不斷思考，如何在哈佛和這些超級巨星競爭？我注定沒辦法畢業。換言之，相當恐懼，全無樂趣可言。另外，商學院教授的課程內容也頗讓人失望，很多都是顯而易見的東西，我覺得他們大張旗鼓渲染的許多玩意，實際上都是再自然不過或完全符合直覺的內容。」

一九七八年，取得MBA學位後，他立即找到一份適合印度理工學院和哈佛商學院畢業生的管理顧問工作：麥肯錫公司（McKinsey and Company）。「我很高興能夠進入麥肯錫，」他說，「薪資報酬優渥，前往歐洲出差可以搭乘頭等艙，履歷表上有這段經驗，將來想必有不少助益。但我實在不喜歡這份工作，擔任顧問經常需要熬夜繪製圖表，樂趣顯然不如銷售IBM電腦。所以，一九八一年的某個美好日子，我覺得受夠了，決定拔掉插頭。」他回到印度，隨後兩年半待在當地，並且和父母幫他選的未婚妻交往，計畫按照耆那教傳統結婚。經過一個月的交往，他終於完成父母的願望。「我可能不會回到美國，」他說，「因為我在印度結婚，甚至把西方世界從腦海裡抹除，但我的妻子沒有。」當他返回美國，如同他所敘述的，「麥肯錫重蹈覆轍又犯了相同錯誤」，再度聘用他。

第一次進入麥肯錫公司服務的期間，他曾經幫麥可・古德堡（Michael Goldberg）工作，後者在一九八二年離開顧問公司，加入波克夏海瑟威。一九八六年，古德堡邀請詹恩加入華倫・巴菲特的公司。他回憶，「進入波克夏當時，我甚至不知道保險或再保險怎麼拼寫，但我受聘於國家保險公司從事再保險方面的工作。相當幸運地，當時是保險業的大好時機，根本不需要懂太多，只要有點基本概念就行了。當然，任何產業都有景氣循環，我剛好身逢保險業最繁榮的期間。」

「當時，這個產業嚴重缺乏資本，」他說，「我們是少數實際擁有資本的業者，所以整天都有處理不完的交易和電話。由於是新手，我懂得不多，但有時候也會看到一些數據而覺得，『嗯，這看起來很有趣』。」最初，詹恩受聘於特殊保險部門，專門承保重大而獨特的風險事故，還有保險範圍難以確定的產品，譬如越野車保險，但不到六個月期間，他就被要求管理所有的再保險營運。

即使是當時，國家保險公司與其再保險部門，也只是波克夏旗下大型——而且持續成長——保險單位的一部分。國家保險公司是傑克·瑞因沃特（Jack Ringwalt）於一九四〇年創辦於奧馬哈的保險機構。一九六七年，巴菲特花費八百六十萬美金買下國家保險公司，同時還有國家火災與海運保險公司（National Fine & Marine Insurance）。兩年後，巴菲特聘請喬治·楊格（George Young）共同開創波克夏的再保險事業，他是巴菲特在某次金融講習會認識的人。再保險事業專門提供保險服務給保險業者，藉以交換一部分保費收入，也等於是保險業的大盤商。巴菲特始終親自管理整個保險事業，直到一九八二年為止，然後聘請麥可·古德堡接手管理營運，古德堡等於是保險集團的首席營運長，直至一九九三年。然後，他辭職轉到奧馬哈辦公室負責特殊計畫，原本向他報告的營運經理人，都轉而直接向巴菲特報告。詹恩加入國家保險公司時，再保險業務的總部設立在費城，一九八七年搬遷到紐約市，一九九二年又搬遷到康乃迪克州史丹佛現在的前總部。

當問到自從擔任再保險作業主管以來，他所負的責任有什麼變動，詹恩說，「我當時負責營運，現在也負責營運，工作並沒有變動，只是事情較過去多，處理的交易更廣泛，規模也更大。但我不認為我的職務增加了，現在的工作就和過去一樣。」他的職稱抬頭也沒變，「我的名片上寫著『再保險部門，總裁』，但這不代表什麼。」

詹恩負責的業務性質相當獨特，這個行業的業者數量不多，主要是因為營運需要異常龐大的資本，「這是踏入這個行業的條件，」他說，「資本。大量的資本、有耐心的資本、能夠承擔風險的資本。」二〇〇〇年，全球保險市場的規模雖然高達二・一三兆美金，美國的非人壽保險市場規模每年約兩千八百九十億美金，但其中只有很小比率轉移到再保險業者，詹恩估計波克夏再保險部門大約可以掌握其中一〇%市場。但他強調，「由於這個行業本身蘊涵的風險，造成此項數據波動劇烈，轉眼間可能由少於五%，增加超過十五%。」他顯然清楚這點，因為他的老闆指出，「就保險來說，務必記住，幾乎所有的意外都是壞消息。」[4]

雖說如此，在詹恩的領導下，該公司成為美國資本規模最大的再保險事業，就保費收入來說，規模排名第三或第四位，可說是個獲利頗豐的單位。但如同所有保險業者的情況一樣，數據往往造成誤導，景氣好的時候，波克夏再保險部門有兩種收益來源：其一是銷售保單的收入，其二是投資巴菲特所謂「浮存金」（float）賺取的收入。

浮存金之所以存在，是業者從事保險活動自然產生的。保險業者先收取保險費，然後才實際支付任何理賠款項；所以由保費收取到理賠支出的這段期間，業者可以免費使用資金。而波克夏——如同所有保險業者一樣——會投資這些資金。事實上，保險業之所以會對華倫·巴菲特產生如此大的吸引力，關鍵就是浮存金。巴菲特在一九六〇年代中期，實際取得目前稱為波克夏海瑟威再保險機構的控股權，從那時起，浮存金數量持續顯著成長。一九六七年，浮存金為一千七百萬美金，到了二〇〇〇年，浮存金增加到七十八億美金（整個波克夏體系的浮存金超過三百億美金）。浮存金在過去與未來仍然是波克夏併購其他事業的低成本資金來源。

二〇〇〇年，詹恩的再保險部門是波克夏旗下保險事業最賺錢的單位，該年的浮存金創下七十八億美金的紀錄，其取得成本為一·七五億美金，所以資金成本為二·二％。浮存金如果按照無風險報酬率六％進行投資，年收益將是四·六八億美金，扣掉資金成本一·七五億美金，稅前盈餘為二·九三億美金。詹恩獲利最豐碩的年份是一九九七年，該年的浮存金數量雖然較少，但同樣運用最保守的無風險報酬率計算，稅前利潤為三·六九億美金，約占波克夏整體稅前盈餘的十三％。波克夏如果能夠更有效運用浮存金——通常也是如此——則這些「別人的錢」所創造的獲利潛能就更可觀了。

試看波克夏旗下其他保險機構的對照情況。二〇〇〇年，蓋可提供的浮存金為三十九億美金，取得成本為兩千兩百四十萬美金，這部分資金成本為五·七%。採用無風險報酬率計算，稅前淨盈餘只有一千萬美金；但請注意，先前三年的每一年，蓋可提供的浮存金雖然都較少，但整個單位創造的盈餘，卻超過波克夏再保險部門，平均每年超過一·四億美金。

至於最近併購的通用再保險機構（General Re），則每年發生虧損。一九九九年，通用再保險創造一百五十億美金的浮存金，但按照無風險利率計算，卻發生二·七四億美金的淨虧損。二〇〇〇年，通用再保險同樣創造一百五十億美金的浮存金，淨虧損則增加為二·九二億美金。二〇〇〇年應該是通用再保險的轉機年，其成本結構已經逐漸類似詹恩領導的部門。由於通用再保險創造的浮存金數量高達兩倍，其利潤理當超過詹恩領導的部門。事實上，就二〇〇一年第一季的數據來看，似乎顯示通用再保險正在朝正確方向發展。

就波克夏再保險事業來說，最主要的收入來源之一，是銷售所謂「超級貓」（super-cat[~astrophe]，超級巨災保險）承保事故的保單。根據這些保單，再保險公司會涵蓋其他保險公司——或其他再保險公司——所承保之颶風、地震等天災的重大事故。相較於其他保險，這類保單的風險不僅顯著較高，而且也更難計算。可是，在一九九〇年的董事長致股東信函，巴菲特針對這些「超級巨災」保單，提出清楚的解釋：「典型的單一超級貓契約雖然很複雜，」他寫道：「對於普通型的保險，我們可能銷售一年期價值一千萬美金的保單給某買家（再保險業者），某天災所造成的損失如果符合下列兩種情況，則需要理賠：其一是該再保險業者所發生的特定損失超過某門檻金額；而且其二是保險業的整體損失超過（譬如說）五十億美金。幾乎在所有情況下，損失如果符合第二個條件，大概也會符合第一個條件。」

「對於這個一千萬美金的保單，」他繼續說，「我們收取的保費收入可能有（譬如說）三百萬美金。另外，假定整年度所有超級巨災保險的保費總收入為一億美金，這種情況下，某年可能獲利將近一億美金，也可能發生遠超過兩億美金的虧損。」[5]他後來在其他董事長致股東信函也強調，「由於真正的天災很少發生，所以我們的超級巨災保險業務多數年份都能賺大錢，偶爾則會發生重大損失。」但他提出警告，「各位務必要瞭解……，超級巨災業務導致某年發生重大損失，這種事件不是可能會發生，而是確定會發生。唯一的問題只在於什麼時候發生。」[6]

當問到進入波克夏再保險部門的四年期間內，詹恩認為最成功的一樁交易，他毫不猶豫地指出最近到期的加州地震交易。一九九七年，詹恩的部門承保加州政府投保的地震險，涵蓋地震導致第一個五十億美金虧損後的十五億美金損失，四年期間的每年保費為五．九億美金。[7]

另一種主要保費收入來源，是詹恩所謂「獨一無二的交易」，該公司在這個領域堪稱國內龍頭。這種交易的典型案例，是二〇〇〇年承保「德州遊騎兵棒球隊」針對其明星球員亞力士．羅德里格茲（Alex Rodriguez）的運動傷害險。該球隊以破紀錄的二．五二億美金簽下羅德里格茲，因此覺得有必要保護這項投資，以免他無法正常出賽。關於這筆交易，巴菲特表示，「我們的保單可能立下傷殘保險先例。」[8] 這方面的例子還包括詹恩在二〇〇〇年秋天幫Grab.com安排的保單。業者希望吸引數百萬名網友造訪其網站，藉以蒐集客戶資料作為日後行銷使用。為此，他們提供造訪者可能贏得十美元獎金的誘因，而擁有一千三百六十億美金資產的波克夏準備承保這份保單。根據《今日美國》（*USA Today*）報導，這筆價值十億美金的保證，需要支付七位數的保費給詹恩的部門。[9] 雖然波克夏公司網站解釋，個人贏得獎金的機率很低（二十四億分之一），但詹恩還是不願冒險——畢竟還是可能有人贏得獎金。不過，波克夏還算滿幸運地，沒有人抱走獎金。[10]

還有一種保險交易通常可以創造明顯的保費收益，由保險業者承擔某公司想要——根據巴菲特的說法——「忘卻的過去麻煩。為了說明方便，」他在二〇〇〇年的董事長致股東信函解釋，「假定XYZ保險公司去年購買一份保單，我們必須支付該公司所發生第一個十億美金的虧損，以及一九九五年或之前所發生事件導致的費用調整損失。這種契約的金額往往十分可觀，但我們會設定曝險上限。」該公司在二〇〇〇年進行的數筆這類交易中，包括某英國大型機構向波克夏再保險公司投保的溯及既往保單，保費高達二十四億美金——巴菲特認為這可能是史上最大的交易。[11]

巴菲特雖然承認這些溯及既往的保單，每年都會發生一些虧損，但就波克夏再保險公司整體保單的保費收入來說，這方面業務不僅創造可觀的營業收入，而且也可以提供龐大利潤。另外，或許是更重要的，這些保單也可以幫公司創造大量的「浮存金」。

詹恩相信公司營運得以成功，受惠於許多因素，其中最明顯者，莫過於波克夏擁有的淨值，後者截至二〇〇〇年底將近有六百二十億美金，有助於該公司取得ＡＡＡ等級的信用評等。但詹恩說，「除了資本外，我們還需要品牌或特許經營權價值。人們知道如果他們的交易對象是波克夏，所購買的東西往後十五或二十年應該都沒有問題——這讓我們享有重要的可信度。」另外，關於公司營運成功，詹恩認為巴菲特也有貢獻。就巴菲特的心態和導向來說，他表示，「我們擁有競爭對手所不具備的不公平優勢。」所謂的心態，按照巴菲特的說法，是公司願意「自行承擔其他業者所不願意接受的較高再保險風險，」一方面是因為「我們完全不在意每季申報的盈餘，甚至年度數據也是如此，只要相關決策能夠確保盈餘（或虧損）是來自明智抉擇。」[12] 詹恩甚至暗示，「由於巴菲特秉持的心態，經營者——很幸運地剛好是我——贏得的功勞，也有點名不副實。」

如同巴菲特旗下絕大部分的ＣＥＯ一樣，亞吉．詹恩對於老闆只有百般推崇。「他很精明，反應很快、果斷、樂於提供協助。我花費十天進行分析的案子，交到他手中只要花五分鐘，就開始走在我前頭兩步了。還有，他會給你答案；他不會打你回票，並且說，『把這三點搞定了，然後再回來找我談。』」或許更重要的，詹恩說，「巴菲特是個懂得生意之道的老闆，而且可以把這方面知識傳授給我或任何人。他是個很特別的人。擁有像華倫一樣的老闆，」他提出結論，「甚至比完全沒有老闆還更好。」

巴菲特對於這位波克夏再保險部門的領導，也同樣十分肯定。他在一九九二年如此對股東說，「我們篩選好案子和壞案子的能力，反映了和財力相稱的管理能力，亞吉．詹恩……就是這個行業的最頂尖者。」[13] 兩年後，討論巨災保單的過程，他說，「超級巨災保單的數量雖然不多，但規模相當龐大，而且沒有標準化規格，因此這個領域承保業務所需要的判斷能力將遠超過——譬如說——汽車保單，因為後者有無數統計資料可供參考。波克夏擁有一項主要優勢；就是超級貓經理人亞吉．詹恩，他的承保技巧是最拔尖的。對於我們來說，他具有非比尋常的價值。」[14]

一九九六年，巴菲特甚至推崇詹恩勝過自己，「我敢確定，」他寫道，「我們擁有全世界最棒的人，就是主持超級巨災保險事業的亞吉．詹恩……。在保險領域裡，到處都是可能引發災難的東西，我在一九七〇年代歷經太多這類案例，因此相當清楚，也因為蓋可在一九八〇年代初期曾經持有許多愚蠢契約構成的組合，雖然當時的管理團隊已經盡力了。至於亞吉，我敢向各位保證，他絕對不會犯下這類的錯誤。」[15] 一九九九年，巴菲特寫道，「在亞吉身上，我們看到精明睿智的承保者，他能夠正確評估大多數狀況的風險，也能夠實事求是而忘卻自己不能評估的東西。面對合宜的保費，他有勇氣銷售巨額保險；面對過低的保費，他會斷然拒絕承擔最微不足道的風險。很少人可以具備前述任何一項條件。至於同時具備，那就太不可思議了。」[16]

毫無疑問地，一方面是因為彼此賞識，另一方面是巴菲特長期熱中於保險產業，所以他們兩人之間關係的密切程度，遠超過巴菲特與其他CEO。事實上，他們兩人每天都要講電話。「我這麼做，主要是因為樂在其中，」巴菲特說，「即使沒有我，他也可以做得一樣好。」[17]即便是如此，有關他們之間的聊天，詹恩說，「華倫和我可以講三十秒電話，也可能聊上三十分鐘，但對於我所做的每筆生意，他都會扮演某種角色。」雖然——或因為——他們之間的關係親密，每當有人拿他和老闆做比較，他就會很不自在。「沒什麼好比較的，」他說，「華倫聰明多了，他的經驗遠勝過我，可以果斷下決定。不論由哪個角度說，我都不可能和他相提並論。」詹恩也坦承，他受到老闆的影響，「華倫告訴我，如何從根本經濟本質評估交易，千萬不要迷失立場。但他也影響我做生意的方法。他建議我不要太勉強，也教導我如何運用第一流的手段，從事第一流的生意。」

詹恩也覺得巴菲特影響他的管理風格、信念與管理哲學，雖然他說，「但或許還不夠。這可能是我的弱點之一，我對待下屬的態度，永遠比不上華倫對待手下的態度。可是，」他補充，「這有點像是蘋果和橘子之間的比較。華倫接手的主管包括羅納德．佛格森（Ron Ferguson，通用再保險公司）與理查德．桑圖利（Richard Santulli，商務客機公司），他們都創立了自己的事業。我們則是招募那些剛從商學院畢業的小伙子，即使他們已經幫我們工作了十年或十二年，我給予他們的授權，仍然無法比擬華倫給手下的自主權。」

他也坦率承認其他方面的弱點，「我對於追求上檔獲利潛能，做得或許還不夠好，」他說，「由於我花太多時間嘗試縮減下檔風險。理想的情況下，我們當然希望決策者是個風險偏好中性、而且完全理性的人——華倫可能是我認識的最適當人選。評估上檔與下檔的可能狀況，取得適當的平衡，然後擬定決策。但我可能太過重視下檔風險。當然，如果有人代表你承擔風險，那麼這種更重視風險的態度，應該也不是什麼壞事。」雖然他並不認為自己比他的老闆更保守。他解釋，「這很難說，我們彼此經常討論，所以最終都會取得共識。」

對於他所經營的事業來說，風險顯然是個主要因素，「我們下的賭注很大，所以你必須確定自己沒有疏忽某些最基本的東西。保險是個所謂逆向選擇（adverse selection）的行業。因為買家對於銷貨成本的瞭解程度明顯超過賣家。這是個相當恐怖的處境，但你不能因此而夜夜失眠，」他補充，「每當我們完成一筆交易，等於是把床鋪好了，因此也必須躺進去。不同於其他業者，我們是個承擔風險的機構，而且是睜大了雙眼跳進去，清楚知道有一天會發生虧損。」

「這是相當獨特的情況，也是獨特的機會，我們因此碰到很多有趣的交易。不同於其他再保險業者，我們這個小單位不是工廠，並不提供固定的產品給客戶。任何人如果需要這類產品，都可以找傳統保險業者，他們的價格遠低於我們，所以我們甚至連電話都接不到。我們想要的是很少人有胃口承接的特別交易，獨一無二的交易。我們擅長解決的是那些思慮縝密的大型客戶才會遭遇的問題，而且需要迅速找到解決辦法，這類解決辦法通常需要配備龐大資本——這個時候，我們才會接到電話。所以我們會看到許多有趣、特殊、獨一無二的狀況。」

公司規模是這個事業的特色之一。波克夏再保險部門的工作人員，通常不超過十五人；這也是詹恩與其人員之所以能夠快速反應的原因之一。「隨時都可能有人打電話給我們，」詹恩解釋道，「譬如有筆價值十億美金的交易，需要在四十八小時內答覆，這取決於我們是否能夠適當評估相關風險，然後找到適當價格。由於我們單位很小，即使我沒有親自接到電話也會馬上知道。我會拿起電話和華倫溝通並開始工作、進行分析、找到答案。我們不必組成聯合承保團隊，也沒必要邀請其他人參與。我們如果能夠瞭解、訂價，就會吃下整筆交易。」

「但是，」詹恩又立即強調，「這不是單純地投擲骰子，然後祝福自己每年好運。每當簽下一筆交易，我們必須盡可能確定自己清楚所有可能發生的相關風險，」事實上，他的最大挑戰，是「避開愚蠢的錯誤。這個行業很容易做出蠢事。即使進行了許多好交易，只要發生一筆爛交易，那就完全白忙了。你必須想辦法避開這顆爛蘋果。」何謂愚蠢的錯誤，詹恩如此定義，「承保一筆交易時，如果事前沒有想清楚，事後就會不斷糾纏你。這類……，錯誤會讓你癱瘓，讓你想從窗戶跳出去。」事實上，他是根據「如何避免做出蠢事」來衡量自己的成功程度。

但單純避免做蠢事，顯然並不足以成功，「我過去總認為，」詹恩說，「智商可以回答商業世界裡的許多問題，最大的挑戰應該是『知道怎麼做』。但我現在發現，很多商業決策並不完全單純取決於智商，如何實際把事情做好也同樣重要，而這是很多人——包括我自己在內——忽略的。這是在不確定的情況下，擬定決策的能力，你必須要能夠採取行動，繼續前進，這才是優秀經營者真正需要具備的能力。」對他來說，最簡單的決策，就是「對自己不喜歡的交易說不。」至於最艱難的決策，則是「對於自己還在觀望的交易說是。」我最初的設想，他解釋，「是你如果還在觀望，就應該說不。為什麼要胡搞呢？但每隔一陣子，你就會被捲入，發現自己需要這麼做的種種理由。這往往是相當主觀的取捨，因此不知不覺踏上滑溜的斜坡。你必須提醒自己，就是這些滑溜的斜坡，使得相關決策變得困難。」

擬定這些決策雖然困難，但詹恩卻不考慮做別的事情。「我熱中於自己的工作，」他說，「有機會處理各種不同的交易實在非常有趣，幫華倫打工也相當有趣。我們有一小群相當穩定的夥伴，長期一起工作，我很高興能夠與他們共事。」他每週有三天必須離開史丹佛總部，前往紐約市開會或聚餐，除了這種情況，他通常都會在早上八點到八點半進入辦公室，然後待到晚上六點至七點左右離開。週末期間，他也會「花費很多時間和工作夥伴講電話。平常上班日，從早上九點到晚上六點之間，我盡量不和員工談論公司內部事務，因為我希望把上班時間保留給客戶，處理交易。」

事實上，除了工作和家庭——他、他的妻子汀古（Tinku）、以及雙胞胎兒子阿克沙伊（Akshay）與阿杰伊（Ajay）——之外，詹恩完全沒有其他興趣。而且他認為自己缺乏其他興趣也造成影響。當問到他最明顯的特質，他說，「我可能是最無趣的晚餐夥伴。對於那些共進晚餐的人，我蠻替他們難過的，因為我不喝酒、不吃肉，不太擅長閒聊。我只喝無糖汽水，談論生意上的事情，然後就想離開，儘快回家。」他目前還沒有退休的打算，期待自己還會繼續待在波克夏再保險部門很長一段期間。

「我相當肯定我們過去的成就，」他說，「而且對於未來幾年準備做的事，我也抱著正面看法。」但關於公司在可預見的未來，他並沒有設定明確的計畫，「我沒有好好靜下來思考商學院或顧問教導我們應該做的事情：思考五年後，自己將在哪裡，還有自己準備如何到達那裡。老實說，這些都不是我們最關心的事情，因為我們的業務講究交易導向，而且蠻幸運地，公司的電話鈴持續響著。電話鈴一旦響起，我們就專注於交易。」事實上，當被問到他對於波克夏海瑟威的未來願景，他希望是「談到這些特殊、高額、獨一無二的交易，首先要接到電話，這是我們面臨的最大挑戰。至於隨後如何發展，」他補充，「是否會轉變為實際的交易，雖然重要，但並不是非常重要。」

就其所經營業務的性質考量，當詹恩被問到他公司的銷貨與盈餘將會增加、減少，或大致保持不變，他說，「原則上取決於是否發生重大天災或金融災害。如果加州明天發生大地震，我們就會產生嚴重損失。但我確實認為未來十年內，我們很可能會顯著成長，包括盈餘與收益都是如此。我想未來十年的情況，應該會勝過過去十年。」關於再保險產業的未來展望，他的態度更不明確，這當然是可以理解的。「有些投資銀行，」他說，「嘗試另外籌措資本，看看是否可以找到風險轉換的機制。這條路如果行得通，就會對於再保險業者造成沈重壓力。即使沒有這方面問題，再保險也不是成長潛能很好的產業，我們只會隨著整體經濟而成長。」

幾年前，當波克夏完成其截至目前為止規模最大的收購活動，運用兩百二十億美金買下詹恩最大客戶與近鄰——通用再保險公司，他必須做些處置。首先，他失掉最大的客戶；通用再保險不需繼續購買再保險，因為該機構已經是母公司的一部分。其次，他需要打電話聯絡、甚至親自拜訪與通用再保險公司相互競爭的其他主要客戶，確保彼此的關係維持不變，仍然和企業併購前的情況相同。波克夏再保險與通用再保險之間，如同其他波克夏附屬機構一樣，將保持競爭關係、獨立經營，不會有來自總部的綜效指示。

談到波克夏海瑟威的未來展望，詹恩甚至更低調，不願多談。但他還是願意說，「就我們擁有的資本規模來說，公司將來還是會繼續進行重大併購。我們擁有第一流的聲譽，」他指出，「而且還會繼續累積。我也認為只憑著我們的條件，就會繼續碰到某些機會。不只是因為我們擁有的資本規模，也因為公司具備的素質。」當他被問到華倫‧巴菲特離開後，公司是否會有所不同，他說，他雖然預料公司會有變動，但無法預測究竟會如何變動。「我認為公司將成為綜合企業，但如果有什麼事業想要出售的話，我們可能不會是『第一個接到電話』的對象。就我們的條件來說，我想我們會接到一些電話，但不會像華倫還在的時候一樣多。」

關於巴菲特營運方面——有別於投資活動——的可能接班人選，雖然知道自己的名字經常被提及，但被問到想法時，他只是簡單回答：「完全沒概念。」他強調自己所犯的最大錯誤，可能是在經營管理方面：沒有開創更大規模的組織，沒有招攬更多再保險交易，包括沒有在日本東京設立辦公室。詹恩並沒有真正想要爭取接班人的地位，而這是更上一層樓的基本步驟。事實上，就這方面來說，他甚至故意低估自己的成就。談到波克夏再保險部門在他領導下的成功發展，他說，「實在很難區分究竟是手氣好而拿到一手好牌，還是玩家的技術高超。我想，我只是運氣特別好。當然，有些人實在愚蠢，總是把事情搞砸，但我想多數人如果擁有這個機會，應該都會做得不錯。」

但其他人可就沒有那麼挑剔了。即使是另一位可能的繼任候選人，即蓋可負責營運的共同CEO東尼・奈斯里也表示，他認為詹恩是最傑出的候選人。「由數學角度而言，」他表示，「亞吉是最像華倫的人，沒有其他任何人可以幫波克夏海瑟威賺更多錢。」[18] 詹恩具備的另一項正面素質是他擁有的保險知識，巴菲特曾經說過，這是未來CEO的必要條件，但奈斯里也同樣具備這方面知識。歸根究柢，詹恩自己可能根本沒有這方面的慾望。他強調，「我熱中於工作。沒有興趣從事一些自己毫無所知的東西。」

### 亞吉．詹恩的經營宗旨

- 一旦承擔風險，就必須接受自己會產生某些損失。你不能因此夜夜失眠。當你完成一筆交易，就必須堅持。
- 我們規模小巧靈活，可以很快擬定決策。如果碰到大額交易，我會立即參與。我們自行研究，擬定自己的決策。
- 避免發生愚蠢的錯誤——儘可能預先評估交易可能涉及的風險。最糟的情況，就是你根本沒有想到的事情回頭糾纏你。
- 優秀的經理人必須迅速決斷，然後繼續前進。對於特定交易，如果產生觀望的態度，或許就應該拒絕，處理下個機會。

# PART 03

# 波克夏三大傳奇創辦人CEO

# 天生好手：蘿絲．布朗金

## 內布拉斯加家具商場

長達一百多年裡，蘿絲．布朗金女士度過精采的人生：不屈不撓的原則、辛勤工作、決心、聰明與專注。典型的女性白手起家成功者，B女士通過所有的挑戰——身為移民者、妻子與母親、經理人與生意人——擁有鋼鐵般的意志，克服一切困難。B女士曾經面臨貧困、戰爭、侵略、歧視、迫害、屠殺、骨肉分離、遷移、供應商杯葛、訴訟大戰、文盲、中年轉業，以及天候相關的災難，她不僅踏平這些人生坎坷，更在許多人視之為男性世界的國度獲致成功。

布朗金在她挑選的事業領域攀爬到頂峰，她創立的機構被美國首屈一指的企業領袖華倫．巴菲特併購。本書訪問的卓越CEO之中，布朗金是唯二傑出的女性。

巴菲特曾經說過，商學院學生都應該好好研究B女士經歷的人生與時代，因為她的一輩子反映了班傑明．富蘭克林時代的美國傳統美德。巴菲特也曾經表示：「我如果有機會選擇到某商學院研究幾年，或者是跟著她幾個月當個學徒——雖然這幾個月會很難熬——但只要熬得過，你就會學到如何經營事業……。除了她的所作所為，你不必學習其他東西。」[1]

蘿絲・布朗金的人生就是白手起家的故事，蘊涵著人情味、成功創業、啟發、家庭，以及精采的投資故事。她最終成為美國最重要、最了不起的零售企業家，可以視為女版的沃爾瑪的山姆・華頓（Sam Walton of Wal-Mart）。

一九九八年，蘿絲・布朗金離開人間。她是唯一無法接受我訪問的華倫・巴菲特CEO。很幸運地，當時服務於《費城詢問報》（*Philadelphia Inquirer*）的記者與專欄作家安德魯・卡塞爾（Andrew Cassel），他曾經保留一九八九年十二月十四日訪問B女士的紀錄。當時，她剛脫離家族，另行開創自己的地毯事業。卡塞爾跟著她的電動車進行訪問，運用錄音機記錄她的坦率評論，以及她簡短的口述歷史。透過她的蹩腳英語，我們瞭解這位企業家的非凡人生、認識她的個性，以及最後如何把生意賣給波克夏，並且幫巴菲特工作。或許跟很多人的想法不同，巴菲特的投資向來都是優先考量人，然後才考慮事業。事業經營者如果不符合他的高標準，不論事業多麼具有吸引力，巴菲特也不會投資。

如同其他巴菲特旗下的CEO一樣，B女士的故事是有關商業大街，而不是華爾街。事實上，內布拉斯加家具商場（Nebraska Furniture Mart，以下簡稱NFM）座落在奧馬哈最繁華的道奇街（Dodge Street），剛好是奧馬哈、內布拉斯加與中西部的中心，也是美國的中心。B女士是第一位進入波克夏經理名人堂的企業家，也樹立了波克夏營運經理人的榜樣。

想要瞭解波克夏的傑出成功，就必須研究巴菲特的投資，尤其是他如何成功投資布朗金的事業。NFM是由獨立家族經營的單純事業，由於完全沒有債務與租賃費用，能夠把節約成本的效益完全透過低價轉移給客戶，因此取得龐大的市場占有率，以及持久的競爭優勢。NFM深具購買價值，而更重要的是這筆交易還贏得家族管理團隊，包括B女士的兒子路易（Louie），還有路易的兩個兒子隆恩（Ron）與艾爾文（Irv）。這家企業的銷貨與淨利每年都成長。B女士的最大貢獻，可能是為波克夏企業樹立了新的退休年齡紀錄：一〇四歲。雖然四十四歲才開始創業，但她經營了六十年，而且她的經營原則始終都代表其事業宗旨。

B女士的事業經營模型，特點是銷貨數量高、存貨周轉快、毛利偏低。如同波克夏旗下多數其他事業經營者一樣，她是自然而直覺地採用這套經營模式，不是取材自教科書或課堂，甚至不是模仿其他零售商。

---

一九九八年八月十一日星期二，高齡一〇四歲的蘿絲・布朗金過世，埋葬在奧馬哈金山墓園（Golden Hill Cemetery），她是已過世伊薩多（Isadore）的遺孀，四個小孩路易斯（Louis）、法蘭西斯（Frances）、辛西亞（Cynthia）、西維亞（Sylvia）的母親，她有十二個孫子，二十一個曾孫，也是NFM的創辦人。[2] 由於深受家族、朋友、鄰居尊敬，她的葬禮有一千人參

加。[3] 但座落在奧馬哈，當時由孫子隆恩與艾爾文負責經營的商場，並沒有歇業休息。「我想，她應該不希望我們休息，」她女兒法蘭西斯・貝特（Frances Batt）告訴《奧馬哈世界先鋒報》（*Omaha World-Herald*）記者。[4]

一九三七年，蘿絲・布朗金四十四歲，向哥哥借了五百美金，創立內布拉斯加家具商場。[5] 感謝她堅持不懈的毅力，這家商場現在座落在奧馬哈市中心，占地七十七英畝，員工一千五百人，每年銷售價值三・六五億美金的家具、地毯、電子產品與電器，幾乎完全主導當地市場；奧馬哈地區所銷售的家具，有四分之三來自NFM，毛利較產業平均標準低一〇%。NFM也是全美國銷貨數量最大的家庭日用品業者。[6] NFM的六十年發展過程，年度銷貨量每年成長，毫無例外；其每位員工銷售量較全國業者平均水準高出四〇%，淨利潤率幾乎是其他同業的兩倍。相對於沃爾瑪百貨，NFM每個店面年度平均銷貨量幾乎來到八倍。更令人印象深刻者，NFM每平方英尺店面銷貨金額為八百六十五美金，較折扣批發俱樂部龍頭好市多（Costco）高出將近一百美金。B女士由其沙皇帝俄的卑微出身一路走來，前述表現可以說是成就斐然。

B女士原名蘿絲・高爾利克（Rose Gorelick），一八九六年十二月三日出生於俄國明斯克（Minsk）地區的猶太村落希德林（Schidrin），她是所羅門（Solomon）與柴西亞（Chasia）・高爾利克的八個孩子之一，全家生活在一間兩房的小木屋裡，晚間則睡在草席上。環境如同當時一般猶太人聚居地一樣，她父親平常從事研究，母親開了一家雜貨店協助家計。蘿絲從來沒有接受正規教育，甚至沒有進過小學。[7] 多年後，她記得自己還不到六歲就開始幫母親照顧店面。[8] 她也記得，有一次「半夜醒來，看到母親還在和麵。我說，『媽，妳工作得那麼辛苦，我看了心痛。等我長大，我會到美國找份工作，然後接妳過去。[9] 我會去大城市找一份工作。妳會成為我的公主。』」[10]

十三歲時，她離開希德林，赤著腳——鞋子掛在肩膀上，因為不想磨損鞋跟——走了十八英里來到最近的車站搭乘火車，她找了二十五家商店，希望有份工作。最後，某個乾貨店老闆願意給她一份工作。往後三年內，她負責掌管這家商店，以及店裡六位男性員工。[11]

一九一三年，二十歲的她和伊薩多．布朗金（Isadore Blumkin）結婚，丈夫從事鞋子推銷工作。隔年，第一次世界大戰爆發，伊薩多不想當兵替沙皇打仗，於是離開俄國。[12] 三年後的一九一七年，蘿絲決定追隨丈夫前往美國，她搭乘穿越西伯利亞的火車，在中俄邊界被一位士兵擋下來。[13] 事後回憶，她記得告訴這位士兵，「我幫軍隊採購皮件。等我回來的時候會帶一大瓶伏特加酒給你。於是，他讓我穿越國界。」[14]

她搭船穿越太平洋，來到美國華盛頓州的西雅圖；當時，她完全不會說英語，也沒有申請入境美國的簽證。很幸運地，在希伯來移民援助協會（Hebrew Immigrant Aid Society）與美國紅十字會的幫助下，她順利通過美國移民歸化局的繁瑣官樣程序，前往俄亥俄的道奇堡（Fort

Doger）與丈夫會合，[15] 她直到過世前，都把道奇堡說成「Fortdotch-ivie」。[16] 及時離開蘇俄可能救了她的性命。她當年居住的村莊，約有兩千個猶太人，她後來談到，「猶太新年假日（Rosh Hashanah），希特勒殺了一千九百人。他們強迫村民自掘墳墓，然後（納粹）灑上煤油，把他們全部燒死。他們殺光了所有人，摧毀整座城鎮。」[17]

由於不會說英語，布朗金家人發現道奇堡的日子不容易過。有一天，布朗金女士試著和鄰居聊天，對方說：「我父親病危，可能活不久了。」因為聽不懂這位鄰居說些什麼，布朗金女士只能傻笑說：「那很好」。後來，等到她知道鄰居說些什麼時，覺得非常尷尬。多年後，她告訴記者，「我不會說英語。」「我是個傻瓜，[18] 我必須到大城市，才有機會和別人溝通。」「我說的『大城市』，結果是奧馬哈，當地有個猶太移民小社區，他們能說意第緒語（Yiddish）與俄語。」[19]

一九一九年，她們全家搬到奧馬哈定居，夫妻兩人開了二手成衣店，生活狀況還算不錯。[20] 事實上，二手成衣店的經營相當成功，使得她在四年後實現幼年時對母親的承諾，「我把父母親還有七個兄弟姊妹都接來美國，」她後來回憶，「我把手足送到學校讀書。我有間大房子，他們都跟我住在一起。等他們結婚後，我又讓他們到店裡工作。我媽媽也成為美國皇后。」[21]

除了照顧布朗金女士的父母與手足之外，布朗金夫妻自己也有四個小孩。一九二九年，美國股票市場崩盤，經濟邁入大蕭條時期，為了養活全部家人，布朗金女士被迫協助丈夫管理店面，照顧生意——鼓勵他降價競爭、拓展產品。她也設計出某些頗具創意的廣告點子，[22] 其中一個是來自她調查奧馬哈其他成衣店的價格。當時市場景氣差，大家手頭都很緊，布朗金女士認為如果能夠只花五美金，就把每個男士從頭到腳打點好，對於生意必定大有幫助。她印製了一萬份傳單，宣傳這五美金的特價優惠。隔天，二手衣大賣八百美金。[23]

但她對於家人的最大貢獻，是在一九三七年向哥哥借了五百美金，在丈夫經營的成衣店對面當鋪的地下室開設了家具店。[24] 為了批貨，她前往芝加哥——當時的家具產品全國批發中心。「我來自奧馬哈，」她告訴製造商，「我剛成立自己的事業，手頭上完全沒有錢。但你可以信賴我，我會付款給你。」[25] 如同她多年後回憶的，他們的回應是：「和妳談話，我們願意相信妳說的任何事。」[26] 結果，她帶著價值一萬兩千美金的家具回到奧馬哈。她也幫自己的商店取了名字。她在芝加哥看到「美國家具商場」（American Furniture Mart），所以決定把自己的三千平方英尺店面，取名為內布拉斯加家具商場。

一九三七年二月七日，家具店正式開幕，如同她描述的，「我刊登了廣告，而且立即有顧客上門。」[27] 她的進貨成本是批發價格加五%，然後再加價一〇%轉賣，這個標價加碼也成為往後的標準：「價格便宜，童叟無欺。」[28] 這讓布朗金女士遠在全國著名連鎖商店成立前，早就是折扣商店的始祖。但時機確實很差，一路經營下來，她遭遇了許多財務困境。家具店開幕後不久，為了清償供應商貨款，她曾經賣掉家裡所有家具和電器。[29]

「放學回來，走進家裡，發現整個房子空空的，」B女士的女兒法蘭西斯・貝特回憶。「我們四個小孩哭了又哭，然後她說，『不用擔心，我會幫你們買更好的床，也會另外買餐桌。但我欠供應商的錢，那是最重要的。』我們最後平靜下來。你知道嗎？我們瞭解，因為她說的話就是牢不可破的承諾。」[30]

布朗金女士的薄利多銷策略，同業競爭對手當然不會覺得高興。為了阻擾她，他們向家具與地毯製造商施壓，不許廠家供貨給她。[31] 如同她事後回憶的，「直到一九四二年前，沒有人願意把貨物賣給我，對於他們來說我不夠好，銀行也不願給我任何貸款。所以我很精明，我智勝這些銀行家。凡是本地製造商不願意提供的貨物，我到其他城市購買。」[32] 所謂的其他城市，包括芝加哥、密蘇里州的肯薩斯，還有紐約，即使運輸成本明顯較高，她的價格仍然低於本地同業。[33]

一九五〇年，韓戰爆發，嚴重干擾美國經濟，家具銷售也陷入停頓。但是如同往常一樣，布朗金女士仍然找到克服困境的辦法。「我前往芝加哥的馬歇爾菲爾德百貨（Marshall Field），」她事後回憶。「我告訴他們，我需要三千碼的地毯供應公寓建築使用——我實際上有一棟公寓。我按照每碼三美金的價格向馬歇爾菲爾德百貨購買；然後按照每碼三・九五美金的價格賣出。莫哈克（Mohawk）地區的三位律師把我告進法院，控告我從事不公平交易——他們的賣價為七・九五美金。三位律師還有我和我的英語翻譯，一起到法官面前說清楚，我說，

『法官大人，我的賣出價格是按照成本加碼一〇％，這究竟有什麼錯？難道要我搶劫顧客嗎？』」法官把這個案子打了回票。隔天，他來到我店裡買了價值一千四百美金的東西。」[34]

NFM的營運，轉捩點也是在一九五〇年。雖然店面存放著很多已經付清貨款的家具，但布朗金女士手頭上缺少現金，「我沒辦法支付帳單，」她後來回憶，「擔心得要死。」七月份的某天，當她和當地銀行副總經理韋德．馬丁（Wade Martin）閒聊，布朗金女士提到現金短缺的問題，「我擁有一整個店面的家具，」她告訴他，「但存貨又不能吃，完全動不起來，我不知道如何是好。」

令她相當意外的是，馬丁提供了九十天期的五萬美金貸款給她，但要求把已經付清貨款的家具當作貸款的抵押擔保，等她賣出家具，就能清償銀行貸款。布朗金女士雖然接受這筆貸款，晚上卻失眠了。「我很焦慮，」她回憶，「如果不能清償貸款，那該怎麼辦？」同樣地，她還是找到解決辦法。租下市政府大禮堂做為臨時賣場，並且在《奧馬哈世界先鋒報》刊登廣告。三天內，她賣掉價值二十五萬美金的商品，足以清償過去所有的債務，以及五萬美金貸款。她從此之後不再舉債。[35]

一九五〇年，蘿絲結褵將近四十年的伴侶伊薩多．布朗金過世。布朗金女士的獨子路易斯開始管理相關事業，他在一九四八年進入公司，很快成為全國知名的零售業者。經營權交給兒子後，B女士接手地毯部門，並且將此視為她的私人領地。由於從來不舉債，家具商場完全不用支付租金與利息，所以可以明顯壓低管理費用，家具售價較其他零售業者低二〇～三〇%。[36]結果，隨後三十年內，店面營運每年都成長。一九七五年，當地發生龍捲風，整個店面幾乎毀損，造成數百萬美元的損失，但NFM最終還是得以起死回生。[37]

過去二十多年來，B女士領先當時的零售業趨勢——提供永恆價值給顧客——這對於大型折扣商店與倉儲批發俱樂部的業務成長，產生了重大貢獻。身為創新者與創始者，她足以和沃爾瑪百貨的山姆．華頓相提並論，但她缺乏拓展全國與國際市場的能力和意圖。她全神貫注於如何運用精挑細選的價值去滿足顧客。她領導的精簡管理團隊，寧可把時間花在店面銷售，與顧客做面對面的溝通與服務。她之所以能夠成功，歸根究柢是取決於花在店面銷售的時間——幾乎是百分之百。「相較於任何主要零售業者，她大概是最貼近顧客的經營者了，」她孫子艾爾文．布朗金表示。除非是為了提升顧客的最大利益，否則B女士不會隨便花錢，這點已經成為傳奇故事。每筆費用都要經過審核，她從來沒有聘請採購。她和兒子路易斯包辦所有的採購活動——任何節省的利益，都透過較低的商品價格轉移給顧客。

一九八三年某天，華倫．巴菲特走進NFM。當時，商店的營業毛利為八千八百六十萬美金，每平方尺店面銷售金額為四百四十三美金。巴菲特對布朗金女士表示，他想買下整個商店。「我已經不想再當這些孩子們的老闆，」她後來對記者說，「所以我琢磨著，我要賣掉這家公司，讓他當老闆。他不會來煩我。」[38]接著，甚至沒有稽核帳冊，也沒有盤點存貨，[39]「她告訴我，」巴菲特說，「所有東西的價款都已經付清，銀行裡有多少現金，然後就和我握手。」[40]關於那次握手，他後來說，「我寧可相信她說的話，也不願意碰上八大會計事務所的審查人員——否則就像和英格蘭銀行打交道。」[41]後來，巴菲特對B女士的兒子路易斯坦白承認，他有時候真的聽不懂他母親說些什麼。「不用擔心，」路易斯說，「她瞭解你說的每個字。」

布朗金女士雖然說該公司價值一億美金，[42]但她同意按照六千萬美金價格，把九〇%股權賣給巴菲特。（布朗金家族成員後來執行選擇權而買回額外的一〇%股權，所以波克夏股東最終只持有公司的八〇%股權，付出代價為五千五百萬美金。[43]）正式簽約時，布朗金女士只在合約書上畫個她自己的標記。她從來沒能學會讀和寫。[44]巴菲特把支票交給她時，她看都不看就摺起來，然後說，「巴菲特先生，我們會把所有競爭對手都送進絞肉機。」[45]就是如此簡單、快速，NFM併購案花費的所有法律和會計費用，總計只有一千四百美金。[46]整筆買賣進行得甚至比一般房屋買賣更便宜、更快速。

B女士為何要賣掉自己辛苦創立的事業？可能和多數家族決定賣出其事業的理由一樣：節省遺產稅；確保事業得以繼續正常營運；維繫家族、管理團隊、公司員工與顧客的利益。根據巴菲特的說法，B女士讓四個子女各自擁有二〇%的公司股權，自己保留二〇%。高齡八十九歲時，她覺得出售事業可以讓家人取得現金。[47]她可以找到一位不管事的事業夥伴，而且這個人擁有充裕資本，懂得透過併購拓展事業，而且她也幫自己的家族保有二〇%的股權。

一九八三年，巴菲特寫給波克夏海瑟威股東的信函裡，他解釋為何決定買下NFM：「當我評估某事業時，我會問自己一個問題，」他寫道，「假定我擁有充裕的資本，以及適當的管理人選，我準備如何和這家事業競爭。我寧可和大灰熊拚命，也不願碰上B女士和她的團隊。他們的採購之精明、營運的費用比率，根本不是競爭對手所能想像，然後他們把各方面節省的效益，大部分都轉移給顧客。這是經典的事業經營模式——創造卓越的價值給顧客，然後轉換為自身的卓越經濟價值。」

為了更進一步解釋，他補充，「管理團隊實在太棒了。遺傳學家想必對布朗金家族施出巧手。B女士的兒子路易・布朗金多年來都是NFM的總經理，他被公認為全國最精明的家具和電器採購專家。路易說他有最好的老師，B女士則說她有最好的學生。他們兩人都說得沒錯。路易和他的三個兒子都繼承了布朗金家族的管理能力、工作倫理，還有——最重要的——性格。除此之外，他們是很好的人。我很樂意和他們共事。」[48]

隔年，高齡九十一歲的布朗金女士仍然整天在店裡忙著。「我回家吃飯和睡覺，」她告訴某記者，「大概就是這樣。我等不到天亮，總想儘快回到工作崗位。」[49]同年，根據另一位記者的描述，她大概「還不到五呎、短小精幹、眼睛明亮，就像猶太版的尤達大師。」[50]她的新老闆說，「如果把她和頂級商學院畢業生或財富五百大企業經營者擺在一起，即使剛開始給他們相同的資源、站在同一條起跑線，她也會很快就超越他們。」[51]

談到B女士做生意的技巧，巴菲特曾經說過，「她知道如何幫顧客創造最高價值，她的工作做得比別人都好，她知道自己知道什麼，也知道自己不知道什麼。換言之，她所謂的「勝任圈」（circle of competence）非常清楚。」巴菲特接著解釋一項重要的投資概念，「你如果想賣她一萬張小地毯、茶几或其他類似商品，她知道如何採購。但你如果想賣她一百股通用汽車股票，她會說算了，因為她根本不懂通用汽車股票。」[52]

一九八四年，她獲頒奧馬哈克雷頓大學（Creighton University）的榮譽法學博士學位。華盛頓特區的內布拉斯加協會（Nebraska Society）頒授給她「傑出內布拉斯加公民獎」（Distinguished Nebraskan Award），她也被推薦進入「內布拉斯加商業名人堂」（Nebraska Business Hall of Fame）。[53] 她還獲頒紐約大學商業科學榮譽博士學位，這個獎項的頒授對象通常都是產業領袖，她是第一位女性得主。[54] 前述獎項的得主包括：艾克森美孚石油執行長克里夫頓・葛文（Clifton Garvin, Jr.）；花旗公司當時的執行長華特・李斯頓（Walter Wriston）；IBM當時的執行長法蘭克・卡里（Frank Cary）；通用汽車當時的執行長湯姆・墨菲（Tom Murphy）。巴菲特後來評論道，「他們都隸屬於好公司。」[55] 但布朗金女士的反應則很典型：「那不代表什麼意義。」[56]

五年後，高齡九十六歲的布朗金女士仍然老當益壯，早晨六點起床，九點來到店面，然後一直工作到下午五點。[57] 雖然很久以來，她一直不良於行，但她買了一輛電動車——大家暱稱為「蘿絲二號」——飛奔在整個店面，如同她所說的「就像蘇俄哥薩克騎兵」。[58] 下班後，她會請司機帶她到奧馬哈到處走走，觀察競爭對手的停車場與店面情況，直到晚上九點左右。「對於我來說，」她告訴記者，「回家是對我的最大懲罰。」[59]

她非常強勢，結果和家人產生衝突。一九八九年，布朗金女士仍然掌管地毯部門，但她兒子路易斯已經從執行長職務退休並擔任董事長，職務交給她孫子艾爾文（Irvin）接手，另一個孫子羅納（Ronald）則擔任營運長。布朗金女士的孫子十分尊敬祖母，但仍希望按照自己的方式經營事業，結果與她產生衝突。

對於任何機構創辦人與企業家來說，由於長期投入事業經營，一下子要退休不管事顯然很困難。把自己辛苦創辦的事業轉交給他人，即使是家人，恐怕也是蘿絲最難接受的事情。為了讓事業由某一代轉移到下一代——就蘿絲的案例來說，是由第一代轉移到第三代——如果不能和平過渡，可能會造成企業衰退或甚至倒閉。

事實上，五月份的時候，布朗金女士認為，這些「小鬼」對她經營的地毯部門營運干涉太多，她決定不做了。如同任何意志堅定的成功企業家一樣，她痛恨別人說她錯了，而且上頭還有老闆，即使老闆是自己的孫子。如同她事後向記者抱怨的，「過去幾個月來，他們搶走我的權利，我不能採購任何東西，公司不肯付款並告訴製造廠家，如果業務人員和我聯絡，他們就不會繼續採購。這讓我氣瘋了。他們根本什麼也不懂，」她補充，「他們現在都是大人物，自以為了不起。所以有天早晨，我很生氣就離開了。而一向扮演天使角色的華倫・巴菲特——他過去總是對我說，沒有人像我一樣，不管我有多老，我都做得很好——卻支持他們。他從來沒有對我說抱歉，從來沒有。我被他騙了，我原本以為他是天使。」

事實上，布朗金女士不只是離開而已，如同她後來描述的，「我回家哭了幾個月，實在太寂寞了，我一向都習慣和人群相處。於是女兒對我說，『媽，妳可以成立一家新公司。開一家新店面，即使賠錢也勝過在家裡被逼瘋了。』[60] 所以在一九八九年十月份，高齡九十五的她投資了兩百萬美金，在NFM對面，開了一家『B女士倉儲』（Mrs. B's Warehouse）。」[61]

「我希望自己可以再活兩年，」她當時告訴記者，「然後我會讓他們知道我是誰，我會給他們顏色瞧瞧。」所謂的他們，當然就是她的孫子。「他們說，我已經太老了，已經是老頑固了，」她說，「我把一輩子都奉獻給家人，我讓他們成為百萬富翁。我是董事長，他們竟然搶走我的權利……，我那些一流的孫子……，他們只懂得花俏的東西，總是在度假。現在，他們設立太多高級主管，」她補充，比較她孫子的管理團隊和她的精簡風格，「開太多會議、太多度假，所有這些都要錢。我告訴巴菲特，我負責經營的時期，費用只要七百萬美金。而他們要花費兩千七百萬美金。現在，每個傻子都是總裁或副總裁。」[62]

滿諷刺地，布朗金女士開設新店面想和孫子競爭，但她發現自己的處境，竟然和當初開設NFM的時候一樣。「我遭受杯葛，」她告訴記者。「NFM往來的主要製造廠家都不願意賣東西給我。他們（她的孫子）發出警告，如果有誰和我往來，NFM就不再採購。NFM每年的銷貨金額高達一．五五億美金，我讓他們變成全美國規模最大的企業之一，所以他們不希望我和他們競爭。」[63]

「他們是大象，我是螞蟻，」她告訴在店裡幫忙的孫女克勞迪亞・伯姆（Claudia Boehm）。即便如此，雖然店面存貨不多、主要廠家都不願意和她往來，甚至還沒有開始廣告，也還沒有「正式」開幕營業前，也就是試賣的第三個月，B女士倉儲的毛利就來到二十五萬六千美金。「我是個手腳快速的經營者，」布朗金女士解釋，「感謝上帝，我的頭腦還在，我的專業知識、我的才能……。」[64]

一九九一年，新店面開張兩年後，B女士倉儲不僅已經賺錢，而且還成為奧馬哈規模第三大的地毯賣場。[65]一九九一年十二月一日，還差兩天就是她的九十八歲生日，華倫・巴菲特走進B女士倉儲店面，希望大家能夠停火。他帶來兩打粉紅色玫瑰花，還有五磅的盒裝時思巧克力糖。自從開立新店面後，巴菲特和布朗金女士之間沒講過話，所以她能體會他的用心。「他是個真正的紳士，」她說。幾個月後，布朗金女士把B女士倉儲賣給NFM，價格為四百九十四萬美金。[66]

雖然造成家族有些尷尬、消費者有些迷惑，但她搬到對街從事競爭，反而讓整體企業變得更堅強，也凸顯了多世代家族經理人之間的典型鬥爭。B女士的孫子們有機會證明自己管理事業的能力；NFM也證明了自己保有強勁的競爭優勢，即使其創辦人出面與之競爭；她的孫子發現她是可以被取代的，事業仍然可以持續正常營運、繼續成長；她所開拓的地毯生意，在兩家機構重新合併後，也成為企業的一部分。

「我很高興B女士決定重新加入我們，」巴菲特後來告訴股東們，「她的創業故事無與倫比，我永遠都是她的粉絲，不論她扮演事業夥伴或競爭對手。但請相信我，我寧可她是事業夥伴。這次很高興B女士慷慨同意簽署禁止競爭協議——前次當她八十九歲時，我們的交易沒有注意這點，完全是我的疏忽。B女士在很多方面實在都應該列入《金氏世界紀錄》，高齡九十九歲簽署禁止競爭協議，應該是另一樁紀錄。」[67]

一年後，高齡一百歲，布朗金女士仍然每星期在家具商場工作六十小時，她的百歲生日慶祝會，當然也是在賣場舉辦，來賓包括內布拉斯加州長班・尼爾森（Ben Nelson）、參議員鮑伯・凱瑞（Bob Kerrey），眾議員彼得・郝格蘭（Peter Hoagland），還有奧馬哈市長P・J・摩根（P. J. Morgan）。「我現在獨居，這也是我為何要工作的理由，」她當時這麼說，「我痛恨回家。我工作是為了避免進墳墓。」[68]

一百歲時，她回顧自己的一生，「七十五年前，我來自蘇俄，開創自己的事業，從來不說謊、從來不騙人、從來不自以為了不起。」[69] 她的孫子艾爾文・布朗金談到她如何能夠創辦如此龐大的企業，然後強調她直到當今仍然堅持的事業格言，「我們的每筆生意都促進人們的生活，一代又一代，始終如此。現金為王，不可舉債。」

接近一百零四歲時，布朗金女士的步調終於變慢。由於感染肺炎、心臟問題，還有慢性支氣管炎，她已經不能像以往一樣長時間工作。新併購的B女士倉儲，其日常營運責任，交付給孫女克勞迪亞，但她還是繼續參與管理。護士每天都會開車帶她來賣場一、兩次，瞭解營運狀況。有時，她會下車和員工們講話、或和顧客打招呼，但多數時候會留在車上，等孫女出來向她報告。她也會每天打好幾通電話查勤。「她必須知道進展情況，」克勞迪亞說，「她永遠都要參一咖，而我們儘可能按照她的意思經營。」[70]

一九九八年八月九日，布朗金女士離開人間，距離一百零五歲生日還有四個月。她留下非比尋常的遺產，不只是NFM及其管理團隊。她捐了一百五十萬美金給「奧馬哈猶太人聯合會」（Jewish Federation of Omaha），讓他們可以興建包含一百一十九個床位的療養院。當被問到為何要捐獻巨款給聯合會，她解釋，剛到美國時，希伯來移民援助協會曾經幫助她，給她食物，她當時承諾，有一天會幫助那些曾經善待她的猶太人。[71]

她也捐獻二十多萬美金給奧馬哈市中心的老舊戲院Astro，因為她不希望看到這座戲院被拆除，所以協助募款九百萬美金重新裝潢。華倫・巴菲特的女兒蘇珊主導這件事，布朗金與巴菲特家族各自捐了一百萬美金。這家戲院後來重新開幕時，更改名稱為「蘿絲・布朗金表演藝術中心」（Rose Blumkin Performing Arts Center），或簡稱為「玫瑰」（The Rose）。[72]

但布朗金女士的真正傳奇故事，當然是來自NFM的非凡成功。她是天生的生意人，憑著直覺就知道怎麼做才會成功。對她來說，這代表她願意把一輩子都奉獻給事業。「每個事業需要的，就是一位優秀的經理人，」她說，「某個願意全心全力投入的人，不是那種寧可花三個半鐘頭午餐，經常前往拉斯維加斯或夏威夷度假、或經常打保齡球的人。」[73]

她的顧客當然更重要。「各位讀到所有關於顧客至上的種種，」華倫・巴菲特談到她，「就我而言，都是她創造的。」[74] 而且她對待顧客的方式，確實讓人們有賓至如歸的感覺。「親愛的，」她會說，「你在找什麼？不論你要什麼，我都可以給你最棒的……，幫你安排最好的交易。」[75] 顧客非常喜歡她，總是持續照顧她的生意。

另一方面，她對員工的態度嚴厲，尤其是家族成員。如總是坐著高爾夫球電動車，風馳電掣在賣場到處遊走，高喊著，「你這個沒用的傻瓜！笨蛋！懶惰鬼！」幸運的是，她兒子個性溫和得多，擅長安撫員工。當這位女暴君把某位業務人員罵得狗血淋頭，路易斯要想辦法息事寧人；當她開除員工，路易斯會把他們重新找回來。[76]

布朗金女士對於家人與員工雖然要求很高，但她也知道如何才能讓人們快樂。「如果想要成功與快樂，」她九十六歲的時候，告訴某位記者，「你必須誠實面對人生——五十年或六十年的期間——沒有人對你懷恨在心，你感覺很好。這就是你的快樂人生。」就她自己的成功來說，她完全瞭解，「我之所以能夠成功的理由，是因為我對顧客誠實；我據實以告、我便宜賣出，碰到什麼不對的事情，我會糾正。」[77]

**蘿絲‧布朗金的經營宗旨**

- 顧客永遠優先。讓他們得到真正想要的，他們就會繼續回來。
- 把時間完全花在顧客身上。
- 公司的任何花費都必須對顧客有幫助。
- 節省的效益完全轉移給顧客。
- 不可舉債。

# 夢想家：艾爾．烏吉

## ●飛安國際公司

紐約拉瓜地亞機場以前的泛美海運航空站，也就是現在的達美穿梭航空站，正是飛安國際公司（FlightSafety International，FSI）的行政辦公室。這棟建築相當接近艾爾．烏吉駕駛泛美航空第一架商務飛機長達二十五年的場所，也是飛安國際公司的卑微發源地。

這棟原本屬於泛美航空的建築，面積為三萬六千平方呎，沒有電梯設備，鋪著二十年的老舊地毯，家具雖然老舊，不過仍足以發揮正常功能。這就是航空界傳奇人物、商業與醫療鉅子艾爾．烏吉的總部，烏吉目前主管波克夏最賺錢的部門：飛安公司。

雖然成年後多數時間都待在紐約，但艾爾仍然操著明顯的南方口音，而且也是最擅長講故事的人，他講起話來，似乎只有實際的一半年齡，唯有對於過去的隱約記憶，才會透露他的真實年齡。會議室外，有一群來自巴西航空業的代表等著跟他見面，這些訪客讓我產生一種印象，他們為了跟這位傳奇人物烏吉先生見面、握握手，願意等上一整天。

訪問結束後，對於我攜帶的那個裝著研究資料、錄音帶、訪問紀錄的手提箱，究竟應該由我拿著，或由烏吉幫我拿，我們對此產生一些爭執。很遺憾地，這位年齡多出我一倍的長者贏得這場拔河。後來，公司行銷部門副總裁吉姆・沃夫（Jim Waugh）解釋，他招待的每一位傑出乘客，艾爾都會幫他們提行李。他會把他們送上泛美的商務客機，然後由他駕駛飛機。幫別人提行李已經成為艾爾・烏吉的標誌，這是他表達敬意的方式，不論對方的身分為何。

訪問結束，用過午餐後，我們渡過哈德遜河到對岸的泰特波羅（Teterboro）訓練中心，想要嘗嘗獵鷹九〇〇EX（Falcon 900EX）模擬飛行的滋味，這是價值三千四百萬美金的三引擎商務飛機，足以橫渡大西洋。相較於樸實的辦公室，這些最先進、最了不起的訓練設備、超薄電腦顯示器、高科技教室等，實在是強烈的對照。股東們想必很樂意知道，艾爾・烏吉的公司費用主要都花在客戶身上，而不是高級主管的享受。

聯邦航空局（FAA）核准的最高水準D級模擬器，是由飛安國際模擬器部門所製造，銷售全球，沒有加價，配備實際的飛機駕駛艙（包括價值兩萬五千美金的駕駛座）。飛安國際生產的所有模擬器都屬於D級水準，也就是模擬器科技的最高等級。飛行教官打開光學顯示器，令人不難想像自己正坐在嶄新的商務噴射機駕駛艙內，飛機停在泰特波羅機場第六號跑道上。我可以遙望曼哈頓的天際，隨時準備起飛。這台造價一千五百萬美金的最先進準飛行器，其配備的航空電子設備先進程度，甚至超越美國太空總署的登月小艇。

獲得塔台准許起飛，我沿著跑道開始加速，拉起機鼻，飛機跟著騰空。穿越雲層後，飛機碰到正常的亂流而震動。雙掌因為冒汗而稍微潮濕，我嘗試降落，任何心智正常的人，都不會讓我嘗試降落他們的噴射機，尤其是飛機上還有乘客的話。我累積的飛行時數雖然有四百多個小時，但都是駕駛單引擎或螺旋槳飛機，所以副駕駛吉姆・沃夫指導我應該怎麼做時，我的第一次嘗試只能算是有控制的墜毀，第二次和第三次嘗試則相當輕鬆就降落。飛行教練只要觸碰我背後的電腦螢幕，就可以讓我在黎明起飛，一分鐘後，又在黃昏降落。「讓我們把情況弄得更有趣些，把可見度調低一點，」我建議。所以我的視野大約只有五十英尺，地面積雪，跑道結冰。

這套設備在可控制環境下，模擬兩百多種問題組合，以及足以威脅生命的危機情況，並且錄製駕駛員反應的影片，方便事後評估駕駛員採取的因應動作，其方法與時間是否恰當。

離開這個最先進的模擬器後，感覺好像飛行了一整天，我的襯衫完全被汗水浸濕，如此應該可以證明飛安公司訓練計畫的真實程度。

---

「不知道為什麼，」艾爾・烏吉記得，「在我還很小的時候，就對飛機非常著迷。想當年，飛機很不普遍，但我會閱讀任何有關飛機或飛行員的故事。」[1] 一九二七年某天——艾爾十歲生日過後不久——有位年輕的郵政駕駛員叫做查爾斯・林白（Charles Lindbergh），嘗試由紐約

羅斯福機場獨自飛渡大西洋。

「很多人曾經嘗試過，但從來沒有人單獨完成，」烏吉回憶，「我的耳朵緊貼著那台RCA真空管收音機，傾聽這次飛行進展的任何新聞片段。當新聞正式宣告他已經降落在巴黎，而且被成千上萬歡迎他的法國人抬了起來，我都聽傻了。當時，我毫無疑問地決心當個飛行員，像林白一樣。我非常確定。」[2]

艾爾・烏吉確實成為一位飛行員，且由於他的飛行經驗、及時掌握機會的能力，使他幾乎得以單槍匹馬地創立飛行訓練產業，而且在創立、孕育與發展飛安國際公司的過程，協助無數飛行員與搭機乘客的飛行安全。

一九一七年五月十五日，艾爾・烏吉出生於肯塔基州法蘭克福的一座乳業農場，是七個小孩的老么。他接受教育的最初四年在肯塔基科茨維爾上學，全校只有一間教室。然後，他轉學到比較「大」的城市法蘭克福——居民號稱有一萬五千人——上學。「學校座落在小山丘上，」他記得，「下課的時候，走出教室，俯望下方的山谷，心想這應該就是飛行員經常看到的景象。我也想由這種角度，俯望整個世界。」[3]

頗令人意外的是，即使身處經濟大蕭條期間，家庭財務狀況十分不穩定，父母還是相當支持他。「我父母親很棒，關於我的飛行美夢，他們從來沒有潑過冷水，雖然這種想法在當時顯得有點荒謬。換言之，一家九口居住在偏遠的農場，住家只能勉強遮風擋雨，我卻談論著莫名其妙的飛行。」[4]

即使父母支持，想要當飛行員仍然不是一件容易的事情。飛行課程的學費昂貴，他在農場工作根本無法籌措足夠的款項。但一九三四年，他高中畢業後不久找到一種方法。「大約在這個時候，」他回憶，「有個叫做白色城堡的公司在法蘭克福開設漢堡店，吸引了不少人群。他們經營的事業看起來簡單，所以我也依樣畫葫蘆，在法蘭克福擺了一個漢堡攤，不過是在肯塔基河的對岸。」烏吉把自己的漢堡攤取名為「小鷹」（Little Hawk），因為這個名字隱藏著「飛行的含意」。

「幾乎打從開始，生意就很好。漢堡和可樂都訂價為五美分，銷量很好，問題是根本沒賺錢，所以我把價格提高一倍（當然，如果購買數量很多，還可以打折——十二個漢堡只要一塊錢），如此一來，我就賺錢了。」[5]

他把漢堡攤賺的錢都存起來，一年後，存款已經足夠報名飛行課程。兩年後，他第一次單獨飛行。十八歲，由於曾經創辦一家相當成功的生意，烏吉前往拜訪法蘭克福農民銀行的總經理——他的漢堡攤客戶——要求貸款購置一架飛機。運用漢堡攤當作抵押擔保，他借得三千五百美金，於是擁有一架瓦哥一〇型（Waco 10）飛機，[6] 這是標準的開放式駕駛艙雙翼飛機，飛行員必須配戴護目鏡。

父母原本希望他就讀肯塔基大學，但他把所有時間都泡在飛機廠。一九三七年，烏吉把漢堡攤賣給哥哥鮑伯，價格是一塊美金外加未清償的貸款，然後他把所有時間都投入飛行。當時，美國的經濟狀況還沒有完全脫離大蕭條影響，飛行員很難謀取生計。「當時根本沒有什麼適合飛行員的工作，」烏吉回憶，「即使是軍方，飛機數量也很有限，所以我只能做其他飛行員做的事情：什麼工作都接。我帶客人到天上遛一圈只收費一塊錢，傳授飛行課程，甚至飛行表演。很多人想看我們這群傻蛋怎麼自尋死路，真的就像傻子一樣，有幾次我真的應驗了觀眾的願望。」[7]

令人記憶最深刻的一次，是發生在烏吉應聘成為辛辛那提皇后市飛行服務隊的首席飛行員。一九三九年某天，首席飛行員正在指導民用航空局（Civil Aeronautics Administration，簡稱CAA，為聯邦航空局前身）的飛行員，如何運用開放式駕駛艙飛機進行「快滾」（snap roll）飛行——也就是把飛機翻轉顛倒而繼續飛行的技術。對於這個事故，這位民用航空局的駕駛員記得很清楚（如同烏吉一樣），「開始急遽翻轉，然後飛機很快就顛倒，然後——突然間——飛機不見了！」[8]烏吉的座位由駕駛艙脫落，直接朝下方的俄亥俄州農地掉落。

迅速脫掉厚實的皮手套（烏吉還記得當時的氣候有多麼冷），拉扯降落傘的控制繩索。距離地面約一百五十公尺高度，大概是撞擊地面的前幾秒鐘，降落傘才打開，他也得以全身而退。經過一陣子後，他才從這次經驗歸納出幾個重要教訓：

- 直接在飛機上做訓練是危險的。
- 意外發生時，應該及時採取適當行動。
- 如果可能的話，儘可能保持幸運。

他後來表示，前面兩個教訓「對日後專業生涯的選擇與處理產生重大影響，至於保持幸運，我一輩子都相當幸運。」[9]

一九四一年，烏吉簽約進入泛美航空，在當時，泛美是最主要的航空業者。泛美在一九二八年開始經營古巴哈瓦那到佛羅里達基韋斯特（Key West）之間的航線。十三年後，等到烏吉加入該公司時，泛美航線已經遍及全球。如同烏吉記憶的，「泛美是美國旗艦航空業者，地位無與倫比。泛美的機組人員經驗最豐富、最受航空業的推崇。當時有幸能夠參與其營運，不僅是一種無價的經驗，甚至是永遠都不再有的榮幸。」[10]

相當矛盾地，泛美雖然是美國唯一的國際航空業者，但竟然不獲准經營國內航線。泛美公司創辦人兼總裁胡安．特里普（Juan Trippe）在美國境內旅行時，也必須搭乘其他航空公司的班機。為了避免發生這種尷尬局面，泛美把公司的一架雙引擎螺旋槳飛機（阿梅莉亞．艾爾哈特〔Amelia Earhart〕駕駛的同型飛機），改裝為特里普的行政專機。一九四三年，烏吉被挑選擔任這架飛機的駕駛員，原本任務期限為六個月，結果烏吉卻擔任這項職務長達二十五年，直到他從泛美退休為止。[11]

由於他的老闆在這個行業的特殊地位，烏吉擔任這項職務，經常需要幫很多企業高級主管與無數明星提行李，包括艾森豪將軍（General Dwight D. Eisenhower）、喬治・馬歇爾（George Marshall）、金融鉅子伯納・巴魯克（Bernard Baruch）、樞機主教弗蘭西斯・史貝爾曼（Francis Cardinal Spellman）與普雷斯柯特・布希（Prescott Bush，他的兒子和孫子都當上美國總統）。對於他來說，載送他幼年時代的英雄查爾斯・林白，更是難忘的經歷。「對於來自肯塔基牧場的小孩而言，這就像踏入童話世界，」他後來說，「最有價值的經驗，莫過於觀察特里普先生和其夥伴的交談。傾聽這些人——某些當代最成功的企業家——如何談生意、辯論政治主張、規劃新投資、擬定財務策略，就像踏入最高級的商學院研究課堂。」[12]

對於胡安・特里普和他的專機駕駛員來說，潛在的創業機會之一就是航空事業。每年都有愈來愈多的企業最高主管發現，公司如果擁有自己的行政專機，將享有許多優勢和方便。艾爾・烏吉開始看到別人還沒有察覺的機會。他認識的商業飛機駕駛員——為數不少——飛行技術都很高明，但他們大多是在二次大戰期間，由海軍或陸軍航空隊訓練出來的，但這些人離開軍隊，進入民間機構駕駛民用噴射機後，大致上就再也沒有接受訓練。

商業機隊開始出現高效能的機型，而習慣舊機型的飛行員在進行這方面的轉型，往往會產生嚴重的挑戰。航空公司可以處理這些挑戰——烏吉本身就曾經協助飛行員熟悉DC—6S與星座型飛機。另外，聯邦政府規定所有的航空公司駕駛員，每隔六個月就必須證明自己熟悉這些新型飛機。商務客機駕駛員不需受此規範，但烏吉非常清楚，缺乏這方面的訓練計畫，將構成愈來愈嚴重的問題。

另外，即使企業行政專機駕駛員想要接受這方面的訓練，也沒有任何機構可以提供服務。「我曾經仔細琢磨過，」烏吉說，「這可能是個機會，我們可以提供類似航空公司安排的訓練計畫。」一九五一年，在他老闆的祝福下，艾爾．烏吉拿房子抵押取得一萬五千美金貸款，在紐約拉瓜地亞機場海運航空站設立了飛安公司的辦公室。公司內部只有一間兩百平方呎的房間和一張木桌、一台電話、一部電動打字機，還有一位秘書，這也是飛安公司支領薪水的唯一全職員工，由她負責幫老闆打字，協助推銷生意。[13]

一九四四年，烏吉和愛琳．希利（Eileen Healey）結婚。七年後，成立自己的公司時，他們已經有四個小孩。為了維持家庭生計，烏吉必須保有泛美的工作。事實上，一九五一年成立飛安公司後，他繼續擔任胡安．特里普的駕駛員長達十七年，直到一九六八年為止。他從來沒有邀請老闆投資他的新公司，他的老闆也從來沒有表示這方面的意思；雖說如此，特里普還是相當支持烏吉的事業。「他有很多朋友都是擁有行政專機的企業執行長，」烏吉談到他的精神導師與過去老闆，「他請他們把公司駕駛員送到飛安公司接受訓練。從很多角度來說，他是把飛安公司推升到《財星雜誌》五百大企業的使節。」[14]

艾爾．烏吉的機構開始訓練飛行員時，所有訓練都是在空中進行；完全沒有飛行模擬器。事實上，當時有很多人反對在地面訓練飛行員。雖說如此，具有眼光的人也不少——包括艾爾．烏吉在內——他深信逼真的模擬訓練，絕對是具備效率、符合經濟利益的方法，不僅可以保持飛行員熟悉既有的技術水準，也可以幫助他們由某種機型，過渡到其他機型。另外，如同烏吉強調的，「你如果能夠駕馭模擬器，就能駕駛飛機，但反過來說，則未必成立。模擬器可以安全地讓飛行員碰到各種危險狀況組成的環境，而這往往是實際飛行不太可能遭遇的——但並非絕對不可能——所以你可以預先有所準備。」如同「國家商用飛機協會」（National Business Aircraft Association，簡稱NBAA）指出的，「帶著傳教士般的熱情，烏吉試圖說服心存疑惑的業者，讓他們相信，他與飛安公司可以運用高科技模擬設備，配合專業教官，提供周詳規劃的課程，協助駕駛員獲得必要的飛行訓練。」[15]

所以烏吉不只創辦了自己的新企業，同時也開拓了新產業。打從飛安公司開辦以來，他們只能運用非常有限的地面訓練設備，唯有等到一九五四年才有機會簽約取得第一套現代化模擬器。這套模擬器是由愛德．林克製造（Ed Link，飛安公司過去曾經向其採購二手的「林克訓練設備」），價值高達十五萬美金，絕非初成立的飛安公司所能負擔，也沒有任何銀行願意提供貸款。很幸運地，如同烏吉描述的，「我們某些最好的客戶，不僅認同模擬訓練的功能，而且也願意實際提供必要的資金支援。這些機構的飛行部門，包括伊士曼柯達（Eastman Kodak）、國家奶品（National Dairies）、可口可樂（Coca-Cola）、海灣石油（Gulf Oil）、歐林馬蒂松（Olin Mathieson）等，他們同意預先支付五年期的飛行員訓練課程費用，金額總計將近七萬美金。有了這些錢，我們順利取得所需要的模擬設備，整個計畫看起來將會成功。」[16]

但是唯有等到一九六〇年代中期，渦輪動力飛機出現，飛安公司的前景才趨於穩定。最重要的一項發展，是烏吉的老闆與負責製造法國謎式噴射機（Mystere jet）的馬塞爾達梭公司（Marcel Dassault）之間完成的一筆交易。特里普與達梭同意由泛美成立一個新部門「泛美商用噴射機」（Pan Am Business Jet），負責處理謎式噴射機——特里普稱為「獵鷹」（Falcon）——的北美市場行銷。根據烏吉的描述，「不久後，我說服特里普先生，把飛安公司提供的飛行員和技術維修訓練服務，納入鷹式飛機的銷售價格，使得飛安公司模擬訓練計畫，成為現代商用飛機作業的完整部分之一。所以，飛安公司的訓練計畫也成為標準化產品。」[17]

這項安排對於飛安國際的發展具有關鍵性意義，有助於提升其名氣、聲譽、認同，以及客戶忠誠。飛機購買價格納入飛安公司提供的訓練計畫中，這讓ＦＳＩ享有持久性的競爭優勢。

但還有其他影響因素。「隨著捷星噴射機（JetStars）、佩刀客機（Sabreliners）、灣流型飛機（Gulf streames）、里爾噴射機（Learjets）等新型飛機陸續推出市場，」烏吉解釋，「整個航空業的發展基調發生了變化。這些新型飛機沒有軍方遺留下來的人手，而且都是極精密、高空、高速的噴射機，價格也非常昂貴。」業者對於這類新型噴射機的接受程度，雖然稱不上普及，但也不得不承認它們代表未來。由於發生一系列意外事故，清楚顯示這類新型噴射機顯著不同於過去的飛機，「不論是飛行員、航空業者或保險公司都一致認為：想要學習或精通這些新型商務客機，最好的場所就是模擬器。這種情況下，飛安公司的業務也就跟著起飛了。」[18]

一九六八年，烏吉五十歲，飛安公司掛牌上市，他覺得自己也應該從泛美退休了。「對於我的職業生涯來說，離開泛美可能是最困難、但也最令我覺得興奮的時刻，」他說，「我喜歡這家航空公司，也熱愛我的工作。可是想到即將全心投入、領導自己的公司，就令人高興老半天。這一天終於來了。完成某次航行後，我驕傲地拿著特里普的行李走下飛機，握著他的手，由衷感謝他，讓我有機會踏上神奇的飛行生涯。然後，我走過斜坡，爬上台階，成為飛安公司的全職CEO。從現在開始，也就是創辦這家公司的十七年後，我開始支領飛安公司的薪水。我必須如此，因為我已經辭掉原來的正職。」[19]

支領飛安公司的薪水絕對不成問題，經過幾年的奮鬥後，由於所提供的飛行訓練服務幾乎處於獨占狀態，飛安公司的事業發展順利興隆，艾爾・烏吉也累積了超過五億美金的財富。一九八三年，他成為《富比士雜誌》全美四百富豪的榜上人物。但一九九六年，將近八十歲——當時喪偶，四個兒女都已經成年，還有十二個孫子——他開始擔心自己花了多年創立的事業，在他走了之後將會如何發展。這些年來，很多大型企業曾經提出收購計畫，但他不想讓公司的所有權分散，因此決心不讓這種事情發生。

長久以來，烏吉不屑華爾街的各種伎倆，譬如綠票訛詐（green-mailers）、槓桿收購、企業掠奪等。「很幸運地，」如同他敘述的，「運氣總是特別眷顧我，我接到華倫・巴菲特的電話。過去，華倫雖然曾經送飛機駕駛員過來受訓，但我們從來沒有見面，所以這次的接觸頗讓我覺得意外。他想知道我是否有興趣和他討論飛安公司的未來。我當然有。」[20]

巴菲特之所以打電話，是因為居住在亞利桑納土桑市的飛航顧問理查德・畲舍（Richard Sercer）如此建議，這位顧問同時是飛安公司和波克夏的股東，妻子艾爾瑪・墨菲（Alma Murphy，波克夏股東，哈佛醫學院出身的眼科醫生）說服他投資波克夏公司。巴菲特後來告訴股東們，「很幸運地，理查德是飛安公司的長期股東，他發現我們兩家公司很相配。他瞭解我們收購公司的準則，他認為艾爾・烏吉可能希望進行這筆交易，讓他能夠幫自己的事業找個安穩的家，而且對於下半輩子的收入也有了明確的靠山。所以理查德寫信給所羅門公司（Salomon Inc.）的執行長鮑伯・丹漢（Bob Denham），請他研究這筆併購交易的可能性。鮑伯也從此接受這個案子。」[21]

雖然巴菲特一向厭惡高科技事業，但所有這一切還是發生了。事實上，巴菲特之所以避開這類事業，並不是因為事業營運需要運用高科技，而是高科技事業的未來發展經常充滿不確定。關於飛安公司，巴菲特沒有這方面的顧慮；九月份，他和烏吉在紐約市會面。他們兩人有許多共通處：斯巴達式的簡樸辦公室、生性節儉、講究自力更生、關心股東、厭惡短期操作，長久以來都列名《富比士雜誌》全美四百富豪，還有個忠實夥伴叫做「查理」。巴菲特的長期事業夥伴是波克夏的副董事長查理・蒙格。艾爾的「查理」是一條黃金獵犬；當他還在駕駛飛機時，牠的床鋪就在駕駛座和副駕駛座中間，也就是飛機節流座的下方。查理甚至和他同床共枕。

「我們一起吃漢堡、喝櫻桃口味的可樂，讓彼此進一步認識、熟悉，」烏吉說，「我對於自己看到和聽到的覺得很高興。巴菲特想把飛安公司併入波克夏海瑟威，但他希望這家公司繼續獨立經營，由原來的人員經營原來的事業。吃完漢堡後——自從賣掉「小鷹」漢堡攤後，就沒吃過這麼好吃的漢堡——彼此握手，一九九六年十二月底，整筆交易大功告成。從此之後，飛安公司成為波克夏海瑟威完全擁有的附屬企業。」[22]

巴菲特提議用十五億美金收購烏吉的事業，但飛安公司的股東可以選擇每股五十美金現金，或用每股價值四十八美金的波克夏A股或B股交換。烏吉和他的家人擁有公司三十七%股權，他們選擇免稅交換波克夏股份，並強調，「我個人認為波克夏股票是最棒的投資標的，我預期將永遠持有這些股票。」[23] 收購交易完成後，資料顯示有四十九%的飛安股東接受股票，剩餘股東則取得現金。烏吉表示，「我真是再高興不過了。」[24]

華倫・巴菲特也很高興。當時他只表示，「飛安公司是我喜歡的事業，經營者也是我喜歡和讚賞的人。」[25] 但他後來解釋，「他（艾爾）瞭解我是什麼，我也瞭解飛安公司是什麼，我知道他熱愛自己的事業。對於這類的狀況，我永遠會思考一個問題：他們到底是愛錢，還是愛事業？對於艾爾來說，錢絕對是次要的。他熱愛自己的事業，而這就是我所需要的，因為在我買下公司後，他們如果愛的是錢，拿到錢就會拍拍屁股走人；他們如果熱愛事業，還會繼續經營公司，就像以前一樣。」[26]

納入波克夏海瑟威體系後，飛安公司的營運興隆。公司被合併當時，年度營業收入約為三．六五億美金；四年後，這項數據估計來到六．四五億美金。根據估計，該公司提供給波克夏海瑟威的累積稅前盈餘已經有七億美金——相當於當初收購飛安公司價款十五億美金的半價。另外，飛安公司目前按照盈餘二十倍估計的價值為三十億美金，約為當初購買價格的兩倍。稅前利潤再加上企業價值顯著提升，結果相當於二十五%的年度內部報酬率，這個明確案例也說明了巴菲特為何寧可併購整家公司，而非投資部分的上市公司。

前述進展既是公司擴張營運的原因，也是結果。一九九六年，飛安公司員工總計有兩千五百人，四十一個訓練中心分別座落於美國、加拿大與歐洲地區，包括一百七十五套模擬設備。目前該公司的員工有四千人，管理四十四個訓練中心的兩百多套模擬設備，每年約訓練六萬名駕駛員，年度營業收入約六億美金，絕大多數駕駛員是來自企業界與區域性航空公司。事實上，目前美國與歐洲地區銷售的新商務客機，契約幾乎都包含飛安公司駕駛員與技師的訓練課程。[27]

該公司提供的駕駛員訓練服務，客戶包括美國政府與軍方，譬如美國航空局、緝毒局（DEA）、美國海岸警衛搜救隊、美國空軍與陸軍，他們也協助訓練白宮駕駛灣流型飛機的飛行員。[28] 所以飛安公司是全世界規模最大的非航空公司、非政府航空訓練機構，也是全球規模第二大的飛行模擬設備生產廠家，[29] 規模遠超過最近的競爭同業。

一九九七年，飛安公司與長期事業夥伴、也是全球規模最大的飛機製造業者波音公司（Boeing）合作，共同經營飛安公司的波音訓練中心。這是個股權、營運獨立的單位，專門提供一百個座位以上的波音、空中巴士（Airbus）與福克（Fokker）等大型飛機的訓練服務。這個機構旗下的二十個訓練中心分布全球，包括英國（倫敦與曼徹斯特）、中國、巴西、南非、法國（巴黎）、西班牙、墨西哥與南韓。這些訓練中心有六百位員工，六十五套完整的飛行模擬設備。最近還在邁阿密成立新的訓練中心，耗費一億美金，每年可以訓練七千位飛行員與三千位維修技術人員。[30]

烏吉雖然瞭解這一切讓公司享有明顯的競爭優勢，但仍然認為，「我們面對各方面的競爭。很多航空公司和我們競爭，推銷它們的剩餘產能，還有很多業者準備踏進這個行業，參與競爭。總之，我只能說必須盡其在我。我們希望成為這個行業的領導者，但任何一天情況都可能發生變動，但我們只能盡力而為——這是我們的使命。」即便如此，他還補充，「我們頂多只能做這麼多。目前市場對於駕駛員訓練的需求很高，我們當然不能全部囊括。我父親過去常說，「你如果把所有的彈珠都贏走了，就沒有人可以和你玩。」

或許是受到波克夏海瑟威收購FSI的影響，其他模擬設備主要生產業者，有些也決定進軍航空訓練事業，尤其是加拿大航空電子設備公司（CAE）與奇異電器（GE）。當然，這些新成立的訓練機構，應該不至於造成真正劇烈的競爭，一方面是因為成立這類的機構，成本極為昂貴——每套飛行模擬設備的成本可能高達一千九百萬美金——但烏吉相信：「不只是錢的問題，這方面工作需要有適當的組織配合。」即使是如此，根據某航空資料顧問公司網站AVweb的評論顯示，烏吉的公司並不是這個領域的唯一業者，「直到大約十年前，」該網站在一九九八年表示，「對於活塞動力飛機來說，飛安公司確實是提供專業等級模擬器設備經常性訓練服務的唯一業者。現在的情況已經不是如此，但FSI仍然是這個產業的最主要玩家，樹立了其他業著訓練程序的典範。」[31]

由於其展現的非凡表現，飛安公司被視為這個產業的衡量基準。舉例來說，商務客機公司（Executive Jet）是飛安公司的主要客戶之一（順便提一點，該公司也是波克夏海瑟威旗下的附屬機構之一），從來不曾發生致命意外。商務客機公司的駕駛員，每年至少要前往飛安公司接受二十二天的訓練，遠超過其他公司與政府規定。

當然，按照這個基準衡量，對於任何事業都不簡單。艾爾．烏吉與飛安公司員工都誠摯相信自己所做的貢獻。「任何飛機的最安全配備，」烏吉說，「就是經過充分訓練的駕駛員。這是我們的座右銘，我深信不疑。噴射機剛開始服役時，完全沒有模擬設備，所有的訓練都運用飛機實際操作，結果訓練過程發生的飛行意外事故，反而超過實際載客營運，因為駕駛員沒有機會藉由模擬設備做練習。目前飛機的配備非常複雜，完全不宜採用實機進行正常練習，或練習緊急處理程序。如果能夠在受到控制的環境下，藉由模擬設備進行訓練，顯然沒有理由運用實機做練習。」

事實上，烏吉與飛安公司不僅宣揚訓練的重要性，也透過實際行動做為後盾。「飛安公司訓練的駕駛員來自兩千五百多家公司的航空部門，」烏吉說，「他們每年接受兩次訓練。凡是參加訓練課程，並取得機長的專業駕駛員執照證書，或通過飛安公司的副駕駛訓練計畫，我們都提供價值十萬美金的意外保險。飛安公司支付保險費，保險受益人則由駕駛員指定。」

凡是完成訓練計畫的學員，飛安公司就幫他們支付保險費，這項措施早在他們加入波克夏海瑟威前就已經實施。公司合併後，營運基本上沒有太大變動。「我仍然擔任總裁，」烏吉說，「我的責任仍然相同。如果有任何變動的話，應該都是朝好的方向發展。加入波克夏前，我們還是紐約證交所的上市公司，我經常被問到公司下一季的營業狀況將會如何，或上一季的績效為何沒有更好。現在我們可以從長期立場經營事業，不需過分擔心下一季的情況；這可能是幫巴菲特工作的最大效益之一。」

被問到有關他幫巴菲特工作的最大好處是什麼，烏吉立即提出領導能力的論述。「領導能力實際上就是優秀經理人所需要的，」他說。「這個字的英文字母（leadership），也就代表優秀經理人應該具備的素質：L代表忠誠（Loyalty）、E代表熱忱（Enthusiasm）、A代表態度（Attitude）、D代表紀律（Discipline）、E代表榜樣（Example）——你必須立下好榜樣、R代表尊敬（Respect）、S代表學識淵博（Scholarliness）、H代表誠實（Honesty），至於I和P，則分別代表正直（Integrity）與自豪（Pride）。我覺得華倫・巴菲特最神奇的是他具有所有這些素質。」

對於和波克夏海瑟威合併的安排，他絲毫不後悔，「這是我做過最明智的決定，」他說，「我不認為這筆交易雖然讓他成為波克夏的最大股東之一，但他並不期待有任何特殊待遇，「我不認為這造成任何差別，每年舉辦的股東大會，就如同大家一樣，我也坐在一般露天看台。」雖說如此，但他承認很在意巴菲特對自己的看法，「我儘量讓他為我覺得驕傲，我也希望讓每位股東都覺得驕傲。我不希望自己經營的公司，讓大家在報紙上看到壞消息。」

烏吉無疑非常讚賞與尊敬巴菲特，但他覺得父母才是對他影響最大的人，「父母對我的影響最大，」他說，「他們對我做的一切超過任何人。我們住在偏遠的肯塔基經營農場，家裡沒有什麼錢，但我們在很多方面卻相當富裕。」被問到父母對於他的成功是否感到驕傲，「我並不太在意自己的成功，我從來沒有往這方面想。」事實上，他雖然曾經擔任飛機駕駛員、航空特技表演家、餐廳業者、商務客機駕駛員、訓練師、企業家、醫療慈善家、億萬富豪等，但他認為自己的各種成就，只是「運氣好，在正確的時機，出生在正確的地方。」

「賺錢的祕訣，」他說，「就是控制成本，保持生產力。實際上並不複雜。」[32]

「你必須想辦法，讓收入超過支出，這是最重要的事情，」他認為，人們想要成功，最主要關鍵在於紀律，這點可能不會讓人覺得訝異，「經營事業就像擔任飛機駕駛員一樣，」他解釋，「如果不小心，你會搞死自己。」[33]

關於航空訓練產業與飛安公司的未來發展，烏吉抱持著相當樂觀的看法，「人們更常旅行，」他說，「而且將來應該還會繼續如此。這個產業充滿無窮機會，而且不局限於美國，目前全球各地都欠缺飛機駕駛員——人手短缺的情況較過去更嚴重，很多駕駛員只能工作到六十歲就被迫退休，有些國家甚至規定不得超過五十五歲。這些人一旦退休，新人就必須接手。目前這些高度精密的飛機更迫切需要熟練的飛行員，我們雖然一直拓展業務，但能力畢竟有限。」

「事實上，」烏吉說，「航空產業未來五十年的變化，劇烈程度可能更勝過去五十年。每天似乎都可以看到某條界線被抹除、某個帷幕被拉開、另一個封閉的社會被解放。全球的商品與人口快速移動，速度愈來愈快。雖然不清楚整個發展最終將如何，但我們知道如何到達目的地——搭乘飛機。」[34]

「所以我們將繼續訓練駕駛員與技師，」他說，「目標是讓航空產業變得更安全，並且發展與改進新程序。人們最重要的東西就是生命，為了促進這個產業發展，必須盡一切所能防範人員傷亡。參加喪禮最令人感傷，我們如果能夠協助避免發生空難，就會感覺很好。」

為了達成這個目標，飛安公司採行的方法之一，就是鎖定學生，「這些人將在幾年後接管航空運輸事業，」烏吉說，「飛安公司現在和學術機構合作，協助推廣航太教育，塑造飛行第二個百年的第一代航空學員。我們已經和佛羅里達的安柏瑞德航空大學（Embry-Riddle Aeronautical University）簽訂合約，提供給在校學生使用的訓練模擬設備，我有信心繼續拓展這項計畫，陸續與其他學校合作，甚至提供更完善的訓練課程。飛安公司絕對會積極參與飛航產業的未來發展。」[35]

至於波克夏海瑟威的未來發展，烏吉並沒有特別的想法。被問到是否還會有另一個華倫．巴菲特，他說，「不，就好像不會有第二個喬治．華盛頓或亞伯拉罕．林肯一樣。」他又說，「這個世界還有其他聰明的人。每個人都是可以被取代的。」雖說如此，他相信巴菲特會準備「相當完善的發展藍圖。他很精明——對於某人將做什麼通常都有明確的看法。他想知道我如果發生車禍的話，誰會接手我的工作，所以我相信他應該也考慮過他如果離開，誰會接手他的工作。」

他相信不論巴菲特是否存在，波克夏海瑟威都會是個好投資，他不擔心巴菲特走了之後將如何，「我不認為這是個大問題。如果他走了，將會發生什麼？他們難道不知道任何人遲早都會死亡嗎？華倫沒有告訴我應該如何經營飛安公司，他也沒有告訴旗下附屬機構的營運經理人如何經營公司。華倫走了之後，遲早會有人接手，但所有的公司都知道應該如何營運。」

至於他自己的未來，烏吉並沒有打算在短期內退休。雖說如此，他還是指定了接班人——執行副總裁布魯斯・惠特曼（Bruce Whitman）——他和烏吉一起工作將近四十年。就目前而言，他說，「我做我想做的事情。對於我來說，這不是工作，而是玩耍。華倫和我達成一項協議，他絕對不會分割波克夏的股票。可是等我一百歲的時候，他會分割我的年齡，然後我又回到五十歲。」

根據巴菲特的意見，「艾爾應該有一本討論他的專書。雖然現年八十四歲，但他完全沒有失去任何動力和精力。」[36] 烏吉對於公司經營可以說是樂在其中，至於財務報酬，他知道人生還有許多其他重要的東西，「我可以告訴你，」他說，「老天在上，錢財對我來說，從來都不特別重要；我所努力完成的一切，也從來不是為了致富。」事實上，一九七〇年代末期，在他成為波克夏億萬富豪股東的二十多年前，烏吉就如此告訴肯塔基州報記者，「錢財是可供衡量的報酬，但此外還有更重要的東西。對於自己的所作所為必須要有所貢獻，這不只是指銀行帳戶而已，還有其他的東西。我始終覺得我們經營的事業，對於飛行安全確實有貢獻。如果能夠從事某種真正具有貢獻的活動，而且還能因此獲得報酬，那就實在太棒了。」[37]

他所做的另一項貢獻——也是目前花費相當時間從事的工作——是他積極參與的歐比士國

際（ORBIS International）。他解釋」，ＯＲＢＩＳ是希臘字，有兩種意義，一種是『眼睛』的意思，另一種則是『環繞世界』的意思。歐比士國際是成立於一九七七年的非營利組織，它經營一座飛行手術室——由ＤＣ一〇飛機改裝，半數經費由他個人支付——持續環繞全球，提供必要的眼科醫療服務給開發中國家，協助防範、降低眼疾失明。

如果沒有絕佳的視力，烏吉就不可能成為專業飛行員；如果不能擔任飛行員，他就不太可能體會地面訓練模擬設備的必要性。創辦飛安公司等於是救了很多人的性命，而他協助提供開發中國家最迫切需要的眼科醫療服務，也等於間接挽救許多人的性命。他運用自己在飛航領域內培植的特殊關係，發展出一套獨特的方法協助人們保持視力。

「目前有四千五百萬人失明，」他說，「如果現在沒有採取行動，未來二十年內，失明人口會增加一倍。眼盲者十之八、九是發生在開發中國家。根據『世界醫療組織』和眼科專家估計，失明者大約有八〇％是原本可以避免發生或治癒的，因為防範與治療失眠的相關程序，屬於成本最低、效率最高的醫療保健工作。如果可以採取某些行動去防止小孩失明，但你沒有實際去做，那就真的太過分了。」

烏吉對於ＯＲＢＩＳ的成就，特別感到驕傲。「關於減少失明人口，我們的努力獲得重大成就，」他說，「接受ＯＲＢＩＳ飛行手術室志願醫生治療的病人超過兩萬三千人。可是，更重要者，我們有三百五十位來自全世界各地最高明的眼科專門醫生，他們自願協助教導開發中與未開發國家的醫生。自從這個組織成立以來，ORBIS已經訓練超過五萬零五百位眼科醫師、護士、麻醉師，以及生化工程師——這方面訓練使得九百萬眼疾患者得以受惠。」

秉持著這種態度，艾爾．烏吉的主張也就不令人覺得奇怪了，「我們都是人，只能盡力而為，透過幫助別人，可以發揮自己的影響力。我們擁有全世界最好的機會。當然，你想贏，我們都想贏，為了要贏，我們很努力工作。但如果沒有如願呢？就如同打高爾夫球一樣，」這是他經常從事的運動，也經常藉此為例，「老虎伍茲也無法永遠都贏。但人生不就是如此嗎？它就是一場賽局。你準備怎麼辦？我不會說，『當（when）我死時，』」這位八十四歲的飛安公司領導者對生涯提出總結，「我會說，『如（if）果我死了』。」

**艾爾．烏吉的經營宗旨**

- 瞄準相關領域的領導者。努力讓自己成為所有同業競爭者的衡量基準。
- 想要在任何領域獲致成功，必須嚴格遵循紀律。
- 必須對於其他東西有所貢獻，不要只執著於銀行帳戶。個人所經營的事業，必須對於其他人的福利有所貢獻。

# 創新者：理查德・桑圖利

● 商務客機公司

紐澤西富裕郊區的主要商業大道，商務客機航太公司（Executive Jet Aviation，簡稱EJA）的總部座落在一棟現代化辦公大樓裡，創辦人與首席執行官理查德・桑圖利的辦公室也設在此處。走廊上合適地掛著一幅華倫・巴菲特的廣告海報，標題寫著：「這位全世界最成功的人如何遂行所願？」

本書訪問的CEO，很少人不想預先知道我準備提出的問題。桑圖利的思緒相當講究數據化和邏輯推論。他秉持著不回頭看的人生哲學。他是個聰明理智、擁有企業家冒險精神的天生業務好手，也是個慧眼識英雄的人，很快就瞭解華倫・巴菲特和波克夏企業文化。總之，他就是你認為最適合經營飛機公司的人。EJA是波克夏海瑟威成長最快速的附屬機構，過去兩年來，企業規模已成長一倍（包括營業收入與員工）。

股票市場最近呈現非理性的蓬勃發展，波克夏股價明顯被低估，A股價格大概只在四萬五千美金。面對這種情況，桑圖利考慮放空某些網路股票，同時利用手頭上的股票質借資金，買進更多的波克夏股票，而華倫・巴菲特勸阻他這麼做，「你只需要發一次財。」

這家座落在紐澤西伍德布里奇（Woodbridge）的商務飛機航太公司，其執行長實在不像是華倫．巴菲特旗下的典型經營者。幾乎全然有別於其同儕，理查德．桑圖利並不熱愛自己所屬的產業。直到二十一歲前，他甚至不曾有過飛行經驗。「我之所以踏進航空產業，並不是因為喜歡飛行，」他說。「事實上，剛開始的時候，我認為這對我來說是一種顯著的優勢，因為航太領域的從業人員普遍熱愛飛行，通常不太關心財務議題，他們就是想飛行、想要當個駕駛員，而我不飛行，也不想飛行，我就是不喜歡。但我確實熱愛……，」他的論調就像典型的波克夏海瑟威經理人，「我的事業、我的公司，以及我的員工。」

桑圖利的誠實態度，或許應該說率直，可能要歸因於他的教養。他父親在聯邦政府工作，他出生於一九四四年八月十四日，成長於紐約布魯克林區的勞工階級社區，就讀公立學校直到八年級，然後轉到某天主教高中，畢業後進入布魯克林理工學院（Brooklyn Polytechnic Institute，簡稱BPI）主修應用數學，一九六六年取得學士學位。隨後，他繼續留在BPI，最初進入研究院（取得兩個碩士學位），然後攻讀博士學位並擔任教職。如同他所說的，「我喜歡教書，」但他的兒子在一九六七年出生，家庭職責迫使他離開學術界，「設法找個真正的工作。」

他進入「殼牌石油公司」（Shell Oil）服務，最後成為營業研究部門經理人。「這是很棒的一段學習經驗，」他說，「如果不是公司宣布要搬到休士頓，我可能一直留在那裡工作。我可不願意搬家，我出生在布魯克林，所有家人都住在那裡，所以我說，『我最好另外找個工作。』」相當幸運地，高盛公司（Goldman, Sachs & Co.）的萊斯里・佩克博士（Dr. Leslie Peck）當時正在籌辦新單位，準備把電腦模型技術運用於投資銀行領域，他很快就給了桑圖利一份工作。高盛是首先引進電腦技術的華爾街業者之一。當時，桑圖利說，「我完全不知道高盛是誰，老實說，完全沒概念。」

不久，佩克博士因為健康問題離職，桑圖利接管了研究小組；一九七二年，公司的租賃部門經理邀請他前往工作。「我說不，」桑圖利回憶，「他們問我為什麼？我說，因為我喜歡目前的工作能學以致用，我喜歡從事研究分析。我是世界上少數能夠說自己實際運用大學所學知識於工作的人。」當時，他自己部門的經理說，「你為什麼不過去試試看，做六個月。這個部門的工作會幫你保留，如果你不喜歡那邊的工作，隨時歡迎回來。」

「於是，我答應了，」桑圖利說，「結果我喜歡這份工作。」最後，他不僅成為該部門的主管，甚至創立了「高盛租賃公司」（Goldman Sachs Leasing Corporation）——當時是華爾街規模最大的租賃機構——並成為該公司總裁。

「我們經營得非常成功，」他說，「而且很賺錢。」即使如此，他仍然在一九七九年提出辭呈。「隔年是我升任合夥人的年份，」他回憶，「我絕對可以成為合夥人，這也正是我想離開的理由。我熱愛這家公司，可是一旦成為高盛合夥人就是一輩子的承諾，而以當時的情況來說，我還沒有打算定下來。事實上，我想秤秤自己究竟有幾兩重，雖然已經做得相當成功，但我想知道如果沒有高盛支持，我究竟能夠做些什麼。關於這個問題，如果想知道答案，唯一的辦法就是自行創業，而我就是這麼做的。」

一九八〇年二月，桑圖利用姓名的英文字首，幫公司取名為「RTS資本服務公司」（RTS Capital Services, Inc.）。這家公司從事的行業與他在高盛的工作性質相同：租賃。更明確來說，直升機租賃。「我懂得直升機，」他說，「這是好消息。更好的消息是大咖玩家或主要投資銀行不會和我競爭。這些機構懶得做直升機的生意，因為一百萬或兩百萬美金的生意對他們來說實在太小兒科，所以我的競爭對手只會是區域性銀行，但他們顯然缺乏處理租賃融通方面複雜業務的專業知識。」桑圖利掌握的專業技術，幫他創造了成功的契機，到了一九八五年，RTS資本服務公司已經成為全球規模最大的直升機租賃事業。

桑圖利於一九八四年九月收購商務客機航太公司，雖然在短短幾個月前，他還完全沒有這個意圖。「一九八三年的某個時候，我在韋爾（Vail）滑雪，」他回憶，「三個朋友和我，總共四個人。我們預計離開的前一天，有位客戶打電話給我：『理奇，我正打算飛回去』——他有好幾架飛機——『你要不要順便和我一起回紐約？』我說：『當然。』所以我們四個人就搭乘他的里爾噴射機。你要知道，」桑圖利解釋，「這是麻吉之間的出遊，而且是星期天，我們穿著邋遢，鬍子也沒剃，因為根本沒人在意。經過幾個小時飛行後，我們開始降落，我的客戶說飛機要加油。我不太瞭解，因為這是里爾三十五機型，絕對沒有必要中途加油。我的意思是說，我們為什麼要中途加油？」

「結果，我們降落在俄亥俄的哥倫布市。飛機降落的時候，這位客戶對我說：『理奇，你有沒有幾分鐘時間？我希望你和商務客機公司的人談談。我打算收購這家公司，希望你能夠安排相關的融資。』」

「我說：『什麼？』他說：『反正要停下來加油，我們可以過去談談。』所以我們下了飛機，有個人走過來說：『我是保羅．提貝茲將軍（General Paul Tibbets）。』他穿西裝還打領帶。我說：『搞什麼！這是怎麼回事？』我的客戶說：『不用擔心。』走進會議室，那裡已經坐著八位穿著正式的先生，認為我是過來商議公司收購事宜。我完全沒概念，所以站起來對他們說抱歉，然後解釋整個情況。我告訴他們真相，因為我不想搞噱頭。我說自己是被誘拐過來的，非常抱歉浪費他們的時間。我表示我完全沒興趣，甚至不認識他們是誰。我回到飛機上，然後離開。但我實在不太高興。」六個月後，有位銀行員和桑圖利接觸，說明自己代表保羅．提貝茲將軍，表示後者現在對於桑圖利收購商務飛機公司的交易有興趣。「由於我對於上次發生的事情覺得很遺憾，」他回憶，「所以我說：『當然，我很樂意。』」

商務飛機航太公司，是從事私人噴射機租賃業務的先驅業者，成立於一九六四年，由一群美國退休將領共同創辦，專門提供新型而不易駕駛的里爾噴射機。公司董事會成員包括幾位熱中飛行的名流，例如演員詹姆斯・史都華（James Stewart），娛樂界名人阿圖・戈弗雷（Arthur Godfrey）。公司總裁是保羅・提貝茲（Paul W. Tibbets, Jr.），他是投下原子彈而結束第二次大戰的飛行員之一。[1] 這是很典型的航太公司，創辦人大多是飛行員，所以能夠繼續從事自己熱中的飛行活動。但公司處於虧損狀態，雖然桑圖利在一九八四年決定收購這家公司，但他想破腦袋卻找不到合理的經營方式，某天他終於想到一個好點子。最初，桑圖利認為EJA是個安置租賃飛機的場所。「現在，我擁有一家飛機公司，」他回憶，「我準備買架飛機，然後交給公司幫我管理。可是等到我深入研究相關數據，考慮實際的飛行時數，發現整個情況根本不合理。」相關資料顯示，如果每年飛行時數不到五十個小時，就應該在實際需要的時候才租借飛機。換言之，除非每年的飛行時數至少超過四百個小時，否則購買和保養飛機根本是浪費錢。

「我找了幾個朋友一起，設想如果能夠由四個人分攤成本應該很不錯。因此我們四個人聚在一起商量，準備分配時間。有個朋友說：『我每個星期二和星期四需要用飛機。』我說：『等等，當我需要飛機的時候，就要用飛機。』我們很快就發現，四個人分享飛機的計畫顯然不可行。這就像四個家庭分享單間臥房的度假小屋一樣，所以會議草草結束。我對自己說：『如果能夠找到某種方式，讓人們可以取得飛機分享或共同擁有的經濟效益，而且還能保證每個人需要的時候，隨時都有飛機可用；若是如此，那就是全壘打了。』」

很幸運地，由於ＥＪＡ由軍方人員經營，每趟飛行都有完整資料紀錄，這讓桑圖利擁有充分的資料可供分析飛行型態。研究分析長達四年的數據後，他發現很多方面都有高度的可預測性，包括飛行起點與終點（大部分飛行都在密西西比河以東）、時段、星期幾、飛行時間、季節性使用、機械故障等。即使只用大學程度的數學，他大概花了半年時間整理數據，就找到某種方法得以協調分享計畫，並確保飛機使用權。[2] 所以他在一九八六年創立「奈特傑」（NetJets）計畫。

基本概念相當簡單，每銷售二十架飛機，奈特傑就在公司機隊保留額外的五又四分之一架飛機，用以服務飛機擁有者。這個結構可以確保九十八％的可用性與獲利性，剩餘的二％則由租賃涵蓋。不同於房地產的時間分享計畫，每個所有者都可以隨時要求飛機服務，即使另一位所有者在其他地方也同時要求飛機服務。只要提早四小時通知，就可以保證準時接客。唯一的差別是飛機擁有者不能帶朋友到停機棚說：「嘿！這是我的噴射機。」

透過這種安排，個人或公司都可以擁有某特定飛機的部分權益，只需要支付月費，涵蓋維修、燃料、機組人員、訓練、餐飲服務等費用。另外，飛機業主也要根據實際使用時數支付費用。桑圖利知道，這種計畫並不便宜，但這樣的安排可以讓人們享受擁有飛機的各種效益，而且不必為了維修問題傷腦筋。即便如此，就如同所有新觀念一樣，萬事起頭難。

「我面臨的狀況，」他回憶，「是展開某個沒有人相信可以成功的概念，而且我知道除非讓剛開始的十個、十五個或二十個客戶都能夠完全滿意，否則整個計畫就泡湯了。當我坐下來告訴某人，他可以買下四分之一架飛機，他們應該會很奇怪地看著我說：『等等，我只要支付整架飛機¼的價錢，就可以隨時使用飛機？萬一某個所有人剛好也同時想要使用飛機，那怎麼辦？』碰到這種情況，我必須要能夠說：『那是我的問題。我會準時接待你。』當然，」桑圖利說，「多數人不會相信。所以剛開始的時候，我只能說如果你在六個月內覺得不滿意，我們會百分百退費。」

為了兌現承諾，避免退費給任何客戶，他聘請好幾十位駕駛員、調度員，以及其他員工，拿出四百萬美金支付八架賽斯納（Cessnas）飛機的頭期款。「但我沒打算出售任何這八架飛機，」他說，「我想要賣的是另外二十五架飛機。所以我將擁有三十三架飛機的隊伍，而且準備了遠超過所需的備用飛機，想必足以因應任何需求。然後，譬如碰到感恩節過後的星期天（奈特傑每年最忙碌的日子），如果飛機不夠，我可以去租借，這就是我所做的。當我查閱數據，發現這個計畫確實可行。數學不會說謊。」即使如此，公司的營運還是花了些許時間才得以起飛。「營運進展得緩慢，」桑圖利回憶，「我知道生意難免清淡。但第一年還是賣了四架飛機，一九八六年、一九八七年與一九八八年，分別賣出四架飛機，基本上就是我們預估的銷售狀況。」

「我們做得還算不錯，起碼在一九八九年經濟衰退前是如此，」他回憶，「當時，我們遭遇真正的麻煩。由一九八九年到一九九〇年初，我們沒有賣出任何一架飛機，公司賠了一屁股，而且都是我個人的錢。我的損失大約有三千五百萬或四千萬美金，對於我來說，大概也就是我所能夠承受的。公司的所有債務都由我個人提出擔保，我們之所以發生如此嚴重的損失，主要是因為繼續買進飛機，之所以這麼做，是因為某人如果跑來找我們，說要購買$\frac{1}{8}$架飛機，我不能說：『請你等等，我必須找到另外七位買主。』我擁有飛機，必須讓他馬上開始使用。我必須聘請駕駛與機組人員，相關成本非常可觀，再加上我沒有賣出任何東西，所以更是昂貴。」不過，經濟不景氣也帶來某些好處。「這段期間，」桑圖利說，「很多業者為了籌措資金，或為了節省成本而出售飛機，有些公司還會保留一、兩架飛機，有些則一架不留，他們往往跑來找我融通資金，整個心態都變了，我們儼然成為企業財務長的最佳好友。」

一九九三年，EJA和「英國航太系統」（British Aerospace）完成一筆交易，買下二十五架霍克一〇〇〇（Hawker 1000）飛機，總價值三億美金，每架一千兩百萬美金。這是當時一般民間航空業進行的最大規模交易。「這讓我們擁有中型機艙的飛機，」桑圖利說，「可以橫跨美國東、西兩岸，所以營運規模又向上提升一級。這筆交易很重要，因為現在很多人需要中型飛機。我們原本使用的飛機是賽斯納表揚S—2（Citation S-2），一千六百英里航程需要耗時三個鐘頭，但有很多企業的航空部門或人員已經習慣使用中型飛機，不想搭乘小型的賽斯納表揚飛機，所以我們籌劃了霍克飛機的交易。這筆交易經過我們積極爭取，把成果轉移給客戶。我們由原本的頂級小聯盟球隊躍升為大聯盟，這改變了大家的看法。我們讓自己安然渡過最困難的期間，並準備永遠待在這裡，所以人們開始注意到我們，並對自己說：『這些傢伙大概不會走了。』」

他們確實沒有走，事實上，他們持續成長，機隊規模與客戶群持續擴大。後者的發展主要是仰賴口碑，新客戶中，大約有七〇%來自既有客戶的介紹。公司現有的兩千位飛機所有人與客戶，多數是企業家、顧問業者、科技業主管、設計團隊，以及許多金融從業人員。新客戶中，並非全部屬於企業，某些退休或即將退休的企業執行長，他們已經習慣使用奢華或方便的交通工具，經常成為飛機共有者。很多媒體名流也成為奈特傑的客戶，因為飛機確實是方便的交通工具，譬如大衛・賴特曼（David Letterman）、阿諾・史瓦辛格（Arnold Schwarzenegger）、凱西・李・基爾福特（Kathy Lee Gifford）、席維斯史特龍（Sylvester Stallone）等人。另外，許多職業運動選手與高爾夫球選手，由於行程安排的緣故，往往也會參加奈特傑方案，譬如班・克倫索夫（Ben Crenshaw）、柯提斯・史特朗（Curtis Strange）、厄尼・艾爾斯（Ernie Els）、戴維斯・樂福三世（Davis Love III）。[3] 奈特傑的目標客戶，大多屬於某個鄉村俱樂部成員，如果要把企業CEO視為訴求對象，沒有更好的代言人了。其他企業雖然花費數以百萬美金計的廣告費，懇請社會名流代言背書，但奈特傑本身的客戶與業主就是最佳代言人：皮特．山普拉絲、老虎伍茲，以及華倫．巴菲特。

奈特傑的擁護者中，或許當屬波士頓商人大衛．穆加（David Mugar）的說法最具說服力。自從一九八九年以來，他就是奈特傑的客戶，身為波士頓 WHDH 的退休業主，他說自己每年的飛行時數大約一百小時，可能因為業務需要或休閒娛樂而搭乘私人飛機，「獨自飛行是最奢華的飛行享受，」他說，「這是我能設想最接近空軍一號的安排。」[4]

除了大衛．穆加的代言之外，華倫．巴菲特無疑是該公司最重要的客戶之一，他原本是長期反對企業主管運用行政專機旅行的人。「我第一次聽說奈特傑計畫，」巴菲特於一九九八年告訴公司股東，「大概是在四年前，由布朗鞋業（H.H.Brown）的經理人法蘭克．魯尼（Frank Rooney）告訴我的，他長久以來都樂於使用該公司的服務，他建議我和理奇談談，看看有沒有可能讓家人運用這方面服務。理奇只花了十五分鐘時間就賣給我四分之一架霍克一〇〇〇型飛機（每年兩百個小時）。從此之後，我的家人對於ＥＪＡ提供的友善、高效率和安全服務就有了第一手經驗——來自三百趟行程的九百個飛行時數。簡單說，我們都熱愛這項服務。事實上，我們成為最忠實客戶，並且在我還沒有考慮收購這家公司的多年前，就幫ＥＪＡ做了推薦廣告。但我確實懇請過理奇，如果他考慮出售事業，務必打電話給我。」[5]

桑圖利為了籌措事業擴張資本，確實在一九九五年把二十五%股權賣給了高盛公司。巴菲特聽到這項消息，曾經詢問桑圖利為何沒有打電話給他。「我覺得滿尷尬的，」桑圖利說。關於這點，巴菲特表示，「拜託，你如果又準備做些什麼，或高盛想要脫手，務必打電話給我。」到了一九九八年，該公司估計的年度營業收入將近十億美金，桑圖利表示，「高盛一直催促我：『讓我們上市，讓我們公開掛牌。』我一直說：『不。』最後，我只好說：『你知道嗎？我準備賣給一位買家——華倫。』」後來，他對《哥倫布電訊報》（*Columbus Dispatch*）解釋，談到掛牌上市的問題，「我可不希望二十八歲的年輕分析師告訴我怎麼經營自己的事業。華倫．巴菲特是個眼光長遠的玩家，他不會擔心未來三個月或六個月的情況。」[6]

整筆交易只花不到三週就完成。商務客機公司的成交價格為七．二五億美金，公司股東拿到半數的現金，剩餘半數則是波克夏海瑟威股票。根據美國證管會資料顯示，最大股東桑圖利取得半數以上的價款，包括現金以及價值二．五億美金的波克夏A股（相當於三千四百三十七股）。對於這項安排，桑圖利和巴菲特都覺得滿意。這是完美的事業結合，因為巴菲特瞭解股票市場只能取得事業的部分股權，而奈特傑則是這項概念的延伸。這筆交易的條件之一，就是桑圖利必須繼續掌舵，因此他告訴《富比士雜誌》，「我仍然認為這是我的公司。」但巴菲特甚至更熱中。他把桑圖利比喻為「聯邦快遞」的佛雷德．史密斯（Fred Smith），他說：「史密斯創辦了嶄新的事業。聯邦快遞剛開始很小，現在已經是龐然大物。商務客機公司的情況也是如此。」[7]他後來告訴《哥倫布電訊報》：「理奇是管理奇才，他可以在別人之前，預先看到這幅壁畫的演變。他現在才剛開始作畫，而我的工作就是提供給他更多的顏料和畫筆。」[8]

這些「顏料」與「畫筆」讓桑圖利的公司在合併後鴻圖大展。波克夏海瑟威擁有的ＡＡＡ級信用評等，協助「商務客機」的融通成本明顯下降，也讓公司業務得以拓展到美國境外的歐洲與中東地區，甚至計畫擴展到南美與亞洲，所以不久後ＥＪＡ將成為全球性企業。這項合併交易也讓桑圖利得以在一九九九年，花費二十億美金向「雷神飛機公司」（Raytheon Aircraft）採購一百架「霍克天際型」（Hawker Horizon）商務噴射機。這是商務航空史上規模最大的一筆交易。[9] 事實上，就公司擴張和成長來說，幅度實在驚人。併入波克夏當時，公司在哥倫布市的員工有九百人，紐澤西辦公室則有十幾個人。[10] 到了二〇〇〇年，公司員工將近兩千人。一九九八年，公司有一千個客戶、一百三十二架飛機，飛行八十八個國家；現在客戶大概有一千八百個、兩百四十架飛機，飛行九十二個國家。奈特傑每天的國內與國際航行次數為兩百五十次，在國內航空業者排名第八。[11] 到了二〇〇六年，飛機數量增加逾倍為五百四十二架，ＥＪＡ將成為全球運輸業者的最主要玩家之一。

營業收入的成長更是顯著，由五年前的一億美金，到了一九九八年增加為九億美金，目前則接近二十億美金，使得ＥＪＡ成為波克夏海瑟威旗下事業成長速度最快的公司。根據漢威工業公司（Honeywell Industries）的資料顯示，桑圖利所屬產業已經成長為一百億美金的市場，部分所有權商務客機事業（fractional jet business）的規模，未來三年內將成長為目前的三倍。[12]

如果考慮目前與未來之間的對照，就不難理解ＥＪＡ為何是波克夏海瑟威的最佳投資。由現在起算的兩年後，EJA的銷貨將增加一倍，大概從十億美金成長為二十億美金。公司每年採購的新飛機數量約為五十～六十架，意味著拓展期間將呈現加速成長。就目前全球使用中的一萬兩千架噴射機，大概有四百架屬於所有權共享，約占三%。而所有商務客機中，八十五%屬於美國境內，所以全球市場還有很大的拓展空間。未來十年內，商務飛機總數量預估會增加一倍。創始公司奈特傑是部分所有權商務飛機行業的最主要玩家，市占率高達六十五%。這個事業擁有明確的護城河：任何人即使擁有全世界的財富，也無法立即採購商務噴射機，因為還沒有交貨的訂單嚴重積壓。換言之，所有的新飛機或短期內將交貨的飛機，絕大部分都屬於EJA所有。除此之外，任何競爭業者也很難找到勝任的飛機駕駛員（EJA旗下駕駛員的平均飛行時數為六千小時）。就目前的發展步調與全球市場潛能估計，EJA相當類似聯邦快遞，後者目前的資本市值為兩百億美金。

即便情況如同前述，但這個產業仍然有許多新加入的競爭業者。一九九〇年代中期前，EJA不僅是最成功的部分所有權航空公司；實際上也是僅有的一家業者。換言之，EJA幾乎沒有競爭對手，這種情況一直維持到一九九五年，然後總部設立在蒙特婁的飛機製造商龐巴迪公司（Bombardier Inc.）才結合美國航空公司（American Airlines Inc.）附屬的租賃機構AMR Combs Inc.，在達拉斯成立了商務客機解決方案（Business Jet Solutions）。雖然桑圖利認為這家公司提供的福來捷（Flexjet）方案為「高素質競爭者」，但他也提到EJA的規模是其兩倍半。

過去五年來，雖然有五十多家部分所有權航空業者加入經營行列，但奈特傑方案的真正競爭對手只有雷神旅行航空（Raytheon Travel Air），這家公司是由奈特傑的供應廠商雷神飛機公司（Raytheon Aircraft）創辦的。但不論雷神或福來捷，桑圖利似乎都不太擔心，「這可以驗證我們的概念是正確的，」他當時如此告訴《商業週刊》。[13] 當然，對於這些參與競爭的後輩，桑圖利有資格抱著寬容大方的態度。由一九八八年到一九九七年間，ＥＪＡ客戶擁有的飛機由一・六架，成長為一百三十二架。一九九七年，該公司下單採購一百二十九架飛機，占該年所有商務客機總訂購量的三十一％。根據桑圖利提供的資料顯示，ＥＪＡ目前訂購的飛機總價值高達八十億美金；對於五大商務飛機製造廠家中的四家來說，ＥＪＡ都是規模最大的非軍方客戶。除了財力雄厚之外，推薦網絡也是無可比擬的，包括高盛合夥人與客戶、波克夏股東以及華倫・巴菲特等，全部都是不支薪的代言人。

提供部分所有權飛機的最主要三家業者，雖然價格方面都頗具競爭力，但奈特傑仍然保有幾種優勢。撇開安全、規模與後勤支援之外，最重要者莫過於市場覆蓋程度。如同華倫・巴菲特在收購ＥＪＡ當時對股東們說的，「我們擁有龐大的機隊覆蓋美國各地，我們的客戶將受惠於這方面無可比擬的服務。」[14] 事實上，由於奈特傑的業主可以交換飛行在美國、歐洲與中東等客戶的奈特傑方案，因此創造了可觀的覆蓋可能性。根據公司統計數據顯示，客戶們確實充分運用這方面的可能性，美國客戶將近有四〇％飛行奈特傑的歐洲方案，而歐洲客戶則有百分之百運用美國方案。[15] 有些客戶只購買十六分之一份額（五十個小時），目的是方便家人前往或造訪歐洲各地，成本只稍微高於搭乘協和客機。採用具有節稅效益的五年期加速折舊方法，還有飛機所有人的商務費用可以扣減所得稅，奈特傑提供的私人航空運輸，對於很多個人與企業來說——估計的潛在客戶為十五～二十萬之間——都在可行範圍內。

奈特傑方案展現的另一項優勢，是客戶可供選擇的飛機種類與費率很多，舉例來說，奈特傑飛機的最小份額是十六分之一的「表揚V終極型」（Citation V Ultra），客戶可以取得每年五十小時的飛行時數，一次性付款約四十萬美金。（五年期持有期間結束，前述十六分之一份額投資，最高可獲得八〇％退款，實際金額取決於飛機當時的市場價值。或者客戶也可以決定續約，如此則不需支付資本金。）表揚型飛機的月份管理費需要額外支付五千美金，每小時飛行費用約一千三百美金。費率光譜的另一個極端，奈特傑也提供高達二分之一份額的波音商務客機，每年的飛行時數為四百小時，起始資本支出約兩千三百萬美金，月份管理費十六萬六千美金，每小時飛行費四千三百美金。[16]

相較於兩家規模最大的競爭同業，EJA可供客戶選擇的飛機類型很多，主要是因為這家業者不是飛機製造公司的附屬機構，因此沒有必要選擇母公司製造的飛機。奈特傑方案提供的飛機包括波音、灣流（Gulfstream）、獵鷹（Falcon）、賽斯納（Cessna）與雷神（Raytheon）等。「實際上，」巴菲特在一九九八年對波克夏股東表示，「奈特傑就像普通醫生，他可以完全根據病患的需要開立處方；至於我們的競爭對手，他們只能採用『自家品牌』的藥品。」[17]

ＥＪＡ擁有的另一項顯著優勢，是座落在俄亥俄哥倫布市機場價值兩千五百萬美金的最先進控管中心。造型如同美國太空總署的神經中樞，每天二十四小時都有兩百名左右的員工服勤，此處基本上就是每個飛機所有人的飛行與旅行管理站。不同於一般商業航空公司，奈特傑的所有飛行計畫都不是預先排定。有幾個部門會接受最初的旅行申請（有時候會提早四個小時通知）；運用公司特別開發的智慧型飛航軟體，排定飛機、機組人員、餐點與維修服務等；對於國際航行，辦理航道與海關的通行手續；提出飛行計畫；組織內部有九位氣象專家，持續追蹤飛行過程的天氣狀況；安排地面運輸與旅行住宿。

ＥＪＡ提供給駕駛員更多的訓練（每年二十二天，超過一般商業航空公司的一倍）；較多的門戶城市（二十七個）；達到航空公司規定退休年齡後繼續飛行的彈性；完全未預定航次是機場數量的十倍；運送單一旅客（企業領袖或世界級運動選手）的可能性。

對於商業航空公司來說，奈特傑採用的營運模式只能視為夢想。

巴菲特不只讚美ＥＪＡ的績效表現，他也推崇公司的經營團隊與發展潛能，「不論從全球或美國本土的立場來說，這顯然都是未來十年最值得探索的領域，」他說，「奈特傑顯然是個營運績效最佳、管理最具效率，而且享有領先優勢的企業，就我個人觀察，這方面的領先優勢只會隨著時間經過而愈來愈大。就這個行業而言，領先者如果做好自己的工作……，優勢就會繼續擴大，繼續領先競爭對手。」「這個事業具有臨界質量（critical mass）的性質。擁有最多飛機的事業，將隨著時間經過而繼續提供最佳服務。所以這將是個贏家，而且是個大贏家，我們也會永遠持有這項投資。這是我們的最佳投資期間，奈特傑完全符合我們的投資條件。」[18]

### 桑圖利的奈特傑事業模式

1. 五年期間，乘客可以根據擔保成本擁有（一部分的）飛機。如果運用於營業，客戶可以採用五年期的加速折舊方法提列折舊費用。
2. 乘客預付（每月的）固定維修成本，以及所有的使用費用。
3. 接受未經預定、無利可圖的半空航次。乘客隨時可以按照自己想要的方式旅行。
4. 飛行更為安全，因為飛航高度更高，駕駛員受過更充分訓練，避開交通忙碌的機場，使用裝備最先進的嶄新飛機，還有個人化的航空氣象專家服務。
5. 飛機避開輪幅式航線連接系統，避免每年高達四十五萬航次的延遲。
6. 不需操心機票、機票代理、旅行社、櫃台服務人員、季節性廣告與減價活動。
7. 沒有代價不斐的飛行常客獎勵計畫或旅客延誤。
8. 營運利潤來自於出售飛機、月份費用與使用費用。營業收入固定，沒有季節性波動。
9. 公司營運不受景氣衰退影響。經濟景氣差，可以促進資本更有效運用。

10. 全球成長潛能無限。
11. 一旦取得臨界質量，這未必是資本密集的事業，而且還獲得全球八家AAA信用評等企業之一的全力支持。
12. 該公司創造、並占有六十五%的部分所有權商務飛機市場，但只占有三%的國內商務客機市場，還有全然未經開發的國際市場。
13. 乘客享有所有權人的全部效益，而不必費心照顧飛機。成為飛機的所有權人，使乘客得以享有EJA飛行和旅遊部門的服務，卻不必額外付出代價。
14. 國內飛航時間可以用來交換歐洲與中東的奈特傑方案。
15. 客戶終身獲得擔保，EJA隨時願意按照市場合理價格買回客戶的飛機持份。
16. 客戶隨時可以購買或持有之小型座艙飛機，交換為中型或大型座艙飛機。
17. EJA控制了新商務飛機的一大部分供給，競爭地位穩固。
18. 華倫·巴菲特是公司的義務代言人。（對於這位全世界最知名價值投資人來說，這家公司提供的服務如果夠好，對於各位和你的家人想必也應該都夠好。）
19. 公司的客戶留置率將近百分之百。
20. 高空對地面的電話，客戶擁有無限免費使用權。
21. 客戶將得到公司運輸與旅遊部門的全心照料。

22. 儘可能運用荒廢的一般航站，而不是與商業航空公司競相使用人潮擁擠的航站。不會發生行李遺失或求償的事件。客戶到達目的地，可以預先安排接送轎車或計程車。

當被問到該公司對於波克夏海瑟威的整體貢獻程度，雖然巴菲特熱情推崇，桑圖利卻展現謙卑與自制的本性，即使波克夏旗下數家企業的CEO，以及七名董事會成員的六位，他們都是奈特傑的客戶。

「波克夏是個龐大的企業，」他說，「保險事業的規模無與倫比。我們賺的錢，金額永遠沒辦法和保險公司相提並論。」但這並不是華倫之所以成為華倫的關鍵所在，如果這是他僅有的成就，那麼波克夏就不是波克夏了。他收購的企業，大多是相關行業的市場領導者，他為此付出合理的代價，而這些公司也展現對應的成長，創造了優異的投資報酬。他這麼做都是正確的。觀察所有這些企業，沒有任何一家的規模大到足以衝擊波克夏的財務狀況，但如果把這二十五家事業結合在一起，情況就截然不同了。」

談到他的老闆，桑圖利就不想繼續保持沈默了，「我喜歡華倫，」他說，「收購我的事業時，他完全相信我。我認為在我認識的人當中，他應該是最棒的，否則的話，我也不會把自己的事業賣給他。我之所以這麼做是因為他這個人，換言之，是因為他的為人——而不是因為他是華倫．巴菲特，那個擁有無數錢財的富豪。當他信心滿滿地說：『我收購這家企業，但你必須繼續負責經營。』這句話對我來說意義非凡。華倫在這方面是如此傑出，他挑選那些熱愛自己事業的人，然後讓他們繼續經營。」事實上，當他被問到其他公司為何不模仿波克夏的經營方式，讓原來的經營團隊繼續經營，桑圖利說：「因為那些收購他人企業的人，通常自恃甚高，總認為自己較原來的經營者更精明。成為波克夏旗下的一份子，有個好處，」他補充，「我如果對華倫說：『我準備採購價值十億美金的飛機。』他會說：『你為什麼要問我？你想怎麼做，就去做吧。』」

當被問到，他是否認為還會有第二個華倫．巴菲特，桑圖利毫不猶豫地強調，「不，絕對不可能。巴菲特所具備的最特殊能力，就是識人之明。這種能力是沒辦法傳授的。他就是知道。我認識的人當中，他是最聰明的人，而且是非常聰明。他遠比我聰明得多。我們甚至不屬於相同層次。我是說，我只是小聯盟的選手，他則是大聯盟的全明星選手。」但桑圖利認為，他和巴菲特還是有類似之處，「對於我們兩人來說，誠實與正直是非常、非常重要的東西，」他說，「另外，他不會做他不想做的事情，而這也是我的問題之一。我不想和我不想往來的人做生意，他的情況也是如此。」

桑圖利雖然很高興巴菲特從來不嘗試干預他所經營的事業，但在某一方面，他不同於多數波克夏營運ＣＥＯ：他經常和巴菲特聯絡。「我幾乎每天都會和他講電話，」桑圖利說，「每個星期四次，除非我或他外出旅行。有時候，我們會針對特殊議題打電話溝通想法，譬如說，他可能會問我某個問題，或讓我打電話給某人。但有很多時候，我們打電話只是純粹閒聊，談論一些不著邊際的話題。我們幾乎什麼都談。老實說，不論哪些議題，我都相當尊重他的意見。不可否認地，能夠有這麼一個人可以談話實在太棒了，尤其是談論策略性議題。還有，」桑圖利補充，「他為人很有趣。」

回顧自己的人生，他說，「對我影響最大的人是我的父母。我學習父親辛勤工作的態度，他實際上有三份工作——平常擔任聯邦政府公務員，下班回家吃完晚餐後，他會外出推銷保險，週末還要仲介房地產買賣。他如此賣力工作，辛苦把我們養大成人。我也從母親身上學到很多，我母親是虔誠的教徒，對於我和父親的影響很大。」

母親的宗教信仰也影響了他的工作態度。「正直，」他說，「可能是我個性方面的最大特色。做生意的時候，我都假定自己不需閱讀契約條款。當我發現往來打交道的人，讓我必須閱讀契約條款，我就不會繼續和他們往來了。我也認為，」他補充，「自己是個相當體貼的人。我會照顧手下的人，善待他們。我熱愛自己的事業、熱愛我的同事、熱中工作。」

事實上，如同多數波克夏營運CEO一樣，桑圖利將成功歸因於熱愛自己的事業。「你必須真的關心自己的事業，」他說，「你必須熱愛自己的事業、關心自己的員工、尊重他們並讓他們保持尊嚴。你和員工之間必須保持充分溝通，讓他們瞭解整個情況的發展。」他也相信，經營者必須聘請最棒的人手。關於這點，「我總是處在有利的地位，」他說，「因為我是老闆。很多經理人不願聘請能力太強的人，他們擔心自己的位置會被搶跑。我從來不擔心有人會搶走我的飯碗，所以我總是聘請最棒的人。然後，等他們幫我工作，而且確定他們真的很棒，我就會授權給他們。」桑圖利也理解，經營者必須能夠展望未來，「你必須要有策略性立場，觀察和預期未來五～十年的可能發展。我不是特別擅長規劃未來的人，但我還是會隨時留意我們將會如何，還有整個產業將會如何。我們必須領先產業的發展，並確定自己做了適當處理。」

EJA努力的目標之一，是要領先產業的發展，安全是其中最重要的議題。截至目前為止，該公司還沒有發生任何致命性意外。「唯一能夠讓我晚上輾轉難眠的事情，就是安全議題。我們的訓練特別強調這點，」他說，「相較於其他競爭同業，我們投入數以千萬美金的經費，盡全力維護全世界最安全的作業。我們訓練駕駛員的程序，安全標準遠超過聯邦航空局的規定。我不敢說將來絕對不會發生事故，因為我們的規模實在太龐大，但我可以保證，如果發生什麼意外事故的話，絕對不是因為我們捨不得購置正確設備或沒有投入心力。我告訴客戶，這是他們能夠得到的保證……。對於私人飛行，」他解釋，「絕大部分的意外事故之所以發生，是因為駕駛員想要向老闆或後座乘客炫技，這種事情經常發生。但我們秉持的哲學全然不同。我們說：『在考慮做某種行為前，先證明我們做得到。』我們的駕駛員都知道，他們永遠不會被迫做某些他們不想做的事情。」

當被問到他最擅長做的事情，桑圖利說：「我的勝任範圍，是我透徹瞭解自己經營的事業。我瞭解人性、瞭解飛航產業。我不懂如何製造飛機，也不懂如何駕駛飛機，但我知道客戶，即人們喜歡飛機配備什麼，我非常清楚。而且我知道如何運用這方面知識，將其轉化為具有經濟效益的東西。」對他來說，錢財並不是重點所在。「錢財並不是我辛勤工作的原因，」他說，「我喜歡錢財。我不會說自己不喜歡錢財，但這從來都不是我的動機。我的動機是事業。我熱愛接受挑戰、熱愛銷售。我對於所有的員工負有某種義務和責任。他們打從開始就信賴我、支持我，我也創造了讓自己引以為傲的東西。我來這裡是為了工作，如果沒有挑戰的話，我就不會在這裡了。」

事實上，他工作的時間相當長。平常的日子，他早上九點前就會進入辦公室，待到下午六點半後才會離開。「我從來沒有真正休息度假，」他說，「只是在這裡或那裡待上幾天。我在佛羅里達有棟房子，通常在聖誕節到元旦之間的一週待在那裡。每個月或許會有某個週四回到那裡，然後週日離開。但我真正在意的是我的事業。還有馬匹，」他補充，「繁殖和跑馬。」他也花很多時間在慈善活動，通常都是透過他設立的RTS家族基金會（RTS Family Foundation）。或許潛意識裡，他認同安德魯・卡內基（Andrew Carnegie）的教誨，「死後仍然擁有龐大財富，將令自己蒙羞，」桑圖利——不同於他的老闆——說，「我身前擁有的一切，除了留下一部分讓妻子足以安度晚年，其他都會捐出來。」

關於未來，他相信，「航空產業的未來頗值得期待。通用航空的發展樂觀，因為商業航空的情況只會愈來愈糟。」至於EJA，桑圖利說，「我們還有一大段路要走。」超音速商務客機是可能方向之一；若是如此，由倫敦到華盛頓頂多只要四小時，人們可以搭機開會，然後立即返家。目前非軍事用途的超音速飛機，唯有往返於美國東部與倫敦或巴黎的協和號。「我想情況很可能會如此發展，」桑圖利說，「我相信這會成功，即使只是越洋航線，但也可能藉由超音速飛機跨越美國或歐洲大陸，市場應該很大。通用航空領域已經有很長一段期間不曾出現重大科技突破，飛機使用的燃料較少、比較安靜，運輸距離也較遠，但超音速飛機可以帶來重大變革。我想有不少企業會對於這種速度感到興趣。」[19]

遙遠天際的一朵烏雲，是美國聯邦航空局可能改變部分所有權航空產業的規範。航空租賃業者抱怨，由於部分所有權航空業者的規範相對寬鬆，使其營運享有的彈性超過租賃業者，也因此擁有不公平的競爭優勢。部分所有權航空業者可以在美國境內五千五百個機場的任何地方降落。反之，租賃業者就如同其他商業航空服務業者一樣，大約只能在五百個機場降落。顯然地，聯邦航空局如果決定類似EJA等部分所有權業者，其營運所遵循的規範必須和租賃業者相同，則部分所有權業者將喪失主要競爭優勢。[20] 另外，部分所有權業者營運遵循的安全規範，是否需要像商業航空公司一樣嚴格，這也是個頗有爭論的議題。但部分所有權業者的安全紀錄相當優異，業內人士相信這個議題與安全之間的相關程度不高，主要是涉及私人與商業航空的政治議題。[21]

有關波克夏海瑟威的未來發展，桑圖利認為整個企業的發展大方向，應該更接近產物意外保險公司，而不是綜合企業。「主要的營運業務應該是保險，」他說，「想必應該如此。因為我們是運用保險創造的浮存金收購其他事業。實質上來說，不論取得浮存金的成本如何，華倫等於透過免費的方式收購其他公司，因為他永遠都有浮存金可供使用。」但他不相信巴菲特對於公司的未來發展擁有某種藍圖，「這是一幅還在不斷演變的畫作。」

根據《華爾街日報》報導，桑圖利被巴菲特圈選為波克夏經營CEO的三位繼任人選之一。[22] 被問到對於該公司的願景，他把問題推託給老闆的判斷。「每當人們問我有關波克夏的股票，我會說我這輩子都被投資銀行家包圍，但這個世界上沒有任何人比華倫．巴菲特更聰明。所以大家不必杞人憂天，因為你已經有個最棒的人。他現在如果還只有四十或五十歲，那我會想盡辦法去借錢，然後儘量購買波克夏股票。」

他也認為巴菲特走了之後，波克夏的營運不會有變動。事實上，當被問到他如果被指定為巴菲特在營運方面的繼任者，他最初會怎麼做，他回答：「我會召集所有的經理人，然後說，『好了，過去華倫在的時候，你們都做些什麼？告訴我，還有你們現在可以做些什麼。』我會多瞭解他們經營的事業，」他補充，「然後就不再干涉他們。」

**理查德．桑圖利的經營宗旨**

- 提供客戶難以抗拒的服務。客戶只要有需要，EJA在全球各地隨時都可以提供飛機。客戶不會碰到航班延誤、行李遺失，乃至於機場擁擠等方面的困擾。公司的客戶留置率幾乎達到百分之百。
- 針對經濟衰退，公司準備了萬全的因應計畫。奈特傑的獲利，主要是來自每個月收取的管理費和使用費，還有出售飛機的利潤；這些都不會受到季節性型態的影響。事實上，碰到景氣衰退，該公司的服務反而更具吸引力，因為客戶可以節省開支。
- 聘請最佳人手，不用擔心他們可能搶走你的飯碗。這些人一旦證明自己的能力，就授權給他們。經營者必須留意長期發展，聘請能力最強的最佳人手，這才是確保未來成功的憑藉之一。

PART

# 04

# 波克夏六大家族企業繼承人CEO

## 門徒：唐納．葛蘭姆

### 《華盛頓郵報》

就技術角度來看，唐納．葛蘭姆（Don Graham）並不是正式的巴菲特所屬CEO；他經營的公司，也不是波克夏獨資擁有的附屬機構。葛蘭姆不必向巴菲特報告，但他們兩人之間的關係匪淺，經常一起討論重要的管理議題。

不論私交或公事，唐納．葛蘭姆和華倫．巴菲特相識已久，因此與葛蘭姆交談，很可能有助於瞭解巴菲特對於附屬機構CEO的影響，和他對有價證券投資上市公司經營者的影響，兩者之間是否有所不同。舉例來說，對於完全擁有附屬機構的CEO，巴菲特的應對方式是否不同於部分擁有企業的CEO？對於前者所花費的時間是否明顯超過後者？

想要瞭解波克夏事業，《華盛頓郵報》的唐納．葛蘭姆提供一種非常獨特的外部者／內部者不同觀點。不論由哪個角度來看，他都是巴菲特的門徒，也是巴菲特的CEO。葛蘭姆個人並未擁有波克夏股票，雖然《華盛頓郵報》員工退休基金長年來累積不少波克夏股票，報社也擁有價值約兩億美金的波克夏股票。

每天搭乘地鐵來到公司後，葛蘭姆走進他位在角落的寬敞辦公室前，需要經過幾幅大型人像油畫，包括他的祖父尤金・梅爾（Eugene Meyer），以及父親菲利普・葛蘭姆（Philip Graham）。對於自己的工作與人生，葛蘭姆抱持相當開放的態度。另外，就他的出身門第來說，他是個相當普通的人。他瞭解出版業、電視、媒體，他也熟識巴菲特、波克夏，以及後者獨資擁有的所有附屬機構，還有所有的主要玩家。在他認識的人當中，華倫・巴菲特顯然是他最喜歡的人。每當提到這個名字，他就會不自主地微笑。巴菲特對於葛蘭姆管理決策的影響是顯而易見的。《華盛頓郵報》從來不分割股票。這家媒體公司喚起眾人注意退休金減免，或費用對於損益表的影響，但其經營者不重視短期盈餘。《華盛頓郵報》極少分派股票選擇權給公司主管。除了唐納與巴菲特之外，某些董事會成員也是華倫核心小集團的重要份子，包括丹恩・柏克（Dan Burke，首都傳媒公司前執行長，波克夏曾經大量投資這家傳媒公司）、唐納・基奧（Don Keough，可口可樂公司前總裁）、直到最近才過世的凱伊（Kay，凱瑟琳），以及比爾・魯因（Bill Ruae，紅杉基金〔Sequoia Fund〕經理人，波克夏主要股東，也是巴菲特在哥倫比亞大學的同學）。這些人看起來就像巴菲特挑選的董事會。

唐納・葛蘭姆的公司，充分反映了巴菲特堅持的買進—持有投資風格。如同他獨資擁有的所有附屬機構一樣，波克夏從來沒有出脫《華盛頓郵報》的股權。撇開葛蘭姆家族之外，波克夏是該公司的最大股東，也是最早的投資人之一。正如同許多波克夏獨資擁有的附屬機構，《華盛頓郵報》由巴菲特長期門徒的家族負責經營。

我們或許可以辯稱，《華盛頓郵報》的董事長兼執行長唐納．葛蘭姆沿襲了過去累積的諸多優勢。二十世紀初期，他的祖父尤金．梅爾曾經在華爾街賺了大錢，並運用其中一部分資金，在一九三三年買下《華盛頓郵報》，成功帶領這家報社順利渡過經濟大蕭條時期，並成功經營到第二次世界大戰結束。他卓越而有著情緒障礙的父親菲利普．葛蘭姆，曾經在一九四六年到一九六三年間擔任報紙發行人，不僅把《華盛頓郵報》帶領成為全國知名的報紙——一方面是因為他曾經擔任約翰．甘迺迪和詹森總統的顧問——更透過分散投資其他媒體，協助奠定了這家公司目前的根基。他父親自殺身亡後，母親凱薩琳．梅爾．葛蘭姆（Katharine Meyer Graham）接手管理報社，她也是《財星雜誌》五百大企業的第一位女性董事長，領導這個組織長達三十年時間，讓該公司成為全國最成功的媒體綜合企業。但唐納．葛蘭姆的看法並非如此，父母與祖父的成功從來不曾讓他承擔壓力，而且他也不覺得自己必須證明什麼。如果真的代表某種意義的話，他認為家族史應該會降低別人對他的期待。「身為發行人的兒子，有個好處，」在自己也成為發行人的十多年後，他說，「你不可能真的像別人設想地那麼蠢。」[1]

沒有人會認為唐納．葛蘭姆很蠢。一九四五年出生在巴爾的摩，四個小孩中，他排行第二，三歲的時候就自學而識字。後來，就讀於華盛頓特區的聖奧爾本斯學校（St. Albans

School）期間，葛蘭姆不僅學術成績永遠名列前茅，他也是學校摔角隊和網球隊成員。但隨著年紀漸長，他發現新聞工作才是自己的真正興趣所在，因此花費在運動方面的時間慢慢減少，大部分時間都用在學校報紙《聖奧爾本斯新聞》（*St. Albans News*）。這方面的熱忱到了一九六二年進入哈佛大學後，才真正開花結果。等到四年後即將畢業時，他被推選為學校每日新聞《哈佛緋紅》（*Harvard Crimson*）的主席。

大學畢業後，母親希望唐納進入《華盛頓郵報》服務，但他被徵召入伍，前往越南。憑藉家世背景，他應該沒有必要當兵，但他在大學時代就不反對美國介入越戰，這和同個世代的多數人看法不同。因此他覺得既然被徵召了，就有責任前往戰場，雖然他後來改變看法，認為這場戰爭是錯誤的。他在美國第一騎兵師擔任長達一年的資訊專家，一九六八年返國。回到華盛頓後，他仍然抗拒母親的安排，不願進入《華盛頓郵報》。他想先熟悉這座城市，於是進入哥倫比亞特區警察局工作。凱瑟琳·葛蘭姆為此覺得不高興，雖說如此，但是當《華盛頓郵報》主跑警察線的記者亞佛雷德·路易斯（Alfred Lewis）跑來找她說：「老闆，我們可以阻止他。外面實在太危險了。」她說：「不，千萬不要，我們絕對不能這麼做。」[2] 幾年後，唐納·葛蘭姆解釋，「當時的警察工作看起來深具挑戰性，而且很神祕，警察普遍有絕望的感覺。」通過警察學校的入學考試後，他大約做了一年半的警察。然後，二十六歲左右，他進入《華盛頓郵報》的都市採訪單位，擔任記者工作。[3]

一九七一年，唐納．葛蘭姆加入這家將近有一百年歷史的企業。這家報社最初是由史迪爾森．哈金斯（Stilson Hutchins）在一八七七年創立，他由新罕布什爾的懷特菲爾德（Whitefield）搬到華盛頓。多年以來，這家報社曾經數度易手。一九二〇年代末期，葛蘭姆的外祖父尤金．梅爾已經是相當成功的金融家，同時也是政府官員，因此想擁有一家報社繼續擴展自己的影響力。[4] 當時，《華盛頓郵報》雖然只是華盛頓地區規模第五大的報紙，他提議要花五百萬美金買下這家報社，但這項提議卻被拒絕了。稍後隨著股票市場崩盤，這家報社開始發生虧損。到了一九三三年，也就是經濟大蕭條最嚴重的時期，該報社即將破產，梅爾在公開拍賣過程只花了八十二萬五千美金就取得報社。

「一切都是從這裡開始，」葛蘭姆回憶，「這顯然是我們經手的最划算交易。回顧整個企業過去的歷史，雖然後來曾經進行幾筆相當突出的收購交易，但和當初這筆交易相比，全部不免黯然失色。」談到他的外祖父，葛蘭姆解釋，「他之所以能夠辦到這點，實際上是因為他是個講究原則的人。第一次世界大戰結束後，他就進入聯邦政府工作，而且在整個一九二〇年代曾經擔任數項公職，所負的責任愈來愈大。當時，他是少數嚴守分際的人，認為既然身為政府公職人員，就不該持有私人公司的股票，所以他的全部財產都完全持有政府公債。正因為如此，等到經濟大蕭條來臨，他是少數沒有受到嚴重衝擊的人，因此有錢可以收購這家報社。」梅爾取得《華盛頓郵報》後，報社還是繼續賠錢，隨後幾年內，每年都虧損超過百萬。但他仍然決心要讓這家報社成功，而且也願意實際投入自己的資金。相當幸運地，如同葛蘭姆所解釋，「他採用完全正確的手段。他認為只要報紙辦得好，發行量就會慢慢增加，廣告也會跟著來。可是他不知道這要花多久時間。他猜想可能要花上三、四年營運才能打平。結果，這家報社在隨後二十一年期間繼續發生虧損。」

報社經營狀況的改善程度，或許不如梅爾預期，但家族則發生出人意表的變動。最重要的變動之一，就是他的女兒凱瑟琳和菲利普·葛蘭姆之間的婚姻。一九一五年，葛蘭姆出生在南達科塔，一九三九年以優異成績畢業於哈佛法學院。他曾經在美國最高法院法官菲立克斯·法蘭克福特（Felix Frankfurter）手下任職，希望將來返回家鄉從政。就在第二次世界大戰即將爆發前，他遇到凱瑟琳·梅爾，兩人在一九四〇年結婚。如同所有認識菲利普·葛蘭姆的人一樣，尤金·梅爾相當喜歡他的女婿。一九四六年，當杜魯門總統推薦梅爾擔任「世界銀行」首任總裁時，他把報社的經營權交給葛蘭姆。兩年後，梅爾把報社五千股投票權普通股份別轉移給女兒和女婿，凱瑟琳取得一千五百股，葛蘭姆取得三千五百股。

隨後幾年內，《華盛頓郵報》雖然持續賠錢，但葛蘭姆卻得以說服其岳父繼續投資數百萬資金。但到了一九五〇年代初期，情況已經變得很明顯，這家報紙如果還要經營下去，就必須和華盛頓地區的其他報社合併。一九五四年，當時唐納·葛蘭姆八歲，在他父親安排下，《華盛頓郵報》收購了另一家規模更大、更賺錢的《先鋒時報》（*Times-Herald*）。這筆交易幾乎花了《華盛頓郵報》一千萬美金，但也挽救了報社，讓這家報紙從梅爾在二十一年前入主以來首度賺錢。「這可以讓唐尼（Donny）安心擁有這家報社。」[6]但當時的「唐尼」顯然對此並不特別感到興趣，如同他多年後告訴《華盛頓人雜誌》（*Washingtonian*）記者的，他只記得這筆交易完成當天，他父親相當異常地中午回家，拿出《華盛頓郵報》和《先鋒時報》刊載的漫畫給他看。「那就相當有意思了，」年輕的葛蘭姆回憶。[7]

收購《先鋒時報》只是葛蘭姆說服其岳父所做的諸多交易之一。在他慫恿下，尤金．梅爾同意收購華盛頓特區與佛羅里達的幾家電視台，並且在一九六一年進行《華盛頓郵報》最重要的一項收購交易——《新聞週刊》（*Newsweek*）。雖然公司經營日益成功，卻仍不足以挽救菲利普．葛蘭姆的個人情緒困擾。一九六三年某個週末，他由精神療養院請假離開，回到維吉尼亞的家庭農場自殺身亡。而唐納．葛蘭姆當時十八歲。

尤金．梅爾在一九五九年過世，所以菲利普．葛蘭姆死後，其遺孀——也就是唐納的母親——就成為華盛頓郵報公司的業主。後來，雖然數度有人提議要收購《華盛頓郵報》，但她都婉拒了。反之，她雖然沒有經營事業的經驗，但還是決定親自接手管理公司；一九六三年，她擔任該公司總裁。等到唐納在八年後的一九七一年加入公司，她已經證明自己是勝任的企業家，甚至身兼發行人職務。同年，葛蘭姆女士決定讓公司掛牌上市，資本市值為一千五百萬美金。整個公司仍然控制在葛蘭姆家族手中，因為公司在一九四七年就把股票劃分為兩大類，A

股擁有完整投票權，B股只具備有限投票權。在葛蘭姆女士的安排下，所有的A股都持有在她四個兒女手中。

一九七三年發生了兩樁重大事件，對於華盛頓郵報公司造成相當大的衝擊。首先，公司董事長弗里茲・畢比（Fritz Beebe）過世，凱薩琳・葛蘭姆接任董事長，她也因此成為《財星雜誌》五百大企業的首位女性董事長。其次，華倫・巴菲特開始買進該公司股票。事實上，巴菲特已經擁有B股總發行量的十二%股票，市值約為一千零六十萬，使得波克夏海瑟威成為葛蘭姆家族之外的最大郵報股東。葛蘭姆女士雖然曾經在多年前見過巴菲特一次，但仍然不清楚他究竟是誰。雖然B股沒有投票權，但巴菲特擁有如此龐大數量的公司股票，不免讓葛蘭姆女士感到緊張。[8]

巴菲特可以瞭解葛蘭姆女士的關心，於是寫信表示他曾經是《華盛頓郵報》的送報童，並且向她保證絕對沒有併購該公司的意圖。但當她把這封信拿給兩位有學識的朋友看——拉札德顧問公司（Lazard Frères）的安德列・梅爾（André Meyer），以及芝加哥銀行家羅伯・阿布德（Robert Abboud）——他們建議她不要和巴菲特接觸。由於葛蘭姆女士對於生意場上的事情缺乏自信，所以相當仰賴她的顧問。但就這個事件來說，她沒有聽從顧問建議，反而寫信給巴菲特，邀他見面。他們兩人在洛杉磯見面，雖然談得相當愉快，但巴菲特然仍可以感受到葛蘭姆女士的憂慮，於是提議不繼續買進該公司股票。[9]

雖然感到擔心，但葛蘭姆女士仍然邀請巴菲特，他如果有機會到東岸，不妨來報社拜訪。不到一年，也就是一九七四年秋天，在首都傳媒董事長湯姆・墨菲推薦下，葛蘭姆女士邀請巴菲特擔任《華盛頓郵報》董事。巴菲特接受這項邀請，從此一直擔任《華盛頓郵報》董事，除了成為首都傳媒（最終成為迪士尼）主要股東的十年期間。根據聯邦法律規定，任何人都不得身兼相同城市兩家媒體公司的董事。幾年後，關於這項邀請，唐納・葛蘭姆（他與巴菲特同一年加入《華盛頓郵報》董事會）告訴《紐約客》記者，「聘請班（布萊德里，Bradlee）擔任報社編輯，這是我母親所做過的最明智決策。但邀請華倫擔任董事也不遑多讓。」[10] 葛蘭姆家族與巴菲特之間的關係，對於凱薩琳・葛蘭姆、唐納・葛蘭姆和該公司顯然產生重大影響。

對於葛蘭姆女士來說，巴菲特不只是最親密的私人朋友，也是某種形式的個人導師。舉例來說，每當他前來華盛頓，都會隨身帶著她公司的年度報告，然後逐行研究內容。她愈來愈仰賴巴菲特的建議，甚至講話也產生某種習慣，當她回應公司人員的建議時，經常說，「這聽起來很有趣，讓我們問問華倫。」[11] 她的某些同事不太信賴巴菲特，很擔心她受到巴菲特操縱。關於這點，她的看法是：巴菲特只提供建議和意見，從來不告訴她應該怎麼做。他顯然提供了很大的助益。她兒子當時同意、現在仍然同意這種說法。事實上，唐納・葛蘭姆認為巴菲特的建議與意見，是他擔任《華盛頓郵報》董事的最主要貢獻。「她雖然是公司的經營者，」葛蘭姆談到他母親，「但她最初對自己相當、相當沒有把握，對於自己的判斷也覺得不牢靠。即使有華倫提供建議，她還是如此。但由於華倫經常讚賞她的判斷，對她來說實在是很大的心理鼓舞。華倫幫助她成就她所成就的，她也成為最成功的首席執行官。在她掌舵的二十八年期間，公司股價由六美金上漲到一百七十五美金，表現勝過當時的九十九％男性企業經營者。」

巴菲特也在其他方面影響了該公司。「這些年來，如果沒有華倫擔任董事、提供意見，」唐納・葛蘭姆說，「公司的經營狀況恐怕差多了。我們有了全然不同的併購策略，我也不認為這些事情能夠運作得如此順利。」葛蘭姆表示，自從巴菲特擔任公司董事以來，影響了他和他母親——他有時候稱母親為凱伊——進行的每個重大併購案件。「有些規模較小的併購，我相信華倫不會做，」他說，「然而，凡是對於公司會造成顯著影響的所有併購，實際著手前，凱伊與我都會先和華倫仔細評估。很幸運地，對於我們真正想進行的併購，他從來沒有反對。可是，他……，」他補充，「影響了我們的價值評估觀念。如果報紙要求的併購價格過高，他會告訴凱伊，並幫我們踩煞車，不要支付過高的價格進行併購；如果沒有華倫，我們顯然會進行這些交易。但凡是支付過高價格進行併購的業者，事後通常都會後悔。」

關於公司營運，巴菲特造成的另一項重大影響，是敦促葛蘭姆買回自家股票。「一九七六年，」葛蘭姆說，「他告訴凱伊開始買回自家公司股票。當時這種作法相當不尋常，沒有上市公司曾經這麼做。很幸運地，她聽從他的建議，隨後五年內買回二十五％的公司股票。現在公司股票每股價格超過五百美金，買回庫藏股的舉動創造了顯著價值。我們偶爾還會繼續這麼做；華倫剛開始買進公司股票時，股票流通數量為兩千萬股，現在只剩下九百四十萬股。我們雖然也做過不少其他的好投資，但這部分資本運用應該是我們曾經做過的最佳投資。」

巴菲特建議《華盛頓郵報》買回庫藏股，使得波克夏對於該公司原本持有的十二%股權，成長為目前的十八・三%，雖然完全沒有額外做任何投資。二十七年前，波克夏當時投資一千零六十萬（每股價格六・一四美金），這項投資目前的價值超過十億美金，年度報酬率平均超過十八%。波克夏每年從《華盛頓郵報》分配取得的股利為九百萬美金，幾乎在一年內就回收當初的投資。

讓我們比較類似的獨資擁有事業。一九七七年，巴菲特花費三千兩百五十萬美金買進整個《水牛城新聞》（*Buffalo News*），這筆投資的效益顯然高於部分持有《華盛頓郵報》。波克夏投資《華盛頓郵報》的金額為一千零六十萬美金，年度股利收入為九百萬美金，額外的透視盈餘（look-through earnings，譯按：保留盈餘）為一千八百萬美金，二〇〇〇年的總計投資報酬為兩千七百萬美金。《水牛城新聞》發生額外短期虧損，迫使巴菲特把淨投資提高到四千四百五十萬美金，但去年的投資報酬為五千兩百萬美金。更重要者，《水牛城新聞》提供了七・五億美金的累計稅前盈餘，可供波克夏併購其他公司。

巴菲特對於凱薩琳・葛蘭姆與華盛頓郵報公司的影響，如果可以稱為顯著的話，則他對於唐納・葛蘭姆的影響應該算是巨大了。葛蘭姆最近告訴《紐約客》，當他第一次碰到巴菲特時，「我提出我所能夠想到的所有問題，」而且「很快就發現他是我見過最聰明的人。華倫講話非常清晰，由某種角度來說，看起來很假。我們很多人自以為是，實際上卻受到他的影響，但他還有某些我們永遠看不到的更深層部分。這就好比說我的棋藝受到蓋里．卡斯帕洛夫（Gary Kasparov）影響，或籃球受到麥可．喬登影響。」[12]

事實上，從很多方面來說，巴菲特對於葛蘭姆的影響相當明顯。葛蘭姆採納的巴菲特哲學之一，是強調根本素質而省略噱頭門面。談到這方面的案例，譬如他禁止《華盛頓郵報》主管辦公室鋪設工業等級的地毯，這使得他——還有他的導師——以節儉聞名。[13]

某些人認為，這是站在業主利益的立場管理事業，如同他的導師——但不同於很多其他經理人——對企業營運強調長期觀點。「我們真的不怎麼考慮短期結果，」他說，「也並不特別關心季報。」但他補充，「我們不關心季報，並不代表不關心營運績效與表現。我們董事會的成員相當嚴苛，要求很高。我們真正關心的是如何營造企業長期價值——這只能透過營運淨利衡量。」[14]

當被問到他心目中的英雄，唐納．葛蘭姆立即回答——答案應該不會讓人覺得意外——「就經營事業來說，華倫確實高高在上。他周遭十英里範圍內的人都這麼說，甚至包括那些已經沒有幫他工作的人。這實在非同凡響。我知道在一定限度內，有很多人頗像他，」他說，「我們有很多優秀的生意人、優秀的投資人，很多人值得我推崇和讚賞，但我不知道誰可以和華倫相提並論。」為了解釋巴菲特為何明顯不同於其他人，葛蘭姆談到一位大學時代老朋友的故事，「畢業後，他成為《美國政治年鑑》（Almanac of American Politics）的作者。這是一本提供政治方面統計數據綱要的傑出參考書。這本書最神奇之處，是大部分內容完全憑著作者的記憶。他記得曾經擔任美國眾議員和參議員的所有人名，不僅知道誰參與一九六一年的密蘇里選舉，甚至還知道實際投票數目。不是百分率，而是每個候選人的實際投票數目。當我問他如何辦到，他說他只是運用一般人記憶運動選手統計數據的腦細胞。華倫也是如此，但運用在事業上。」

還有另外一個故事也很有意思，但不是葛蘭姆推崇巴菲特的記憶力，而是巴菲特讚賞葛蘭姆。芭芭拉．馬塔索（Barbara Matusow）在一九九二年出版的《華盛頓人雜誌》內解釋，「人們很容易就低估唐納．葛蘭姆的能力。他生性謙虛、態度低調，等到人們發現他的反應實際上異常敏銳，往往深感意外。有一次，郵報公司的董事成員們聚在一起，一邊等待葛蘭姆出席，一邊閒聊是非，羅伯．麥納馬拉（Robert McNamara）打賭沒有人知道亞伯拉罕．林肯的第一任副總統是誰。現場確實沒人知道，但華倫．巴菲特打賭五美金說唐納應該知道。等他來了之後，他說：『沒問題，是漢尼拔．哈姆林（Hannibal Hamlin）……。』」

「唐納異常聰明，記憶力更是離譜，」巴菲特說，「我如果想引用公司過去年報的某些內容，通常打電話問他，會比自行查閱方便得多。」[15]

還有其他理由促使巴菲特推崇唐納・葛蘭姆。華盛頓郵報公司是一家營運非常成功的傳媒業者，年度營業收入超過二十億美金，淨利超過二・二五億美金。這也是一家多角化經營的事業，主要營運領域可以劃分為五大類：廣播電視方面，該公司在密西根、德州、佛羅里達等地擁有六家電視台；第二個重要領域是有線電視——總部設立在亞利桑納鳳凰城的第一有線電視公司（Cable ONE）——在美國中西部、西部與南部十八個州，總計有七十五萬訂戶；公司第三個營運領域，是《華盛頓郵報》雜誌出版業務，除了《新聞週刊》的正規發行之外，還包括該雜誌的三種國際版、青少年版，以及旅遊雙月份雜誌，還有一家電視製作公司；公司營運的第四部分為卡普蘭公司（Kaplan, Inc.），這是一家專門提供教育與職涯服務的主要機構；最後則是該公司的新聞發行業務，這個領域的掌上明珠當然是《華盛頓郵報》，其中還包括其全國性特殊週刊版本，還有散布在全國各地的數家其他報紙。

事實上，不論隸屬於哪家公司，《華盛頓郵報》都會是個明星。過去十年來，由於其他媒體參與競爭，全國各地主要報紙發行數量幾乎都處於減少狀態。舉例來說，《洛杉磯時報》的每天發行量減少十四・八％，《費城詢問報》則減少二十三・八％。[16] 可是，《華盛頓郵報》的每天發行數量在過去十年內，只稍微減少四％多。即使葛蘭姆把報紙售價調降到二十五美分，報社還是相當賺錢。持平而論，這家報紙之所以成功，至少有一部分是因為它比其他日報競爭業者活得更久。該報紙的最後主要競爭對手——《星報》（*Star*）於一九八一年歇業，目前碩果僅存的日報只有《華盛頓時報》（*Washington Times*），業主是文鮮明牧師的統一教。除了穩定的發行量之外，更令人印象深刻的是《華盛頓郵報》的市場滲透率。根據二〇〇〇年進行的調查發現，華盛頓都會區的家庭平日有四十六％閱讀《華盛頓郵報》，星期天則有六十一％。《波士頓環球日報》（*Boston Globe*）的市場涵蓋範圍大約和《華盛頓郵報》相當，其平日的滲透率為二十七％，星期天為四〇％。至於《紐約時報》其市場涵蓋範圍顯著更廣，但也是《華盛頓郵報》最常被用以比較的對象，其平日市場滲透率只有九％，星期天為十三％。[17]

事實上，對於前述比較，葛蘭姆始終覺得有問題。「人們總是拿《紐約時報》和我們比較，」他說，「但是從某些立場來看，這種比較並不恰當。除了新聞素質之外，我們和《紐約時報》並非競爭對手。」如同他在二〇〇〇年向《紐約客》記者解釋的，「我們不屬於全國性報紙。我們是地方報紙，而這個『地方』剛好是美國首都。我們報紙的訴求對象，除了政府官員之外，也包括那些負責幫政府機構打掃辦公室的清潔工。」基於這個緣故，這份報紙對於廣告刊登客戶深具吸引力。「《華盛頓郵報》之所以成為好的商業媒體，」他告訴記者，「是因為你如果在報紙上刊登襯衫拍賣廣告，襯衫就能大賣。」[18] 為了維持甚至增加地方新聞的報導數量，《華盛頓郵報》在華盛頓地區設立了十二個辦公據點，美國有五個據點，海外二十一個據點。相較之下，《紐約時報》在更廣大的地理區域內只設立了十個辦公據點，全國有十一個，海外有二十六個。

處理所有這一切，當然是沈重的工作，但葛蘭姆長期以來已經證明他有因應這方面挑戰的能力。自從一九七〇年加入《華盛頓郵報》擔任記者以來，直到一九七六年被提名為執行副總裁與報社總經理前，他曾經在報社和《新聞週刊》擔任多個新聞與管理職務。一九七九年，他擔任報社發行人，並且在一九九一年接替母親擔任母公司的首席執行官，時年四十五歲。當時，華倫·巴菲特據說曾經表示，這項任命「再恰當不過」，強調「完全不讓人覺得意外，」並補充解釋，「華爾街長久以來就一直期待唐納·葛蘭姆會接任總裁。」[19] 隔年，一九九三年，葛蘭姆女士擔任公司管理執行委員會主席，唐納·葛蘭姆被任命為董事長。（因為公司總裁亞倫·史普恩〔Alan Spoon〕離職，他原本與葛蘭姆共同承擔公司經營責任，於是葛蘭姆辭掉報社發行人的職務，以便專心處理整個集團的管理工作。小布瓦弗利特·瓊斯〔Boisfeuillet Jones, Jr.〕接替擔任《華盛頓郵報》發行人。）

葛蘭姆已經習慣行使權力，可是他的管理風格——可能是經過刻意培養，有別於他的祖父與父母——特別低調。如同巴菲特一樣，他相信讓手下的經理人自行擬定決策，很少直接指揮下屬。這種低調風格甚至延伸到報紙的編輯版面，其內容傳統上應該代表發行人的立場。身為發行人，葛蘭姆對於自己的立場相當公開，但偶爾還是會碰到他與主編看法不同的情況，他通常會說：「由你決定。」但有一點是他不會妥協的，那就是不必要的開支，也就是他節省成本、協助企業創造利潤的態度。另外，他也堅持聘用、晉升女性與少數民族。事實上，員工發展是他最重視的領域之一，還有他通常都會提拔公司內部人員。

葛蘭姆已經結婚，而且有自己的小孩。他的妻子瑪莉與四個小孩都住在首都華盛頓。家庭經濟狀況雖然相當富裕——身價估計有兩億美金——但家人生活絕對稱不上奢華。葛蘭姆每天搭地鐵上班，大家都認為他只會在辦公室附近的折扣商店購買衣服——這方面傳言有誤。如果有必要到紐約造訪《新聞週刊》辦公室，他會搭火車，而不是飛機。葛蘭姆很少請假；他和妻子很少外出參加宴會，也不會經常旅遊。

當被問到他如果沒有進入新聞行業，可能會從事什麼工作，他說，「我真的不知道。小時候，我希望當個棒球選手；除此之外，我好像沒有什麼特別志向。但這個問題滿有趣的，尤其是有很長一段期間，我並不確定自己會進入《華盛頓郵報》服務。我想有很多人和我一樣，他們會在選擇與脫離家庭事業之間掙扎。我就相當掙扎，」他說，「但我在新聞報紙的環境下長大，深受這個行業吸引。如果沒有前往《華盛頓郵報》，我可能會到其他報社擔任記者。新聞事業對我有致命吸引力。在報社工作，不知道每天上班會碰到什麼事情，或跟人們談論什麼話題，這種工作相當刺激。」

雖然已經不再參與報社的每天例行事務，但對於報社某個衍生單位還是相當注意——Whashingtonpost.com 網站。就這方面來說，他承認自己和他的導師不同。「各位如果觀察華倫旗下的事業，或華倫的投資，」葛蘭姆說，「將發現他會儘可能避免受到網際網路影響。他最近五年來所投資的事業——譬如『冰雪皇后』、『商務客機』，以及珠寶公司等——這些都是比較不受網路影響的事業。」雖然葛蘭姆承認新聞報業的情況並非如此。

事實上，他相信「新聞報業長期發展面臨的每個問題，幾乎都和網路演進與其意義脫離不了關係。《華盛頓郵報》目前是份好報紙，因為我們刊載人們真正想閱讀的東西。這是一份有內涵的刊物，人們覺得這是他們早晨需要閱讀的東西。閱讀過程，他們會知道食衣住行、工作等各方面的資訊。所以《華盛頓郵報》有助於商業交易，幾乎是純屬巧合或意外緣分。如果在網路上刊登衣服大拍賣的廣告，是否可以刺激人們前往某百貨公司搶購，效果就如同在《郵報》刊登廣告一樣？我們還不能證明這點。所以這是經營新聞報業面臨的問題之一。還有另一個大問題，就是有關網路新聞採訪所造成的未來衝擊。任何人如果知道這方面的答案，但願能夠告訴我。」

或許是不耐煩或不願空等答案，葛蘭姆開始著手開發《華盛頓郵報》網站，針對公司的未來進行定位。亞倫．史普恩離職前，也參與這方面的開發計畫，他曾經在一九九九年告訴《金融時報》，強調 Washingtonpost.com 線上報紙，「已經成為《華盛頓郵報》的國際版本。」可是，如同《金融時報》指出的，「對於如此仰賴零售和分類廣告的報紙，其網站建構也要把平面報紙廣告轉移上網。」[20] 即便是如此，布瓦弗利特．瓊斯強調，「網路充滿無限機會，」他也說，「大華盛頓地區永遠是我們關注的核心。我聘請網站負責人時，會打開華盛頓地區的地圖，告訴他：『這是我們有興趣的地方。』」[21]

當被問到他對於《華盛頓郵報》的願景時，葛蘭姆說，「我們不是講究概念導向的公司，但我的願景是繼續提供高品質的報紙、雜誌和電視，尤其是電視新聞，我們會特別強調企業內涵價值的成長。」關於新聞事業的未來營運，葛蘭姆說，「每個新聞從業人員都瞭解，這是個備受競爭威脅的行業，可是我的態度相對樂觀，我認為過去五年來，新聞報紙展現強勁的競爭力，尤其是我們所面對的新競爭壓力。我們所經營的所有傳媒事業，都不免受到科技進步影響。沒有任何事業可以如同『冰雪皇后』一樣。正因為如此，我們經營的五類事業還有網際網路，未來的展望都相當有趣。」

關於他本身的未來發展，葛蘭姆說他現年五十六歲（本文撰寫時），還沒有退休的打算。「我母親在此工作，直到她八十四歲過世為止。我們公司對於退休的看法和一般企業相同，」他說，「但沒有採行強制性政策。」他還沒有考慮退休，所以也沒有考慮接替人選。他曾經在一九九七年接受前列腺癌症治療，手術相當成功，但也引發家族事業繼承的問題。目前家族第四代在《華盛頓郵報》工作的人，只有凱薩琳・韋茅斯・史庫利（Katharine Weymouth Scully），她是凱薩琳・葛蘭姆的長孫女，拉利・葛蘭姆・韋茅斯（Lally Graham Weymouth）的女兒，唐納・葛蘭姆的姪女。不論對於家人或外人來說，她都相當受到期待。她現年三十五歲（本書撰寫當時），是土生土長的紐約人，先在報社法律部門服務兩年，然後被任命為「華盛頓郵報網站與新聞週刊互動公司」（Washingtonpost.com and Newsweek Interactive）企業事務董事兼助理顧問。史庫利任職於企業最具將來性的職位，或許代表某種重大意義，但不論她本人或其他人，始終都沒有公開表示她最終有可能接掌家庭事業。[22]

當被問到他對於波克夏海瑟威的展望，唐納．葛蘭姆只說，「這完全取決於華倫想要怎樣。」即便如此，他還是表示波克夏比較可能演變為綜合企業，而不是保險公司，雖然他承認「保險事業的比重會很高」。他同時又指出，「我們可以看到華倫收購了哪些事業，他顯然相當樂意收購保險之外的許多不同事業。」問到誰可能接替巴菲特擔任波克夏海瑟威的經營者，葛蘭姆說，「我不知道，也不關心。這完全取決於華倫。我相信他會有最好的安排。我不擔心這方面的問題。公司的價值就擺在那裡。沒錯，這家公司的經營者長久以來擬定了獨特而精明的決策。但是關於事業繼承者，他也會做出判斷。我相信華倫會挑選某個最棒、最適任的人。華倫不再掌管事業後，公司的成長速度是否還會同樣快速？應該不會。他所挑選的繼任者，是否能夠讓公司保持相當快速的成長？是的。我相信這個世界上有很多值得擔心的問題，」他表示，「但這個問題應該排在很後面。」

**唐納·葛蘭姆的經營宗旨**

- 監控成本。雜費盡量節省。
- 讓手下的經理人做好自己的工作。除非絕對必要，不要干預。
- 讓手下員工得以充分發展。暢通的內部升遷管道很重要。
- 聘請與晉升女性與少數民族。

# 第三代繼承人：艾爾文・布朗金

## 內布拉斯加家具商場

設想有五個巨型好市多（Costco）大賣場結合在一起的商場，裡面銷售各種家庭相關產品，包括家具、用品、地板材料與電器等。歡迎來到內布拉斯加奧馬哈的內布拉斯加家具商場（NFM）——美國設置在單一位址、交易量最大的家居用品商店。

在主要賣場樓上的辦公室，我拜訪艾爾文・布朗金，他大約四十多歲，是這家已經成為事業機構之商店的執行長。布朗金表示自己很不喜歡接受媒體採訪，但很快就打開話匣子，透露這家美國最佳零售事業的成功故事，以及內部運作的種種啟示。他引導我瞭解B女士的人生與時代（參考第一三四頁），以及她對於家庭和布朗金家族事業不可磨滅的影響。

就如同B女士（NFM的辦人，艾爾文的祖母）一樣，艾爾文代表家庭用品零售產業的一股力量。他的態度謙虛、工作認真，這方面像B女士，但甚具外交手腕，這點則像他的父親路易（Louie）。

辦公室裡，訪客四處都可以看到B女士經常提醒大家的話，譬如「價格便宜，童叟無欺」。甚至垃圾桶蓋上，都有代表重要經營哲學的簡單警語：誠實、親切、態度、價值等。艾爾文的書櫃上擺著他父親——也是他崇拜的偶像——的畫像，書桌上方掛著出自華倫・巴菲特和他父親曾經說過的話（你出的價格只要正確，他們甚至可以幫你找條河）。除了這些雋語之外，沒有任何徵兆顯示NFM是某大型企業的附屬機構。

艾爾文個人促使波克夏併購的事業數量，可能遠超過其他任何經理人，對於華倫．巴菲特有興趣併購的對象，艾爾文往往非常熟悉。

NFM基本上還是由家族經營的事業，艾爾文與其兄弟隆恩，兩人平常甚至連週日也要工作，按照B女士灌輸的原則經營公司，使得NFM得以吸引華倫．巴菲特的注意。

---

很少大型企業的經營者，可以宣稱自己打從八、九歲就開始在公司打拚，但內布拉斯加家具商場的艾爾文．布朗金卻是其中之一。雖然長期任職於NFM，這位目前四十八歲的董事長兼執行長卻直到一九七五年才開始支領公司薪水。

一九五一年出生於奧馬哈，他從小就知道，自己遲早會全心投入祖母於一九三七年創辦的家族事業。雖說如此，一九七四年畢業於亞利桑納大學，取得商學院的學位後，他決定在加入家族事業前，先加入圖桑（Tucson）某銀行的管理訓練計畫，希望先累積更多的管理經驗。但一九七五年五月六日發生的龍捲風天災，幾乎毀掉家族經營的整座商場，於是他趕回家，此後就再也沒有離開了。

當時擔任NFM總裁的父親路易斯，安排他在賣場卸貨區工作，同時也從事行政管理，如同年輕一輩布朗金家人說的，讓他瞭解零售生意的實際狀況。一九八〇年代中期，等到他父親卸任（目前擔任榮譽董事長），艾爾文接替父親的董事長職務，和兄弟隆恩共同負責賣場經營，隆恩擔任公司總裁與營運長，其表兄弟羅伯・貝特（Robert Batt）擔任副總裁。

就專業分工而言，艾爾文說：「父親監督所有小孩的工作，確定我們不至於搞得太糟。我的兄弟大致上負責營運，我則負責販售、行銷與廣告。」對於每個家人以及商店來說，這項安排運作得相當順暢。

B女士——家人對於祖母的稱呼——想必對她孫子們的表現深感驕傲。自從B女士在一九八三年把家具賣場以五千五百萬美金賣給華倫・巴菲特之後，年度銷貨金額已經成長了四倍——由八千九百萬美金增加為三・六五億美金。關於孫子們展現的績效，另一項衡量是商店每平方呎銷貨金額，由當時的四百四十三美金，增加為現在的八百六十五美金。以巴菲特的立場來看，更重要的或許是家具商場的目前價值——雖然波克夏完全沒有出售的打算——目前估計為五・四八億美金。* 過去十七年估計累計稅前盈餘為二・七二億美金，其中包括二〇〇〇

* NFM的價值很難評估，因為這是一家按照批發價格出售商品的獨特家庭用品零售商。估計價值$五・四八億是年度銷貨金額的十五倍，估計稅前盈餘的十七倍。

年估計的三千兩百萬美金，家具商場為波克夏海瑟威增添的價值，總計約估為八．二億美金，年度內部報酬率相當於十七．二％。

商店規模也有顯著成長。由當初發跡地下室的卑微出身，到現在成為北美地區交易量最大的家具零售商，商場園區占地七十七英畝，店面四十二萬兩千平方呎，員工一千五百人。不難理解，布朗金家族的商店也稱霸當地市場。根據一九九八年的統計調查資料顯示，奧馬哈市區居民有六十九％指名家具商場是他們過去十二個月來購置家具的主要商店，排序最接近的競爭對手只有八％。[1]

全國知名百貨連鎖業者迪拉德百貨（Dillard's）在奧馬哈地區成立據點時，決定不設立家具部門；這個事實可以凸顯NFM稱霸當地市場的程度。「我們不想和他們競爭，」百貨公司董事長威廉．迪拉德（William Dillard）說，他們當然就是指NFM而言，「我們承認他們大概是最棒的了。」[2]

但NFM不只是稱霸奧馬哈地區的家具店而已，對於位在一百多英里外的俄亥俄首府狄蒙市（Des Moines）來說，當地居民視其為規模最大的三個家具賣場之一。NFM也吸引了很多來自密蘇里肯薩斯市的顧客；對於這種現象，《紐約時報》比喻為「說服紐約居民到巴爾的摩購物」。當地居民安排NFM運送家具到他們位在佛羅里達，或美國西南部的度假別墅，還有位在全國各地的親朋好友家裡。[3]

ＮＦＭ也透過併購手段擴充營運。一九九三年，ＮＦＭ收購內布拉斯加林肯市的商業地板業者 Floors, Inc.，隔年在狄蒙市設立商業用品銷貨辦公室。[4] 二〇〇〇年，收購狄蒙市的 Homemakers Furniture，包括該公司旗下位在俄亥俄州溫特塞特（Winterset）的 WoodMarc Manufacturing 單位。[5] 二〇〇一年二月，布朗金家族首度宣布擴大營運，打算在二〇〇三年於肯薩斯市設立ＮＦＭ。巴菲特雖然曾經承諾ＮＦＭ，如果想在其他城市設立分店，譬如丹佛或明尼亞波里斯，他都樂意提供資金融通，但也體認布朗金必須自行擬定營運決策，「我很樂意看到他們這麼做，但我不會要求他們。」[6]

將近二十多年前，華倫·巴菲特收購該公司當時，艾爾文已經負責商店的販售和廣告。現在回顧，他認為自己完全瞭解賣場為什麼會吸引巴菲特。「多年以來，他始終讚賞我的祖母和父親，」布朗金談到巴菲特，「他看到我們的事業演變為具有優異品牌的市場主要力量，我們知道自己如何才能長期獲利，我們具有他想要收購事業的特質。」

艾爾文對於波克夏海瑟威家居用品集團的發展，提供了相當大的助益。收購ＮＦＭ後，巴菲特聽取布朗金家人對於併購交易的建議，他們推薦座落在其他地方的三家傑出家具零售商。這些商店當時雖然都沒有出售的意圖，但巴菲特卻得以在幾年後按照布朗金的建議行事，最終併購了所有這三家業者。[7]

他在一九九五年致股東信函曾經解釋這一切如何發生：「這些年來，艾爾文告訴我有關猶他地區主要的威利家居用品（R.C. Willey）擁有的優勢，他也告訴該公司執行長比爾．柴爾德，有關布朗金家族多年來與波克夏合作的愉快經驗。所以到了一九九五年初，比爾對艾爾文表示，因為遺產稅和風險分散的理由，他和威利公司其他業主可能考慮出售事業。從這個時候開始，事情的發展就再簡單不過了。比爾給了我一些數據，我也寫信給他，說明我對於價值的看法。我們很快就取得結論，找到雙方都同意的數目，而且發現我們兩人的個人觀點相當融洽。到了年中，合併案就大功告成了。」[8]

隨後，比爾．柴爾德也贊同艾爾文．布朗金向巴菲特所做的推薦：休士頓地區的星辰家具（Star Furniture），經營者為梅爾文．沃夫（Melvyn Wolff）。在他們兩人的推薦下，巴菲特深入調查這家公司，確定符合波克夏的收購標準：可瞭解的事業、具備優異的經濟條件、由傑出的人經營。所以他在一九九七年收購該該公司，納入波克夏旗下，使其成為家具集團的第三個成員。[9]

巴菲特對於所收購的家具零售事業感到相當滿意，因此繼續請布朗金、柴爾德與沃夫等人推薦更多的可能對象，而他們三個人都建議他考慮新英格蘭的喬登家具（Jordan's, Eliot and Barry Tatelman）。波克夏於一九九九年收購這家事業，使他可以在該年的致股東信函說道：「我們旗下的每個家具事業，都在各自領域首屈一指，我們在很多地區的家具銷售數量超過所有其他業者，包括麻州、新罕布夏、德州、內布拉斯加、猶他與愛達荷。」[10] 由於最近這樁收購，波克夏海瑟威的家具集團年度銷售金額已經超過十億美金。

巴菲特收購家具事業通常都運用現金，目前估計這方面投資金額為六億美金，所有業者都居於市場主導地位，而且事業持續成長，價值保守估計有十五億美金。*家具會受到流行影響，經營狀況經常發生變動，但巴菲特所併購的事業都擁有明顯的經濟護城河。這些企業具備的品牌價值，或許是它們營運得以持續成功的理由。某些人認為，波克夏從收購NFM以來，已經在家居用品市場取得幾近於獨占的地位。

對於這些事業，布朗金還有巴菲特究竟看到什麼？如同布朗金解釋的，「經營者的個性與素質是主要考量；其次，它們都是主導相關市場的零售業者，業者在很長一段期間內營造了偉大的事業，而且仍然熱愛他們的工作。換言之，他們瞭解自己的事業，而且有著高度熱情——真正的最頂尖者。」

相較於波克夏海瑟威旗下其他附屬機構的領導人，布朗金建議的收購對象，雖然最經常獲得巴菲特的認同，但NFM這位執行長生性謙虛，他推薦某家業者後，「我完全讓華倫自己做決定，他自行調查，然後決定。」布朗金不願透露他建議的收購對象，巴菲特最終究竟併購了多少家，但他承認，「我們的打擊率相當理想。」

---

＊同樣採用年度銷貨金額的一・五倍，估計稅前盈餘的十七倍。

巴菲特也適當地表達謝意：「有關家具零售事業的經營，沒有任何業者能與波克夏比擬。對我來說很有趣，對於各位來說則很有利潤，」他在一九九九年如此告訴波克夏股東。「W.C.菲爾茲（W.C. Fields）曾經說過：『我是被某個女人逼得喝酒，但很不幸地，我從來沒有機會感謝她。』我可不想犯下相同的錯誤。我要感謝路易、隆恩與艾爾文．布朗金讓我涉足家具事業，而且正確地指引我建構我們現在擁有的家具集團。」[11]

至於布朗金對於波克夏海瑟威和華倫．巴菲特的看法也完全是正面的，雖然艾爾文表示——如同其他家族成員一樣——歸根究柢是B女士完成ＮＦＭ與波克夏的合併交易。艾爾文認為這是「雙贏的交易，對於大家都有顯著好處的交易。」自從事業合併後，他和巴菲特或波克夏之間的往來經驗顯示，這筆交易確實對於大家都有好處。

波克夏確實得到布朗金家族的助益，不論是從ＮＦＭ的家居用品事業，或是其提供的併購建議，但布朗金家族也因為和這家顯赫的母公司合併而受惠。何者得到的好處較多呢？當初的合夥交易，布朗金家族大約取得五千五百萬美金，多年來，額外取得的累計稅前盈餘約有五千四百萬美金，此外還有持續成長的股利（目前估計為六百五十萬美金）。家族目前仍然持有的二〇%事業股權，價值估計為一．一億美金，還有他們因此得以和全世界最聰明的生意人合作。布朗金家族繼續控制ＮＦＭ的經營與人事安排，而且解決了所有成功事業都面臨的遺產稅挑戰。整體而言，布朗金家族取得相當不錯的投資報酬，甚至從波克夏的角度衡量也是如此。

如同波克夏海瑟威的絕大多數CEO一樣，艾爾文・布朗金很高興地說，他的公司營運幾乎無異於巴菲特收購前的情況，「在我兄弟和父親的心目中，我們仍然擁有百分百的事業股權，因為我們的作為就如同擁有百分百的股權一樣。一切幾乎都沒有變化，只是多了一個完美的事業夥伴，隨時可以提供最精明的點子。從營運立場來說，我們只是為了提升效率、擴大規模而改變——事業成長，擴充店面建築——但營運的根本架構或作法，完全都沒有變動。」

如同祖母與父親一樣，他能夠在不受干擾的情況下經營公司。他說，即使波克夏沒有接手，「單就事業來說，我們今天還是這樣。」雖說如此，他也爽快承認，「能夠和波克夏扯上關係，好處一大堆。你大概不可能找到更好的合作夥伴了。你所看到的都是實實在在的，凡是波克夏與華倫承諾的事情都絕對算數。波克夏是最值得尊敬的夥伴，你可以做你想做的任何事情，而且還同時可以和全世界最精明的人接觸。」

事實上，布朗金可以鉅細靡遺地談論華倫・巴菲特。當被問到他認為他老闆最棒的特質，他說，「在華倫手下工作，他有太多最棒的地方，其中之一，是可以把某些深具挑戰性的東西運用簡單的方式表達。他十分擅長激勵人心、非常聰明，每次和他見面就像即將上課一樣。他是個最值得尊敬的人。他不是只有一、兩種特質的人，而是在各方面都很棒。」

關於巴菲特最常遭受的某些批評，譬如不瞭解科技、過分節儉、跟不上時代脈動等，布朗金也毫不猶豫提出辯駁，「這些都是誤解，」布朗金說，「凡是接近他、瞭解他的人，都知道他是一座金礦。即使像他這麼聰明的人，這些批評仍然可以關連到他身上。總之，他是你所能想像最完美的人，他是我心目中的英雄。」

當被問到巴菲特較擅長於資本配置或人事管理，布朗金堅持認為，「他在這兩方面都很棒。他扮演的主要功能當然是資本配置，而且成就非凡，但他同時也是我見過最傑出的經理人。他認為自己最擅長資本配置，但就和他一起共事的人而言，我可以告訴你，他是最傑出的經理人，絕對不輸給任何人。」

「他比我聰明得多，」布朗金繼續說。「他的眼光長遠，而且是個很棒的老師，教導我們保持耐心、眼光要放遠，也教導我們做正確和致勝的事情。他給我們太多啟示了。我們真的很幸運有機會受到教誨，很幸運有機會認識他。」

「每個人做事的動機各自不同，」他說，「和華倫共事的絕大多數人，都不是為了錢財而工作。大致上來說，他們都已經很富有了，他們只是熱愛工作，想要做他們想做的事情，為了滿足自己。而且，」他補充，「我做這些是為了讓華倫覺得驕傲。」

雖然他自認為NFM對於波克夏海瑟威的整體貢獻頗有限，但布朗金很高興能夠成為波克夏家族的一份子，這點不令人覺得意外。事實上，他大部分的個人投資都持有波克夏股票，而且也協助說服 R.C. Wiley 的比爾．柴爾德、星辰家具的梅爾文．沃夫，以及喬登家具的戴德曼（Tetelman）兄弟加入波克夏。

如同對待巴菲特的情況一樣，布朗金也非常推崇整個家具集團的其他成員。「他們都各有所長，」他認為多角化經營是波克夏的最大資產之一，「梅爾文・沃夫，有著明確的看法，非常聰明、計策多端，知道自己能做什麼，不能做什麼。」根據他的看法，比爾・柴爾德是「態度樂觀、積極能幹的經營者，藉由苦幹而創下龐大的事業。」至於艾略特（Eliot）和巴利（Barry）・戴德曼兄弟，他則認為是「最風趣、最有創意的人，他們創立的事業不僅能夠讓顧客愉快，也能讓顧客得到應有的價值，這絕非其他家具零售商能夠辦到。他們讓顧客享受美好的經驗，我十分欽佩他們。」

波克夏雖然不是結構嚴密的組織，但加入這三家零售商後——還有最近收購的Homemakers Furniture與Cort Furniture——布朗金相信可能會產生增大綜效。就這方面來說，他最近參加家具集團高級主管為了分享概念而舉行的會議，喬登家具提出一個構想，就是色彩鮮豔、有趣、消防車主題的孩童專用手推車，所以父母帶著小孩進入賣場，可以一起享受購物的樂趣。

「我想經過一段時間，應該會產生不錯的綜效，」他說，「可能是採購方面產生的綜效，也可能是營業方面的綜效。可能發生綜效的管道有無限多種。即使只是與那些主導各自領域的同儕溝通或分享資訊，就是一種正面效應。但歸根究柢，我們仍然是按照自己的方法，經營自己的事業，這就是波克夏迷人之處。」

雖然高度推崇巴菲特和波克夏海瑟威的同事們，但布朗金認為父親路易、母親法蘭西斯（Frances）、姑姑與叔叔，艾爾文和蓋爾・韋哲（Gail Veitzer）以及羅姆（Norm）和喬帝・韋哲（Joodi Veitzer）對於他個人與管理風格的影響極大。他也推崇妻子蘇西（Susie）對他的影響，「她是很了不起的妻子、朋友、夥伴與母親，」但他相信他父親對他的影響最大，並稱他為「最偉大的老師與教練。」

他形容其管理風格為「融入而掌握脈動」，顯然是以人為本。「我們重視人，包括員工與我們的家人，」他說，「我們仍然嘗試按照家族事業一樣經營。很幸運地，公司每年都成長，所以從來沒有必要裁員。由於事業經營得相當成功，我們也得以避免擬定某些艱難的決策。當然，我們努力控制成本，持續追求成長，平時就準備因應艱困環境。我們偶爾會在這裡或那裡發生疏忽或出差錯，但都可以讓自己到達適當位置，不必做出艱難的決策。」

當被問到成功CEO的特質，他說，「首先，必須瞭解自己的行業，知道自己知道什麼、不知道什麼；其次，在勝任範圍內運作，而且必須清楚這點；第三，瞭解事業得以順利運作的因素。當然，這些都是某些核心價值的附加條件，譬如誠實、正直、節省成本，並嘗試主導自己參與的市場。這些就是促使NFM成功的因素。」

另外，布朗金認為事業經營最重要者，就是「滿足顧客，提升銷貨量，而且要做得比競爭對手更好，」這就是讓他覺得最興奮之處。事實上，他晚上喜歡熬夜做的，就是試著「琢磨各種方法改善事業，持續透過再投資活動促進成長，設計服務顧客的更好辦法。」

至於如何衡量NFM達成這些目標的程度，他藉由下列條件進行評估：銷貨、毛利、費用、利潤、非營業利潤、顧客調查結果或顧客偏好研究，以及人力資源流動率。「但，歸根究柢，」他說，「最終還是根據顧客滿意度來衡量營運績效，如果我們能夠令顧客覺得滿意，他們就會繼續光顧，其他衡量也就自然能夠滿足。」

事實上，雖然沒有明白點出，但他認為NFM的任務與目標為「透過精挑細選與價值，試圖改善人們的生活型態。」他說，「實際上就是最根本的東西：瞭解你的顧客、照顧你的顧客、發揮你的基本功能，就是我祖母做的事情，也是山姆．華頓做的事情。透視這個複雜事業的根本，瞭解顧客覺得什麼才是真正重要的。」

除了忽略顧客的重要性之外，布朗金認為，事業之所以失敗，最經常看到的原因是：「擴展太快、規模變得太大、不再聚焦於自己最擅長的功能、忽略核心事業、信用過度擴張。」他避免觸犯這些錯誤。NFM多年來持續成長，速度沒有太快，也沒有偏離布朗金家族的核心專長：販售家具、家庭用品、電器與地板材料。另外，家族事業也遵循祖母的訓示，沒有舉債或貸款，所有的貨款都支付現金。

很有意思地，布朗金認為自己所犯的最嚴重經營錯誤——或最嚴重個人疏失——也是有關他的祖母。「讓祖母氣瘋了，結果她自行開設店面，」他說，「這顯然不是明智的決策。對於整個家族產生重大衝擊，也讓顧客覺得迷惑，他們不知道自己究竟是和NFM或B女士打交道。」如果有機會重新來過，「我會保持耐心，找到解決辦法。你知道的……，」他補充，提到自己，還有他的兄弟們，「我們都是不顧一切往前衝的年輕人，缺乏等待的耐心，我們想要一切都按照自己的意思進行，而且馬上就做。」

現在，他個人的目標之一，就是要稍微減輕承擔的責任。或許他覺得有必要這麼做，因為他形容自己「專注、熱中事業、苦幹、全神投入、忠心、誠實。」他補充，「也就是自己覺得的生命意義所在。」他雖然不打算像祖母一樣工作到一百多歲，但他現在才四十八歲，還沒有退休的打算。「我熱愛我的工作，」他打算繼續工作，「只要我還想做的話。將來的某個時候，我可能會減輕工作份量，但只要我還有能力工作，就會繼續工作。」

正常情況下，布朗金每天早晨六點起床。稍微做些運動，很早就開始工作，在店面到處走動。他要求商場隨時以最完整的狀況迎接顧客，他希望看到顧客湧入，然後看著他們滿意地離開。下午稍晚，他參加會議、花時間採購，下班回家前，儘可能「整理當天該做而沒做好的工作，打點隔天準備做的事情。」他通常在晚上六點半離開，回到妻子和小孩身邊，他認為他們「對我人生的貢獻極大。」

但即使是週日，他也會工作——他每個週日都會進城。「我們喜歡儘可能貼近現場，」他試著解釋，「週日適合做很多事情，因為多數人休息，所以做事情的效率往往特別高。我的兄弟和我一樣，週日也工作。」

他祖母絕對會贊同他們在週日也工作。身為第三代負責NFM經營的代表人物，艾爾文成為波克夏的最佳示範；換言之，當華倫．巴菲特退休後，第二代、或甚至第三代應該如何接手。美國企業得以順利轉移到第二代的案例，成功比率還不到三〇％，第三代當然更少（大約十三％）；[12] 對於關心波克夏未來的股東們，布朗金家族提供了最佳示範。

維繫家族事業蓬勃發展，可能是管理團隊最艱巨的任務。美國所有的事業中，得以發展為家族事業的比率甚至不到五％；換言之，絕大多數事業沒辦法順利指定次一代接班人。我們的企業文化中，垂死的家族事業甚為普遍。「三個世代，樓起樓塌」、「由貧而富，再由富而貧」的現象相當常見；換言之，第一代創立事業，第二代收成，第三代耗盡一切，從頭來過。[13]

經過三個世代，家族事業得以繼續保持健全、繁榮、蓬勃，這可能是B女士最了不起的成就。波克夏家具集團敘述了多世代成功傳承的故事，很少事業集團能夠順利傳承到第二代，更別提第三代了。

至於將來，布朗金採行的成長策略很簡單：繼續成長。雖說沒有設定明確的目標，但「公司的事業已經連續成長六十三年，完全沒有中斷，我們打算繼續下去。我們已經是第三代，」他指出，「所以必須確定我們不會搞砸。」他承認，過去六十三年以來成功累積的壓力相當沈重，「但這是自己給自己的壓力。華倫沒有給我們任何壓力。我們只是希望永遠成功。」

為了繼續保持成功，布朗金永遠留意周遭的機會，「這可能來自併購，」他說，「也可能是在某個地方設立分店，但也可能和前述兩者無關。我們只是試著做自己最擅長的、做我們覺得最自然的。我們一直在作畫繪製未來，雖然不確定將來會如何演變，但我們會儘可能改善。」

滿有意思的，當被問到NFM未來十年的最大競爭者，布朗金並沒有把自己局限在家具零售產業。「任何想要在可支配所得分一杯羹的業者，」他說，「他們不一定要來自家具、電器或家庭用品產業。威脅可能來自旅遊業、汽車經銷商、服飾商店，或任何其他大型零售業者。他們都是我們的潛在競爭對手。」

至於家庭用品產業的整體未來發展，布朗金認為，產業的整合程度會愈來愈高，業者的規模會愈來愈大。「這是個不容易經營的行業，」他解釋，「需要龐大的資本、深入的理解。但真正瞭解整個產業的人並不多。關於將來，我們需要強調提升品質、改善運輸程序，更貼近、瞭解顧客，我們也必須強調家庭對於一般人生活的重要性。」

被問到有關波克夏海瑟威的未來，他說：「這是華倫的責任，不是我的。但我對於他的看法絕對有信心，雖然不確定他的展望是什麼，但我相信他對於所有機會都會保持開放的態度，挑選他覺得最適當者。」另外，布朗金認為波克夏「絕對」代表好投資，這點毫不令人覺得意外。「我不是投資顧問，」他補充，「但我如果有錢的話，我會投資波克夏。」

雖然波克夏持續成長，但他並不擔心其規模會變得太大。「當然規模越大，挑戰也愈嚴苛，」他解釋，「但歸根究柢，按照華倫的用人哲學判斷，我不認為這會造成障礙。每個附屬機構都是個小世界，由我們自己經營。我們是更大世界的一部分，波克夏是由許多小部分構成的大餅。」

或許是因為他抱著這種想法，所以波克夏海瑟威股東普遍擔心的問題——華倫一旦走了，情況將會如何演變——布朗金幾乎完全不擔心。他相信巴菲特挑選的接替者——不論是某個人，或如同傳言談論的雙頭馬車：營運經理人和資本配置經理人——絕對適任。「我一點也不擔心，」布朗金說，「根據華倫的觀點以及睿智的用人哲學，這絕對不會構成問題。」

不論情況如何發展，巴菲特確信NFM將會繼續由勝任的人經營，就如同布朗金相信波克夏海瑟威也是如此。「很多人曾經問我，」巴菲特在一九八四年對公司股東表示，「布朗金家族事業的成功祕訣是什麼。這沒有涉及太多奧祕。所有的家族成員：（一）所秉持的熱忱與精力程度，讓班傑明・富蘭克林與霍雷肅・阿爾吉（Horatio Alger，作家，擅長寫白手起家的故事）看起來都像中輟生；（二）明確界定自己擅長的事業，並在該領域內果斷行事；（三）對於專精領域之外的機會，不論多麼具有吸引力，絕對不受誘惑；（四）對於往來打交道的人，都以最嚴謹、認真的態度處理。」[14]

## 艾爾文．布朗金的經營宗旨

- 把員工視為家人。
- 嚴格監控成本，不要先浪費，然後才設法節儉。
- 工作的目的在於瞭解、滿足顧客，而且要持續尋找新方法服務顧客。
- 清楚自己的核心事業領域，而且堅持於此。
- 避免負債。可能範圍內，完全支付現金。

# 退休經理人：法蘭克・魯尼

## 布朗鞋業公司

我遇到馬爾康・金姆・蔡斯（Malcolm Kim Chace），他是董事會成員，也是當初擁有、並管理波克夏紡織廠的家族成員之一。我想瞭解巴菲特當初在一九六二年開始買進波克夏股票時，究竟是看上這家紡織廠的什麼。這方面啟示和他投資製鞋業的策略是否有關？蔡斯——其家族看著他們的股票在巴菲特管理下，價值暴增為數十億美金——和我分享過去的年度報告，並指出巴菲特當初剛開始買進他家股票時，波克夏紡織深具投資價值。如同葛拉漢倡導的典型價值投資，巴菲特投資這家紡織廠時，波克夏的資本市值為一千四百萬美金，帳面價值卻有兩千兩百萬美金，所以波克夏海瑟威紡織廠顯然不是巴菲特最糟的投資之一。他以不到六十四美分的價格，購買價值一元美金的資產，然後成功運用這些資產拓展其他事業。蔡斯目睹巴菲特將其家族事業的股票在三十五年內，由每股七美金推升到七萬美金。

製鞋業與紡織業一樣都屬於美國的夕陽產業。美國境內數以百計的紡織廠陸續歇業，將廠房移往遠東地區，製鞋業的情況也類似。美國市場的鞋類銷售量雖然創歷史新高（每年銷售量超過十億雙），但利潤全部由海外製鞋業者獲得。

布朗公司（H.H. Brown）執行長法蘭克．魯尼（Frank Rooney）引導我參觀他位在南塔克特（Nantucket）的避暑別墅。房子座落在斷崖上，視野極佳，可以鳥瞰西部港口。魯尼每年夏天會在這裡待上八週——每週分別和某個兒子與其家人共處，冬天則住在北棕櫚灘。每年其他時候，他和妻子法蘭西斯住在紐約拉伊市（Rye）。

他每天都會打高爾夫球，趁著休息時間，他談到相當不尋常的退休生活。首先，他自己創立的事業，最終演變為CVS連鎖藥局（CVS drug stores）。退休後，因為把岳父的製鞋業賣給華倫．巴菲特，因此被迫重操舊業。接受我訪問前，他先打電話給巴菲特，問他：「關於你為什麼會投資製鞋業的問題，我要告訴這個傢伙什麼？」巴菲特回答：「法蘭克，告訴他，我是因為你才收購的。」

---

一九九九年八月十八日，《波士頓環球報》報導，幾天前，有人目睹相當不尋常的四個人造訪麻州外海南塔克特島的Sankaty Head高爾夫球俱樂部。這四個人包括美國規模最大企業的幾位執行長：奇異電器的傑克．威爾許、波克夏海瑟威的華倫．巴菲特、微軟的比爾．蓋茲，以及《波士頓環球報》所謂「魯尼家族的成員之一，也是美式足球隊匹茲堡鋼人的老闆。」[1]

魯尼懶得要求修正，但當天四個人當中，並不是鋼人隊的老闆，而是麻州出生的法蘭西斯·魯尼（Francis C. Rooney Jr.），他也是總部設立在康乃迪克格林威治的美國最大製鞋業者布朗公司的董事長兼執行長。人們可能會問，這位不甚有名的魯尼，混在這群聲名赫赫的人當中，究竟是為了什麼？他是威爾許在南塔克特的鄰居和好友，而且他所經營的公司也是波克夏海瑟威旗下的附屬機構。他在一九九一年把公司賣給華倫·巴菲特。

一九二一年，魯尼出生在麻州的北布魯克菲爾德（North Brookfield），此處也是布朗鞋業在四十多年前最初建廠的所在地。一九四三年，魯尼畢業於賓州大學華頓學院經濟系。畢業後，他進入美國海軍擔任少尉軍官，第二次大戰期間服役於《北卡羅來納號》（*North Carolina*）戰艦。戰後，他從事製鞋業，最初進入芝加哥的富樂紳鞋業公司（Florsheim Shoe Company），後來又任職於創立Thom McAn品牌鞋子的梅威爾鞋業公司（Melville Shoe Corporation）。

他由最底層的員工慢慢往上爬升，後來擔任銷售經理人，不久又晉升為Thom McAn部門總裁，最後在一九六四年成為母公司梅威爾的執行長。擔任執行長期間，他積極從事多角化經營。梅威爾陸續收購「馬歇爾鞋業」（Marshall's）、「KB玩具」（KB Toys）、家具公司This End Up Furniture，並在一九六九年收購CVS連鎖藥局。魯尼剛接手執行長職務之時，公司的年度銷售金額為一．八億美金。二十年後，當他退休時，梅威爾的年度銷貨金額成長為七十億美金。

人們可能認為，創下如此成就後，魯尼應該可以好好享受退休生活。及早退休畢竟是事業成功的徵兆之一。但對於專業者來說，成功可能意味著永遠沒辦法退休。熱愛自己從事的活動，往往讓專業者充滿鬥志和精力，法蘭克・魯尼也不例外。離開梅威爾鞋業（當時稱為梅威爾公司，Melville Corporation）的六年後，他接受岳父雷伊・賀弗曼（Ray Hefferman）的邀請，經營「布朗鞋業」。

布朗鞋業成立於一八八三年，創辦人是亨利・布朗（Henry H. Brown）[2]；一九二七年，賀弗曼花費一萬美金買下這家公司，他當時是二十九歲的生意人。幾年後，賀弗曼的女兒法蘭絲與法蘭克・魯尼結婚，後者也服務於製鞋產業。當時，賀弗曼告訴女婿，絕對不會讓他進入布朗鞋業。[3] 但到了一九八〇年代末期，賀弗曼高齡九十二歲，雖然繼續負責公司營運，不過身體欠佳。體認到自己力不從心，於是請魯尼接手，直到他的身體恢復健康為止。賀弗曼在一九九〇年過世，其家族決定出售公司。

這個時候，魯尼委託高盛公司（Goldman Sachs）編製布朗公司的財務報表，並開始尋找潛在的買主。某次在佛羅里達進行的高爾夫球比賽，友人約翰・盧米斯（John Loomis）建議魯尼和華倫・巴菲特聯絡，魯尼自己也曾經見過巴菲特。根據他後來的描述，他「打電話給華倫，告訴他有關這個家族事業的議題，華倫說：『聽起來滿有趣的。你不用給我高盛公司整理的資料，只要把最近幾年經過會計師審核的數據寄給我就行了。』」所以，魯尼把過去幾年的損益表與資產負債表寄給巴菲特。不久，巴菲特打電話問他：「你準備賣多少錢？」

「我不知道，」魯尼回答，「我們必須試試市場的反應。」巴菲特建議，魯尼決定價格後，儘快和他聯絡。當時該公司的銷貨金額約二・四億美金，稅前盈餘約兩千四百萬美金，魯尼估計公司起碼有幾億美金的價值。經過一陣子，巴菲特又打電話過來：「我準備前往紐約。你是否願意和我共進午餐？」

根據魯尼的描述（帶著新英格蘭口音），「我的小舅子和我一起與巴菲特共進午餐。華倫說：『我如果答應你要求的數目，你是否願意停止和其他人接觸？』我說：『可以。』他說：『好，我們可以成交。』我的小舅子和我到外面商談，然後回來說，『好，就是這樣。』華倫根本沒有參觀工廠，也沒有見過任何經營團隊成員。為什麼要收購這家公司呢？我後來問他這個問題，他說：『我之所以收購這家公司，是因為你的緣故。』」

事實上，他在後來的一九九一年致股東信函談到：「我之所以熱中這筆收購交易，完全是因為法蘭克願意繼續擔任公司執行長。如同我們旗下事業的多數經營者一樣，他根本不必因為財務收入而工作，他之所以繼續工作，是因為熱愛這家事業，希望創造卓越的成就。具有這種條件的經營者，是沒有辦法透過正常手段聘請的。我們必須要提供一座演奏廳，才能讓這些商業藝術家願意表演。」[4]

巴菲特所收購的這家企業——包括法蘭克・魯尼在內——專門製造、進口、行銷各種安全鞋和戶外鞋，還有西式鞋款和休閒鞋。鞋子透過幾種不同品牌銷售，經由二十二家零售企業——包括迪拉德百貨（Dillard's）、傑西潘尼（JC Penny）、西爾斯（Sears）、瑋倫鞋業（Payless Shoe Company）等——販售到美國中部各州。布朗鞋業是美國安全工作鞋的最主要生產業者，鎖定中價位市場，顧客大多是根據法律規定必須穿某種款式鞋子的工人。[5]

就法蘭克．魯尼來說，他也很高興波克夏能夠收購該公司，雖然他認為波克夏海瑟威的股東們在這筆交易占到便宜，但巴菲特確實支付了魯尼要求的價格，而且魯尼也相信布朗公司的目前狀況，應該勝過沒有被波克夏收購。目前，魯尼仍然可以把布朗鞋業視為百分百家族擁有的事業經營。他可以取得幾近於無限的資本，用以併購其他鞋類業者，強化整個製鞋集團的力量。當被問到巴菲特是否是他認為最適當的併購者，他坦然承認，並且強調身為波克夏組織的一份子，「幾乎僅次於自己擁有事業。」

就如同絕大部分企業一樣，自從布朗公司在一世紀前成立於北布魯克菲爾德以來，美國製鞋產業變化極大。當時製鞋產業完全屬於國內事業，而且也是麻州就業人口最多的產業。單是布羅克頓（Brockton）地區就有一百多家工廠。[6] 但由於海外的廉價勞工與其他方面成本較低，絕大多數美國製鞋業者都不堪競爭而轉型，專門從事進口與行銷活動。

最近十年來，美國本土製造的鞋類，由二．三四億雙遽減為七千六百萬雙，減少幅度將近七〇％。一九九九年，美國販售的鞋類總計有十三億五千四百五十六萬八千雙，其中有十三億零五百二十六萬兩千兩百雙生產於海外（絕大部分生產於中國），比率超過九十六%。[7] 五十年前，單是麻州製鞋產業的就業工人就有七萬五千人；現在則減少為五千人。[8] 美國境內的皮革廠曾經有二十五家，現在只有兩、三家。

面對更廉價的競爭，以及某些著名鞋業採行的戰術，譬如耐吉與銳跑（Reebok），布朗鞋業在魯尼的領導下，製鞋生產大部分已經移往海外。過去幾年來，布朗販售的鞋類原本有九〇%在國內生產，現在比率已經降到四〇%。產品進口與製造之間的比例變動，當然意味著必須遣散大量的就業人員。布朗鞋業與波克夏海瑟威合併當時，公司員工大約有三千五百人；現在，員工人數已經減少為兩千人左右。

關於遣散公司員工，魯尼當然覺得很遺憾，但他也瞭解這是想在競爭激烈的市場存活所必須採行的措施。對於波克夏旗下的所有附屬事業，華倫・巴菲特始終強調，每家企業都必須具備持久性競爭優勢，也就是他所謂的經濟護城河（保障）。魯尼承認，布朗鞋業並不具備顯著的經濟護城河，但仍然相信該事業擁有其他競爭對手所不具備的優勢。

「事實上，」魯尼說，「我們處在某種利基市場，而且擁有獨特的利基。我們生產礦工、攀爬電線桿，以及其他特殊行業專用的鞋類。這方面鞋類經常需要小批生產，我們的小批生產仍然可以賺錢，這是某些競爭同業辦不到的，也是我們不能完全仰賴進口的原因，為了滿足顧客需要，需要保持靈活與彈性。布朗公司的顧客，也是我們獨有的另一種利基。由於這些顧客必須整天都穿著鞋子，所以舒適與安全特別重要，他們也願意為了品質而多付出一些代價。」

布朗鞋業之所以能繼續成長，一方面是透過併購，另一方面是透過新產品開發。一九九二年，布朗公司以四千六百二十萬美金收購總部設立在新罕布夏的「羅威爾鞋類公司」（Lowell Shoe Company），[9] 這是摩斯鞋業（Morse Shoes）旗下的部門之一，[10] 將其納入該公司既有的營運系統，並收購專門生產護士鞋與其他專業鞋的 Nurse Mates。[11] 一九九七年，又收購家族鞋業連鎖商店超級鞋業（Super Shoes），以及專門生產鞋跟和內襯吸汗泡棉的科技廠家迪控（Dicon）。

布朗現在也介入女鞋開發，引進數條生產線，包括 Börn 品牌，這是獨特手工縫製的鞋子，銷售情況極佳。雖然布朗鞋業的銷售與獲利成長表現都不錯，但工廠關閉與員工離職方面的支出相當龐大，所以對於波克夏的財務貢獻也不如預期。

布朗鞋業自從與波克夏合併以來，其表現顯然優於旗下另一家製鞋業者——戴克斯特鞋業為巴菲特在一九九三年併購的製鞋業者。從很多方面來說，收購戴克斯特的情況，頗類似布朗鞋業。這筆交易由魯尼撮合，他已經認識戴克斯特的業主哈羅德．阿馮德（Harold Alfond）和彼得．朗德（Peter Lunder）很多年，他把這家公司推薦給巴菲特，並告訴阿馮德與朗德，波克夏應該是他們公司的理想歸屬。[12] 巴菲特與阿馮德和朗德的第一次碰面，是在佛羅里達的西棕櫚灘機場。[13]「我們在一家以第二次大戰為主題的餐廳共進午餐，」他後來告訴《富比士雜誌》，「一邊吃漢堡，一邊談論鞋子。」[14]

巴菲特雖然當場表示要用現金支付這筆交易，但兩位業主卻寧可要波克夏海瑟威的股票。巴菲特很少提供股票，這次也不想這麼做。雖說如此，經過幾個月後，當時波克夏股票收盤價創新高，巴菲特與這兩位業主再度碰面，這次是在朗德位於波士頓的住家公寓。當場沒有任何律師、會計師或投資銀行家，他們三個人就完成這筆交易。巴菲特取得戴克斯特鞋業，阿馮德與朗德則取得兩萬五千兩百零三股的波克夏海瑟威股票（當時市值約四．二億美金）。這也讓他們兩人成為巴菲特家族之外的波克夏最大股東。[16]

就當時情況判斷，收購戴克斯特看起來是相當不錯的交易。一九五七年，這家公司成立於緬因州的戴克斯特，創辦人就是哈羅德．阿馮德，最初投資為一萬美金。他的外甥彼得．朗德隔年加入這家事業。經過三十五年後，戴克斯特已經成為相當成功的企業，專門銷售男女服飾、休閒與運動專用鞋（尤其是高爾夫球與保齡球鞋），銷售管道包括九十家工廠直銷商店、百貨公司、高檔獨立商店與特殊零售商，年度銷貨金額為二．五億美金。[16]

雖然巴菲特與波克夏海瑟威積極參與製鞋事業，但美國的製鞋產業正由製造行銷，轉型為進口行銷。布朗公司為了安全渡過這場風暴，被迫關閉數家工廠，將生產線移往海外，但戴克斯特位在緬因州的四家生產工廠，仍然堅持不縮減產能。[17] 因此波克夏製鞋部門，包括布朗、羅威爾與戴克斯特的營業收入從一九九五年以來開始減少，而且整個下降趨勢持續到二

○○○年。

使得戴克斯特收購案更加失敗的事實之一，是巴菲特當初運用波克夏股票支付價款。當時支付的股票市值為四．二億美金，目前市值為二十億美金。但這家公司目前創造的估計稅前盈餘只有一億美金，約為年度銷貨金額的一半，相當於併購成本股票市值的五％。難怪在一九九八年九月十六日的股東會議，華倫．巴菲特表示，他必須承認製鞋部門並不是波克夏海瑟威的大贏家[18]。戴克斯特製鞋公司應該是巴菲特最失敗的投資。

對於法蘭克．魯尼來說，或許有一點還算值得安慰，因為戴克斯特鞋業並不是他推薦給巴菲特的唯一收購對象。一九九四年，大約是他建議巴菲特和阿馮德與朗德商談的一年後，魯尼和他老闆談到商務客機公司的理查德．桑圖利。商務客機公司總部設立在俄亥俄的哥倫布市（詳見一七八頁），透過美國、歐洲與中東地區的奈特傑方案專門提供給個人和企業飛行的相關服務。這些部分所有權的飛機方案，使得個人與企業可以享有飛行的樂趣和便利，但又不需要承擔龐大成本與維修費用。

在魯尼的建議和慫恿下，巴菲特嘗試該公司提供的服務，而且馬上就認同其效益。一九九八年，他投資七．二五億美金收購這家公司，半數支付現金，半數支付股票。這項投資絕對賺錢。[19]由一九九九年到二○○○年，商務客機的銷貨金額倍增，由十億美金成長為二十億美金，企業價值從併購以來也大幅成長。所以戴克斯特鞋業對於波克夏海瑟威的成功，貢獻雖然微乎其微，但商務客機的規模最終可能超過聯邦快遞，對於波克夏未來的銷貨、盈餘與淨價值的比重也應該會顯著增加，這也可以解釋巴菲特為何經常肯定法蘭克・魯尼的貢獻。「法蘭克是個相當低調的人，作風親切，」他曾經告訴股東們，「但不要讓這些愚弄了各位。當他決定揮棒時，經常可以把球打到場外。」[20]

另一方面，魯尼對於華倫・巴菲特也同樣抱持肯定的看法，這點應該不會令人覺得訝異。「他擁有不凡的個性，」魯尼說，「就像一雙舊鞋子。他很有趣、很聰明、個性愉快、很瘋狂……。當他來拜訪我們，他會自己做早餐，也就是火腿三明治，還有櫻桃口味的可樂。就我看來，」魯尼繼續說，「他只會做自己覺得有趣的事情。他真正喜歡的是人，也就是和人們相處。否則的話，他就覺得很無趣。」因此魯尼補充，「身為華倫核心小圈子的成員，確實很有趣。」

但魯尼不相信巴菲特對於波克夏海瑟威的未來發展，握有一套總體藍圖。「我認為，華倫更講究機會，」他說，「關於未來，他當然會從人口統計或其他類似性質的角度思考。可是，原則上，我不認為他持有整體性的計畫。我從來沒有和他談到這方面的話題，或許是因為他不願承認。他可能試圖告訴你，他有某種計畫。但我認為，如果他明天看到一個投資機會，即便是罐頭製造的事業，他也會想收購。至於製造罐頭的事業和長期計畫有什麼關係，我也不知道。」

在比較私人的層面上，他感謝巴菲特讓他想要繼續打拚。「『打拚』在財務上雖然對我沒有意義，」巴菲特最近表示，「但我熱愛在波克夏繼續奮鬥，理由很簡單：成就感。只要我認為恰當，就可以自由採取行動，每天有機會和我喜歡、信賴的人們彼此互動。我們的經理人——他們都是自己領域內最有成就的藝術家——為什麼會有不同的看法呢？」[21]魯尼完全不會有不同的看法。「他給我生活的目的，」他談到巴菲特說，「我經營布朗鞋業的目的是要讓他覺得驕傲。」

魯尼深受管理大師彼得・杜拉克（Peter Drucker）的影響。魯尼表示，他還在經營梅威爾公司時，每季都會和杜拉克見面，杜拉克告訴他，界定自己事業的重要性，而且要專注於滿足顧客。他認為杜拉克的《管理實踐》（*The Practice of Management*）是他讀過最棒的商業書籍。這本書最初雖然出版於一九五四年，杜拉克在書中處理了當時商業界面臨的所有重要問題，這些論述即使到了今天仍然適用。魯尼說：「這本書是我的聖經。」

魯尼也強調，他的管理風格是「保持單純」，他形容自己「擅長和人們打交道」，他覺得有關「人」的決策——聘用與辭退人員——最困難，至於最容易的部分，則是每天例行的決策。他認為成功的事業經營者，應該具備的最重要特質是「正直、誠實，以及合理程度的聰明」，或許不知不覺中受到巴菲特影響，他認為激勵下屬經理人最好的辦法「就是讓他們覺得有趣」，至於管理技巧，他相信經理人必須懂得如何授權，而且認為沒有適當授權，是企業經營失敗最常見的單一因素。

或許是因為強調最基本的條件與技巧，魯尼不認為事業經營與管理方法，這些年來實際發生了變動。「我們雖然看到很多新科技，」他說，「但那些能夠做好份內工作的人們，未必和十年前有什麼不同。」

本性雖然謙虛，但魯尼對於自己的某些特點似乎深以為傲，這些也是他認為和華倫・巴菲特具有共通處的地方：擅長和人們打交道、擅長判斷人。如同巴菲特一樣，他認為經營者重視事業的程度應該超過金錢報酬。對於他想評估的人，魯尼會想知道他們對於自身作為的熱中程度。布朗公司採用的薪酬制度相當不尋常，可以反應和培養經理人該有的態度。許多主要經理人只支付最微不足道的年薪，每年可能只有幾千塊錢，但可以按照公司賺取的利潤分紅。原則上，這讓經理人不只扮演管理者的角色，同時也具有業主的身分。這種安排對於經理人和公司都有好處，如同巴菲特說的，因為「會接受這種條件的經理人，通常都很有本事。」[22]

目前七十九歲的魯尼是八個兒女的父親、二十六個孫子的祖父，他形容自己處於半退休狀態。他笑著說，他與華倫・巴菲特達成的共識，是他往後二十年裡，每週可以只工作一天——而且這段期間結束後，還答應他不得從事競爭性工作。他隨後承認，他和巴菲特之間並沒有書面協定，完全是口頭的非正式承諾。即便如此，身為波克夏海瑟威的CEO，就如同成為美國最高法院的法官一樣，通常是終身職。整個三十四年期間，波克夏沒有任何CEO離職，除非是死亡或退休。事實上，波克夏旗下的事業，多數還是由巴菲特收購前的經營者負責管理。[23]

魯尼目前還是正常工作。春天與秋天，他每週工作五天，由紐約拉伊市的住家前往康乃迪克格林威治的公司總部。他雖然身兼董事長和執行長職務，但每天的例行事務都交給營運長吉姆・伊斯勒（Jim Issler）負責處理，後者讓他隨時可以掌握最新狀況。夏天，他會搬到麻州外海的南塔克特島，冬天則住在佛羅里達的北棕櫚灘。

上班的日子裡，他通常在早上九點至九點半到達辦公室，然後到處走動，與員工打招呼（大約三十五到四十人）。然後，他通常會和伊斯勒開會、共進午餐，可能還有幾位主要幹部作陪。下午，他會閱讀《華爾街日報》，然後在伊斯勒安排下，參加幾個會議。雖然還有正式職務，但他基本上扮演顧問的角色。

關於整個製鞋產業的未來發展，魯尼認為：「這原本就是個艱難的產業，將來還是會很艱難。市場仍然繼續整頓和淘汰，能夠脫穎而出的業者愈來愈少。但只要人們生來赤腳，機會就不會消失。」更明確來說，關於布朗鞋業的未來，他說，「我們擁有一套策略，我們的任務內涵並不花俏，就是更注重最基本的工作，好好界定自己經營的事業。我們經常談論界定事業的必要性。但這並不如想像那般簡單。有些人認為事業經營就是為了賺錢，但我們知道企業經營的宗旨之一，是要滿足顧客。我們相信，只要堅持這點就會成功。」

關於自家企業績效評估，他採用最接近的同業——總部座落在密西根羅克福德（Rockford）

的孤狼世界公司（Wolverine Worldwide），經營者為提摩西·奧多諾萬（Timothy O'Donovan）——做為比較基準。孤狼世界生產與行銷各種休閒鞋、戶外鞋、工作鞋、拖鞋與帆船鞋，品牌相當多，包括暇步士（Hush Puppies）、哈雷大衛森（Harley Davidson）、科爾曼（Coleman）與其他等等，公司員工有五千九百人——約為布朗鞋業的三倍——是美國規模第三大鞋類企業，資本市值為五·五五億美金，年度銷貨金額相當穩定為六·七億美金。如同布朗鞋業一樣，孤狼事業也關閉了美國境內的大部分製鞋工廠，把生產線移往亞洲地區。

布朗鞋業雖然已經大量裁員，但魯尼表示，公司的瘦身計畫還只是進行了一半。目前公司產品約有四〇%在美國境內生產，魯尼計畫把這個比重降到二〇%，甚至一〇%。他相信，公司很容易就可以成長為五億美金的事業。他說，「進行某些併購，在將來某個時候，我們將成為十億美金的事業。」

談到波克夏海瑟威的未來發展，魯尼相信，雖然最近的方向相當明確，但這家公司比較可能演變為綜合企業，而不是產物意外保險公司，「這是華倫應該做的，」他說。如同大家一樣，他認為華倫·巴菲特指派的繼承者，對於波克夏的未來發展最重要。短期內，他相信巴菲特仍然會主事，繼續從事精明的投資；基於這個理由，在可預見的未來，他認為波克夏本身就是理想的投資。即便如此，他認為巴菲特是否退休——按照巴菲特自己的定義，是在他死後五年——其重要性顯然被高估。「華倫雖然很了不起，」他說，「但我不相信只有他一個人可以管理這家事業。」

就其個人而言，魯尼覺得自己對於這個議題的關心程度：遠不如波克夏海瑟威的其他家族成員。當被問到他是否擔心繼任者如何接手華倫的事業，魯尼笑著說，「華倫只不過七十歲，」他說，「而我已經七十九歲，我為什麼要擔心這個呢？」

**法蘭克．魯尼的經營宗旨**

- 企業管理應該保持單純。
- 讓經理人分享公司利潤，如此可以讓他們成為業主。
- 不要害怕授權給經理人。
- 鼓勵屬下由工作中尋找樂趣。

# 講究原則的經理人：比爾・柴爾德

## 威利家具公司

比爾・柴爾德身為丈夫、父親、祖父與曾祖父，他的人生由工作、家庭與信仰所界定。妻子派翠西亞（Patricia）認為她丈夫是個工作狂，而他說自己只是熱愛工作。柴爾德專業生涯展現的投入、決心與堅持態度，無疑受到他從事業餘拳擊手與賽跑選手期間的訓練影響。

任何人想要在鹽湖城閒逛絕對不難，因為這裡的地址都是以耶穌基督末世聖徒教會鹽湖城聖殿（Salt Lake Temple of The Church of Jesus Christ of Latter-day Saints）為基準設定。舉例來說，比爾的辦公室與威利公司的地址為「南二三〇一與西三〇〇」，意思是說該處的地址，位在鹽湖城聖殿西方第三條街與南方二十三條街交叉處。

我安排在勞動節造訪，當天比爾和他的管理團隊士氣高昂，他們試圖創造最高單日業績目標：八百萬美金，包括家具、用品、電器與地毯。比爾整天不斷查核每家店面的銷售狀況，尤其緊盯著設立在愛達荷首府波夕（Boise）的新店面。

柴爾德是我見過態度最開放的經營者。我們整天相處在一起，訪問過程中，他介紹我認識他手下的主要經理人、接電話、查核銷售金額、聽取顧客抱怨、測試網路搜尋引擎，還參與傑利．路易斯（Jerry Lewis）的電視馬拉松節目，代表R.C.威利公司捐獻一張支票，並且在某個公司停車場撿垃圾。

目睹這位精力無窮、隨時展現笑容的經營者，訪客很容易就理解這位巴菲特執行長如何能夠在四十年內，把原本二十萬美金的事業，擴展為兩億五千萬的規模，並且和波克夏海瑟威合併而創下事業巔峰。公司被併購以來，營業收入與獲利又成長六〇%，目前正邁向下個營運目標：年度銷貨金額十億美金。隨著事業成長，他的財富也跟著水漲船高；自從和巴菲特合併後，波克夏股價已經翻了三倍。

對於比爾．柴爾德來說，這一切不完全是為了金錢，關鍵在於挑戰，在完全不妥協的原則下，創造了不起的成功事業。R.C.威利公司之所以賣給波克夏，原因很合理：流動性、繼承、遺產稅、保障其家族的事業、員工、顧客，以及社區。這位企業首席執行官熱愛其事業的程度，超過企業賣給巴菲特所取得的錢財。他幫波克夏股東們更賣力工作，程度更超過幫自己工作。

比爾．柴爾德的成功，是典型白手起家故事：由微不足道的出身，透過辛勤工作，秉持最高原則，達成最了不起的成功。

「多年前，」R. C.威利家具公司董事長比爾．柴爾德說，「我想買一股波克夏海瑟威股票，股價為七千美金，就當時來說是一筆大錢。隨後一、兩個月內，我只能朝思暮想，始終沒有付諸行動，最後我終於決定買進一、兩股。我打電話問經紀人：『現在價格多少？』他說：『每股稍高於一萬美金。』所以我沒有買。但我仍然不能忘懷，大概過了半年或一年，我想，既然想買，那就買吧！而當時的價格已經來到每股一萬兩千美金，但我還是沒買。事實上，我從來都沒有買進任何一股。」最終，比爾．柴爾德擁有相當多波克夏海瑟威股票，但這是到了一九九五年的事情，他把R. C.威利公司賣給華倫．巴菲特，並且將威利公司股票，交換為波克夏海瑟威股票。波克夏股票當時價格約為兩萬五千美金。就本書撰寫時，波克夏股票又翻了將近三倍。

威廉（比爾）．柴爾德（William H. Child）出生於猶他州的奧格登（Ogden），一九三二年，剛進入大學的第一年，他就和魯弗斯．考爾．威利（Rufus Call Willey）的女兒達琳（Darline）結婚。「她很漂亮，」他談到她，「不過這只是個人的選擇。」這個時候，柴爾德開始幫威利打工，這個家居用品商店座落在猶他的錫拉丘茲（Syracuse），面積只有六百平方英尺。隔年，他轉到猶他大學，主修教育和歷史，不過仍繼續幫威利打工。打工的收入不高，但除了獎學金之外，這筆錢對於生活不無小補。那年比爾與達琳住在鹽湖城一年，週末都回去岳父家幫忙。然後，他們又搬回席拉丘茲，買了一棟組裝式住宅，蓋在威利給他們的土地上，就在商店旁邊不遠。

一九五四年，柴爾德大四，他岳父健康出現狀況。威利的兒子達雷爾（Darrel）決定從事學術研究工作，不想參與家族事業，所以柴爾德雖然對於公司營運所知有限，但畢業當天，威利就把鑰匙親手交到他手中說：「這是商店鑰匙，請你好好照顧商店，我休息兩、三週就會回來。」他認為自己是胃潰瘍，實際上是胰臟癌，三個月後就過世了。柴爾德原本想當老師，但他回憶：「岳父過世時，我覺得自己有義務接手這家一人員工的事業，除了零售業之外的其他想法，只好置之腦後。」[1]

柴爾德接手威利的家居用品店時，這家店已經有二十二年歷史。威利——朋友都叫他R. C.——長久以來一直擔任電器工，大約在一九二〇年代中期，人們開始和他商量把電晶體收音機換成較新型的電子收音機。一九二七年，察覺有商機，當時二十七歲的威利開車，並拉著拖車，在猶他北部的小城鎮，直接販售 Atwater-Kent 和 Majestic 品牌的收音機。幾年後，威利發現電冰箱愈來愈普遍，於是在一九三二年開始販售熱點牌（Hotpoint）電冰箱和電爐。雖然當時受到經濟大蕭條影響，但到了一九四〇年代末期，他開始供應顧客各種新增的家用產品，譬如吸塵器、留聲機、熱水爐，還有戴克斯特的雙槽洗衣機。

一九三〇和一九四〇年代，威利藉由挨家挨戶推銷的方式販售商品。柴爾德解釋：「很多人並不瞭解家用電器的方便和價值所在，所以他會搬運電冰箱和電爐到潛在顧客家裡，說服他們試用，有時候甚至幫他們安裝電線，讓他們試用一陣子，然後回來說：『現在如果你們真的不想要，我就搬走。』但他實在是太棒的推銷員，他非常清楚，只要能把產品搬進房子讓顧客使用，他們就再也不會讓他搬走，因此他做得相當不錯，」柴爾德說，「一人商店，一年四萬或五萬美金的銷售金額，管理費用有限，毛利為一〇%。」

第二次大戰爆發後，威利的生意大受影響。很多工廠專門生產戰爭物資，威利幾乎找不到家用電器可賣。雖說如此，柴爾德說：「他只要拿得到什麼就能賣出什麼。他甚至到家庭車庫拍賣現場到處收購舊貨，運用各種零件拼湊修理成可販售的產品。他更換電冰箱的壓縮機，或把好幾台破舊電爐拼湊成一台完整電爐，然後販售，同樣可以討生活。」戰後，生意開始好轉，然而三年後爆發韓戰。柴爾德表示，「人們對於第二次大戰期間，電器產品普遍缺貨的情況記憶猶新。很多人會說：『我想還是趁早更換新的電器產品吧！』所以生意相當好。」

成功往往是要付出代價，柴爾德繼續敘述故事發展，「R.C.的競爭對手開始找到製造廠家，對他們說：『你怎麼可以把貨物買給一個甚至連零售店面都沒有的人？他是非法的。你有什麼道理把貨物賣給他？我們怎麼能夠和他競爭？他根本不需負擔管理費用。』」威利不想要有店面，「我要店面做什麼？」他質疑。但他不能沒有供應商支持，所以只好在住家旁邊的空地，用煤渣磚砌成一間六百平方英尺的店面。「他把商店大門弄得很寬，」柴爾德說，「可以把裝在木箱內的電器產品直接搬入店裡。最初，他在店裡陳列裝箱的電器，只是把木箱前蓋打開。很快地，他發現顧客喜歡挑選產品，希望看到各式各樣的產品，而不是他過去擺在貨車上的單一式樣。生意變得相當好，年度銷貨金額從五萬美金增加到二十萬美金，他被迫聘用一位專職員工，負責修理和送貨。」

一九五三年，他的車庫發生一場嚴重火災，燒毀了所有存放的電器產品。兩輛車子倒沒有受損，但存放產品的倉庫沒有了，所以他又在原地興建另一座八千平方英尺的倉庫。

柴爾德回憶經營這家店的過程，「初期實在相當掙扎。我們的聲譽很好，但財務狀況並不健全，負債超過資產，現金也不足，光是為了支付薪水和貨款，手頭就相當拮据。最初一、兩年，我大約只能支領半薪。我每週的薪水原本有一百美金，員工也支領相同工資，但我從來沒有拿那麼多，一整年大概只拿到兩千三百或兩千四百美金。我的生活沒什麼花費，除了週日之外，每天都要工作，至於週日通常都上教堂做禮拜，或和家人相處，根本沒時間花錢。」

最初幾年，柴爾德最迫切的挑戰，就是試圖建立這個由兩人運行的事業。「我忙著鋸東西，」柴爾德回憶，「連磨利鋸子的時間都沒有。」經過兩年，事業總算有了一點規模，柴爾德讓弟弟薛爾登（Sheldon）也參與事業。更重要者，他把店面由原來的六百平方英尺，擴充為三千平方英尺，所以能夠販售更多家具。

因為店面空間有限，「床墊必須豎立，」柴爾德回憶，「靠著牆壁擺放，如果顧客想要試躺，只能直立靠著。我不記得有任何退貨，或許當時的顧客並不挑剔吧！」

整個一九五〇與一九六〇年代，比爾和薛爾登・柴爾德全心投入工作，建立了貨真價實、老實的良好商譽，因此事業經營得相當興隆。到了一九六四年，錫拉丘茲的商店已經擴張為兩萬七千平方英尺。即使商店吸引了從奧格登和鹽湖城（距離分別在二十英里和三十英里之外）遠道而來的客人，但隨著一九六〇年代逐漸邁入尾聲，柴爾德兄弟知道，如果想繼續拓展生意，唯一的辦法就是在人口集中地區開設新店面。一九六九年，威利在猶他穆雷市（Murray）成立第二家店面，該地距離鹽湖城都會區大約十英里。這個店面座落在四英畝大的農場，賣場面積有兩萬平方英尺，總計讓他們兄弟花費了三十萬美金。穆雷商店立即成為威利連鎖商店銷售量與獲利最高的店面，甚至到目前還是如此。

他們採用的營運模式，類似布朗金家族的NFM，販售一般家庭需要使用的所有用品，提供貨真價實的服務。他們鎖定消費市場中段的八〇%顧客群，把頂端和底端一〇%的消費者留給其他零售商店。

一九七四年，他們兄弟做成一項具有重大策略意義的決定：完全控制消費者的信用。打從開始經營，威利商店就提供顧客需要的某種形式信用融通。當R.C.還在逐家逐戶販售電器產品時，他就說服當地某銀行——提供信用融資給予農場顧客，藉由三年分期付款支付貨款——每期付款都在農作物收成後。從那個時候開始，柴爾德嘗試由內部與外部提供顧客帳戶的資金融通。到了一九七〇年代中期，他決定公司應該自行處理所有信用相關的文件；他們的事業發展至此，信用狀況已經足以讓他們在資本市場借款，並直接提供資金給顧客。

如此處理也提供了節稅效益，因為唯有當顧客實際支付貨款，公司才需要認列收益。更重要者，當基本貸款利率攀升到二十一%時，柴爾德的公司還能夠按照十八%放款，使得商店的銷貨與市占率大幅提升，因為同業競爭者無法或不願炮製。即使到了今天，威利公司的半數獲利仍然來自融資部門——對於家具商店來說是個相當不尋常的現象，最終成為吸引巴菲特收購的關鍵因素之一。

隨後二十年內，威利商店繼續成長。最初設立的兩家店面分別擴大經營，並且在其他地點開設新店面。到了一九九五年，猶他州境內已經有了六處提供完整服務的店面——西谷（West Valley）、鹽湖城、席拉丘茲、穆雷、奧勒姆（Orem），以及西喬登（West Jordan）——銷售家具、家庭用品、電器、電腦、地毯等。鹽湖城還設立一家地毯工廠直營店。公司員工有一千三百人，年度銷貨金額二．五七億美金，占有整個猶他州的一半以上家具市場。這時，該公司已經收到幾個有意收購其連鎖商店的提議，柴爾德雖然還沒有積極尋找買主的意圖，但很想知道出售企業的各種可能性。只是對於前述潛在買主，他並不特別感興趣。

一九九五年一月份的某天，他和好友艾爾文．布朗金——內布拉斯加家具商場執行長，該公司於一九八三年賣給波克夏——參加某紡織同業會議。柴爾德敘述當時的情況：「我告訴艾爾文，我收到幾家企業的收購邀約，但實在不感興趣，因為這些交易都不能創造大量現金。有個提議準備支付成交價格四〇～五〇%的現金，剩餘部分則計畫設定公司資產，然後運用貸款支付。這種情況下，公司將大量舉債，而我知道這根本行不通。另一些收購提議，雖然願意支付股票，但我不放心持有他們的股票。所以我對艾爾文說：『你認為華倫是否有意收購我的公司？』他說：『我不知道他為什麼會沒興趣，你擁有一家最頂尖的家具事業。』他告訴我，他即將和華倫共進晚餐，將跟他提這件事情。」

「大約經過三天，我接到艾爾文的電話，他說：『我和華倫談過了。他對於收購你的公司相當感興趣，他會直接打電話給你。』我說：『太好了，謝謝。』於是掛掉電話。五分鐘後，電話鈴響，我拿起電話，對方說：『比爾，我是華倫・巴菲特，我剛和艾爾文談過，知道你有意把公司賣給我。』我說：『是的，我想跟你談這件事。你是否有幾分鐘時間？』但在他回答前，我又說：『順便提一點，你打電話過來，讓我受寵若驚。我不相信自己正和華倫・巴菲特講話。我實在太榮幸了。』他只回答：『我的時間多得很。』所以我們一起聊了二十五或三十分鐘。我談到我想出售事業的理由，譬如遺產稅、繼承，以及未來發展等。」

「最後，他問我一個問題：『你的公司準備賣多少錢？』我告訴他，只希望有個合理的、對雙方都公平的價格。我又說：『不論是誰買了我的公司，我希望他在兩年、三年或五年後，仍然感到滿意。』然後，當我問他希望我怎麼做，他說：『寄給我最近三年的財務報表，還有公司的簡單歷史，我會回電話給你。』大約四天後，我收到一封快遞信函，上面寫著：『比爾，你擁有一家最棒的公司，完全符合我們的需要。我會在三天內給你一個價格。』就這樣。他沒打算過來實際參觀店面，也沒打算清點存貨。」

「剛好三天後，我又收到一封快遞，其中文件寫著價格。我打電話給他表示：『華倫，這個價格看起來很合理。我想告訴你，有關我希望你做的事情。我必須和家人談談，但你需要親自過來參觀店面，看看我們的公司。』他說：『我不需要這麼做。』於是我們爭論了一會。最後，我說：『華倫，如果你沒有實際看過，我不能把公司賣給你，因為那很不公平。我對於我們的事業深以為傲，希望有機會展現給你看。』他說：『好，我即將和比爾．蓋茲到棕櫚泉打高爾夫球，我會到你那裡待一會。』」

「他到了之後，」柴爾德回憶，「我們帶他參觀每個店面，只有一家店例外，因為他沒有時間了。我們有輛舊貨車剛好可以戴七個人，於是就開著這部車到處跑。我們一路閒聊，我覺得和他相處很自然，我們管理團隊的其他成員也覺得如此。當我們把他送回飛機後，我說：『你覺得如何？』他說：『我很喜歡你的公司。你如果願意賣的話，我很樂意買下。』我說：『我個人同意，但我還需要問問其他家人的意見。』我告訴他，這必須安排為免稅交易（我們運用威利的股票，交換波克夏股票），如果我們還必須納稅的話，那就寧可不做。他建議我們一起想辦法，或是現金，或是股票，或兩者兼用。我說：『你實在太公道不過了。』」

柴爾德隨後解釋，「我的朋友，也就是布朗金家族的人告訴我，他們當初把公司賣給巴菲特而取得現金，現在回想起來，實在是天大的錯誤。他們告訴我，無論如何，絕對不能接受現金，而且千萬不要賣掉波克夏股票。我完全遵照他們的建議行事。」[2] 雖然巴菲特的收購活動通常都支付現金，但這次卻願意例外處理。一九九五年六月，華倫．巴菲特取得威利家具商場，而比爾．柴爾德也取得他多年以來夢寐以求的大量波克夏股票。為了激勵管理動機，他們家族仍然保有穆雷的店面，但租賃給波克夏。「這是一筆皆大歡喜的交易，」柴爾德說，「但最後發生一點小插曲。事情告一段落後，我們發現他們在計算上出了一點小差錯，多給了我們四股的股票。當時每股交易價格大約是兩萬五千美金。所以第二天早晨，我們打電話給波克夏的副總裁兼財務長馬克．漢柏格（Marc Hamburg），告訴他：『你的計算有點錯誤，我們多拿到四股的股票，大約相當於十萬美金。』他回答：『我會和華倫談這件事，然後再回你電話。』隔天早晨，他打電話過來說：『不用擔心，華倫要你留著。』」

比爾．柴爾德的表現，讓華倫．巴菲特沒有理由質疑收購威利家具的決策誠屬明智。波克夏擁有了極為成功的家庭用品集團，包括奧馬哈的NFM、休士頓的星辰家具、麻州的喬登家具，公司營運持續興隆。事實上，柴爾德相信，身為這個集團的一份子，絕對具有正面效益。「這會產生許多增大綜效，」他說，「我們交換想法，經常聚會並造訪彼此的商店。我們保持聯絡，雖然沒有共同採購，但會一起前往亞洲、考慮聯合採購的可行性。」當他被問到是否希望波克夏繼續收購更多的家居產品與家具事業，現在已經成為事業夥伴的柴爾德表示，「這要由華倫決定，但我樂見其成。真正值得收購的適當對象並不多，可能還有幾家。」

柴爾德雖然說他目前的行事作為，無異於巴菲特收購之前，但他很快指出，「對於威利家具來說，波克夏當然是一種資產。」事實上，當被問到該公司具備的持久性競爭優勢，他把波克夏的支持考慮在內，此外還有該公司的採購力量、對於整體產業的知識、與製造廠家之間的關係，及其管理團隊。但他認為自己的公司對於波克夏也很有貢獻。「我們造成影響，」他說，但又補充，「我們具有不同凡響的潛能，而且還沒有展現最棒的部分。」

波克夏顯然有助於柴爾德擴張事業。由一九九五年企業合併，直到二〇〇〇年底的五年期間，該公司由原本的七家店面、一千三百個員工、年度銷貨金額二．五七億美金，增加為十一家店面、兩千位員工、年度銷貨金額四億美金。根據柴爾德估計，目前該公司的家具銷貨量約占猶他州整體市場的五十七％或五十八％，家具產品則占三〇～三十五％，電器產品約占三〇％。有趣的是，該公司最成功的發展，可能是首度擴展據點到猶他州之外——愛達荷的默里迪恩（Meridian，位在首府波夕隔鄰）。比爾．柴爾德對於開設這家新店面非常熱中，但華倫．巴菲特則心存疑惑，主要是因為威利家具的經營哲學存在某些不尋常因素。

如同巴菲特在一九九九年致波克夏股東信函解釋的，「比爾與其手下的多數經理人，他們信仰摩門教；基於這個緣故，威利家具週日休息。對於商場經營來說，這是相當特別的情況，對於絕大多數消費者來說，週日是最適合購物的日子。」這在猶他州或許不至於構成問題，因為當地居民有很高比例信仰摩門教，但巴菲特擔心這種「週日不營業的習慣，一旦延伸到新領域，恐怕很難和那些每週營業七天的當地對手競爭。雖說如此，」他表示，「這是比爾負責經營的事業，我對此雖然有所保留，但還是告訴他，請他信賴自己的商業判斷，還有宗教信仰。」

「比爾因此提出一項相當不尋常的提議，而且十分堅持：他將運用私人資本購買土地，興建商場——結果大約花費九百萬美金——商場如果經營成功，將按照成本賣給波克夏；反之，銷售狀況如果不符預期，完全由比爾自行承擔結果，波克夏不需支付半毛錢。如果發生後者的情況，當然會對比爾造成嚴重投資虧損。我告訴他，很感謝他的提議，但波克夏既然想要掌握上檔獲利潛能，自然也就要承擔下檔虧損風險。比爾說什麼都不答應，企業經營如果因為他的宗教信仰而失敗，他希望自己承擔後果。這家商場在八月底開幕，馬上獲得顯著成功。比爾按照承諾把商場轉移給我們——包括周遭額外的土地在內（因為商場經營成功，土地也大幅增值）——我開了一張支票給他，金額是他當初支付的成本。另外，比爾對於他因為這個案子而套牢兩年的資本，完全拒絕接受利息。」[3]

座落在波夕市的商場，距離威利的主要倉庫約三百五十英里，第一年的銷貨金額為五千萬美金，今年應該有六千萬美金——較柴爾德當初和巴菲特協定的「免談價格」三千萬美金高出一倍，它也成為愛達荷州規模最大的家具商場。回憶威利商場試營運一個月後，正式開幕的盛況，董事長到現在還津津樂道。巴菲特剪綵當時表示，「比爾提議要在波夕市設立商場當時，我不認為這是個好主意。但根據實際營運數據，我認為這確實是個好主意，所以這顯然應該是我的主意！」

「關於這件事，我們覺得很好玩，」柴爾德笑著說。「每當華倫聽到這家商場的業績傑出表現，他就會說：『嗯，比爾，我當然很高興沒有聽信你的勸阻！』巴菲特經常談到「他」的這個主意實在太棒了，所以這家商場應該取名為『巴菲特』商場。」

這個故事還有後續發展。由於波夕商場獲致重大成功，單是勞動節當天的銷貨金額就高達一百萬美金，比爾．柴爾德認為威利商場在外州開設第二家商場的時機已經成熟，而且他選擇內華達州的拉斯維加斯，這也是美國成長速度最快的都會區，距離鹽湖城倉庫大約四百二十五英里。每個月平均大約有八千人移居到內華達的克拉克郡（Clark County），成長最快速的社區是拉斯維加斯近郊的亨德森（Henderson）。亨德森也是比爾．柴爾德挑選開設下個商場的所在地。相較於愛達荷州，想要在賭城開設一家星期天不營業的商場，恐怕更難成功。零售家具產業分析家布里特．畢默（Britt Beemer）表示：「家具銷售活動有二十三%發生在星期天，大約占了四分之一。」可是，他補充，「這是全國性數據。對於拉斯維加斯來說，由於此地人們的工作時間不同，這項比率可能是三十五%。」

除了威利家具外，星期天不營業的全國性大型零售商，可能只有規模第三大的速食連鎖店

「福來雞」（Chick-Fil-A，全美約有一千個店面），但福來雞的店面，基本上都設立在大型購物商場的飲食區。這家速食店週日不營業，目的是讓員工能夠與家人相處，但該公司得以堅持這項原則，因為它不是公開上市公司。柴爾德的公司營運遵循其宗教信仰，而這也是威利家具能夠發展到目前狀況的根本；另外，該公司雖然隸屬於公開上市公司，實際營運卻彷彿是私人企業。

為了因應週日不營業的議題，柴爾德考慮延長拉斯維加斯商場的營業時間（鹽湖城商場的營業時間是到晚上十點）。[4] 這次的開店資本由波克夏海瑟威負擔，不是比爾・柴爾德個人。「我同意自行出資，」柴爾德說，「但華倫說：『不，我通常只習慣占別人一次便宜。』」

對於柴爾德來說，身為波克夏海瑟威家族的一份子，最大的好處就是能夠和華倫・巴菲特拉上關係。「我很樂意和他一起工作，」柴爾德說，「幫他工作就像是一桿進洞或美夢成真。就像是攀升到事業的巔峰。華倫是我心目中的英雄，我喜歡他的哲學、他的正直。我喜歡他和人們相處的方法。每次和他講話都是一種昇華，都有收穫。」當被問到波克夏是否他心目中的理想併購者，他坦然承認並補充，「這是因為華倫與其管理哲學的緣故。我們知道如果把公司賣給華倫，就能繼續經營公司，如果我們想要的話，就可以星期天不營業。只要能夠按照過去的方式繼續經營事業、做過去所做的事，我們就會很高興。如果是別人的話，勢必會發生很多變化，而且可能不會有正面效應。」

「華倫要聰明得多，」他補充，「雖然我試著在很多方面模仿他，至少我認為如此，尤其是經營哲學方面。但他的想法別出心裁，我雖然也試著如此，但我想他要棒得多。」他認為巴菲特的最大長處是「能夠合乎邏輯地評估整體狀況、調配資本、管理與鼓勵人員。」他補充，「他有鼓舞人心的方法。他如此信賴你，使得你不得不好好表現。」事實上，柴爾德認為他做事情的動力所在，是「挑戰，還有我不想讓華倫失望。」

即便如此，當被問到他經營事業的目的，是否是為了讓華倫感到驕傲，他說：「我們如果能夠繼續提升市占率與獲利率，如果持續成功，他會感到驕傲。我們希望他感到驕傲，但我認為我們所做的，更是為了滿足自己的成就感。」換言之，這種目標會同時讓華倫和他感到驕傲。柴爾德說，「事業合併後，我們所有人都更認真工作，感受更沉重的個人責任，更想要擴張事業。我們如果繼續保持為私人企業，我會說：『我們只想做自己正在做的，希望把工作做好、希望繼續成長，但不需如此過度延伸。』家人和我畢竟擁有絕大部分的股權，我弟弟薛爾登（出售事業後，他已經離開公司，回應教會的呼喚）擁有剩餘股權。我們現在已經成為波克夏的一部分，成為上市公司的一部分，我們對於波克夏股東負有責任。」

巴菲特對他的影響很大，但對他的想法影響最大的兩個人，分別是他的父親和岳父。「我父親是個很棒的人，」他說，「他非常正直、誠實、努力工作，而且很聰明，雖然沒有受過太多正規教育。他可能覺得自己受到限制。他的工作是務農，相當辛勞的行業，所以總認為自己能夠做的事情很有限。但我還是從他身上學到很多。」他也從「R. C.」身上學到很多，雖然學到的東西全然不同。柴爾德說，「R. C. 比較懂得享受人生。他有多少收入就花多少錢，手頭很鬆，相當慷慨。喜歡帶著家人上館子，喜歡幫別人的忙。我也從他身上學到很多。」

柴爾德從他岳父身上學到的東西，包括售貨的藝術、彈性與銷貨技巧，這方面知識對於他日後的發展很有幫助，那些對於商店服務感到滿意的顧客，為了省錢仍然願意長途跋涉。當問到他的經營方法有多少成分是藝術，有多少成分是科學，他說兩者大約相當。「我認為科學就是講究數據、分析，藝術則是直覺，而兩者都需要。我希望看到所有的數據，」他繼續說，「希望它們有用，但有時候你只能憑藉直覺。」舉例來說，關於拉斯維加斯新店面的規劃，他說自己的許多重要決策只能仰賴直覺，「拉斯維加斯是否是最適合開設店面的地方？」他問自己。「拉斯維加斯的店面規模應該設定為多大？如何經營？這些問題都沒有明確的答案。」

他認為有關於事業擴展的問題最難回答。「它們涉及最多未知數，如果我現在才開始的話，我會多思考這方面的問題，花更多時間擬定擴張計畫。這方面是我們早期營運的顯著缺失之一。當時，我們完全忙著銷售，根本沒有時間磨利鋸子，沒有時間停下來思考某些重要的問題，譬如『我們應該往哪裡走？怎麼做比較合理？』反之，我們只憑著直覺反應，立即採取行動。突然間，發現自己發展太快、倉庫不夠用、展示間不夠用。現在怎麼辦？只能再度擴張。」他歸納結論，「雖然還是成功了，但如果預先多做計畫，應該會做得更好。但預先規劃確實不容易，尤其是當一切都變動如此快速時，想要擬定長期計畫，真的很困難。」

但是有些問題，他覺得應該有明確而清楚的答案。舉例來說，當被問到他如何形容其經營與管理哲學，他立即說，「按照合乎倫理、生意人精神的方式經營，必須營造信賴、正直，還有顧客的價值。我們必須滿足顧客的需要，如果提供的服務不符合他們支付的價格，就需要改進。我們必須想辦法，我們所提供的產品與服務，價值必須超過他們支付的價格。」

柴爾德堅持的原則，在他剛接手家居用品事業初期，就面臨考驗，「剛開始的時候，我們銷售了四百多台洗衣機，」柴爾德回憶，「我們不知道機器設計有瑕疵，所以經過大約九個月的正常使用就需要修理。製造廠家不願承認產品有瑕疵，更不願在保固期過後負責修理。但顧客是相信我們而購買，預期機器能夠永遠正常使用，再加上我們當時手頭現金很緊，因此面臨兩難的局面。我們主張應該設身處地幫顧客想，因此決定免費幫顧客修理有問題的洗衣機，這讓公司犧牲了將近一年的利潤。」

四十五年後的一九九九年，威利家具公司聘用的產品擔保業者，在收到威利支付的十八萬美金續約支票後，無預警宣布倒閉。威利當然和該公司倒閉完全無關，更沒有義務對於該公司的產品擔保負責。雖說如此，柴爾德仍然許諾對於所有擔保的目前和未來修理負責，這項許諾最終讓公司付出一百四十萬美金的成本。「我們在法律上雖然沒有義務對這些產品擔保負責，但還是決定負責。」柴爾德當時如此表示，「我們之所以決定這麼做，是為了維持服務顧客的聲譽，這也是公司最重要的資產。正直是永恆的，適用於好時機，也適用於壞時機。對於員工、顧客、供應商與自己，我們永遠都必須誠實，所作所為必須值得信賴。」[5]

根據前述背景就不難理解，當被問到工作方面最討厭什麼事情時，柴爾德回答，「人們不誠實的行為讓我失望。」這似乎是他對於工作唯一覺得討厭的事情。事實上，工作就是他熱中的東西。「我每天都工作，」他說，「當然，除了週日。」他承認自己並不是早起的人，通常也不會在九點前進入辦公室，但他補充，「我通常工作得很晚，而且每天都會把工作帶回家。」另外，當他休假時，也經常忍不住工作。「我今年告訴華倫，」他最近說，「我打算休息兩個月，問他是否允許。他說：『當然，沒問題。雖然我不相信你辦得到，但沒問題。』結果我只休息兩個星期。」這段假期裡，他有一個星期待在夏威夷。「可是，我覺得坐立難安，」他說，「感謝老天，我還有行動電話可以和公司聯絡。這是本地申請的。我有五百分鐘時間，我把全部的時間都用掉了。」

雖然他在猶他州南部的聖喬治市（St. George）有間房子，但很少使用，他說，「我寧願待在家裡。我心目中的理想假期大約是一週，除了有關房子周遭的一些瑣事之外，什麼事也不做。」所謂的瑣事之一，就是運用少有的空閒時間閱讀。「我閱讀很多有關教會的書，」他說，「摩門教的書、聖經，但我也閱讀很多產業期刊，譬如《今日家具》（*Furniture Today*）、《家居用品》（*Home Furnishings*）、《頂點》（*High Points*）等。」另外，他也閱讀幾種一般商業或商業相關刊物。

他的另一項嗜好是慈善工作。出售威利家具的另一方面效益，就是讓他擁有更多的資金，使得家族可以運用於慈善用途。「我們私人每年捐獻的款項可能超過兩百萬美金，但都是透過威利家具公司進行，我不要虛名。」他補充，「默默行善才能受到祝福。」他的慈善捐款對象，包括醫院、無家可歸青少年中心，還有——尤其是——教育單位。他和妻子都是猶他大學畢業的校友，小孩子大多就讀楊百翰大學（Brigham Young University）。因此他經常捐款給這兩所大學，還有韋伯州立大學（Weber State University），以及威斯敏斯特學院（Westminster College）。事實上，他們夫妻兩人還贊助猶他大學的兩個教職：神經放射學的R. C.威利講座，以及威廉&派翠西亞的健康科學講座。

至於他的一般性展望，柴爾德說，「很樂觀。我的展望永遠樂觀。我永遠嘗試把事情——甚至是問題——看成挑戰與機會。」雖然有些挑戰是他永遠沒辦法應付的。「我希望年輕二十歲，」他說，「因為我有太多事情等著要做。但我不可能有時間做完所有想做的事情。我想學習某種外國語、想回到學校學習、想寫一本書，但我永遠不可能有足夠的時間做我所想做的每件事。」

他至少還必須因應另一項挑戰，時間可能在未來兩、三年左右。根據習慣，當巴菲特收購柴爾德的公司後，他招待這位新任的旗下CEO在喬治亞著名的奧古斯塔高爾夫球俱樂部

（Augusta National）打了一場球。柴爾德樂不可支，詢問如何才能再度受邀來此。巴菲特承諾，威利家具的年度營業收入只要來到十億美金，就能再造訪這座舉辦美國高爾夫球名人賽的球場。柴爾德接受這項挑戰，而且也有充分意圖讓巴菲特遵守其承諾。

為了辦到這點，柴爾德必須讓公司營運保持在目前的正軌，這當然也是他打算做的。「我認為家具用品行業的前景樂觀，」他說，「雖然必須做些改變。製造廠家必須改變它們的營運方法，因為美國製造某些產品的勞工成本太高。很多產品可能都必須移往海外生產。那些不能前往海外生產的零售商，它們在競爭上將處於劣勢。想要成功地進口商品，零售商需要具備某種程度的規模、動能、專業、資本、大量採購能力，以及處理相關業務的基本條件。整個發展趨勢有利於威利家具，因為我們擁有足夠的潛能。此處存在明確的成長機會，我想我們擁有充分條件運用這些機會。」

至於他自己的未來，現年六十九歲的柴爾德說，「只要我仍然健康，只要我覺得自己還能做出顯著貢獻，只要我還能學習、進步，我就希望能夠繼續留在這裡。」柴爾德覺得有必要挑選繼承的管理團隊，讓他們有充分機會接受他的知識與經驗。雖然還沒有立即退休的打算，但他最近指派姪女婿史考特・海馬斯（Scott Hymas）擔任執行長，姪子傑夫・柴爾德（Jeff Child）擔任總裁。這家公司基本上還是由家族控制。比爾的兒子史帝夫（Steve）擔任執行副總裁，負責商品販售，同時也擔任公司董事。他把自己晉升為董事長，並且開玩笑說，「我現在每週可能只需要工作四十小時了。」

至於進入事業工作的其他孩子，「我覺得最小的兒子很不錯，」柴爾德說，「但他還不確定自己要朝哪個方向發展。他擁有大好機會，也具備所有的條件。」柴爾德第一任妻子達琳在三十六年前過世，留給比爾四個小孩。一九六六年，他和現任妻子派翠西亞結婚，兩人又有四個小孩，現在都已經成年。他承認，就教導小孩有關家族事業方面，「我沒有做好身為父親的工作，我不認為我讓他們留下好印象，因為我的工作時間很長，」他說，「我不認為這些小孩有哪一個對於家庭事業很有興趣。史帝夫還算不錯，但除了另一個女兒塔米（Tammy）之外——現在是四個小孩的年輕母親，其他人都缺乏我具有的熱情。」

柴爾德談到他如何挑選繼任者，以及對於這方面程序的看法。首先，他「尋找某個具備所有條件的人，他必須能夠做我所做的每件事情，甚至做得比我還好。我發現三個這樣的人選。然後，我寫了一封信給我手下的每位經理人：『我想挑選執行長人選。假定我明天就離開，你認為誰最適合領導公司？請挑選三個你認為最適當的人選。』結果實在相當神奇。我認為最適當的三個人都入選了。而且我的第一號人選，雖然我認為還不夠堅強，卻深受每個人尊敬。」

柴爾德瞭解，挑選繼任人選是他的最主要職責之一。「我有責任這麼做，」他說，雖然他也知道「這也需要華倫的祝福。但我希望我能明智地挑選，讓事業能夠持續成長、進步。我相信這也是華倫想要的。」雖然他深信，「想要成為企業執行長，他必須得到整個管理團隊的擁護，」他也相信，「你一旦把執行長的衣缽和職責交到他們手中，他們就會成為另外一個人。我相信史考特能夠應付自如。這也是我自己經過的歷程。我們擁有最棒的管理團隊，而且我預期還能待上二十年，可以監控、訓練、教導、忠告他們，協助確保公司營運穩定，擁有光明的未來。」

至於波克夏海瑟威的未來，柴爾德相信華倫・巴菲特並沒有擬妥明確的整體發展藍圖，他對於所有機會始終都保持開放的態度。他相信，不論巴菲特是否繼續掌舵，這家企業都將繼續成長。雖然他還是擔心繼任者接手巴菲特的過渡期間。什麼可以舒緩他對於過渡期間的憂慮呢？「華倫的健康狀態，我希望他還能待得夠久，起碼要像我一樣。」當被問到巴菲特離開後，波克夏可能會如何演變的問題，他說，「我猜這完全取決於新的經營者。我希望情況維持不變。我希望繼續按照目前的方式運作，如果接手的人繼續遵循華倫的管理哲學，我認為就會如此。就我對於華倫的瞭解，我相信他已經挑選了繼任人選，也安排了接替計畫，他們將會繼續遵循他的投資價值和原理。」

另外，任何人如果擔心波克夏海瑟威，或威利家庭用品商場的未來發展，當他們聽到比爾・柴爾德對於他想讓波克夏股東們對他瞭解什麼，或許就會覺得舒坦得多。「我希望他們瞭解，」他說，「我們會盡力而為，盡自己最大的努力，除非我們能夠提供最佳的表現，否則就不會感到滿意。我希望他們知道，我們非常在意他們的信賴，而且也瞭解自己的職責所在。我希望他們知道，我們如果犯錯，那將是誠實的錯誤，而且我們所做的任何事情，目的都在維繫他們的最大利益。」

**比爾．柴爾德的經營宗旨**

■ 正直是神聖的。顧客認同的聲譽對我們來說非常重要。凡是我們擔保的免費服務，我們就一定會提供。如果提供擔保服務的契約承包商倒閉，威利家具也會提供所有許諾的服務，即使在法律上並沒有履行義務。

■ 較顧客預期的提供更多。提供額外的服務或價值，才能讓顧客保持忠誠。

■ 擬定事業決策時，觀察財務數據雖然重要，但有時候必須相信直覺。

# 人生夥伴：梅爾文・沃夫

## 星辰家具公司

梅爾文・沃夫把星辰家具（Star Furniture）賣給華倫・巴菲特之後不久，他收到一封六呎寬、四呎長的巨型電報，上面寫著：

梅爾文……，我對於我們結合的熱忱程度，使得這封電報變得渺小。你人生的夥伴

華倫敬上

身處休士頓公司總部二樓角落的傳統辦公室，沃夫是個極其坦率的人，他有顆非常好奇而講究邏輯的心靈，當他向你提出問題時，你將受到挑戰，而且必須謹慎思考自己的信念。梅爾文瞭解自己的事業與競爭同業，而且對於波克夏的瞭解程度也超過多數人。如同波克夏旗下其他四個家具零售商一樣，他是奈特傑的忠實顧客，也如同他的老闆一樣，他是狂熱讀者。

就像絕大多數巴菲特旗下的CEO，梅爾文謙虛而大方。他全身充滿精力，很容易被誤會為更年輕的人。他對於星辰家具與波克夏海瑟威經營的事業充滿熱情。

星辰家具執行長梅爾文・沃夫雖然不是自己敘述這段故事，但華倫・巴菲特毫不猶豫這麼做了。他對股東們談到沃夫和他的妹妹雪莉・沃夫・屠明（Shirley Wolff Toomim），有關他們的公司在一九九七年買給波克夏海瑟威的經過，巴菲特寫道，「當他們告訴公司同事有關這筆買賣，同時宣布星辰家具將發放特殊獎金給那些協助公司成功的人——這些人包括公司的所有員工。根據我們的交易條件，」巴菲特強調，「這些準備發放給員工的錢，都是屬於梅爾文和雪莉私人的財產，不是我們的。查理和我都很高興能夠和這樣的人成為事業夥伴。」[1] 事實上，這筆款項——按照服務年資發放給每個人，每年為一千美金——總計為一百六十萬美金。但梅爾文長久以來的行為——如同巴菲特形容的——「就是如此」。

一九三一年，出生在德州休士頓，沃夫就讀當地高中，後來前往密蘇里就讀軍事學校。原本計畫從事法律工作，因此就讀德州大學奧斯丁分校，但第一年即將結束前，他父親病重。「我父親擁有星辰家具半數股權，而另一位合夥人有四位家族成員積極參與事業經營，」他回憶，「於是我問他：『你是否要我回家，幫忙照顧生意和你的權益，直到你恢復健康？』他說不想中斷我的課業，但我告訴他，我可以回家待一年，這段期間到休士頓大學讀夜間部，所以課業不會中斷。這也是我實際上做的。經過一陣子後，父親身體稍微恢復，每天可以在店裡待上一、兩個鐘頭，」他補充，「所以他可以指導我們，監督我們的營運。可是，他的身體從來沒有恢復到完全健康而能整天工作的程度。另外，我似乎是天生從事家具生意的好手，我後來再也沒有回到德州大學。」

一九五〇年，當沃夫加入星辰家具事業時，這家公司已經有將近四十年歷史。一九一二年，路易絲・蓋茲（Louis Getz）與艾克・佛雷曼（Ike Freeman）在休士頓市中心經營雜貨店，但很快發現顧客經常搬舊家具來抵付帳款。他們的第一家舊家具商店是開在一棟三層樓建築的一樓，二樓和三樓則是——如同沃夫形容的——「一家聲譽有問題的旅館。父親告訴我，樓上的人常說，他們在市中心經營的妓女戶樓下，是一家聲譽有問題的家具店。」沃夫的父親波里斯（Boris）在一九一八年從蘇俄移民來美國，當時身無分文，也不會說英文。到了一九二四年，他存了一些錢，並買下家具店的部分股權。「在我們能夠瞭解的範圍內，」他兒子說，「他大概花了一千兩百或一千五百美金買下家具店的四分之一股權。」除了他父親之外，何瓦斯（S.N. Hovas）也買下四分之一股權；所以到了一九二〇年代中期，總共有四個家族參與這家公司的經營。

這個時候，這家商店已經成為「家具街」的主角。所謂的「家具街」大約占了休士頓市中心的兩個半街區，總共有十一家商店，全部都和星辰家具一樣，販售分期付款的低價家具。星辰家具的業主——原來和新加入者——運用何瓦斯和沃夫入股的資金，當作頭期款而買下整棟三層樓，全部做為販售家具的商場。沃夫說，「這也讓他們有能力和家具街的其他業者競爭。取得整棟三層樓的賣場，是他們經營事業的轉捩點，讓公司得以步上正途。」這個正途實際上相當成功，也讓合夥人得以開設新的店面。

一九二九年股票市場崩盤，以及隨後的經濟大蕭條，讓公司經營受到嚴重打擊。雖然遭受挫折，沃夫說，「他們向員工承諾絕對不會裁撤任何人，實際上也從來沒有。他們採取的行動，首先是凍結，然後是減薪──包括合夥人自己的薪水在內。他們也向員工們保證會團結在這裡，要不然就是大家一起倒。當然，」沃夫補充，「如果有人離開公司，就不會補充人員。老闆會自己頂上去，每個人分攤更多工作。但他們畢竟挺過來了。到了一九三五年，情況慢慢好轉。」大約過了五年，又爆發第二次世界大戰，公司經營再度陷入困境。

到了一九四三年，公司營運顯然不可能支撐四個家庭。這時，公司創辦人之一艾克．佛雷曼早就過世了，所以波里斯．沃夫和路易絲．蓋茲女士收購了何瓦斯的股權，後者則另外創立家具店。等到波里斯的兒子梅爾文在一九五〇年參與星辰家具商店經營，公司已經擁有六家店面，但廚子人數似乎太多了。年輕的沃夫記得：「兩個家族總共有七個人參與商店經營，某個家族有四個人，另一個家族有三個人。合夥人之間經常耍手段。」一九六二年，波里斯．沃夫和路易絲．蓋茲在兩個星期內相繼過世，完全沒有預警，也沒有安排繼任人選。公司的五個第二代合夥人，必須決定究竟怎麼走下去。

沃夫說，「這些人當中，我的年紀最輕，但我最終還是讓他們推選我成為總經理，由我負責經營公司。當時，我還不清楚公司的財務狀況不太好。過去三年裡，我們有兩年小賺，有一年大賠，所以整體還是賠錢。我們負擔相當多債務，公司淨值為負數，更糟者，還面臨一家占有顯著優勢的競爭對手……規模是我們的二十倍，他們做起廣告來，絕非星辰家具堪與匹敵，而且也有能力阻止我們取得所需要的家具。我們自行回收應收帳款，並且向銀行取得融通貸款。「但我們不認識放款銀行的經辦人。公司原本由我父親負責和銀行打交道，其他人根本不認識銀行經辦人。所以父親葬禮過後的一週，我穿起僅有的一套西裝，打上領帶，走進銀行，向銀行經辦人自我介紹。他看起來像是古代人，雖然年齡和我相仿。」

「葛利爾先生，」我說，「我來這裡是想告訴你，我們欠你的錢絕對不會有問題。我被推選為公司總經理，將來都由我和你聯絡。我得到公司其他成員的全力支持，公司會繼續經營，我來拜訪你，只是向你自我介紹，而且保證我父親過世絕對不會造成任何改變。」我又說，「我今天過來只是讓我們彼此認識，過幾天我還會再來，想和你談談有關我們的信用額度問題，我希望信用額度能夠提高，因為公司營運確實需要資金周轉。」

「他對我說：『小伙子，很高興認識你，也很高興你來拜訪我們。但你下次來的時候，我們不會和你談論提高信用額度的問題。我希望你提出一份償債計畫，說明你準備如何清償積欠銀行的債務。你的貸款額度已經達到銀行允許放貸的法定高限，所以我希望你提出計畫，說明如何減少貸款。』這就是我踏進生意圈所上的第一課，現實的生意圈。在此之前，我只關心如何販售商品，不太在意財務問題。離開銀行走回辦公室途中，我的雙腳顯得相當沈重。」

他聯絡了休士頓地區所有銀行，但始終無法幫公司取得另外的貸款。後來，某位家庭朋友介紹了紐約地區的某銀行，對方同意提供沃夫想要的貸款，令他覺得相當意外。「但他並沒有直接開張支票給我，」沃夫回憶，「他告訴我，我必須做幾件事。首先，我必須取得八大會計師事務所之一簽證的財務報表。我說：『貝克先生，我知道你需要會計師簽證的財務報表，但為什麼要指定八大會計師事務所呢？他們的費用很貴。』他說：『梅爾文，就我瞭解，你的會計師可能是你的小舅子。』聽到他這麼說，我忍不住大笑，他問我笑什麼。我看著他說：『我的會計師確實就是我的小舅子。』」

取得挹注的資金後，沃夫擬定新的事業經營計畫，改變公司營運方針。新計畫相當積極，涉及高度風險。事實上，所涉及的風險程度，已經超出其他合夥人能夠接受的程度。所以沃夫另外擬定一套計畫，準備向其他合夥人買回剩餘五〇%的股權。這套計畫需要出售市中心的店面與另一家商店。運用前述價款，再按照垃圾債券利率發行長期票據，支付給出售股權的合夥人。整筆交易進行得相當順利，也很友善。

其次，沃夫承租了一間大型的倉庫與展示間，這原本是史塔公司主要競爭對手棄置不用的資產。接著，梅爾文說服他妹妹雪莉．屠明放棄原本經營的室內裝潢事業，加入他的家具公司。同時公司的經營策略也做了調整，放棄原本分期付款販售廉價家具的生意。雪莉開始負責店面設計與陳列，根據她哥哥的說法，「所有和美學有關的一切。」另一方面，沃夫則負責事業經營與策略規劃。整個制度安排進行得相當順利，甚至維持到目前為止。沃夫後來表示，他和妹妹之間的合作無間，是事業得以成功的主要關鍵。

在沃夫和屠明的領導下，公司業務蒸蒸日上。一九九七年，他們擁有九家店面——七家在休士頓，一家在奧斯丁，一家在布萊恩（Bryan）——年度營業收入約一・一億美金。但他們兩人的年齡都已經六十好幾，雖然都還沒有退休打算，但擔心所經營的事業在他們過世後的聯邦遺產稅處理問題。沃夫曾經和所羅門兄弟公司（Salomon Brothers）聯絡，徵求他們的意見，看是要讓公司掛牌上市，或尋求買主，或者暫時按兵不動。[2]

另一方面，華倫・巴菲特早就等在一旁，隨時準備伺機而動，只是沃夫和屠明並不知道而已。如同巴菲特日後向波克夏股東說的，「一九八三年收購NFM……布朗金家族告訴我，美國其他地區還有三家傑出的家具零售商。但當時這三家業者都沒有出售的意圖。經過多年後，艾爾文・布朗金得知威利家具——布朗金推薦的三家業者之一——執行長比爾・柴爾德有意出售事業，我們立即採取行動（與該公司完成收購交易）。另外，」巴菲特繼續說，「關於值得收購的家具業者，我們徵求比爾的意見時，他推薦的兩家業者剛好也是布朗金家族所挑選的對象，其中之一是休士頓的星辰家具。但隨著時間經過，這兩家業者都沒有出售的跡象。」

「就在去年舉辦年度大會的前一個週四，所羅門兄弟公司的鮑伯・鄧哈姆（Bob Denham，當時公司的董事長）告訴我，星辰家具的執行長梅爾文・沃夫，也是長期的控股業主想要談收購問題。在我們的邀請下，梅爾文前來奧馬哈進行商議，對於波克夏表達肯定的看法。我同時也研究星辰家具的財務報表，很滿意自己所看到的資料。幾天後，梅爾文和我在紐約碰頭，在一次大約耗費兩小時的會議中，我們敲定交易。如同和布朗金、比爾・柴爾德進行交易的情況一樣，我不需要查核租賃與員工就業契約等。我知道我是和一位正直的人打交道，這就夠了。」[3]

沃夫認為巴菲特之所以會對他的公司感到興趣，完全是因為布朗金和柴爾德推薦的緣故。「否則的話，」他說，「我們的規模實在太小而不值得他考慮。但他看待我們，也具有一項優勢，因為他也經營家具事業，所以瞭解家具產業，不需另外想辦法汲取這方面的資訊和知識，他可以研究我們的財務報表，直接和他已經擁有的兩個家具事業做比較，看看我們的表現如何。我們的規模顯然小於他的另外兩家事業，」他強調，「小於他會考慮的任何其他事業。」

星辰家具的規模之所以會小於某些零售商，是因為該公司只販售家具，而且鎖定中、高所得的顧客層。NFM與威利家具商場都同時販售家居用品、電器與地板材料等。雖說如此，巴菲特之所以收購沃夫的公司，也說明了對象只要恰當——經營者正確，而且經過適當推薦（尤其是同業推薦）——即使盈餘與營運規模不符合目標水準，巴菲特仍然願意收購。

從沃夫和屠明的立場來看，星辰家具賣給波克夏有幾項好處。巴菲特是以股票支付價款——雖然十分不情願——而不是現金。「遺產稅大約占資產淨值的五五%，」沃夫說，「當我們過世後，為了支付遺產稅，顯然必須賣掉公司。我們花了一輩子工夫建立這家公司，很多員工的生計需要仰賴它提供所得，因此我們希望公司能夠持續生存。當我們走了，這家公司如果也必須跟著我們走掉，那實在太不公平了。為了避免發生這種事情，我們必須預作安排、移除障礙。賣掉公司而換取股票，意味著當我們過世後，不會有稅務上的問題，至少就公司而言是如此，所以這家公司不會受到影響。否則的話，」他說，「公司就不復存在了。公司必須被賣掉，而且買方通常會採用槓桿收購手段，使得公司承擔龐大的債務。」因此沃夫對於這項併購安排很滿意。「遺產規劃需要大量的流動性，」他當時表示，「這筆交易提供了必要的流動性，同時又讓我們得以參與某個我們非常樂意參與的團體。相信這是以公司名義結合而成的最理想組織。」

事實上，沃夫在實際遇上華倫・巴菲特之前，就對他有深刻印象。所羅門兄弟的鮑伯・鄧哈姆是沃夫的德州老鄉，兩人關係匪淺。「鮑伯參與初步的協商，」沃夫說，「他打電話給我說：『華倫希望看你們最近三年的財務報表。我可以給他嗎？』我告訴他，沒問題，經過大約三個鐘頭後，他又打電話過來說：『華倫對於你的財務報表有些疑問，我可以問幾個問題嗎？』我說：『當然，』然後他說：『一九九四年報表的最後，簽證會計師在注腳寫著，你的損益表按照七八法則（rule of 78）配置貸款的利息費用，遞延承認貸款的利息費用，但一九九六年的財務報表，簽證會計師在相同場合則改變用詞。華倫想知道，用詞不同是否代表什麼重要意義？』聽了之後，我幾乎從椅子上跌下來，」沃夫說，「你認為有多少人會如此認真閱讀財務報表的注腳，然後還會對照兩年後的財務報表，記得兩者之間的用詞不同？事實上，兩處的意思並沒有什麼不同，只是用詞不一樣而已。這實在是不可思議的用心與不可思議的記憶力。」

關於沃夫和巴菲特的協議，買賣條件並沒有公開。星辰家具的收購條件，如果和NFM或威利家具一樣，則巴菲特應該買下八〇～九〇％的股權，交易價格則取決於當時的年度銷貨金額。正常情況下，經營家族應該會保留一〇～二〇％股權做為繼續經營的動機。

幾乎和所有把事業賣給波克夏海瑟威的人們一樣，沃夫之所以樂意這麼做，主要理由之一是因為巴菲特不會介入事業經營。「當他來到這裡……，」沃夫說，「向員工們宣布這項併購案，有人問他，波克夏總部會派遣多少人過來。他解釋：『我只有十一個人，而且還包括接待員和秘書在內。所以，我不會派遣任何人過來！』」

「相較於公司被收購前，經營者目前的責任完全相同，」沃夫說，「所以公司結構如果有任何差別的話，實際上都是發生在我們心裡。」5

沃夫認為，這種安排有助於公司持續成長。「由於華倫完全沒有干涉經營，」他說，「我們的管理團隊不覺得自己是在幫波克夏工作。他們認為是在幫星辰家具打拚，這是他們的工作重心所在。他們不用擔心通用再保險的經營狀況，也不用擔心冰雪皇后的營運績效或其他等等。

他們每天都全心投入公司的進步。」但他瞭解有些東西會改變。「我們做的事情當然會有所改變，」他說，「這些都是我們即使沒有賣給波克夏也同樣會做的。如果每天都沒有變化，我們就跟不上這個世界的步調。」總之，不論他們做了什麼，結果顯然都不錯。沃夫說，「華倫在一九九七年收購公司當時，我們的年度銷貨金額剛剛突破一億美金。到了二〇〇〇年，這個數據已經逼近兩億美金，所以三年內，我們的業績翻了一倍。」

星辰家具經過家族第一代的五十年努力，才創下銷貨金額一百萬美金的事業成就。沃夫與屠明代表的家族第二代，經過三十五年的打拚，才讓事業由最初的負數淨資產，成長為銷貨金額擴大一百倍的一億美金。然後，在波克夏旗下，銷貨在短短三年內翻升為兩億美金。

但沃夫認為成為波克夏家具集團的一份子，對於史塔公司並沒有產生顯著的影響。「我們會交換消息，」他說，「我們非常尊敬其他三家公司——NFM、威利家具與喬登家具——所以當我碰到問題，我會很快就打電話給他們之中的某人問：『所以你會怎麼處理？』我們很樂意分享這方面的資訊。可是，除此之外，」他補充，「我們看不出有什麼顯著的增大綜效（synergy）。」事實上，他們發現最顯著的綜效，往往是來自外部的慫恿，而不是家具集團內部。「有些廠家會跑來找我們說：『如果你們整合起來這麼做，而我們那麼做，』就會產生不錯的效果。可是，大概就是這樣了。」

他也指出，「華倫多少已經清楚對我們表示，他並不期待綜效。除了華倫之外，多數人都會說：『好了，各位，四家公司顯然不需要各自有首席財務長，所以你們好好商量，看由誰來擔任首席財務長最適當，然後開除其餘三個人。』但華倫完全不這麼想。事實上，」沃夫說，「華倫的說法剛好相反。他說：『我收購四家獨立而管理完善的家具公司；你們不要搞砸了。你們只要繼續按照過去的方式經營。我不反對你們經常聚在一起，或者相親相愛。可是，千萬不要因為我的緣故而去尋找綜效。』」

沃夫直言不諱地讚美巴菲特。關於他的老闆，他認為，最棒的是「如果華倫．巴菲特對你有信心而願意收購你的公司，他就有足夠的信心讓你繼續經營。而且，」他補充，「他擁有足夠的財力，可以支持你做任何想做的事，只要他認為可行的話。」當被問到他認為替巴菲特工作，最棒的事情是什麼，他只說，「就是華倫。」進一步追究明確細節，他才補充，「你知道的，當你問他某個問題，他不會給你簡短的回答，而是完整的建議。」

巴菲特也同樣高興有機會和梅爾文．沃夫共事，所以邀請他參加一九九八年一月三一日在「苜蓿草俱樂部」（Alfalfa Club）舉辦的晚宴。正常情況下，華倫會邀請新加入其集團的事業營運經理人，和比爾．蓋茲、傑克．威爾許等人一起到奧古斯塔高爾夫球俱樂部（Augusta National）打一場球。由於沃夫不打高爾夫球，所以巴菲特邀請他共赴這場企業、政府、軍事與司法等各方面領袖聚會的晚宴。

受邀參與這類盛事，顯然只是幫華倫．巴菲特工作的好處之一。對於沃夫來說，另一樁好處必定是他們之間擁有相似的管理哲學。舉例來說，談到他對於史塔公司未來的發展計畫，沃夫表示，他期待事業成長的動力來自於公司內部，而不是併購其他公司。雖然他知道巴菲特領導下的波克夏，其成長力量有一方面是來自收購其他事業，但他指出，「文化是一種沒辦法轉移的東西。我不認為外界有很多公司和我們有類似的文化……。我可不想因為收購其他事業，然後要費盡心思去改變他們的企業文化。我寧可仰賴自己公司內部慢慢成長，而不要去改變別人的公司。」他相信，這也是巴菲特的原則。「我想，這就是為什麼他不會去改變他所收購公司的文化。」

沃夫相信，對於公司的成功經營來說，他與其管理團隊在星辰家具所創造的文化，絕對是最重要的因素之一，而且也是他們費心維持的因素。「每當我們招募新員工，」他回憶說，「公司介紹都會先從使命宣言開始：關懷同事，合作無間，運用無與倫比的服務，提供感受得到的價值，創造顧客至上的文化。然後分析每句話，」他補充。「關懷同事是說我們彼此關懷，關心顧客，這是身為員工的職責，也是我們公司的文化傳承；合作無間說明我們不希望員工們各自占據地盤，公司員工代表整個工作團隊；運用無與倫比的服務意味著我們永遠希望突破成規，不只是繼續做過去所做的或每個人所做的；提供感受得到的價值，是務必讓顧客相信我們所販售的東西，確實具有價值；創造顧客至上的文化代表我們要把顧客的需要，擺在我們的利益前。」

史塔公司完成前述任務的方法之一，沃夫說，「是講究橫向整合。我們的家具不是自己製造的，但除此之外的每件事，都是在公司內部完成。多數企業，」他解釋，「會把產品運送外包給外部合約商，售後服務也給外部合約商，帳戶也交給外部公司處理。但我們自行運送產品、提供外部服務、處理顧客帳戶信用、自己做廣告。我們控制所有的一切，所有的事情都由公司內部負責。」如同史塔公司總經理馬克・史賴柏（Mark Schreiber）說的，「我們認為，一旦把顧客交給別人處理，就不能控制銷售與售後服務。所以這是一種投資，我們和製造廠家之間維持密切的關係，因此能夠確定顧客受到妥善照顧。」因此，沃夫補充，「如果有什麼事情做得不夠完善，我們不能怪別人，只能怪自己。」[6]

梅爾文・沃夫說他的熱情所在，就是他經營的事業，這點或許不足為奇。當被問到他如果沒有從事家具事業，會想要從事那個行業，他的答案就相當奇怪了。「我會成為律師，」他強調，「這點毫無疑問。或許不是以賺錢為目的——我可能會專攻刑事訴訟或類似的領域。在法庭上的攻防讓我深深著迷，而不是坐在辦公室裡研究房地產文件。」雖說如此，他還是認為目前從事的商品販售事業是最有趣的。「這始終是我的最愛，」他說，「看著一套計畫從頭到尾的發展過程：挑選商品、適當地採購、引進賣場、適當地陳列、設計廣告、把顧客吸引進入賣場、訂定得以促銷的適當價格，然後看著商品賣出。目睹所有這一切發生，實在是一種享受。這是最令我滿足的事情。」隨後他又補充，「我也喜歡看到業績報告、財務報表，優異的績效讓我興奮。」

當被問到什麼技巧有助於創造前述優異績效，他說，「我不確定自己知道怎麼回答這個問題。我擅長分析，我的長處就是具備分析能力而足以處理任何事情，知道什麼時候我不勝任而需要聽取別人的建議，知道去哪裡找到這些建議，這是我的長處所在，不試圖無所不能。」談到自己最大的特色，他覺得更難回答。「這種事情要問別人才合適，」他說。當被問到他妻子會怎麼說，他回答，「對於這方面的問題，我的妻子希微雅（Cyvia）永遠不會老實說，她會誇獎我有多好，通常都不願指出我的缺點。」他把她形容為最划算的一筆交易。

關於沃夫的成功，不論其來源是什麼，顯然和個人的金錢利益之間沒有顯著關係，至少目前是如此。「我已經不再為了金錢而工作，」他說。「事實上，我必須提醒自己，這已經不是我的公司，我不再為了幫自己或家人賺錢而工作。因為我真的不再如此。當我把持有的公司股份交換為華倫・巴菲特的公司股票，我所承擔的責任已經完全不同，我必須對波克夏股東負責。當然，我們對於波克夏的獲利貢獻微不足道，因此有人會問我，為什麼還要如此認真工作。但你一旦為了某種最根本的東西而奮鬥，就會變得身不由己，無法改變。」所以當被問到他如何界定「成功」的意義，他的答案也就不足為奇了。他說，「我想，成績單上應該顯示快樂程度。我認為自己是個快樂的人，我對自己的一切感到滿意，我和某個奇妙的女人保持美好的關係、我有很多朋友、我有相當令自己滿意的事業，這就是我對於成功的定義。」

有一點不同於波克夏絕大部分的營業經理人，沃夫很喜歡外出旅遊。「我們曾經旅行到許多神奇的地方，」他說，包括兩次的非洲狩獵攝影之旅。「但我還有很多地方不曾去過，」他說，「我們從來沒有去過新加坡與吉隆坡及其附近地區，我希望很快有機會能夠造訪這些地方。」如同其他波克夏經理人，沃夫也相當熱中慈善工作。「我們設立了家族基金會，分為六個領域：教育、宗教、健康、藝術、弱勢團體，還有一個叫做『所有其他』的部分。我們設立了諮詢委員會負責提供對象與金額方面的建議，但我們擁有最終決策權，雖然從來不曾回絕他們的推薦。基金會的結構如此安排，所以當我們走了之後，委員會仍然存在。」

除了針對家族基金會預作安排之外，沃夫也考慮到，將來當他無法繼續經營公司時的可能發展。他目前六十九歲，但還沒有退休的打算。「我的退休計畫，」他說，「主要是取決於我的健康狀況，而不是意願。我計畫繼續積極參與公司事務，直到無能為力為止。我目前是公司的董事長，也是執行長，但我預計不久後放下執行長職務，轉而擔任顧問或啦啦隊的工作，這也是我說自己不會退休的理由。」他也不認為沃夫家族的下一代可能會接手經營公司。他妹妹雪莉的兩個小孩積極參與公司事務；有一位擔任教育總監，另一位擔任管理資訊系統副總裁。他們兩人都無意經營公司。「除此之外，公司裡就沒有沃夫家族的人了，」他說。「我的兒子曾經在公司待了一陣子，但他不喜歡，我也不想勉強他。我在家裡儘可能不談公司的事情，我想讓公私分明，不在家裡談公事，除非事情涉及家人。」

關於未來發展，他期待公司將變成最頂尖的家具業者——雖然未必是規模最大者——而活躍於市場領域，他也會盡一切所能朝這個目標前進。另外，他預期家居產品市場將出現重大變革。「我預料將來會出現更大規模的整合，」他說，「業者將愈來愈仰賴全球採購，對於美國境內的製造業者將構成沈重壓力。整個產業將相當仰賴進口，所以製造部門勢必進行許多整合，零售部門的情況也是如此。整個發展將呈現適者生存，」他補充。「對於變革抱持著開放態度的業者才能繼續生存；抗拒變革者，將被淘汰。」

但他並不認為這些即將展開的整合活動，將造成產業內的品類殺手（category killers，廉價大賣場）。「類似如家得寶（Home Depot）或巴諾書店（Barnes & Noble）之流的成功業者，」他說，「不可能發生在這個行業，因為那些是一般類種行業。換言之，如果你想販售鎚子，其中沒有太大的學問；如果想販售沙發，情況就不同了。對於沙發，每個顧客幾乎都有不同的期待。『你想實現這些期待嗎？你想把沙發放到我家嗎？你打算什麼時候這麼做？我需要支付多少錢？你願意提供融通資金嗎？可以提供多久？』這方面的類似問題實在太多了。我們經營的事業太過個人化，想要正確拿捏，將取決於經營者，也取決於管理團隊。如同一般類種業者一樣，我們每次也是取得大批貨物，」他繼續說，「但我們是一件件賣給不同顧客，而這是一般類別業者辦不到的。」

基於相同理由，他也不認為網路家具業者將對於家庭用品產業造成顯著衝擊。「那些嘗試在網路上銷售家具的業者，」沃夫說，「發生數以億計的損失，多數都破產倒閉。網路並不適合從事直接銷售。這個產業之所以特別的所有因素，都沒有辦法透過網路複製。銷售家具需要個別照顧每個顧客，而你沒辦法在網路上辦到這點。首先，消費者通常希望在實體商店看到實際商品，一般人不願意看著網路的圖片，就決定購買價值三千美金的家具。他們搞不清楚某件家具的實際感覺究竟如何。即使顧客已經購買，家具也交貨了，還是可能出現各種差錯。只要發生差錯，就有可能退貨。對於很多家具來說，退貨是個大工程。我們有整個部門販售高級家具，試圖在正確情況下搬運到顧客家中，但網路辦不到這點。至少目前還不能。我不知道明天的情況如何，但今天就是不行。」

沃夫確實相信，對於這個產業來說，其他形式的科技可能是重要工具。「家具行業的毛利太低，」他說，「想要提升毛利，唯一辦法就是壓低成本。就目前情況來說，實在很難賺錢。想要贏得這場戰爭，你的產品必須壓到最低成本。科技如果能夠壓低成本，價格就能夠下降，爭取較高的市場占有率以及事業成長。但你如果忽略科技，讓可以運用電子設備取代的功能，仍然仰賴人工操作，你的成本就會相對提高，也會輸掉這場戰爭。事實就是這麼簡單。」這也反映了沃夫的經營哲學：「對於新觀念，保持開放的心胸，但也不要忽略經驗所累積的知識。」

關於波克夏海瑟威的未來，他雖然認為這家公司「將繼續發展為更多角化經營的企業，收購更多個別獨立營運的事業，」但他預期波克夏會「愈來愈像保險公司」。但他並不相信華倫・巴菲特對於公司營運，擁有明確的整體發展藍圖。「我認為，」沃夫說，「為了達成目標，他原本希望建立一家產物意外保險公司，藉由浮存金免費提供他從事投資所需資金。至於將來發展，如果公司仍然需要運用這類的資金，他就會繼續拓展保險事業。反之，如果保險事業創造的浮存金數量已經超過所需，他就會減緩這方面的發展。」

他雖然認為波克夏目前仍然是好投資，但他不以為「和十年前一樣好。」不同於某些人，他不認為這是因為華倫・巴菲特和時代脫節，或所強調的價值投資風格已經不適用。「我相信這些人之所以如此說，多數是因為他們剛從商學院畢業——他們之所以如此認為，是因為巴菲特不收購科技事業，不瞭解現代世界。事實上，大錯特錯的是這些人，不是巴菲特。」沃夫之所以擔心波克夏的未來發展，一方面可能是擔心巴菲特遲早要退休。他說，「我不認為還會有另一個華倫・巴菲特，」也承認自己擔心巴菲特的事業無法成功傳承給接班人。「我可以接受自己持股的價值可能減少，甚至股價可能發生嚴重下跌，因為其價值應該還是會高於我最初持有的成本。我的心理已經有所準備。」另外，他雖然說「最初可能出現嚴重下跌，」但他認為「短時間內，行情應該很快就會恢復平靜，價格也會反映應有的價值。」

目前，沃夫只打算繼續做自己過去四十年來所做的事情。但他承認，有一件事情是他希望有所改變的。「我不擅長表達感謝之意，」他說，「我比較擅長處理問題，卻沒有適當獎賞別人創造的成就。我藉由『發現問題／解決問題』來經營事業。我們有花足夠的時間去鼓勵或讚美別人做得多好。我知道自己存在這方面的缺失。」或許是嘗試對自己解釋，他補充，「我不相信自己經營的事業在任何方面都真正令人感到滿意。這並不是說我們沒有達到目標；事實上，我們有時候甚至超過目標。可是，我永遠會說：『下個目標是什麼？我們接下來應該做什麼？』我們永遠不會對自己的成就感到滿意，永遠都可能變得更好。」

**梅爾文．沃夫的經營宗旨**

- 發展公司文化。對於新進員工，公司介紹都會先討論工作使命。
- 工作團隊的概念非常重要。每個員工各自堅守自己的地盤，絕對無助於事業成長。
- 服務顧客的重要性，絕對超過員工需求。

# 娛樂購物高手：艾略特&巴利・戴德曼

## 喬登家具公司

艾略特（Eliot）與巴利・戴德曼（Barry Tatelman）不論做什麼，幾乎都會一起——經營喬登家具商場、拍攝電視廣告、接受作者訪問，甚至共同擔任總裁與執行長。

這對兄弟是擅長促銷活動的媒體狂人，較年長的艾略特是個組織好手與領袖，巴利則是深具創意的天才，負責廣告與媒體採購。兄弟兩人都是熱情開放、反應敏銳的天生銷售專家，他們擅長軟性促銷技巧，從來不會錯失推銷喬登家具的機會。他們經常有出人意表的想法或行為，所以這也是本書唯一完全在戶外進行的訪問。整個訪問都沒有在私底下進行。我們進行這次採訪時，他們剛好在拍攝最具代表性的商業廣告。

居住在新英格蘭地區的人，可能熟悉紅襪隊的泰德・威廉斯（Ted Williams）、棕熊隊的鮑比・奧爾（Bobby Orr），以及塞爾提克隊的拉利・柏德（Larry Bird），他們分別為波士頓最偉大的棒球、曲棍球與籃球職業選手。另外，你如果居住在此地，想必也認識艾略特和巴利兩位戴德曼兄弟，他們是零售業最負盛名的商人。本地居民對於他們兩人的臉孔和姓名，熟悉程度絕對不下於著名的職業運動選手、媒體名人或政客。

波士頓居民覺得自己認識這兩位家具商人，因為他們經常出現在當地電視廣告裡。當地人等不及想看下一集的艾略特—巴利秀。這個雙人組往往會根據當時的新聞、文化、流行而表演某些諷刺節目。譬如鼓勵喝牛奶的公益廣告「喝牛奶沒？」（Got Milk?牛奶鬍子）正在流行時，他們拍攝商業廣告「買家具沒？」（Got Furniture?）。

夏季奧運即將在澳洲展開時，戴德曼兄弟也跟著拍攝應景廣告，模仿奧運一百碼短跑，他們蹲在起跑線上，看起來好像打算和其他選手比賽。為了讓景象看起來更逼真，兩人胸前甚至還貼著編號的標示，而且在額頭噴上水珠（汗水）。等到起跑槍聲響起，其他選手都高速往前衝，艾略特與巴利彼此相望一眼，決定不跟著跑，他們坐在公司販售的一座沙發上。

喬登家具是新英格蘭居民購買家具的場所，有些人甚至帶著孩子到喬登賣場只為了玩耍，老老少少都喜歡到這裡，賣場還安排了近距離家庭停車位，專供帶著嬰兒的顧客使用。為了追求永無止盡的顧客至上，在床鋪陳列區域，顧客如果試躺床鋪，聚光燈就會自動亮起。

經營家具零售商場，想成功就需要充裕的資本、正確的地點、各種不同的商品、美觀的陳列、有經驗的人手、有效的廣告。艾略特與巴利不僅成功而已，他們還把正直態度帶進這個無人知曉正直的產業中。

多數生意人憑著直覺知道必須善待顧客，但戴德曼兄弟又往前踏出重要一步——他們善待員工如同顧客。他們試圖在員工、供應商與顧客之間，營造瘋狂的粉絲。

華倫・巴菲特把艾略特和巴利・戴德曼的事業形容為「我見過最不同凡響、最獨特的公司。」[1] 座落在波士頓郊區內蒂克（Natick）的喬登家具商場外側，洋紅色的停車場只是開端而已。商場建立在高地頂端，占地十二萬平方英尺，通過旋轉門後，顧客將發現自己並不是站在四周圍著高牆、裡面擺著躺椅和茶几、人潮擁擠的商店內，而是身處紐奧良法國區的旁波街（Bourbon Street）。

高處豎立著兩個巨大的宮廷小丑（長相看起來剛好很像戴德曼兄弟），右側是一艘密西西比河輪船「浪花喬登號」（*S.S. Splash Jordan*），碼頭上，樂團正現場演奏迪克希蘭爵士樂（Dixieland）。正前方是圍著法國區傳統鐵製欄杆的飯店，還有戲院、律師樓、藝廊，以及歐菲莉亞女士的巫毒宮（Madame Ophelia Pulse's House），每個建築都通往某個家具部門，而且都安置高科技的電子人偶，催促訪客前往圓形大廳與「藍屋」（House of Blues）。每個小時，該處的燈光都會轉暗，顧客可以觀賞長達九分鐘的多媒體表演，其中包括在紐奧良拍攝的音樂影片，由艾略特與巴利扮演「藍色兄弟」。[2]

但這對「藍色兄弟」並非來自紐奧良，他們是第二代的新英格蘭人，出生於麻州的牛頓市（Newton）——艾略特於一九四六年，巴利於一九五〇年，他們也是經營家具事業的戴德曼家族第三代。這個事業成立於一九一八年，創辦者是蘇俄移民薩繆爾・戴德曼（Samuel A. Tatelman），他是艾略特和巴利的祖父。薩繆爾・戴德曼最初在新罕布夏的曼徹斯特擔任製鞋工人，後來駕駛卡車販賣二手家具，直到一九二六年才和小舅子在波士頓郊區的沃森（Waltham）開設蓋瑞家具（Gary's Furniture）。兩年後，兩人拆夥，戴德曼決定自己創業，店名喬登家具，地點仍然選在沃森。關於店名由來，艾略特・戴德曼解釋，他祖父把很多名單放在帽子裡抽選，只是剛好抽到「喬登」。

到了一九三〇年代，薩繆爾的兒子愛德華（Edward）——艾略特和巴利的父親——加入公司。到了一九五〇年代，兄弟兩人已經開始趁著週末或暑假在店裡打工。「我們小時候，」艾略特回憶，「沃森店裡有三代戴德曼家人，我們經常一起外出午餐，真是其樂融融。」[3] 當然，他補充，那個時候是「全然不同的公司，我們有十個員工，」他說，「但有一方面完全沒變。即使是當時，公司就十分善待員工、對顧客誠實無欺、待人公道，這些都是我祖父與父親一向堅持的原則。」一九七〇年代初期，艾略特從波士頓大學輟學，全心投入喬登家具的經營。同時，巴利則在一九七二年從波士頓大學畢業，計畫從事廣告業，就如同他們的大哥密爾頓（Milton）一樣。但巴利回憶，他父親說，「既然可以幫自己人工作，為什麼要幫別人工作？你想從事廣告業？那就交給你了，如果需要幫忙，隨時可以來找我。」[4] 一九七三年，祖父已經退休，父親也正考慮退休，兄弟兩人準備接手商店經營管理。

根據兄弟兩人的描述，父親教導他們如何經營事業、如何避免讓生意過分影響生活。「父親是個沒有敵人的人，做事情顧忌很多，」艾略特說。「他為人誠實、正直，永遠把家庭擺在事業前面。」[5] 艾德華知道，如果想把兩個兒子留在公司，就必須讓他們經營事業。如同艾略特說的，「父親很聰明，知道必須讓我們做自己想做的事情，而我們很幸運地，也剛好有這種能力。」[6] 他們的大哥密爾頓，始終想找到某種新方法來幫商店做廣告，巴利說他後來提出一個新點子，認為艾略特和巴利應該自己做收音機廣告。「他在紐約從事廣告文案工作，」巴利回憶，「他曾經聽過有人在收音機裡彼此對話作秀，好像是幫紐約的巴尼百貨（Barneys）做廣告，他認為我們也可以依樣畫葫蘆。我舉手贊同，因為我在學校主修戲劇，但我不知道艾略特的想法，但他也贊同，於是我們三人花了很多時間，編寫有趣的廣告文案。」[7]

廣告文案寫好後，喬登停止在當地報紙刊登廣告，打算把所有的預算都用在收音機廣告上。這是有關水床的廣告，當時是一九七〇年代中期，銷售水床是他們兄弟兩人認為的最大突破。數年後，艾略特回憶，「當時，只有床鋪專賣店才販售水床，」而這些專賣店只銷售床鋪，「於是，我們說：『我們會讓水床搭配其他寢室家具。』」所以，他們把水床墊裝進木製框架，搭配衣櫃、床頭櫃與其他物件一起販售。「全國只有我們這麼做，」艾略特說，「這讓我們聲名大噪。由於水床的緣故，業績顯著起飛。我們提供某種獨一無二的東西，而且人們很想要。」他們深信自己的作法正確，於是訂購了大量的寢具組合，並在《波士頓環球報》刊登大幅跨頁廣告，輔助收音機廣告一起宣傳。他們的祖父——當時在佛羅里達過著退休生活——打電話過來寒暄，「聽說你們在賣裡面裝著水的塑膠袋？」沒錯，這也正是他們販售的東西：每天二十五個，每個六百美金。[8]

兄弟兩人做的收音機廣告效果很好，但如同艾略特稍後承認的，「早期的廣告頗為聳動，我們強調超級折扣大拍賣，又吼又叫的。等到我們開始說：『不要誤以為我們是喬登百貨（Jordan Marsh）』，卻沒有人相信。我們的收音機廣告的確相當突出，但讓大家產生一種印象，感覺像是劣質商店，所以我們開始放緩下來。」[9] 由於水床的銷售業績很好，他們有本錢放緩下來，稍微減少廣告。以往，他們都強調價格低廉；現在，他們開始強調水床對於健康的好處。「大家都把重心擺在價格上面，」艾略特在幾年後對某記者如此說，「我們設定這種偏低價格，也就是單一價格已經二十五年了。單一價格，不做拍賣。我們瞭解，如果不斷更換價格標籤，不僅花在標籤的成本太高，而且這種作法也不正確，對於誠實的員工來說感覺不好，這週的價格如果是八百九十九美金，下週怎麼可以突然變成七百九十九美金？顯然不合理。」[10]

受到收音機廣告效果的鼓勵，兄弟兩人決定嘗試電視廣告，但還是有些保留，一方面，他們不清楚這種新媒體能夠產生多少廣告效果；另一方面，相較於收音機，電視廣告除了讓潛在顧客聽到聲音之外，也會看到他們本人，擔心因為電視廣告成為公眾人物，而威脅個人隱私。結果這個顧慮似乎是多餘的，電視廣告效果確實很好，甚至超過收音機廣告，也讓他們成為公眾人物，但他們的隱私權並沒有受到威脅。[11] 這些廣告非常成功，事實上，二十五年後的一九九九年，喬登家具由一家十五個員工的店面，成長為四家店面——三家在麻州（分別於沃森、埃文〔Avon〕與內蒂克），另一家在新罕布夏的納舒厄（Nashua）——員工有一千兩百人。更重要者，該賣場的每平方呎家具銷售金額，超過全國其他同業（一千美金相對於一百五十美金），年度營業收入約二．五億美金。

結果，喬登家具不僅吸引了新英格蘭地區的無數顧客，也吸引了內布拉斯加奧馬哈某位企業併購者的注意。由於已經擁有三家跨世代家族經營的家具事業，布朗金的NFM、比爾．柴爾德在猶他州的威利家具，以及梅爾文．沃夫在德州的星辰家具，所以有意繼續收購其他家具業者。按照慣例，巴菲特徵詢旗下家具集團經營者的意見，請他們推薦適當的收購對象。「他們的答案完全一致，」他於一九九九年對波克夏海瑟威的股東說，「對象都是新英格蘭地區的戴德曼兄弟，以及他們經營的傑出事業喬登家具。」[12] 雖然他們兄弟兩人還沒有打算幫公司尋找買家。「反誹謗聯盟」（Anti-Defamation League）在紐約舉辦的某次餐會，艾爾文．布朗金碰到老友巴利．戴德曼，趁機詢問他是否有興趣和巴菲特見面，戴德曼說他願意。「我們並不想和他碰面談收購交易，」巴利說，「我們只是想和他見面。」[13]

一九九九年八月，巴菲特準備前往波士頓參加吉列公司（Gillette）董事會，於是安排與戴德曼兄弟見面。「我們帶領他參觀內蒂克的賣場，」艾略特說，「他相當喜歡。」[14] 事實上，巴菲特對於喬登家具賣場與這對兄弟印象深刻，因此詢問他們是否有意出售事業。過去，他們已經數度婉拒公開上市的邀請，因為這意味著兩人將失去對於事業的控制權，但他們也清楚巴菲特的管理哲學，凡是波克夏收購的公司，都會由既有經營者繼續管理，巴菲特不會干預事業日常運作。對於戴德曼兄弟來說，巴菲特的提議還有另一項吸引力。如同很多家族事業的業主一樣，他們擔心公司的繼承問題。他們兩人各有兩個小孩，都在就讀大學或剛畢業，當時只有艾略特的兒子喬希（Josh）對於家族事業感興趣。巴利強調，「我們希望公平處理，但怎樣才叫做公平呢？如果有幾個孩子想加入公司，另幾個孩子不想加入，那又該怎麼辦？他們成家後，如果妻子對於公平的看法另有意見，那又怎麼辦？所以我們開始考慮出售公司的可行性，因為這可以解決大部分的家族問題。」[15]

經過大約一個月思考，兄弟兩人通知巴菲特，表示有興趣討論收購交易。艾略特解釋，「我們曾經碰頭，花了不少時間一起討論，他要求我們把財務報表相關資料寄給他。我們雖然還不確定想出售公司，但心想：『不妨把資料寄給他，看他怎麼說。』兩天後，有封聯邦快遞信件擺在我的辦公桌上；裡面文件內容包括他提出的交易條件。第一頁寫著他對我們事業的讚美之詞，以及其他等等，但他要確定我們往後還會繼續留在公司工作，如果我們願意這麼做，就可以翻到第二頁看他提出的價格。」「他的兄弟提醒他，」巴利說，「雖然沒有告訴他，我們還會繼續工作，但有說過短期內沒有退休的打算，因此我們承諾絕對不會讓他晾在半空中。」

如同巴菲特過去進行的收購交易，他甚至沒有要求戴德曼兄弟提供會計師審核的財務報表。「我們的律師，」艾略特說，「是波士頓地區的大牌律師，他說從來沒見過這種事。」如同巴利事後告訴某記者的，「這是這個行業的新概念，叫做『信賴』。」[16]

基於相互信賴，戴德曼兄弟與巴菲特在十月中旬達成協議，完成合併交易。協議的細節內容，並沒有對外公布，但估計巴菲特支付給戴德曼兄弟的價款為現金二・二五億美金到二・五億美金之間，經營者可能保留十五～二〇％股權，確保事業經營與獲利得以持續。總之，雙方對於這筆交易顯然都很滿意。戴德曼兄弟獲得保證，他們可以完全按照自己的意思繼續經營公司。另外，這筆交易也讓家族將來避免發生爭吵。當然，他們也因此有機會幫巴菲特工作。艾略特表示，「和華倫與他的公司打交道，還有他做事情的方法，完全和我們希望的相符。」[17]

還有另一個理由，讓戴德曼兄弟想要進行這筆交易。他們知道，如果願意等待，公司的價值會更高，但如同艾略特解釋的，「我們不該太貪心，巴利和我幾乎擁有想要的一切，現在是應該捫心自問的時候：『我們還需要多少？目的又何在？』我們喜歡做目前正在做的事情；我們喜歡因此而產生的挑戰與刺激，但不是完全為了錢財。我們仍然做這些事情——處理交易、忙東忙西，但錢財不再那麼重要了，因為這已經不是我們的動機。對於我們家族來說，這筆合併交易提供了明顯的安全保證，而這對於我們來說真的很重要。」

對於他們兄弟來說，如何緩和公司員工對於事業合併可能造成的影響，也幾乎同等重要。

他們甚至按照典型的戴德曼方法通知員工這筆交易。十月七日星期四，就在這筆交易正式公布的前幾天，巴利和艾略特造訪所有四家商店，穿著就像蘇斯博士（Dr. Seuss，童書作家）故事中的角色，邀請所有的員工在下個週日早晨，前往波士頓的柯普利酒店（Copley Hotel），共進早餐「綠雞蛋和火腿」（green eggs and ham，蘇斯博士的著作之一）。早餐過程，他們宣布這筆交易，同時向員工保證，公司不會有任何變動。[18] 然後，他們又宣布另一件事，為了慶祝公司合併，他們準備發放紅利給每位員工：任何員工每幫公司工作一小時，就可以得到五十美分。每位員工每工作一年，平均約可拿到一千美金，有位員工領取了將近四萬美金。這項安排耗費了他們兄弟大約一千萬美金，但如同艾略特說的，「這是我們虧欠大家的。」[19]

如同戴德曼兄弟一樣，華倫．巴菲特對於這筆交易也覺得很滿意。他在合併交易宣布當時表示，「這家公司是個寶藏。」[20] 他在致波克夏海瑟威股東的年度信函，解釋自己為什麼如此想，「在兄弟兩人領導下，」他寫著，「喬登家具持續成長，其區域主導地位愈來愈穩固，目前是新罕布夏與麻州的最大型家具零售商。戴德曼兄弟不只是銷售家具或管理商場，他們也帶給顧客眼花繚亂的娛樂經驗，也就是所謂的娛樂購物（shoppertainment）。喬登家具有一套獨特的經營哲學，他們把顧客視為整個家庭，只要好好款待小孩，就能讓父母購買，所以整個家庭造訪賣場可以一起度過愉快時光，同時還可以觀賞非比尋常的各種商品。營業績效，他補充，「當然也非比尋常。」至於兄弟兩人，巴菲特說，「巴利與艾略特是高尚的人——如同波克夏旗下另外三位家具事業經營者。」最後，他還告訴股東們，有關戴德曼兄弟發放給員工的紅利，他強調這些錢「是來自戴德曼兄弟自己的口袋，不是波克夏。而且當巴利與艾略特開支票時，」他補充，「他們覺得非常興奮。」[21]

戴德曼兄弟也很高興能夠成為波克夏家族的一份子。巴利當時說，「我們現在已經成為全國規模最大零售集團的一部分。夥同其他姊妹賣場，我們一年可能創下十億美金的業績。我預料我們可以共同進行許多計畫。」[22] 他之所以期待四家業者能夠合作，或許是因為彼此之間有許多相似處。「我們召集了一場大型會議，」艾略特說，「大家一起造訪我們的商店，包括資深主管在內，所以總共大約有七十五個人。首先由每位經營者輪流簡單介紹各自公司的狀況，我發現我們有許多共通處，包括當初如何由單純的家族事業開始發展、如何成長，以及如何看待自家事業的方式。然後，」他繼續說，「每位資深主管都自我介紹，包括他們幫誰工作，隸屬哪個部門，在公司服務多久。服務年資經常是二十年、十五年、二十五年或十二年。這種情況現在已經相當罕見，人們總是不斷換工作。但我們眼前這群人，多年來卻一直服務於相同事業。太不同凡響了。」

身為集團的一份子，也幫戴德曼兄弟帶來某些實質好處。「我們多年以來一直蹲在自己的窩裡，」巴利說，「然後發現一個有趣的現象：解決問題的辦法通常不只一種。人們往往認為自己採用的方法是最好的，或正確的；但當我們坐下來，大家討論如何處理事情時，我們發現別人的做法雖然不同，但仍然可以成功。其他家具業者確實有兩把刷子，也讓我們大開眼界。」這對兄弟也認為，另一方面的實質效益，是建立某種形式的聯合採購程序，雖然截至目前為止還沒有實現。「所有的生產業者都知道我們屬於波克夏集團，」巴利說，「還有史塔、威利與內布拉斯加也都是。所以採購時，如果大家都採購某特定產品線，勢必會構成顯著的影響力。但每家公司還是各自獨立經營——我們的商品明顯不同於ＮＦＭ，後者又明顯不同於史塔和威利。」他也強調，「每家業者本身已經具備相當可觀的購買力。我們不想過分壓迫生產業者，我們已經取得最好的交易並得到想要的，這非常重要，但我們知道生產業者也必須生存。」

戴德曼兄弟實際創造了某種程度的增大綜效，因為他們把四家業者的經理人結合在一起。「我們是最後加入集團的成員，」艾略特說，「其他成員過去並沒有讓自己成為真正的團體，他們甚至從來沒有一起舉行會議。等到我們加入後，我們覺得有理由這麼做，所以安排這類的會議。剛開始，情況有些奇怪，因為大家過去習慣防範同業，不想讓別人瞭解經營狀況。但我們首先對大家開誠布公，完全沒有保留，這慢慢發揮作用，直到大家充分合作。現在大家彼此信賴，氛圍變得很棒。這不僅僅因為我們彼此信賴，」艾略特補充，「我們也彼此喜歡，所以才能成功。」

對於波克夏海瑟威旗下的事業，華倫．巴菲特從來沒想過培養綜效，但顯然並不反對「家族」成員做這方面的嘗試。事實上，戴德曼兄弟早就聽說——現在則親身體驗——他們的老闆從來不想告訴集團成員應該如何經營。「關於華倫的妙處，」艾略特說，「是當我們加入他時，完全沒有發生任何變動。我們拿到支票隔天，曾經打電話給他——我們兄弟兩人同時講電話——我們說：『好了，華倫，現在你是老闆。你希望我們如何經營？你要我們每天打電話給你？還是每週？或每個月？你希望我們怎麼做？』他回答：『你們又希望怎麼做？你們如果想每天打電話給我，那就每天打。如果不想打，那就不要打。就是這樣，你們只需要繼續做你們過去做的。』」

「我想多數人之所以談論華倫，」巴利說，「是把他視為偉大的企業家，這點他確實當之無愧。但我認為華倫的最大資產，是他分析人的能力，以及評估人的方式。他遇到人們時，立刻知道對方是怎樣的人。我想，他希望和他喜歡、信賴的人往來，他非常擅長判斷人們的個性。我之所以這麼說，並不是因為他挑選了我們，而是因為這些年來，他挑選了許多了不起的人，」艾略特補充，「他擅長激勵人心，而且是個講究實際的人。他能夠讓每個人都覺得自在、覺得自己很特別。這是一種非常了不起的管理能力，讓每個幫他工作的人都覺得自己很棒、很特別、很重要。他讓每個人都有這種感覺，這就是他最了不起的能力之一。」

「關於華倫，還有一點很了不起，」巴利說，「沒有人害怕他。我們真的喜歡這傢伙，他是朋友，甚至就像父親，每個人都有這種感覺。當你聽說他打電話過來，你不會認為：『哦，老天，又來查班了。』情況比較像是：『啊！太棒了，是華倫！』他永遠會說些有趣的事情，總是帶來大笑或莞爾，總是讓你覺得愉快。總之，就像好朋友打電話過來。另外，你也可以自行決定打或不打電話給他，或多久打一次，而且他永遠可以給你答案。」艾略特補充，「他是個絕頂聰明的朋友，什麼事情都知道。我幾個禮拜前剛打電話給他，談論我們正在處理的一些事情，令我難以置信的是他竟然懂得這麼多。我是突然決定打電話的，和他討論數據與其他等等，他說：『他們不是只租而不賣嗎？』我說：『華倫，還有什麼是你不知道的？』」

「我真的很尊敬華倫，」巴利說，「不是因為他是億萬富豪。有些人會根據財富衡量成功，但我不是如此，因為這個世上有太多不快樂的億萬富豪了。華倫過著他想過的生活。他是個要求不多、生活單純的人。他儘可能讓一切保持單純。他不會被金錢左右，仍然開著六年前買的車，幾十年來都住著同一棟房子。但他每天早晨都迫不及待地起床想開始工作，想和他喜歡的人一起打拚。即使他的錢財只夠三餐餬口、勉強過日子，他仍然是成功的，因為他每天都享受自己所做的事情。對我來說，這才是真正的成功。」

戴德曼兄弟兩人雖然欣賞巴菲特的單純管理風格，但他們做事有時會故意弄得複雜，雖然同樣具有正面效益。舉例來說，一九九九年一月的某個晚上，喬登家具的一千兩百位員工，每個人回家後都發現一件不尋常的郵件包裹，其中包括一件羊毛衫，附著小墜飾，上面寫著「J團隊！一九九九年五月十日？」戴德曼兄弟稱呼公司員工為「J團隊」。第二天早晨，員工們上班時發現，商場牆壁上掛著海報，上面寫著「五月十日？」這個時候，如同艾略特解釋的，「各種謠言開始流傳，譬如公司即將上市、新店面即將動土等等。這有什麼目的？」他問，「讓大家談論。」幾週後，員工們上班時，發現桌上擺著幸運餅乾，可是餅乾並沒有包藏幸運，而只是一張小紙條，寫著「五月十日？」一個月後，員工的每週薪資支票開始附著一片拼圖。經過三個星期後，拼圖可以合成為：「J團隊注意！請在二月二十五日星期四早晨九點收聽KISS 108 FM頻道的艾略特&巴利廣播節目。各位可以瞭解有關一九九九年五月十日的更多訊息。千萬別錯過！」[23]

當天早晨，許多員工收聽麥特・辛格爾（Matty Siegel）主持的收音機節目，這也是波士頓地區最受歡迎的節目之一。主持人問戴德曼兄弟，五月十日究竟會發生什麼事，他們告訴他相關安排：五月十日，喬登家具四個賣場都會休息，從清晨六點半開始，就有四架噴射機陸續從洛根機場（Logan Airport）起飛，搭載喬登家具全體一千兩百位員工，前往百慕達群島做一日遊。「這是我們向一大群公司員工說謝謝的方式，」艾略特說。「他們絕對值得我們如此感謝。」[24]

一日遊過程中，員工在島上享用美食、現場樂隊演奏、遊戲、購物，還有水上活動，直到晚上才搭機返回波士頓，最後一班飛機是八點。公司花費的旅遊費用為七十五萬美金，但戴德曼兄弟認為非常值得。「這讓員工覺得自己重要，」艾略特說，「他們也確實重要。我現在已經沒有親自販售商品、沒有在門口親自接待顧客，也沒有親自打掃走道。但如果沒有他們，我什麼也不是。」[25] 他知道這次的旅遊安排相當不尋常，但如同他後來告訴某記者的，「做正常的事情，只會得到正常的回報；做特別的事情，你也會得到某些特殊的回報。」[26] 雇主如果有這種想法，那麼後來當艾略特詢問每一位新任職的業務員，他是否喜歡在公司上班，我們就不難理解這位業務員為何會說：「你的員工為何始終都笑口常開？」[27]

戴德曼兄弟知道，有了快樂的員工，才會有快樂的顧客。事實上，他們對待員工，就如同對待顧客一樣。「我們覺得，」艾略特表示，「你如果不能讓員工成為瘋狂的粉絲，」他的弟弟接著說，「你怎麼期待員工讓顧客成為瘋狂的粉絲？」艾略特深信，「員工如果高興做自己所做的事情，如果覺得自己的薪資報酬合理，他們就會感恩，臉上就會帶著笑容。這個時候，顧客如果走進店裡，你認為會發生什麼？他們會把愉快的心情傳達給顧客。」

他們試著和員工保持親密的個人關係。舉例來說，內蒂克賣場的銷售人員愛德・懷斯最近告訴某記者，「我請陪產假，回來上班後，艾略特對我說，『你的兒子好嗎？』然後又說，『你把他取名為約書亞，對吧？』」[28]

為了讓員工覺得快樂，另一個方法是儘可能讓大家融入公司。「我們所做的每件事情，都以團隊名義進行，」巴利說，「我們沒有幫公司高級主管特別保留停車位，也沒有做任何這類的安排。每個人都同樣是團隊的一部分，任何人都不會有特別待遇，也都受到相同的尊重。不論你是清潔工或賣場最高主管，全體一視同仁。」艾略特補充，「我們讓大家瞭解，任何人如果沒有做該做的事情，最終都會影響公司收益。打掃停車場的人如果沒有盡責，最終就會讓顧客不想上門。所以此處的每個人都很重要，大家都平等。」

另外，他們兄弟也會嚴密監控顧客的購物經驗。公司人員會聯絡每位購物顧客，詢問每個購物程序的經驗與感受。舉例來說，他們會詢問銷貨人員的服務態度，送貨人員離開前，有沒有協助顧客拆除包裝。他們兄弟也關心員工感受，對於工作是否覺得滿意。談到公司規定經理人要查核銷貨人員的「每天工作報告」，艾略特說，「不單是你寫了多少內容，重點是你如何對待顧客，還有自己是否覺得愉快。即使你把報告寫得天花亂墜，如果內容不當，如果沒有善待購物者，就會影響我們的未來業績。我需要每個人都對我推薦人手。這就是我們的祕訣。」雖然他又馬上補充，「實際上沒有祕訣。完全是普通常識。」[29]

「我們的目標，」艾略特說，「就是要征服顧客，讓我們因此擁有他們，讓每個消費者都成為瘋狂的粉絲。這方面做得愈成功，我們就愈能掌握消費者，而這些是你買不到的。人們跟你買東西，如果覺得很自在——知道我們可以提供應有的服務，知道和我們往來很愉快，知道我們絕對尊重顧客，知道我們是誠實的商家——其他同業就很難和我們競爭。商譽的重要性超過一切，這也是我們為何如此努力提升商譽、不計代價維護商譽的原因。」關於提升商譽的行為，包括提供免費牛奶與餅乾給顧客；提供現場音樂演奏、電影、機器人表演；提供免費愛心雨傘；對於顧客的需要，提供免費咨詢服務。」巴利強調，「真正造成影響的，往往是小事。」[30]

如同艾略特說的，「就是一些出人意表的想法，」關於這點，他弟弟補充，「做些不尋常的事情。舉例來說，十字路口的角落如果各有一家加油站，其中一家服務人員，可以叫出常客的名字，而且知道誰喜歡閱讀體育版新聞，並提供免費的體育版報紙，同時還提供免費咖啡、手工餅乾，」艾略特插話問，「你會去哪家加油站？當然會挑選提供咖啡與餅乾的那家。這就是我們喬登家具想要做的。人們已經習慣做些一成不變的事情，」他解釋，「我們需要打破成規，由不同的角度思考——這當然不簡單。」[31] 巴利說，他們的終極目標，是要讓人們「覺得愉快，並且購買家具。我們嘗試建立這兩種概念不會彼此互斥的環境。」[32]

「我們靠著人性行銷，」艾略特說，「我們藉由款待行銷，我們提供優異的價值而行銷。」換言之，他說，「我們運用感情行銷。」他解釋，「到我們的商場購買家具，當你前來取貨時，我們所做的第一件事情就是歡迎你，幫你清潔車窗。然後，我們會問你是否想吃點東西。我們幫你把家具裝上汽車，並且加以固定，你可以趁這段時間享用免費點心，吃個熱狗，喝點飲料。我曾經看到消費者站在那裡，走的時候說：『哇，我只不過買張椅子，他們竟然幫我洗車窗，我還吃了熱狗。甚至事後打電話過來，詢問我是否一切都覺得滿意。』然後他們會說：『當我來取家具時，想不到還有熱狗享用。』他們剛走出一家美妙的商場，看了不錯的表演，服務人員很親切，他們買了物美價廉的東西，而且還享用了熱狗。這就是感情。」

兄弟兩人雖然講究感情行銷，但他們絕對不允許感情因素介入公司管理。他們運用各自的長處，將事業經營的職責劃分為二：艾略特擔任公司總裁，負責所有的行政和營運管理；巴利則擔任企業執行長，負責行銷與公關，或他所謂好玩的部分。透過這種方式──根據巴利的說法──使得事業得以成功。「只憑著我們各自，是沒有用的，」他說，「結合起來，才能把事情做好。我們的想法很類似。當他說些似乎荒誕無稽的事情，卻往往就是我的想法。不論什麼議題，我們幾乎都有一致的看法。情況似乎永遠如此。」有一點他們兩人完全同意：艾略特是公司事務的最後裁決者，巴利也十分樂意這項安排。事實上，他自己也承認，如果由他負責經營公司，絕對會徹底搞砸。[33]

兄弟兩人的辦公室相鄰，共用一位秘書。他們的個性全然不同，這也反映在辦公室布置上。艾略特的辦公室完全是實事求是，擺設如果有任何怪異之處，恐怕只有他的萬花筒蒐集，以及一輛玩具摩托車，代表他喜愛的哈雷摩托車。巴利的辦公室擺設充分凸顯他的多方面嗜好，包括桌上擺的「辛普森」造型棋組、紙板剪裁的披頭士，還有迪克・范戴克（Dick Van Dyke）和瑪莉・泰勒・摩爾秀（Mary Tyler Moore Show）成員的圖片。有一面牆全部掛著家人的照片，包括他妻子蘇珊、兒子、女兒，以及查理（狗），還有一張照片顯示他和妻子一九九七年在瑪莎葡萄園蓋的夏天木屋。艾略特在新罕布夏的溫尼伯索基湖（Lake Winnipesauke）也有一棟度假別墅，雖然辦公室裡沒有相關照片。艾略特的妻子瓊恩（June）是個老師，他的兩個小孩剛好和他弟弟的小孩年齡相同。[34]

雖然先生經營的事業，每年營業金額高達二・五億美金，瓊恩・戴德曼仍然在麻州薩德伯里（Sudbury）的伊富廉中學（Ephraim Curtis Middle School）服務，擔任七、八年級的健康課程老師。她和先生經營一個非常特殊的夏令營，專供五～十六歲的七十五位愛滋病感染患者參加。這個夏令營最初成立於一九九九年，基本上是由家族負責經營並提供資金。他們的兩個兒子喬希和麥可擔任顧問，還有些堂兄弟和朋友會在為期一週的夏令營參與幫忙。由於愛滋病仍然烙印著不名譽的污點，所以戴德曼家族不願公布夏令營名稱與活動地點。但這項活動對於他們來說，深具不凡意義。如同瓊恩・戴德曼於一九九九年告訴某位記者的，「（雖然）大家都說『你們對這些小孩實在太好了……，』事實上，我們的收穫更多。這是我們每年都期待的事情。」[35]

對於戴德曼家族來說，經營這個夏令營還具有另一項重要理由。艾略特解釋，「我們的一位兄長因為感染愛滋病過世，所以我們才興起籌辦這個夏令營的念頭。巴利和我都很喜歡小孩，而參加我們夏令營的小孩，都是帶著這種疾病來到這個世界，這並不是他們自己的錯，他們的母親吸毒、父親入牢服刑，甚至根本沒有父親。我們這麼做，只是想讓他們有一週的歡樂時間。」他相信施捨是很重要的，尤其是施捨自己。「捐獻金錢是一回事，」艾略特說，「但施捨時間又是另一回事。開張支票的意義，顯然不能和花費時間、精力相比。對於某些富豪來說，他們可以輕鬆開出一張百萬美金的支票。百萬美金的錢財，對於他們來說根本沒影響，他們的生活型態不會因此改變。他們這麼做了之後，是否會影響既有的消費？他們仍然擁有六棟房子、遊艇，以及其他等等。這完全不會影響他們的生活。當然，捐獻金錢也是善舉，但他們的捐獻不代表真正的施捨。你如果捐出一個星期，或一個月或一天的時間，那才是施捨，因為你犧牲了對於自己很重要的東西。

戴德曼兄弟也經常抽空從事其他公益活動。舉例來說，如同巴利解釋的，「我們每個星期都會造訪不同的高中，和學生談論如何從事出人意表的思考，鼓舞他們，讓他們產生興趣。前一陣子，有位我們三年前見過的一位學生寫信給我們，說他發明了木製電腦，現在做得相當不錯。」艾略特補充，「這些小孩即將上大學，他們願意聽我們的意見，是因為想要成功。我們也趁機鼓勵他們做出人意表的思考，去思考自己究竟能夠做些什麼。前面談到的那位小孩，認為企業主管不會喜歡桌上擺個塑膠盒，所以他把電腦安裝在木製外箱內，看起來更典雅、美觀，而且他把功勞歸給我們。他說：『是你們鼓勵我這麼做的。』相當令人感動。」

對於戴德曼來說，如此播種很重要，播下未來將會成長的種子，這也適用於他們事業的未來。雖說如此，目前至少還有個重要領域，是他們還沒有開始播種的，那就是科技。「大家都說我們很瘋狂，」巴利說，「但我們還沒有在網路上做任何事情呢！我們即將動手，但要等到塵埃落定。」他哥哥同意，「我認為網路對於這個產業和我們事業很重要，」艾略特說，「但最初的運用方式不對。截至目前為止，網路都被當作行銷平台，但我認為這顯然不可行。我們這個行業的產品處理和服務成本太高，無法做有效的全球銷售，而且產品的退貨比率很高。家具擺進房間，看起來不合適、顏色不對、因為這樣或因為那樣。我們經常碰到這類的問題，即使顧客曾經造訪店面，也實際看過、試過、摸過。但等到搬回家，還是不喜歡。現在，透過網路，人們甚至沒有試過、摸過，只憑著圖片做決定，等實際拿到家具，往往會說：『我不曉得有這麼高……，擋住我的窗戶……，麻煩過來把它們搬回去。』可是，」艾略特繼續說，「我們可以利用網路做很多其他事情，譬如查閱訂單流程，或查閱運輸流程進度等。」

雖說如此，他們瞭解事業經營需要適應環境變動。「回顧過去的家具行業，」艾略特說，「翻閱過去全國各地的分類電話簿，譬如說十年前，你會發現絕大部分的家具店都已經不存在了。這是個相當難以生存的行業。你需要龐大的房地產投資，因為家具店很占空間。你需要做廣告。你需要行銷、販售，跟上流行，需要人工。你需要同時照顧所有因素，所以這個行業經常發生倒閉。如果觀察那些成功的業者，將發現唯有能夠隨著環境變遷而做調整的業者，才能度過考驗；唯有足夠精明、能夠順利度過難關者，才得以成功，他們知道自己在做什麼。」

當被問到目前以及將來最嚴苛競爭對手可能來自何方，艾略特說，「我們的最大競爭對手，目前可能不是來自其他家具業者，而是來自販售各種消費產品的業者。汽車、電腦與其他產品，它們在很多方面都比家具更刺激、更具吸引力。家具也屬於消費產品，」他繼續說，「所以人們買了昂貴的房子，結果沒有錢可以購置家具，或者他們準備購買大螢幕電視、數位電視，他們想要雷射電唱機，這些新奇玩意兒，顯然比沙發更有趣，所以它們可能是我們目前最大的競爭對手。想要讓產品變得更刺激、更具吸引力，這在家具行業恐怕不太可能。」

關於波克夏海瑟威的未來，不論艾略特或巴利似乎都不太關心。關於大家熱烈討論的巴菲特繼承人議題，巴利說，「他那麼聰明，我不相信他沒有預先安排繼承人。想必是基於某些考量，他不希望讓大家知道；若是如此，他必定有理由這麼做。」艾略特補充，「你必須信賴他。」至於巴菲特離開後，有關波克夏和喬登家具的後續經營問題，他們兄弟兩人似乎也不關心。「我只懂得一種經營方式，」艾略特說，「如果波克夏海瑟威的未來經營者認為有問題，我就走人。我不可能突然改變做事情的方法，那是完全沒道理的，我不會接受。」

喬登家具目前已經是麻州與新罕布夏州規模最大的家具零售商，談到其未來發展，艾略特說，「這不重要。我們只在意是最好的，而不是最大的。這才是重點。我們不想擁有整個世界。我們的挑戰是做些不同於其他人的事情，希望看到員工臉上帶著笑容，顧客臉上也綻露笑容。事實上，有關如何衡量公司經營的成功程度，艾略特認為指標是「笑容，而且，」他強調，「你的動機如果不是賺錢，那麼你還是會賺錢。實際上就是如此。」

**戴德曼兄弟的經營宗旨**

- 對待員工，如同對待顧客。員工如果熱愛自己的工作，其感受就會傳達到顧客身上。
- 滿足顧客的需要。商品與服務品質很重要，而且要讓顧客覺得有趣。提供音樂、食物、愛心傘與其他服務，顧客就會不斷照顧你的生意。
- 鼓勵創意；不要局限員工執行特定任務。讓每位員工都融入團隊。身為團體的一部分，工作效率永遠較高。
- 家族經營的事業，經常因為感情因素破壞關係。體認自己與後輩的長處與技能，依此分工合作，劃分職責。

# PART 05

# 波克夏六大家族企業經理人CEO

## 轉機經理人：史丹．利普西

### 《水牛城新聞》

史丹．利普西（Stanford Lipsey）經營的報業，是波克夏最初收購的企業之一，所以在巴菲特旗下執行長中，利普西也成為最資深的股東，更是該公司的真正內部人士。利普西是奧馬哈當地人，也是巴菲特老友，在波克夏海瑟威併購「通用再保險公司」前，利普西曾經擔任公司副總裁。利普西服務期間，波克夏最初曾經只擁有五千萬美金資產，以及五百萬美金的年度盈餘。過去三十年內，他目睹了老闆每隔十年就在各項數據後面加個數字，包括波克夏的資產、帳面價值、盈餘與股價，以及他個人的財富。

利普西身為波克夏海瑟威股東所賺的錢財，顯然超過他身為巴菲特旗下執行長賺取的薪資報酬，但當初如果沒有把《太陽報》（Sun）賣給巴菲特，他可能永遠不會成為波克夏股東。

華倫．巴菲特收購的企業，通常都是擁有完整管理團隊的公司，而且對於獨資企業所採行的管理方式，就如同他持有的部分所有權上市公司投資。就這兩方面來說，《水牛城新聞》（*Buffalo News*）都是例外。換言之，這筆交易違反了他長期以來秉持的併購哲學：不收購需要進行整頓的事業，由既有管理團隊繼續經營，唯有在相關企業發生麻煩或請求下，才會出面調停。巴菲特讓史丹・利普西和《水牛城新聞》成為先例，顯示波克夏也可以提供管理團隊，並且讓事業經營反敗為勝。

水牛城新聞大樓座落在水牛城曲棍球場與新建棒球場之間，史丹・利普西的辦公室也在這裡。這家事業與建築，看起來跟波克夏在一九七七年花費三千兩百五十萬美金併購時的樣子一樣，如同幾十年來的水牛城市容，外觀似乎完全沒有改變。但除此之外，幾乎所有的東西，包括產品、業主、市場競爭與銷售量都變了。

史丹・利普西是《水牛城新聞》發行人，也是華倫・巴菲特的老友和長期事業夥伴。利普西和華倫的妻子蘇西（Susie），以及巴菲特旗下另一位執行長恰克・哈金斯都喜歡爵士樂。利普西為人親切風趣、十分健談，是社交晚宴場合最受歡迎的人物，大家都稱呼他史丹，包括停車場管理員、保全人員，以及《水牛城新聞》員工。

史丹大可成為水牛城市長；他對於這個第二故鄉可以說貢獻良多。每當他談到這座城市，或他對這座城市展現的關心程度，讓他看起來就像這座城市的創立者。他甚至運用波克夏業主每年的指定慈善捐獻，贊助此處每年舉辦的爵士音樂節。

走進辦公室裡，可以看到辦公桌後面牆上掛著《水牛城新聞》兩份頭條新聞版面，分別加上外框。這兩個頭條新聞分別為：麥金利總統遇刺與人類踏上月球。牆上還掛著另一副加框的頭版新聞報導，是取自奧馬哈《太陽報》，內容是有關奧馬哈當地孤兒樂園（Boys Town）的調查報告，這份報導讓該報獲得普立茲新聞獎，相關故事後來也拍成電影。牆壁的正中央，懸掛著一份加框拷貝的哥倫比亞新聞學院頒發給他的普立茲獎，相當於是大學文憑。

史丹．利普西證明了波克夏如果碰到必要狀況，也可以在併購事業後，派遣管理團隊入主。華倫．巴菲特所併購的事業，不希望缺少既有的完善管理團隊，不過史丹證明自己是個成功的派遣人選。經過五年的虧損後，史丹經營的公司已經賺取了七．五億美金的稅前盈餘（而且還在繼續累積中）。

---

一九九〇年春天，來自密西西比傑克森（Jackson）的投資諮詢與金融規劃公司總裁提姆．麥德利（Tim Medley）造訪內布拉斯加奧馬哈，參加波克夏海瑟威每年度的股東大會。股東大會舉行的前夕，波克夏旗下的波爾仙珠寶公司（Borsheim Jewelers）籌辦一場晚宴，他在此遇到一位名叫史丹的金髮男士。稍晚，他告訴其他股東，「當你們和那些權貴人士交談時，我碰到某個叫做史丹的普通人，他自稱服務於《水牛城新聞》。」麥德利覺得這位史丹應該服務於報社的發行部門，一方面是因為他答應隔天早晨會拿幾份報紙擺在麥德利飯店房間門口。後來，人們告訴他，這個人是普立茲獎得主史丹．利普西，也是報社發行人。隔天早晨，他確實

在房間門口看到兩份這位發行人承諾送來的報紙。[1]

利普西擔任《水牛城新聞》發行人將近二十年，每當有人問起他的工作，他不會說自己負責經營一家營業額數億美金的大企業。反之，他會說：「我是個報人。新聞報紙是我的信仰，我一生致力的工作。」對於他來說，這具有非凡的意義。他深信，報紙「代表社會至關重要的公共機構，這個機構在很多層面上就如同宗教一樣，能夠發揮相同的力量。」抱持著這種宣揚教義的熱忱，我們或許會以為利普西出身於新聞世家。事實不然。一九二七年，利普西出生時，他父親在奧馬哈經營肉品與家禽批發事業。

史丹・利普西成長於奧馬哈，一九四五年高中畢業後，在密西根大學主修經濟學，並開始接觸新聞工作，擔任學校日報的攝影師，以及年鑑的攝影編輯。一九四八年畢業前，他父親計畫退休，準備搬到加州養老，因此詢問二十歲的兒子，是否有意接手家族在奧馬哈經營的生意。「可是，」利普西說，「我最大的麻煩，就是我不知道自己想要做什麼，」於是婉拒父親的提議。他父親相當開明，非常樂意支持他想做的任何事情，年輕的利普西決定跟父親前往洛杉磯。他在美國西岸待了兩年，仍然不能決定自己準備朝哪個方向發展。於是，他返回奧馬哈，在《太陽報》找到一份工作。「之所以接受這項工作，」他解釋，「是因為我不知道自己想要做什麼，如果進入一家小報社工作，或許有機會接觸到各式各樣的行業，說不定可以找到興趣所在。」結果，他的興趣所在就是報業。

他在《太陽報》工作了一陣子，就被美國空軍後備部隊徵召參與韓戰，被分派到內布拉斯加克魯克堡（Fort Crook）的奧福特（Offutt）空軍基地，並在戰略空軍總司令部擔任基地報紙的編輯。他找到能夠發揮特長的工作。韓戰結束後，他返回報社，由攝影師轉任記者，然後擔任編輯，最後成為發行人與大股東。一九六五年，華倫·巴菲特——也是奧馬哈本地人——和他接觸，試圖收購其報紙。當時，利普西完全沒有出售報社的想法，但四年後，他開始思考這方面的可行性。「我當時並不太瞭解華倫，」他說。他正在認真考慮另一項收購提議——《太陽報》收到很多收購提議。「但我調查他的背景資料，他的條件看起來很適合。除了有足夠財力收購之外，他也瞭解報紙。我覺得《太陽報》可以因此交給正確的人。雖然剛碰到華倫時，我就很喜歡他，但怎麼也沒想到這層關係會對我產生如此重大的影響。」

巴菲特和報社之間的關係，要回溯到他十幾歲住在華盛頓特區的經歷。他父親霍華（Howard）當時是美國眾議員，而華倫就讀高中時，在美國首都負責一條送報路線。這份工作讓他個人累積了一萬美金財富，後來也用於投資波克夏海瑟威。就讀內布拉斯加大學時代，他是《林肯日報》（*Lincoln Journal*）鄉村發行經理人。[2] 他的好友卡羅·魯米斯（Carol J. Loomis）——《財星雜誌》資深編輯，以及華倫年度致股東信函的編輯——強調，「他如果不是從事專業投資，很可能會挑選新聞事業。」[3] 現在，他如果真想擁有一家報社，那麼向史丹·利普西收購《太陽報》將是個大好機會。

即使到了今天，利普西仍然認為把報社賣給巴菲特，「是我做過最明智的決策。」他不僅因此得到現金價款，華倫也同意讓他成為事業合夥人。更重要者，他說，「我因此得到華倫．巴菲特這個朋友，並體會他如何管理旗下的經理人。」「你或許見過無數其他人，」他說，「他們曾經擁有或經營事業，但公司一旦被收購後，他們就基於某種理由喪失經營權。這種情況不會發生在華倫身上。對於他收購的事業，他從來不想派遣管理團隊，某些他原本想收購而結果沒有收購的事業，就是因為經營團隊不恰當。」利普西繼續擔任《太陽報》發行人，他們兩人始終保持良好的關係。一九七二年，該報因為調查孤兒樂園的財務問題而贏得普立茲新聞獎，這也是週報首度贏得類大獎。

「華倫熱愛報業，」利普西說，「他瞭解傳播媒體——不只在事業經營角度如此，也視其為某種具有顯著社會價值的基本機制。很多人著重於事業經營——我並不是說華倫不是如此——而是說他的視野不局限於此。相較於多數美國公司業主，巴菲特似乎更上層樓。因此，基於對這個產業的興趣以及瞭解，他持有數家報業和發行事業的投資，包括華盛頓郵報公司、甘尼特傳播公司（Gannett），以及時代公司（Time, Inc.）。雖說如此，他還是一直尋找新的可能對象。一九七六年，當他聽說《水牛城晚間新聞》（*Buffalo Evening News*，以下簡稱晚間新聞）有意出售，他的興致再度燃起。

成立於一八八〇年，《晚間新聞》是一家保守的共和黨報紙。多年來，這家報社一直由巴特勒家族擁有，凱特・羅賓森・巴特勒（Kate Robinson Butler，即是愛德華・小巴特勒女士，Mrs. Edward H. Butler Jr.）負責經營，直到她於一九七四年過世為止。其後，亨利・厄本（Henry Z. Urban）被推選為發行人和總裁，他從一九五三年就服務於該報社。到了一九七六年，巴特勒尋求買主，由報紙經紀人文森・曼諾（Vincent Manno）負責處理，報社分別報價給《華盛頓郵報》與《芝加哥論壇報》（*Chicago Tribune*），價格為四千萬美金，兩者都認真評估可行性。類似如《晚間新聞》的晚報業者正在凋零，但這份報紙的聲譽卓越，而且深受水牛城藍領階級支持。

可是對於潛在買主來說，有幾個缺點需要考慮。首先，報社沒有發行週日版本——通常是廣告最多、收入最高的版本；第二，水牛城是個寒冷、老舊的工業城，地點不適合發行報紙；最後，報社員工分別隸屬於十三個不同工會，所有的契約都明顯偏向工會成員，因此員工待遇也是全國最好的。報社前一年的盈餘僅有一百七十萬美金，四千萬美金的售價相當昂貴。所以《郵報》與《論壇報》最終都沒興趣。[4]

曼諾隨後把售價調降到三千五百萬美金，但仍然沒有買家。不久，他接到華倫・巴菲特的電話。巴菲特之所以得知這家報紙有意出售，是因為他身為華盛頓郵報公司的董事。巴菲特對於這個情況的看法稍有不同，他認為該報在當地社區地位穩固，每天發行量是早報競爭對手《水牛城信使快報》（*Buffalo Courier-Express*，以下簡稱信使快報）的兩倍。另外，相較於美國其他大城市，當地家庭購買該報的比率明顯較高。他瞭解水牛城的人口特別穩定，而且有把握該報可以創造更高的收益。[5] 最後，如同利普西說的：「華倫始終都希望擁有一家大型報紙。」

雙方在曼諾位於康乃迪克威士頓（Weston）的住宅進行短暫的協商後，就在一九七七年一月的某個星期六下午完成交易，華倫．巴菲特買下《水牛城晚間新聞》，價格為三千兩百五十萬美金。這是巴菲特截至當時為止的最大規模收購交易。（事實上，該報社是由波克夏海瑟威旗下的藍籌印花公司〔Blue Chip Stamps〕收購，後者不久就併入其他較大型的企業。）完成收購交易後，巴菲特需要安排後續處理，因此立即展開變革。最初的重大變革之一，是任命報紙當時的總編輯穆雷．萊特（Murray B. Light）擔任編輯，負責規劃報紙的週日版，準備與《信使快報》的週日版競爭。謠言傳說《晚間新聞》之所以沒有發行週日版，是因為巴特勒家族和《信使快報》的康諾斯（Connors）家族存在協議。就在巴菲特收購《晚間新聞》當時，《信使快報》幾乎沒有賺什麼錢，完全仰賴週日版才得以勉強維持生存。《晚間新聞》每天的發行量為二十六萬八千份；其競爭對手只有十二萬三千份。可是《信使快報》週日版發行量為二十七萬份。[6]

《信使快報》的業主顯然瞭解，一旦對手開始發行週日版，他們的主要收入來源勢必會受到衝擊，因此決定採取行動。一九七七年十一月，就在《晚間新聞》預計開始發行第一份週日版的兩週前，《信使快報》提起違反獨占法的訴訟。他們控訴《晚間新聞》運用不公平商業手段，在短暫的促銷期間內，讓訂閱顧客支付六份報紙的價格而可以得到七份報紙，而且每份週日版的價格設定為三十美分（《信使快報》週日版的價格為五十美分），其目的就是迫使競爭對手退出市場。但根據法律規定，《信使快報》除了必須證明巴菲特採用不公平商業手段之外，還必須證明他有意獨占市場。

一九七七年十一月四日，該訴訟案的聽證會在水牛城聯邦法庭舉行，由查爾斯・小布里安特法官（Judge Charles L. Brieant, Jr.）主持。雖然巴菲特也出席作證，替自己的行為和意圖做精神辯護，但法官還是發出初步禁止令，限制《晚間新聞》發行週日版，等候審判。「目前只有兩種報紙，」法官在意見書上表示。「如果《晚間新聞》的計畫有效，而我發現其應該有效，此處就會剩下一家報紙。」禁止令允許報紙在週日開始發行，但對於促銷與行銷方法設定嚴格限制。不用說，《信使快報》當然會在報紙頭版大肆渲染禁止令的相關新聞，醜化巴菲特和其公司已經深受打擊的名譽。[7]

兩家報紙全面開戰，雙方都清楚，最終只有一家報紙能夠生存。華倫・巴菲特認為他需要幫手，於是打電話給朋友史丹・利普西。「華倫問我是否可以搬到水牛城，」利普西說，「我告訴他，我實在不想去。但他接著說：『如果每個月在那裡待一個星期呢？如果有你在那裡，情況會好多了，』於是，我答應了。當時巴特勒遺囑執行人指派亨利・厄本為報社發行人，我擔任他的顧問，設法促銷週日版報紙，但因為受到布里安特法官禁止令的限制，各方面都綁手綁腳，難以施展。」整個一九七八年，《信使快報》週日版的銷售量，每週勝過《晚間新聞》達到十萬份。到了年底，巴菲特的公司出現兩百九十萬美金虧損。

一九七九年四月，也就是巴菲特收購該報社兩年後，紐約的美國上訴法庭推翻布里安特法官的禁止令而主張：「所有紀錄都顯示巴菲特對於《晚間新聞》的意圖與可能作為，並非反覆思考其競爭將對於《信使快報》有何影響。這些正是反獨占法所鼓勵而非阻止者。」[8] 法院的判決讓訴訟程序告一段落，但報紙之間的爭端並未解決。兩個月後，《信使快報》賣給考利斯（Cowles）家族的《明尼阿波里斯明星論壇報》（*Minneapolis Star & Tribune Company*），這也意味著戰火將延續下去。一九七九年，《晚間新聞》的損失高達四百六十萬美金。

一九八〇年初，史丹前往華倫的家裡拜訪（他們在家裡碰面的機會和辦公室差不多）。「我決定，這是我應該做些改變的時候了。如果我要離開服務三十年的《太陽報》，那麼我也想離開奧馬哈。至於前往何處，我考慮水牛城或舊金山。很多人或許認為這很容易決定，但我對於《晚間新聞》和《信使快報》之間的戰爭已經難以釋懷，而且過去兩年經常前往該處，我發現水牛城區域擁有大量資產，居民也很好。」

「在我的心目中，華倫雖然是老闆，但我們的關係實際上屬於好朋友和夥伴。我希望他以朋友的立場提供意見。我知道華倫非常希望我搬到水牛城，但從來沒有試圖勉強我。最後，我認為搬往水牛城會更快樂些，實際上也是如此。當然，我也想繼續維繫與華倫之間的關係，另一方面也覺得自己有必要支持與促進報紙的社會價值。」

「所以我搬到水牛城，」利普西回憶，「想辦法讓週日版報紙成功，並確保《晚間新聞》得以生存。報紙的編輯方面，情況始終不錯，但其他方面就不盡理想。另外，公司管理方面，我也遭遇一些障礙，但華倫很快就幫我解決這方面的問題；一九八一年一月，他任命我為《晚間新聞》的副總董事長與首席營運長。」到了一九八二年初，《晚間新聞》週日版的發行量，雖然還是落後《信使快報》，但差距已經縮小為七萬份，而且還在持續縮小中。「《晚間新聞》仍然賠錢，不過程度稍微減緩，但《信使快報》的虧損是我們的兩倍，每年約三百萬美金。最後，其經營者覺得受夠了，宣布報社將關閉。」

結束營業前，《信使快報》嘗試出售，唯一的可能買家是魯伯·梅鐸（Rupert Murdoch），不論由哪個標準來說，他都是個強勁的競爭者。史丹與穆雷飛往華盛頓，與正在參加《華盛頓郵報》董事會的華倫碰面，商討因應策略。

等到《信使快報》結束營業，《水牛城晚間新聞》立即更改名稱為《水牛城新聞》（*Buffalo News*），並且開始發行日報。競爭對手退出市場的六個月內，《水牛城新聞》週日版發行量就來到三十六萬份，遠超過先前競爭對手的紀錄。一年內，亨利·厄本退休，史丹·利普西接任報紙發行人。這場與《信使快報》之間的戰爭，讓波克夏多付出一千兩百萬美金的代價，使其併購成本總計為四千四百五十萬美金，但《水牛城新聞》已經成為水牛城地區唯一的報紙，獲利快速成長。一九八三年，報紙在沒有競爭情況下的第一年營運，盈餘為一千九百萬美金；到了一九八〇年代結束，年度盈餘來到四千五百萬美金。七年內，《水牛城新聞》的盈餘已經超過當初的收購成本，還包括隨後產生的虧損在內，而且從此每年都賺錢。

《信使快報》結束營業時，史丹和華倫曾經就廣告費率的問題長談。當初為了因應《信使快報》的訂價策略（其分類廣告為免費），《水牛城新聞》曾經把廣告費率壓低到不符經濟效益的地步。對於報紙的發行價格，華倫抱持的哲學是每年緩步調高售價——完全不同於多數報業採行的政策。

但現在有必要大幅調高廣告費率。事實上，他們也有理由這麼做，因為該報的滲透率高、發行量大，是廣告業主接觸顧客的絕佳媒介，更有可能是全國最佳者。

這次商討過程，巴菲特和利普西同意廣告費率應該一次調足，不要進行一系列調整。這方面的費率調整對於《新聞》的未來獲利大有幫助。

「華倫給了我很好的機會，得以在水牛城發展，」利普西說，「他希望我前來此處的意念，程度遠超過我自己，但我認為每個人都必須繼續成長，我也一直試著這麼做。來到水牛城，讓我有個得以發揮的舞台，規模更大的報社，更大的城市，更大的挑戰。這是一個存在許多問題的城市，而我想在這裡做些真正有意義的事情。」

所謂有意義的事情，除了改善報社財務狀況之外，還包括報紙本身。利普西從來沒有積極干預報社每天例行的新聞編輯，但確實對於編輯提供某些建議。舉例來說，相較於過去，現在更著重於報導本地新聞。根據社論版編輯吉拉德．高伯格（Gerald I. Goldberg）的說法：「過去，除非是真正重大的本地事故，才可能登上頭版新聞。現在的情況剛好相反，唯有最重要的全國新聞，才可能登上報紙頭版。」[9] 另一項變動是有關於新聞版面（news hole）的大小，也就是新聞內容占報紙的比率（有別於廣告）。巴菲特入主前，新聞版面約占三十五％，相當於一般報業的平均水準。巴菲特認為新聞版面應該提高，起碼增加到五〇％，如此會對於報紙產生正面助益。如同他在一九八九年董事長致股東信函所解釋的：「……，較高比率的新聞版面，其本身顯然會損及報紙的獲利，可是有效運用較高的新聞版面，能吸引更廣大的讀者群，並且提高滲透率。滲透率一旦提高，也會增加報紙對於零售商的廣告價值，因為他們可以藉此接觸整個社區……。」[10]

《水牛城新聞》創造的滲透率實在不同凡響。日報在水牛城地區家庭的閱讀滲透率為五六％，週日版報紙更高達七五％，對於美國頂級五〇％市場來說，前述滲透率都是最高的。二十世紀最後幾年，報紙發行量雖然稍微下降（至少有一部分是因為水牛城人口減少），但《水牛城新聞》的獲利仍然十分可觀。營運毛利為三二．八％，表現勝過全國其他公開上市報業，而且超出幅度甚多。[11] 二〇〇〇年，該報的稅前盈餘為五千兩百萬美金。

更神奇者，該報不僅創下五千兩百萬美金的年度盈餘，而且資產僅有三千萬美金。相較之下，不論《紐約時報》或波克夏擁有部分股權的《華盛頓郵報》，其盈餘占資產的比率都約為一〇%，至於整體產業的正常水準則是六%。這一方面要歸功於利普西的有效領導，另一方面則是嚴格控管他和巴菲特所謂的不必要開支。另外，《水牛城新聞》貢獻給波克夏的累計稅前盈餘高達七．五億美金，可以用來收購更多的事業，因而創造了良性循環，也代表波克夏資本配置機器的成功奧祕。《水牛城新聞》併入波克夏旗下的二十三年期間，其提供的投資報酬每年平均一八%，甚至還包括巴菲特入主最初六年所發生的嚴重虧損。

財務方面的績效雖然成功——或許也正因為如此——報紙卻受到不少批評。舉例來說，人們批評該報沒有充分報導水牛城黑人居民的相關新聞，黑人約占該地人口的三分之一。前任總編輯穆雷．萊特雖然強調，報紙已經適當而充分報導黑人社區的新聞，但報社所有的一百八十七位編輯當中，全職的黑人編輯只有八人。

另一項批評來自公司員工，因報社人手嚴重不足。水牛城報業公會（Buffalo Newspaper Guild）幾年前曾經做過一項研究調查顯示，《水牛城新聞》聘用的員工人數，相較於其他同業大約少了三分之一。萊特雖然不否認自家員工規模少於同業，但他說：「這是我喜歡的挑戰，」並補充，「記者如果需要時間採訪新聞，或做系列性專題調查報導，都沒有問題。」有些記者認同萊特的說法，但另一些人則堅持，由於人手短缺，報紙通常沒辦法做深入報導。[12]

目前的總編輯瑪格麗特．蘇利文（Margaret Sullivan）——她是利普西於一九九九年透過全國徵才聘用的——儘可能選用不同背景的員工，而且強調優先報導本地新聞。目前的編輯人員有將近十二%屬於少數民族，而所有全職或兼職的二百零一位編輯中，有二十四位屬於少數民族。

「我們的新聞從業人員，其結構應該充分反映所報導社區的背景，這點很重要，」她說。她任用非裔美國人擔任新聞編輯管理團隊的成員，創下該報社成立以來的先例，並新開闢某編輯專欄，由某位女性黑人負責。

該報的報導曾經得過許多新聞獎項，包括一九九六年贏得備受推崇的喬治．波爾卡新聞獎（George Polk Award，受重視程度僅次於普立茲獎）。二〇〇一年，《水牛城新聞》幾乎囊括了所有的紐約州出版商協會新聞獎（New York State Publishers Awards），成功壓過競爭對手《紐約時報》與長島的《紐約日報》（*Newsday*）。該報也以政治卡通漫畫家普立茲獎得主湯姆．托爾斯（Tom Toles）的絕頂才華自豪。

蘇利文表示，「新聞編輯與發行人共同分享《水牛城新聞》被認定為『美國最佳區域性報紙』的殊榮。」

關於利普西，蘇利文強調，「史丹徹底瞭解這家報社的新聞專業以及商業經營，他的個性平易近人、絕頂聰明，而且博學多聞。」

報社享有的獨占地位，不免引發批評。舉例來說，如果根本沒有競爭對手，顯然很難維持擊敗競爭對手的熱情。即使是前任總編輯也不得不承認，雖然他已經盡力而為，「但想要保持新聞編輯部門的競爭精神……，這種衝勁顯然正在逐漸消失。」[13] 華倫．巴菲特瞭解，一旦成為當地僅有的玩家，就會發生這種問題。早在一九八四年，他就告訴波克夏海瑟威股東，「居於支配地位的報紙，得以享有商業世界最顯著的經濟效益。業主理所當然寧可相信自己所創造的卓越獲利績效，是因為他們提供了優異的產品。這種愜意的理論，將在不愜意的事實之前枯萎。第一流的報紙雖然可以創造卓越的獲利績效，但第三流的報紙只要在社區內享有支配性地位，不論報紙辦得好或壞，也同樣可以創造卓越的獲利績效……。一旦享有支配性地位，」他表示，「報紙本身——而不是市場業績——將決定報紙的好或壞。不論好或壞，生意都會興隆。」[14]

（關於華倫在一九八四年表達的看法，最近已經有了重大轉變。他在二〇〇〇年舉行的波克夏海瑟威股東大會中，對於新聞報業的經營抱持相當負面的看法，主要是因為網路的威脅。）

不論是財務狀況或新聞編輯，從來沒有聽說華倫．巴菲特對於《水牛城新聞》有任何不滿的意思，即使有的話，想必也應該和史丹．利普西無關。巴菲特和利普西是多年好友，而且巴菲特只會說利普西的好話。舉例來說，利普西接手《水牛城新聞》發行人時，巴菲特對波克夏股東表示：「史丹……，從一九六九年以來就服務於波克夏海瑟威，對於新聞事業的各種細節，由新聞編輯到報紙發行無不瞭若指掌。還有誰會更適合呢。」[15]

利普西和他的管理團隊，隨時都能清楚掌握《水牛城新聞》的營運，所以根本不必做其他事業幾乎都必須做的事情：編制預算。

「我手下每個部門的主管，都擁有相當大的自主權。他們負責部門管理，而且我們彼此充分溝通。你如果問一般報紙發行人，他們花多少時間編列預算，恐怕會發現時間非常可觀……，而且經常不具成效。我們節省所有這方面的時間，寧可將時間花在其他更好的用途，」利普西說。

兩年前，巴菲特表示，「史丹和我們共事了十七年，每當他負擔額外的新任務，就更清楚展現其不凡的經營才華。」[16] 一九八九年，巴菲特對股東說，「相較於一般經理人在相同情況下，我相信史丹的管理才能，至少幫營業毛利增添了五個百分點。這是非常神奇的表現，只可能發生在深具才華，而且真正瞭解、關心事業營運細節的經理人身上……。史丹和我共同打拚了二十年以上，我們共患難、共享受，我實在不能要求更棒的事業夥伴了。」[17]

利普西對於老闆當然更是推崇有加。幫巴菲特做事情，他說，最棒的地方就是，「他非常正直、誠實，當他和你說話時，你知道他的心思全部擺在你身上，而且他非常平易近人。」最後一點，他補充，「非常重要，所以我隨時能夠以朋友的身分，打電話給他，向他請教生意或個人問題——充滿樂趣。」另外，如同利普西說的，「他是老闆。多年前，華倫收購《太陽報》時，曾問我，我們如果對於某個議題的意見不合，我會如何處理。我說：『我會盡我所能地說服你。如果實在不行，那麼你是老闆。』他相當滿意我的回答。但這種事情從來沒有發生，我們共事了三十多年，從來沒有發生意見不合的情況。事實上，」他說，「我曾經有過的最大恭維，就是華倫對我說：『史丹，我們兩人犯了相同的錯誤。』」

當被問到他和他老闆之間的差別，利普西說，「你不能把華倫和我擺在一起討論，華倫遠比我聰明，這是第一點。他的想法勝過我，他的知識淵博，記憶力奇佳。」利普西認為，巴菲特具有一項最神奇的能力，「他可以把非常複雜的東西變得很簡單。我曾經介紹很多人去向他請教生意上的疑難雜症，他們前往奧馬哈拜訪他，回來後對我說：『他把事情變得很簡單。』他們曾經和這些問題糾纏很久，還牽涉到律師、會計師與銀行家，於是，他們飛往奧馬哈，只花了幾分鐘時間，就知道應該如何處理。所以他們帶著豁然開朗的表情回來，雙眼閃爍著睿智的光芒，因為他把事情弄得很單純。」

關於他的老闆，利普西最推崇的特質就是正直與誠實，所以當被問到他認為營運經理人所應該具備的最重要特質時，他強調的第一個條件就是「正直」。他補充，「專注、繼續學習、策略性思考、溝通、知人善用，把手指擺在你認為短期內可能有變化的脈動上，還有一群隨時可供諮詢的傑出同儕團體。華倫代表我一半的同儕團體，即使有很多人可以和我討論，但只要知道自己隨時可以打電話找他，就是一種無價的靠山。」關於經理人應該如何對待同事，他也引用華倫做為典範，「我認為你對待別人的方式，應該和你希望被別人對待的方式相同，」他說。「華倫就是如此。你不辭辛勞地想要讓某人滿意，費盡心思、絞盡腦汁想要讓某人高興。雖說如此，你仍然必須遵循某些基本原則，必須照規矩辦事。雖然你可能因此受到挑戰——如同我一樣——你還是要堅持原則，因為有些事情是不能做的。如果碰到這些不能做的事情，就必須說清楚。」

但他並不特別強調第一的重要性，「我喜歡讓別人當先鋒，在前面開闢道路，」他解釋，「如果可以慢慢來，我就會慢慢來。我經常告誡手下的人，有時候最精明的決策，往往是什麼也不做。我不喜歡開疆闢土，除非我認為位居第一有著明顯的好處，否則我不願當先鋒。我寧可在後面仔細觀察。我尤其特別仔細觀察網路的發展，但網路的變化實在太快了，你必須做好功課，然後做出正確的判斷。」如同利普西自己強調的，關於網路，他家報紙的立場就是「不做第一人的典型案例」。

「我必須認真學習網路。事實上，」他開玩笑說，「我還在學習如何經營報紙。」報紙的網站 Buffalo.com 直到一九九九年九月才開始運作，目前的點閱量已經是同業競爭者的四倍。「當我覺得對於網路不能繼續按兵不動，」利普西說，「我做了很多研究、閱讀與諮詢。然後，我告訴目前擔任報社總裁的華倫・柯維爾（Warren Colville），請他建立網站，並派遣他到波士頓、肯薩斯市、波特蘭和緬因——我覺得值得參考的報紙入口網站——考察他們怎麼做。接著，我們必須決定自己如何經營。我們沒有第一個衝進去，應該避免了很多浪費。除了省錢之外，」他補充，「稍安勿躁也讓我們避免犯下許多結構性錯誤，否則可能造成長久的困擾。現在，Buffalo.com 還剛起步，規模有限。這個部門現在只有七位全職員工，大部分工作都委外處理。」

利普西雖然表示通常不願當開路先鋒，但他說自己的工作，最令他覺得興奮之處，是在某些方面必須「積極採取主動，我認為開創某些東西——構思與順利執行——的重要性超過取得理想的數據。」事實上，談到他的成功，他經常會把開創行為當作衡量基準。「我個人如果有任何成就的話，應該衡量對於《水牛城新聞》所做的，還有對於水牛城居民所做的。各位如果是報紙發行人，」他說，「就必須支持自己的社區。我們面臨嚴重的經濟問題——工作機會——所以你必須注意和觀察自己擁有什麼資產。結果我四處觀察，看到城市擁有許多典雅的時代建築，所以我們的工作之一，就是修復法蘭克・勞埃德・萊特（Frank Lloyd Wright）的豪宅——他接受委託建造的六棟草原風格建築。完工後，吸引了很多愛好建築的遊客，他們的花費遠超過一般遊客。」他雖然對於自己的成就感到自豪，卻不太願意讓喬治・派塔基州長（Governor George Pataki）頒獎，感謝他對於這座城市建築遺產的貢獻。（去年得獎者為勞倫斯・洛克菲勒〔Laurance Rockfeller〕。）自從擔任《新聞》發行人後，這是他唯一願意接受的獎項。

公餘之暇，利普西的主要興趣是攝影。「我喜歡攝影——尤其是碰到諸事不順的時候，因為拍照會讓我完全專注，就像華倫喜歡打橋牌一樣，」他解釋，「攝影會讓我全神貫注，就如同橋牌對於他，所以我懂得他多麼喜歡橋牌。」

他也表示，「我喜歡好幾種參與性運動，不過都不太高明，」他承認自己是個瘋狂的爵士樂迷。「事實上，我把華倫允許每位股東所做的捐獻，都用來贊助每年在水牛城藝廊舉辦的七場免費爵士音樂表演，」這是他在二十多年前就開始從事的活動，「我對於很多東西都有興趣，」他補充，「但由於工作、必要的閱讀，以及做些喜歡的事情，我就沒有多少時間了。」

他最近抽空做了一件事，在加州棕櫚灘購置一棟房子。「水牛城整個冬天都陰沈昏暗，」他說，「所以能夠找個陽光明媚的地方，實在是種享受。整個冬天，我都在水牛城和加州之間來回跑。我待在加州的時間滿久的，我在該處設立了完整的辦公室，兩地聯絡相當方便，可以使用電話、聯邦快遞、網路、傳真機。我有個很棒的秘書芭芭拉．烏爾班奇克（Barbara Urbanczyk），她跟了我十五年。我告訴華倫，我已經學會如何使用傳真機，他說：『好吧！你比我棒。』」由於他最近在冬天住宅安置了辦公室，顯示高齡七十三歲的利普西，還沒有退休的打算。「當我需要針對這方面做安排時，我會知道，但目前還看不出來有必要。」雖說如此，他已經選定接替人手，雖然沒有透露其身分，但他表示這個人擁有「正確的直覺……，我非常瞭解他，他已經在公司服務多年。」

短期內，他下定決心將繼續經營《水牛城新聞》，雖然目前的科技發展，使得未來充滿不確定，「毫無疑問，威脅確實存在，」他說，「只要和新聞從業人員談到這方面問題，他們首先就會強調報紙發行量下降。這基本上屬於社會議題。很多人每天如果不讀報紙，就沒辦法工作，但也有許多人根本就不必閱讀報紙——基於同樣的道理，他們也不覺得有必要看電視新聞，或取得任何這方面的資訊，他們就是不需要新聞。目前的社會，多數情況下，不論男女都需要工作，時間飢荒使得過日子變得相當不容易。我們沒有太多時間可以做其他事情。」但如同他指出的，「調查資料顯示，由於網路的緣故，電視——不是報紙——受到的衝擊最大。」

從好的方面來看，「我們有一點相當幸運……，」他說，「水牛城居民仍然樂意留在這裡生活。人們通常不喜歡搬來水牛城，不過一旦來了，他們就會喜歡這裡，不輕易搬離，他們也都是報紙的好顧客。《水牛城新聞》是份好報紙，」他說，「這份報紙的內容很不錯，但閱讀率之所以如此偏高，一方面是因為報紙內容反映整個社區的結構，人們仍然喜歡住在相同的房子、相同的地方。他們熱愛水牛城。有位曾經在報社工作過的人告訴我，他出生在目前住處的三條街之外，而且從來沒有搬離三條街之外。我並不是說每個人都是如此，只是強調我們是處在什麼樣的地方。」

利普西對於《水牛城新聞》的未來發展確實感到憂心，但他對於波克夏海瑟威的未來，顯然就不怎麼擔心了。「我不知道華倫是否有套明確的發展藍圖，」他說，「但我認為，他內心深處對於發展方向、各種參數，準備做或不做什麼，必定有了基本的安排。任何事業只要合乎條件，他都會考慮收購，而且這是他最熱中的工作。」關於巴菲特如何把控制權有效移轉給繼任者，還有波克夏未來發展的問題，利普西也不特別擔心，「華倫會做好這方面的準備，」他強調，「沒有人會做得更好。我也認為大家都高估華倫退休可能造成的危機。華倫雖然是獨一無二的，他的績效表現無與倫比，但我認為波克夏必定得以存活。我信賴華倫，相信他已經做了充分準備。這是一家可靠的公司，」他總結表示，「我不擔心。」

史丹笑著想，他的報紙還有全國其他各地的報紙，有一天可能會刊載一條關於波克夏股票的新聞：當其價格來到十萬美金的價位。

## 史丹．利普西的經營宗旨

- 不要倉促採用新科技，一旦決定著手進行新活動，務必做足準備，協助相關人員做好訓練。
- 務必特別費心幫助你的經理人。
- 你可以設定規則，但必須確定員工們徹底清楚，而且要嚴格遵守。
- 相信手下的經理人，讓他們得以自主。我的經理人能夠有效管理其部門，我們不需編列預算。

# 效忠者：恰克・哈金斯

## 時思糖果公司

時思糖果公司特別值得注意，因為其事業與營運經理人恰克・哈金斯先生（Mr.Huggins，員工們如此稱呼他）始終都是公司員工。他不是創辦家族成員，也從來都不是業主，所以他可以被視為是波克夏管理制度距今五十年後的模範。

相較於一般公司的退休年齡規定，恰克・哈金斯現在已將超出十年，但還沒有放緩步調的跡象。*我找到他的時候，他剛好在舊金山南部工廠的罷工現場，也剛好是他第二次結婚準備度蜜月前。

恰克・哈金斯先生是糖果產業的著名人物，也是深具才華的爵士歌手和鼓手，他的狂熱程度讓他可以用路易斯・阿姆斯壯（Louis Armstrong）所創的爵士樂特有擬聲唱法（scat）哼出曲調。

時思糖果經常被華倫・巴菲特形容為完美事業，這是波克夏海瑟威最初收購的獨資事業之

---

＊哈金斯是我唯一透過電話——而不是親身——訪問的巴菲特旗下執行長。恰克・哈金斯擔任專業總裁的時間超過五十年，他事先瀏覽我想問的兩百二十個問題，決定他想回答哪些問題。

一，也是副董事長查理．蒙格影響巴菲特支付高價所做的第一筆優質投資，更是波克夏旗下的第一家跨世代家族事業。另外，這是波克夏擁有的第一家特許連鎖消費事業，該公司有能力把一九二九年股市崩盤當時每磅五十美分的產品價格，推升到目前的每磅十二美金。如果沒有收購時思糖果，很可能就沒有二十年後對於可口可樂的重大投資。這個事業具備許多成功條件，包括優異的管理團隊、得以維持不墜的競爭優勢、鮮有接近的替代性產品、可以調升價格而不喪失顧客、獲利能力強、不需大量資本投資、非比尋常的資本報酬；所以任何想要研究事業經營、管理與投資的人，時思糖果都代表完美的事業。多年以來，這家事業始終由家族管理。

時思糖果完全符合巴菲特收購事業的條件，公司獲利穩定、沒有舉債、擁有紮實的特許經營品牌、跨世代家族事業、擁有無可挑剔的企業價值、目前的管理團隊充分勝任、公司經營完全不需額外投入資本，時思糖果營運成功的關鍵之一，是其經營者恰克．哈金斯。

---

恰克．哈金斯（Charles N. Huggins）是時思糖果公司的總裁兼執行長，總部設立在南舊金山，他並不介意被告知自己犯錯。長期以來，身為公司領導，哈金斯經常詢問商店經理，他們販售的上百種巧克力糖，哪種最不受歡迎；不受歡迎的糖果會被淘汰，騰出空間來擺放其他糖

果。一九八〇年代末期，經過商店經理人投票，幾乎全數通過而選出某種最不受歡迎的綠色產品，叫做濕地薄荷（Marshmint）。身為公司執行長，哈金斯相信那些整天與顧客接觸的經理人，所以他下令停產濕地薄荷糖果。

這項行動立即引起某些顧客抱怨，當這種相當耗費手工的糖果停產，公司在六週內收到五百封抗議信函，明確告知哈金斯先生犯了大錯。從時思糖果公司的立場來說，這種糖果的銷售情況不理想，所以不想重新生產，但濕地薄荷的愛好者顯然十分鍾情這種糖果，而哈金斯希望保有這群忠實顧客。秉持著「你應該把抱怨視為機會」的精神，哈金斯思考並設計了運用這次機會的方法，凡是來函抱怨的顧客都收到一份禮券，並獲邀參加新成立的「濕地薄荷俱樂部」，每個會員都會收到一封業務通訊、會員卡，以及一枚胸針，而且可以下單訂購他們最喜愛口味的巧克力。到了一九九〇年代中期，這個俱樂部的會員已經成長到一萬六千人。[1]

對於恰克・哈金斯這種頗具創意的反應，數以千計的抱怨顧客可能覺得相當訝異，但凡是熟識他的人，都認為他就是那種會順勢運用機會的領袖。「濕地薄荷俱樂部」事件充分彰顯了恰克・哈金斯在長達五十年期間，擔任時思糖果公司各種職務所具備的領袖能力和創意。事實上，這種想要創造某種東西的能力與慾望，很可能是流動於哈金斯的血液內。他的的祖父母輩曾經是一八八〇年代初期協助創立奧瑞岡波特蘭新社區的先民。哈金斯的父母，後來搬遷到加拿大英屬哥倫比亞的溫哥華。一九二五年，他在該地出生，童年時代在加拿大度過，一九三五年才隨著家人搬回美國。

第二次大戰期間，哈金斯服務於美國傘兵部隊；一九四七年退伍後，他與瑪麗安·卡爾（Marian Carr，她喜歡被稱為米梅〔Mime〕）結婚，居住在俄亥俄的代頓（Dayton）。不久，他搬往俄亥俄甘比爾（Gambier），就讀肯尼恩學院（Kenyon College），主修英文，夫妻兩人住在校園內。一九四九年畢業後，夫妻兩人搬往舊金山，哈金斯最初從事業務工作。「可是，我不喜歡這種工作，」他回憶，「所以從一九五〇年底開始，我就透過史丹佛大學男生訓導主任迪克·鮑爾奇（Dick Balch）打聽本地其他工作機會。時思糖果剛好也透過史丹佛大學徵才，所以我就接受當時的執行長勞倫斯·西伊（Laurance See）面談，並且被雇用。」

時思糖果當時已經是加州地區頗負盛名的事業。該公司成立於一九二一年，創辦者是加拿大人查爾斯·西伊（Charles A. See）與他守寡的母親瑪麗（Mary），店面最初設立在帕薩迪納（Pasadena）的一棟平房。（這棟平房現在已經成為加州的歷史古蹟之一。）這些糖果都是按照西伊女士的五十多種食譜製造，以傳統與家庭手工製造而吸引顧客，糖果品質穩定。糖果盒上印製著瑪麗·西伊與森林木屋的圖案，就是為了強調其產品訴求。[2] 第一個店面開設的同年內，洛杉磯地區又增設了兩個店面，整個一九二〇年代的生意都相當興隆。事業經營順利，使得時思得以安然度過美國經濟大恐慌時期，一方面也是因為公司有能力為了維持品質而降低價格，減少產量。到了一九三五年，查爾斯的兒子勞倫斯開始參與公司經營，時思糖果也決定向北加州擴展。一九三八年，他們在舊金山的波克街（Polk Street）開設第一家店面。到了一九四九年，查爾斯・西伊過世，勞倫斯接手執行長職務，公司當時已經擁有七十八家店面，員工超過兩千人。[3]

恰克・哈金斯回憶，勞倫斯・西伊於一九五一年聘僱他後，他向當時在舊金山的總經理愛德・佩克（Ed Peck）報到，開始「做些雜務。」哈金斯說，「愛德對於包裝作業不滿意，問我是否願意去管理這部分事務。我告訴他，我在大學主修英文，不認為自己有條件管理這種作業。我是說，我雖然知道包裝，但大概只知道那麼多。另外，我聽說有關他的風評，他很喜歡在旁邊指指點點，不太願意讓下面的人有太多自由行動空間和創意。」

「所以我說：『我願意做，但有個條件。對於一位新進人員而言，這麼說聽起來或許有些荒謬，但除非你充分授權，讓我有機會做好份內工作，我才願意做。你可以檢查產品、結果、統計數據等一切，前提是你不能干預。你必須信賴我，讓我放手去做。』他同意了。所以我就跑去找包裝主管安娜・里佐（Anna Rizzo），」哈金斯繼續說，「聽取她的敘述，再加上我自己的判斷，大概知道應該怎麼做，才能讓整個作業有所改進，並受到控制和規範。我們把這些想法付諸執行，成效很不錯。當然，這讓愛德・佩克感到高興，也向勞倫斯・西伊誇獎我的表現，兩個人都對我很滿意。從此讓我開始受到勞倫斯注意。西伊家族似乎也把我視為家族成員之一，我逐漸受到重用、升遷。」

在瑪麗．西伊的孫子，即勞倫斯．西伊和他弟弟查爾斯（哈利）．西伊的領導下，公司在一九五〇、一九六〇年代蓬勃發展，其中至少有一部分歸功於精明的房地產規劃。他們兄弟兩人採用一種策略，只要在可能範圍內，店面都選在鬧區街道有陰影的一邊，因為他們認為天氣太熱，大家自然會選擇走街道較涼快的一邊。更重要者，是他們體察到大型購物中心的發展潛力。一九五〇年代，當開發商陸續推出大型購物商場時，時思糖果很早就開始進駐，設法取得商場內的最佳地點。[4] 甚至到了今天，公司絕大多數商店仍然設立在大型購物中心裡。

一九六九年，勞倫斯過世，享年五十七歲。哈利接任公司執行長職務；兩年後，他決定不想繼續經營這家公司。時思糖果公司在成立與經營五十年後，家族沒有人可以接手，於是決定出售事業。有幾個買家表達收購興趣，恰克．哈金斯當時擔任公司執行副總裁，他被哈利．西伊指定做為公司與潛在買家之間的聯絡人，也是因為這個身分而認識華倫．巴菲特。

「我被召喚參與他們在洛杉磯酒店進行的會議，」他說，「時間是一九七一年感恩節剛過後，我走進房間，看到在場的人包括哈利．西伊、華倫和查理（蒙格），還有里克．蓋林（Rick Guerin，蒙格的朋友和事業夥伴，波克夏早期投資人）。我完全不知道華倫是何許人物，更別提查理和里克了，而且我認為哈利也不知道他們是誰。總之，我們討論收購公司的相關事宜，後來華倫說：『哈利，我們會提出收購時思糖果的條件，但首先要知道誰會經營這家公司，因為我們不準備介入經營。』哈利環視整個房間，只有我是時思糖果的人，所以他說：『恰克會負責經營。』」哈金斯笑著說，「我猜他只想趕快把公司賣掉，」但隨後也承認，「他可能已經想過這個問題的答案，所以我就如此——不妨這麼說——黃袍加身了。然後，華倫說：『既然如此，那很好，在我們更進一步討論前，希望先和恰克談談，』於是我們同意隔天再碰面。」

「關於我應該怎麼做或說，哈利完全沒有指示，所以我決定儘可能挑壞的說，因為他們如果決定收購，遲早都會發現這些問題。我心中琢磨著，他們如果不認為我們做得不錯，就不會想要收購，所以我最好透露另一方面的消息。我們大約花了三個小時一起討論，而這就是我當時的應對原則。華倫提出問題，我開始回答，然後查理會插進來提出另一個完全無關的議題。里克則在旁邊翻白眼，偶爾提出幾句評論。」

「但真正讓我印象深刻的，」哈金斯說，「是華倫提出的問題都非常精明。當時，我還完全不認識他，也不知道他做得怎樣。他和查理對我解釋，他們有一家小規模的投資公司，但這對我來說毫無意義，因為我還是不知道他們究竟想做啥。但他們能夠直指問題核心，華倫和查理都是如此，他們所提出的問題，除非自己也從事製造或零售業，否則絕對不懂得問。他們做的事情有兩方面效應。第一，我覺得很自在；第二，我覺得這幾個傢伙實在不簡單。他們彼此之間問題顯然差異很大，但都很有頭腦、非常聰明，知道問些正確的問題。我非常尊敬這兩個人，還有里克。」

「老實說，」哈金斯補充，「我當時有個念頭，他們可能只是想買公司，然後再轉手高價賣給其他人。但我沒有更多資訊可供參考，也不知道他們過去收購的紀錄，所以無法判斷。我想，不論他們打算怎麼做，我大概都會成為人質，所以也懶得多做猜測。但他們給了一些線索，讓我可以猜測動機，」他說，「他們告訴我，他們希望我做的事情。希望西伊家族的道德準則必須繼續保持。還有，他們說，『你繼續做你該做的。務必把品牌繼續奉若神明，而且要盡一切所能提升品牌，還有服務和其他一切。我們希望你繼續經營公司。你已經有充分的經驗，知道應該怎麼做，而且要做得更好，擴大你的視野。』這些說明讓我相信他們想要長期經營。我喜歡他們的立場。我信賴他們的動機，我決定相信他們，然後盡一切所能做得最好。」

恰克．哈金斯所能夠做的，確實相當了不起。一九七二年，巴菲特花了兩千五百萬美金收購時思糖果——相當於盈餘的六倍，帳面價值的三倍。在哈金斯的領導下，公司目前的年度稅前盈餘為七千五百萬美金，相當於當初收購價格的三倍。[5] 銷貨金額由一九七二年的三千一百萬美金，到一九九九年成長為三．〇六億美金。另外，這些年來，時思糖果幫波克夏海瑟威賺的稅前獲利高達九億美金，足以同時買下威利家具和商務客機（波克夏成長最快速的部門）。如果按照目前上市公司估算市場價值的準則計算——譬如美國糖果零售商 Tootsie Roll（NYSE 報價代碼 TR），銷貨金額的五倍，年度盈餘的三十倍——時思糖果保守估計的市場價值為十五億美金。這相當於年度投資報酬率將近十八％。過去二十八年來，時思糖果賺取的稅前盈餘總計大約九億美金，而當初的起始投入資本僅七百萬美金，後來通過保留盈餘額外投入的資本僅有七千一百萬美金。哈金斯經營這家糖果事業，每年創造的資本報酬高達百分百，幾乎令人難以置信，而且他創造這些成就的過程，也就是時思糖果被收購的二十多年期間，他從來沒有造訪奧馬哈的波克夏總部。

最近，巴菲特曾經談到恰克・哈金斯和他經營的糖果部門：「哈金斯接管時思糖果時，年紀是四十六歲，公司稅前獲利為四百六十萬美金，如果按照百萬為單位計算的話，獲利是年齡的一〇%。今天，他高齡七十六歲，獲利則是年齡的百分百（七千四百萬美金）。發現了這種數學關係——姑且稱其為「哈金斯法則」——之後，查理和我每想起恰克的生日，就不禁開始盤算。」[6]

如同絕大多數事業一樣，時思糖果的營運也不免有起伏。糖果銷售會受到經濟景氣或其他事件影響，譬如說一九九〇年的波灣戰爭，購物中心的人潮減少（時思糖果的大部分商店都位在購物中心）。另外，一九八〇年代末期，公司曾經試圖把業務推展到科羅拉多、密蘇里與德州——八〇%的店面在加州——結果不符合預期，時思糖果很快就決定退出這些市場。一九九〇年代初期，公司獲利狀況雖然很好，但所有兩百一十八個店面還是關閉了其中十多家店，因為獲利開始下降。

如同所有的糖果傳統店面一樣，時思的生意狀況也呈現顯著的季節性型態，顧客上門通常都屬於衝動型購買，除非是特殊節日才會有專程的採購，譬如聖誕節、情人節、復活節、母親節、父親節等。公司每年的糖果生意——約占公司獲利九〇%——幾乎有半數發生在十一月和十二月份。年底假期的銷貨非常重要，如同華倫・巴菲特在一九八四年的致股東信函對波克夏海瑟威股東解釋的，「雖然復活節與情人節的生意也不錯，但整年剩餘日子裡，基本上是原地踏步。」[7] 全年過程的生意起伏變動頗大，使得人員配置也需要跟著做調整，公司員工多數狀況下，只需要兩千人左右，但銷貨高峰期間，則需要六千七百人。

時思目前在全美國十一州共有兩百家公司擁有店面，機場有特許經銷店，美國東岸與中西部還有很多公司管理的假日禮品中心。公司每年銷售的巧克力超過三千萬磅。雖說如此，就如同任何企業執行長一樣，恰克・哈金斯仍然擔心競爭。自從一九二〇年公司成立以來，甚至在整個一九五〇年代，曾經面臨許多競爭——巴通氏（Barton's）、范妮梅（Fannie May）、羅素史托福（Russell Stover）、范妮法默（Fannie Farmer），以及其他等等——這些業者很多已經不存在，或沒有繼續經營零售販賣。雖說如此，但哈金斯充分瞭解公司面臨的競爭威脅。「我認為目前以及未來的經爭者是歌帝梵（Godiva），」他說，「他們開設更多的店面，積極擴張國內與國際市場。現在美國境內就有一五〇個據點販售歌帝梵的產品，多數是在百貨公司，他們的定位做得非常好。多數人認為他們的產品是歐洲貨，」他強調，「雖然實際上是生產於賓州雷丁（Reading）金寶湯公司（Campbell Soup Company）的培珀莉農場（Pepperidge Farm）。」哈金斯相信時思糖果所堅持的品質、傳統服務，以及好價格——時思的每磅糖果價格僅是歌帝梵的一半——不僅可以讓公司生存，而且生意會蓬勃發展。[8]

隸屬於波克夏海瑟威的一部分，這也是時思糖果得以繼續成功的理由之一，但哈金斯瞭解，雖然公司營運狀況仍然很好，但這些年來，時思對於波克夏的貢獻已經愈來愈小。「就波克夏整個組織而言，」他說，「過去三十年來，華倫和查理做了很多事情，讓波克夏得以繼續壯大，而且企業的性質也產生重大變化，我們扮演的角色顯得微不足道。」但不論是否微不足道，當被問到身為波克夏旗下事業的執行長，他覺得自己有沒有受到特殊待遇。對於這個問題，他很肯定的回答「有的」。

「所謂的特殊待遇，」他說，「就是能夠直接和華倫聯絡。這是說我可以打電話給他，他如果在，就會接電話；如果不在，我會留話，他頂多在一個鐘頭內就會回電。我隨時可以找到他，實在太好了。所以我不覺得自己是他的員工，也不認為自己只是單純地幫他的公司提供服務，而是他的朋友、知交。打從我們認識以來，他就把我當成夥伴、平等地位的人。」哈金斯表示，他們共事的這些年來，兩人的關係基本上沒有什麼變化。「可是，發生變化的，」他說，「是這個世界。至於我們是否能夠跟上機會與科技的演變，華倫是無價之寶。對於他直接關連的事業，華倫觀察其成功與錯誤，至於他沒有直接關連者，他也永遠樂意和大家分享他的看法。」

哈金斯補充，「他永遠不會忘掉任何事。我現在就可以打電話問他：『你記不記得一九七七年舊金山發生的貨運駕駛工會的麻煩？還有我們當時是如何反應的？』他會如數家珍的敘述給我聽。他不需要查詢，也不需要我寄東西給他。我對他說：『事情又發生了，雖然情況稍有不同。讓我告訴你不同的地方，我認為我們應該怎麼做。』然後，我就告訴他，我們應該怎麼做，然後問：『你認為如何？』他不會說：『這麼做。』他絕對不會命令我做什麼。他會告訴我某個例子，或者他會說：『嗯，你有沒有想到這點？』或『可不可以試著這麼做？』然後，他說：『你認為如何？』我會說：『聽起來不錯。我們會試試，並讓你瞭解後續發展。』事情通常都是如此進行。這是一種祝福，」他總結，「罕見的待遇。」

不令人意外地，巴菲特也非常推崇時思糖果的領導人。舉例來說，一九八三年，哈金斯負責公司營運已經超過十年，巴菲特對波克夏股東表示，他絕對相信這家糖果事業會繼續成長。「這方面的信賴，乃源自我們長久以來共事的經驗，以及恰克．哈金斯展現的管理能。自從我們收購該公司，就委請恰克負責其日常管理工作，他的表現誠屬非凡……。」[9] 隔年，他又表示，「時思糖果的成功，同時反映了傑出的產品，以及傑出的經營者恰克．哈金斯。」[10] 又隔一年，他說，「關於時思糖果，我們有恰克．哈金斯，他是我們收購該事業以來就委託的負責人，這仍然代表我們最明智的商業決策。」[11]

有關恰克．哈金斯的投資程序與管理原則，巴菲特提供了一些啟示，「時思糖果擁有某種個性特殊的產品，一方面是因為其糖果的特殊口味，另一方面是其價格合理，該公司完全控制產品的經銷程序，商店員工更展現無與倫比的周到服務。恰克是根據顧客的滿意程度，藉以衡量事業營運成功與否，而且讓這種態度貫穿整個企業文化。很少零售事業可以繼續維持顧客導向的精神；所以對於公司得以持續蓬勃發展，我們虧欠恰克良多。」[12]

一九八八年，巴菲特毫不保留地表達其讚美，「當初買下該公司後，查理和我大概花了五分鐘時間盤算，就決定讓恰克．哈金斯負責經營時思糖果公司。就後來他的表現觀察，各位可能覺得奇怪，我們為什麼要花那麼多時間考慮。」[13]

以執行長的薪資報酬來說，處在胡亂發放高級主管股票選擇權，以及借重律師費心協調多達數頁聘書合約的時代，巴菲特與哈金斯也創下另一項前例。「收購交易完成後，我和恰克就薪酬安排握手達成協議——五分鐘就協商完成，而且從來沒有轉化為書面契約——內容至今沒變。」[14]（這段評論是發表於二十多年前收購時思糖果當時。）

一九九〇年代是個著重科技投資的時代，時思糖果卻呈現另一種典範，顯示消費者特許權（consumer franchise）與「缺乏」營運變動的重要性。對於時思糖果的投資，促使巴菲特與波克夏隨後考慮有關可口可樂與吉列的重大投資。投資成功的關鍵，是建立在消費者特許權之上的持久性競爭優勢。消費者之所以想要購買與享用巧克力，其動機與五十年前相同，五十年後也想必如此。

過去幾十年來，許多其他糖果零售店禁不起時代考驗而失敗，但哈金斯很早就強調的兩項管理原則，確保了時思糖果得以持續生存：

1. 所有部門的員工，普遍專注於提升顧客服務與糖果品質。
2. 絕對不為了賺錢，而犧牲原料品質或服務品質。

關於管理風格所受到的重大影響，哈金斯十分推崇巴菲特。「我的管理方法是隨著時間經過而慢慢調整與演變，」他說，「但顯然受到協助。我從上司與同事的處事態度學到很多，但我從華倫身上學到最多。他相信經理人想成功，必須有學習意願、具備好奇心、不斷汲取知識，此外還要強調紀律、創造力與耐心。他也認為解決問題的能力很重要——這是巴菲特橋牌夥伴與兩屆世界冠軍選手莎朗．奧斯伯格（Sharon Osberg）所敘述的牌局取勝奧祕。我堅信，」他說，「經理人大部分時間都用來解決問題，我就是如此。任何問題都有某種形式的解決方法，處理問題的當下，你可能沒有及時發現這種方法，但最終——可能透過嘗試錯誤，或純粹幸運——任何問題都可以找到解決辦法。」

一般企業很少會有招募員工的問題。為了保持時思糖果家族事業的傳統，公司不僅允許聘用家人，甚至鼓勵這種行為，這顯然有別於很多其他事業。家人介紹或推薦，得以協助公司引進許多勝任的員工。哈金斯有四位成年子女，都曾經服務於時思公司，現在則有一個兒子、兩個女兒和一個女婿仍然任職於公司。行銷副總裁迪克．范．多倫（Dick Van Doren）強調，很多營運方面的作業雖然受到工會控制，但「任用親人的情況很普遍」，他自己的妻子、女兒與兒子也都在公司上班。[15] 但任用親人的現象並不局限於高級主管。有些家庭三代都待在這家糖果公司，有些員工——多數是女性——曾經在公司服務二十多年。事實上，哈金斯說，很多女性員工一輩子都斷斷續續留在公司。在學期間，她們就開始在公司打工，畢業後則成為全職人員，直到結婚生子、小孩上學，她們又開始打工，等到小孩成年後，又擔任全職工作（經常是擔任管理工作）。「等到六十或七十幾歲，」他說，「她們通常都會退下來，但還會繼續充當重大節日的季節性幫工。」[16] 時思糖果需要的季節性人手，包括秋天與冬天的室內製造和包裝，以及加州春夏期間的室外收成季節，此外還有墨西哥和西班牙移民工人也可以提供穩定的人手。

有了這些「終身奉獻者」幫忙，有助於維持公司強調品質與顧客服務的文化傳統。「我們推崇資深服務，」哈金斯說，「代表某種形式的永恆；就當今時代來說，這特別具有非凡的意義。」[17] 當被問到時思糖果的經營宗旨，他說，「顧客至上。總之就是要讓顧客覺得滿意，不論需要做什麼，也不論有多麼荒唐。討好顧客就是最重要的事情，這對於事業成功至關緊要。我們儘可能製造最好的產品，但偶爾還是會犯錯；我們有時候會無意做出某些事情，可能是因為態度不夠謹慎，結果讓顧客不高興。萬一發生這類事情，我們永遠會馬上承認自己搞砸了，然後立即設法改正。我們會絞盡腦汁，直到把事情做對為止。」

對於哈金斯來說，最重要者，是要把事情做好——不論要怎麼做——所以他承認經常需要把工作帶回家。「我在家做許多需要傷腦筋的事情，」他說，「我如果想要解決某個難題，或思考某種策略，經常會在臨睡前進行。然後，不知道基於什麼緣故，我經常會在半夜兩、三點醒過來，然後說：『有了，這就是答案。』我會把要點記錄下來，然後回頭繼續睡。」

但他堅持，下班時間不該花太多精神處理公司的事情。關於他的嗜好，主要是爵士樂。「我是個音樂人、鼓手，也演唱各種爵士歌曲。我有個爵士樂團，已經有三十三年歷史，」他說，「時間相當長了。我的好朋友湯姆．福特（Tom Ford）是個鋼琴手，他剛過世不久。他和我想出個點子，稱自己為『T福特&模型A』（T Ford and the Model A's）。可是後來覺得湯姆太顯眼了，所以決定把『T福特』去掉，只剩下單純的『模型A』。這個樂團成員都是舊金山灣區幾家企業的執行長，我們現在只有碰到政治或慈善場合才表演，所募得的款項都捐給本地的音樂學校，或協助弱勢兒童。」由於這方面的嗜好，難怪每逢時思糖果新店開張，哈金斯都會安排傳統的爵士樂團表演。幾年前，他曾經委託吉姆卡倫爵士大樂團（Jim Cullum Jazz Band）幫時思糖果的廣告活動編曲，並錄製唱片。

他的嗜好不局限於爵士樂，「我對於歌劇、交響樂、藝術，還有很多需要創意的東西都有興趣，」他說，「灣區相當具有文化氣氛。我也喜歡登山、釣魚、打網球等。」他的妻子瑪麗安在一九九五年過世。他有四個已婚子女，還有九個孫子，大家的興趣都很廣泛。他強調新婚妻子唐娜・艾瓦德（Donna Ewald）——他在二〇〇〇年與結識三年的唐娜結婚——也有類似的興趣。談到最近再婚，哈金斯補充，「我想這對我有好處，我不是那種適合單身的人。」

他顯然也不覺得自己適合退休生活。現年七十六歲，雖然不是波克夏海瑟威旗下事業最年長的執行長，但他確實是資歷最深者。雖說如此，在可預見的未來，他還沒有退休的計畫。「我享受目前所做的，」他說，「這份工作太棒了，具有挑戰性、多采多姿。我稱此為極為有趣（serious fun）。這實在太特別了，所以只要華倫與查理願意容忍我，而且我的健康狀況也允許，我就會繼續待下去。」他特別指出，他的老闆自己沒打算退休，也不期待他旗下的任何經營者應該退休。「當B女士高齡九十歲時，」哈金斯說，他是指在一九九八年過世的NFM執行長蘿絲・布朗金，「華倫說他手下的經理人，強制退休年齡是以她的退休年齡為準。這個年限每年都往後延遲，直到她一百零四歲。我相當認真看待這項宣布。」

他也相當堅持，「六十五歲強制退休的規定，對於企業管理可能造成不利影響。我是波希米亞俱樂部（Bohemian Club）成員，」他說，這是灣區男士專屬俱樂部，成員幾乎涵蓋美國所有重要企業領袖，「我有很多年長的朋友。我認識很多九十多歲的產業領袖，他們還在做有趣的事情，頭腦和創造力絕對不輸給年輕人。當然，我們也要考慮工作壓力。有了年紀之後，你就只能做那麼多。可是我認為就智慧、經驗與腦力來說，很多年長者對於企業經營絕對是一種資產。這就是華倫的長處之一，」他補充，「他明白這點，所以真是偉大。」

由於自信不會被迫退休，哈金斯繼續規劃時思糖果的未來。他強調，公司將繼續維持對於品質與顧客服務的承諾，「當然也會檢視我們所做的每件事，因為我們不相信有所謂的完美，任何事情都可以變得更好。」[18]他認為時思糖果可以變得更好的方式之一，就是運用網路平台銷售糖果。他雖然贊同創新，但對於這種新科技提供的機會，運用上卻顯得有些緩慢。根據時思糖果主管大衛．哈維（Dave Harvey）的敘述，這個議題的倡議者是華倫．巴菲特，不是恰克．哈金斯。「巴菲特打電話給哈金斯，」哈維說，「告訴他要上網。」[19]直到一九九八年七月前，公司都沒有設立網站，但該年稍後還是透過網路賣了三萬一千磅的巧克力。一九九九年，也就是網路開始作業的第一個完整年度，網路銷售量已經來到十七萬四千磅，相當於兩百一十萬美金的營業收入，約占郵購銷貨的十三%。二〇〇〇年，網路糖果銷貨金額約四百萬美金（占郵購銷貨的二三%）。現在，哈金斯相信網路銷售將來會成為主要的銷貨管道之一，因為網路無遠弗屆，全球各地的顧客都很容易透過網路下單購貨。

甚至恰克．哈金斯都對於未來有所期待，時思糖果會繼續秉持其堅持了四分之三世紀的哲學。公司座右銘只有簡單幾個字：「品質絕不妥協」（Quality Without Compromise）。公司產品的每個糖果盒裡，顧客仍然會發現下列超過五十年的叮嚀字語：

八十多年以來，我們不畏辛苦，年復一年地維持數以百萬計時思糖果忠實顧客期待的傳統品質。

我們的哲學很簡單：對於品質，絕對堅持，我們採用金錢可以購買的最佳材料，提供全美國最可口、最有趣的各種糖果，並擁有與經營所有時思公司閃閃發光的白色店鋪，提供最高級的顧客服務。

處在當今這個時代，這些話聽起來或許有些老套，甚至不尋常，但確實有用。同時，我們相信，對於我們所做的一切，永遠都可以做得更好，最終能夠讓人們覺得快樂！

## 恰克．哈金斯的經營宗旨

- 任用親人未必是壞事。我的小孩也在公司服務，許多員工家族的數代家人也是如此，包括各種階層的人員在內。人們在公司服務了二、三十年，那是好事。
- 經理人需要花時間解決問題。不論上班或回家，他們都需要騰出時間思考解決辦法。
- 我並不贊同強制性退休規定。任何人只要健康狀況允許，而且有興趣繼續工作，他就應該可以繼續工作。老人的知識與經驗，往往代表一種資產。
- 討好客戶很重要，不論行為多麼荒謬。顧客如果覺得可以長期信賴你，就會繼續照顧你的生意。

# 專業者：拉爾夫·舒伊

## ●史考特費澤公司

相較於波克夏所投資的知名企業可口可樂，默默無聞的史考特費澤公司（Scott Fetzer）竟然是更好的投資，這點或許有點令人難以置信。拉爾夫·舒伊擁有的這家多角化經營企業（包括柯比吸塵器〔Kirby Vacuum〕與世界百科全書〔World Book Encyclopedia〕）證明獨資擁有的投資，其價值經常超過部分擁有的上市公司投資。

十五年前，巴菲特花費二·三億美金併購史考特費澤公司，其創造的累計稅前盈餘超過十億美金，剛好等於波克夏對於可口可樂的淨投資。換言之，史考特費澤創造的盈餘，如果用來購買可口可樂股票，可以讓波克夏成為可口可樂的最大股東。另外，史考特費澤的估計價值（假定本益比為二十倍）成長將近十五倍而成為三十億美金。更重要地，不同於可口可樂，史考特費澤現在每年創造的稅前盈餘為一·五億美金，這些錢會分配到波克夏擁有的其他獨資企業。史考特費澤所做的這些貢獻，投入資本只有三億美金，而年度資本報酬率相當於五〇％。

相較之下，可口可樂的投資，則由十年前的十億美金，成長為目前的九十億美金，年度報酬率相當於二十四％，表現相當不錯。可口可樂提供給波克夏的「透視盈餘」（look-through earnings，換言之，看得見而拿不到的保留盈餘）為一．六億美金。如果想要實現所賺取的市場增值與真實盈餘，股東們就必須賣掉可口可樂股票投資，支付稅金。史考特費澤顯然是更好的投資，因為其稅前盈餘百分百都可以完全供業主配置，使得股東價值最大化。需注意的是除了前述的透視盈餘一．六億美金之外，波克夏還取得了分派股利一．三六億美金。巴菲特擁有的股權與董事席位，讓他對於可口可樂擁有很大的影響力，但這畢竟不能和獨資擁有的史考特費澤相提並論。當初投資二．三億美金，現在每年創造的報酬為一．五億美金，績效顯然優於十三億美金的投資而每年賺取三億美金報酬（實際取得的股利只有其中四十五％）。對於波克夏所做的投資來說，史考特費澤的報酬率為六十五％，可口可樂則為二十三％。

史考特費澤公司總部設立在俄亥俄克里夫蘭郊區衛斯特萊克（Westlake）的工業園區內。房間裡展示著公司旗下二十二家製造廠家的各種產品，企業員工總數有七千五百人。公司獲利主要來自柯比吸塵器、世界百科全書，以及坎貝爾（Campbell Hausfeld）空氣壓縮機。

企業總裁兼執行長肯恩．史梅爾斯伯格（Ken Smelsberger）熱烈談論著旗下每個事業製造的產品、所在位置、發展方向等等。肯恩在房間裡到處走動，就像炫耀著自己的孫子。我當時不知道他即將接替拉爾夫．舒伊，並成為巴菲特的CEO。

訪問拉爾夫的過程，我發現巴菲特的CEO有很多類似之處。我立即想到飛安公司的艾爾．烏吉。艾爾從來沒有見過拉爾夫，但他們兩個人之間實在有太多共通點。兩人都遠超過正常退休年齡（舒伊七十六歲，烏吉八十四歲）；兩人都較巴菲特更早察覺航空事業的潛力；兩人都極端重視安全；兩人都自認為從事教育事業；兩人都有國際視野；兩人都擬定了明確的接班計畫；兩人都精力旺盛；兩人都擔任全球知名醫療組織的董事長（舒伊的克里夫蘭醫學中心〔The Cleveland Clinic〕，烏吉的歐比士國際〔ORBIS International〕）。

---

對於波克夏海瑟威的營運經理人來說，退休是件相當不尋常的事情。但就在本世紀初，拉爾夫．舒伊決定退休——雖然他才七十六歲。如同華倫．巴菲特在二〇〇〇年的董事長致股東信函解釋的：「一九八五年，我們併購史考特費澤公司，不但收購了一家優異的事業，也有幸爭取到拉爾夫．舒伊的服務，他是個傑出的執行長，當時六十一歲。對於許多事業來說，如果執著於數字而不是能力，受惠於拉爾夫管理能力的好處，恐怕就只有短短幾年。但波克夏情況不同，拉爾夫繼續經營史考特費澤十五年，直到他決定退休為止……。在他的領導下，該公司這些年來幫波克夏賺進了一〇．三億美金，而我們當初的收購價格為二．三億美金。我們運用這些資金又收購了其他事業。總之，拉爾夫對於波克夏現值的貢獻，應該不下於數十億美金。身為經理人，拉爾夫應該榮登波克夏名人堂，」巴菲特強調。他雖然沒有清楚表示，但那些已

經進入「名人堂」的經理人，確實是一群最傑出的菁英。[1]

拉爾夫・舒伊的人生旅程起自俄亥俄的布魯克林，出生於一九二四年七月二十四日。母親來自匈牙利，父親來自奧地利。他很早就開始打工賺錢，先是在住家附近挨家挨戶推銷雜誌、馬鈴薯片等小東西。「我有很多事情等著做，」他回憶，「譬如蒐集空瓶賣錢，幫鄰居整理草坪。」[2]

一九四二年六月，他畢業自克里夫蘭的西方技術高中（West Tech High School），一九四三年三月被徵召入伍，結果這演變為他所謂人生最幸運，也是最重要的發展。「我前往火車站的徵兵中心報到，」他說，「我排的隊伍告示上寫著步兵，可是我一直希望當個工程師，所以我詢問該處招募人員：『我想當工程師，請問應該排哪個隊伍？』他可能覺得我有些好玩，但還是告訴我去哪裡排隊，結果我就進入陸軍工兵部隊。我被分配到第二四九戰鬥工兵營，指揮官是約翰・艾迪森上校（Colonel John K. Addison）。上校教導我許多有關人事管理，還有如何激勵士氣、瞭解人性方面的經驗和知識，對我的幫助超過任何人，」他補充，「除了我母親之外，她是最棒的。」

「我們搭船前往英國，整個船隊有三百多艘船，」舒伊回憶，「滿幸運地，我們從來沒碰上德國潛艇。」一九四四年，就在諾曼地登陸前，他們又搭船前往法國，參與「突出部之役」（Battle of Bulge）。不久，他回憶，「有天早晨，上校對我說：『我希望你讀讀這份軍方規章，』

這是有關退伍軍人法案（GI Bill）的資料。『你必須受教育，』他說，『將來會有很多人重新回到學校，我希望你現在就申請大學。』我說：『我甚至不知道想要讀什麼，』他說：『就讀工程吧。』可是我告訴他，我喜歡新聞，想學習如何成為專業作家，他說：『既然如此，你就應該前往哥倫比亞大學。』所以我申請了哥倫比亞大學，而且獲准入學。但對方要知道我什麼時候可以入學，於是問上校應該如何回答。他說：『戰爭很快就會結束，寫九月吧。』」

上校說得雖然沒錯——歐洲戰爭結束於一九四五年五月——但舒伊拖到十二月份才返回美國，所以錯過了哥倫比亞大學的秋季班入學。他不想再等九個月，於是與大學聯絡，詢問可以在哪所大學的期中就讀新聞。結果，對方推薦他前往俄亥俄雅典市的俄亥俄大學，他在一九四六年二月註冊進入該校。「等我到了那裡，」舒伊說，「我碰到某位教授，他對我說：『你不該讀新聞。你為什麼不選工程？』然後，我得知新聞記者的收入狀況，決定還是當個工程師。」大學畢業取得工程學位後，他決定從商，於是又進入哈佛商學院。一九五〇年六月，他取得哈佛大學的企業管理碩士學位。

離開哈佛前，他又碰上另一次機會。事後回顧，舒伊認為這是影響他一輩子最重要的事件。「當時，我正穿過校園，」他回憶，「我遇到了喬治・多里奧特教授（Professor Georges Doriot），他是法國出生的軍人，被公認為創業資本之父，也是第一家公開上市創業資本企業美國研究與發展公司（American Research and Development Corporation）的創辦人。他問我，畢業後，準備到哪裡工作？我告訴他，我準備到福特汽車公司上班。『你說你要去哪裡？』他說，我又重覆一次。然後，他說：『你瘋了嗎？你花了那麼多工夫接受教育，結果竟然要去幫福特汽車公司工作？你現在就到我的辦公室來。』所以我去了他的辦公室，他對我說：『這太瘋狂了。你應該管理一家事業。』我告訴他，我沒有錢可以購買一家企業，然後他說：『那就去找個經銷管道，或特許經營管道。』我告訴他，我不知道怎麼做，他說：『嗯，我可以幫助你。』」

「所以我花了一些工夫琢磨這件事，想到兩種可能的特許經營行業，」舒伊說。「啤酒和煤礦。當時是一九五〇年代初期，許多人家還仍然需要使用煤炭，相關運送路線都有特許經營權。但電視正在普及，我覺得會有很多廣告方面的機會，所以我挑選了啤酒。我寫信給六家啤酒釀製廠家，結果找到五個工作機會。」他決定返回克里夫蘭，接受萊西釀酒廠（Leisy Brewing）提供的練習生工作，條件是一年後轉任經銷商。對於這份工作，舒伊覺得不滿意，任職十個月後就離開了，因為他知道公司要他繼續當五年的業務員，才會讓他成為經銷商。「我當時並不瞭解，」他說，「需要走後門賄賂才可以取得經銷資格。我並沒有這麼做。」[3] 後來，他先在通用汽車公司工作了六個月，隨後就前往克里維特公司（Clevite Corporation）擔任工程師。他在這家公司發展得相當順利，獲得多次升遷，十七年後擔任執行副總裁，並且被董事會指派幫公司尋找買主。

一九六八年，他服務的公司賣給顧爾德儀器系統公司（Gould Instrument Systems，生產各種電子儀器的製造業者）。舒伊取得相當優渥的遣散費，包括五十萬現金，以及每年十萬美金的五年期顧問合約——就當時來說，這種條件很不尋常。這些年來，他曾經運用公司發放的選擇權購買了不少克里維特公司股票（原本稱為克里夫蘭石墨青銅公司〔Cleveland Graphite Bronze〕），變現這些股票，讓他得以成為創業資本家。雖然他自己也承認，「我曾經犯了幾次錯誤，但最終還是做對一件事，」他收購一家叫做阿戴克（Ardac）的事業，他認為相當具有發展潛能。[4] 可是，這家公司的成長速度並不符合他的預期，於是在一九七四年，他聯絡史考特&費澤公司（後來取消「&」符號），看看是否有意收購他的公司。他記得，有一天正和史考特費澤公司的代表商談購併交易時，「該公司董事長奈爾斯・海明克（Niles Hammink）打電話過來說：『我希望和你共進午餐。』所以我和他共進午餐，他說：『你知道的，我正準備退休，但我找不到真正可以信任的人擔任營運長。我仔細研究你的資料，希望你考慮擔任我們公司的總裁和營運長。』」

當舒伊加入這家公司時，史考特費澤已經有將近六十年歷史。一九〇六年，發明家詹姆斯・柯比（James A. Kirby）製造一種需要裝水的清潔機器，但直到第一次世界大戰結束，柯比加入克里夫蘭地區某機器製造商史考特&費澤，吸塵器的運用與銷售才真正開始起飛。他們共同合作而生產一種真空吸塵器（Vacuette），可以運用人工方式清潔地毯，五年內銷售上百萬台。一九二五年，該公司又推出電子版吸塵器，銷售也同樣成功。到了一九五〇年代中期，真空吸塵器每年銷售量約為二十萬台——遠超過任何競爭同業。由於事業經營成功，公司擁有大量現金，於是從一九六四年開始收購其他公司。到了一九七〇年代中期，舒伊擔任公司總裁，史考特&費澤已經併購三十多家事業。[5]

可是，事業收購並無策略可言，因此沒有產生涵蓋眾多市場的擴大綜效。結果，公司擁有許多隸屬於各種不同產業的部門，缺乏明確的企業形象。「大家的第一個問題，」舒伊說，「總是『史考特&費澤是做什麼的？』」為了避免這方面的困擾，舒伊針對旗下事業，開始進行整頓（出售）與合併。他所從事的最重要收購，就是在一九七八年取得「費爾德企業」（Field Enterprises）所屬的世界百科全書公司（World Book, Inc.）。由於事業經營模式類似柯比吸塵器採用的挨家挨戶直接推銷，世界百科全書充分融入該公司行銷體系。

在舒伊的領導下，史考特費澤事業蓬勃發展，但也因此吸引了企業襲擊者的覬覦。一九八四年四月，舒伊與幾位公司主管試圖引用槓桿收購方式讓公司恢復私有企業。他們準備了三·三一億美金現金，打算按照每股五十美金價格公開收購股票（較當時的市場價格高出五美金）。但兩個星期後，華爾街的套利者伊凡·波斯基（Ivan Boesky，後來因為內線交易而入監）提出更高的收購價格每股六十美金，總值相當於四億美金。於是，舒伊與其他公司主管決定放棄收購，但公司董事會也拒絕波斯基的收購計畫，以及後來的其他類似提議。[6] 可是，鯊魚已經聞到血腥味。隨後十八個月內，又有數家公司試圖收購史考特費澤，而舒伊與公司高層則運用ＥＳＯＰ——「員工持股計畫」（employee stock ownership plan）——防止敵意收購。

「我們排除了許多不喜歡的公司，」舒伊回憶，「為什麼要協助這些混蛋收購呢？我們沒有碰到真正的大企業想要收購我們，因為擁有太多不同的事業、太多附屬部門。某些追求者只想收購部分事業，但沒有人有足夠的資金可以買下全部。甚至包括波斯基與麥可．密爾肯（Michael Milken，另一位公司收購者，後來也入監）在內也是如此。這些人不知道如何處理我們的所有部門。他們深感困擾，有些不知如何是好。我覺得自己對於公司員工負有責任，而且對待他們儘可能一律公平。我不希望某群員工——他們服務的部門雖然小，但對我們來說很重要——突然發現自己失業，變成沒人要。」

這個時候，華倫．巴菲特出現了。巴菲特長久以來對於這家公司就很有興趣。到了一九八五年十月，他已經擁有大約五%股權。察覺到時機成熟，他在十月十日寫信給舒伊——雖然從來沒有見過他——表示：「我們擁有二十五萬股的股票，而且很喜歡你的公司，我們不會從事不友善的交易。你如果對於事業合併有興趣，請打電話給我。」[7] 如同舒伊回憶的，「我不知道華倫。直到他和我聯絡後，我才開始試著瞭解他的背景。他的信件送到公司時，我剛好前往參加哈佛大學同學會，等到隔週一進入辦公室，秘書才把信件交給我，並對我說：『這是上個星期五下午寄到的。我想你最好立刻打電話。』所以我就打電話過去，華倫說：『我們什麼時候可以共進晚餐？』我說：『隨時都可以。』他說：『明天晚上在芝加哥怎樣？』當天是星期一，我們碰面的時間是星期二晚上。星期三他來公司參觀，星期四我們完成交易，星期五對外正式公布。」所以不到一週的時間，波克夏海瑟威買下史考特費澤，每股價格六〇・七七美金，總計三・一五億美金。

不意外地，巴菲特對於這筆交易覺得很滿意。他告訴股東：「該公司旗下有十六個事業，很多都是相關產業的領導者，所創造的總銷貨金額為七億美金。多數事業的投入資本報酬率，介於理想到異常優異之間。」另外，他告訴股東，「世界百科全書是該公司旗下最大的營運單位，其銷貨金額占史考特費澤整體銷貨的四〇%左右，收益所占的比率稍高。世界百科也是銷售量最大的百科全書，每年銷售套數是最接近的同業的兩倍。事實上，其銷售數量甚至超過美國境內其他四家規模最大業者的總和。」但他特別強調，「收購史考特費澤後，加上我們保險事業的成長，（波克夏的）一九八六年營業收入超過二十億美金，相當於一九八五年的兩倍有餘。」[8]

有趣的是，巴菲特也利用史考特費澤的交易做為例子，趁機向股東解釋波克夏想要收購的企業之性質與條件。「史考特費澤是個典範，」他表示，「可以理解、規模龐大、管理完善、收益理想。史考特費澤交易凸顯了我們看似雜亂無計畫的併購活動。我們沒有整體策略，沒有彰顯社會經濟發展趨勢的公司規劃，沒有人員專門負責研究推廣者與中介者代表的多重概念。反之，我們只是單純希望碰到某些合理的機會，一旦碰到這類機會，我們就採取行動……。」[9]

巴菲特緊接著談到六項收購準則，這些準則每年都出現在他著名的致股東信函裡：大型收購、收益穩定、鮮有債務、持續經營、事業單純，以及出售價格。

「我們不從事不友善的併購活動，」巴菲特強調，「我們承諾絕對保持機密，而且很快就會表達是否有興趣——通常在五分鐘內。我們寧可支付現金，但如果可以取得對應的內含價值，我們也願意發行股票……。我們歡迎潛在賣方向那些過去曾經與我們往來的人們聯絡，查核我們的背景。對於正確的事業、正確的人員，我們可以提供理想的家庭。另一方面，我們也經常碰到完全不符合條件的賣方，譬如新創業機構、轉機事業、拍賣式企業，還有那些相當流行（盛行於仲介行業）的『我相信你們只要彼此認識聊聊，必定會找到某種解決之道』，這些對我們完全不具吸引力。」[10]

不論巴菲特是基於什麼理由想要收購史考特費澤，拉爾夫．舒伊對於這筆交易都感到十分滿意。「我們決定和波克夏走在一起，最重要的理由，」他說，「是提高我們面對財務與法律戰爭得以全身而退的機率，而不至於分解為三個或四個部分。可是做成這項決定時，我們的首要考量，是股東所受到的影響，也就是如何維護他們的最大權益。這是我們做成這項最後決議的理由，因為這是我們可以看到的最簡單答案。毫無疑問地，我們與波克夏達成這筆交易，絕對優於我們繼續保持獨立和公開上市。」

最初有點擔心他的新老闆長期厭惡公司使用商務飛機，所以舒伊戰戰兢兢地和巴菲特商討有關史考特費澤使用自家飛機載送客戶的政策。巴菲特率性地回答，「你們可以繼續使用商務飛機，繼續按照合併前的方式經營事業。」所以史考特費澤的既有經營方式全然沒有改變，整個事業（包括商務飛機在內）也完全保存。

事業合併以來，舒伊說，他發現身為波克夏家族的一份子，還享有某些額外的優勢。「我們可以花費更多時間在事業經營上。當我們還是掛牌上市公司時，每年兩百工作天裡面，我估計至少有五十天必須離開公司，和公關人員、投資者、分析師或其他類似單位打交道。現在，我們不再需要這麼做，所以有更多時間可以專注於促進事業成長。」合併當初，他雖然曾經期待，「卸下許多不必要的活動後，我們將有更多時間進行多角化經營，但實際上並沒有做到這點。不過，我們畢竟更專注於賺錢，相同的業務現在可以賺的錢更多，超過我們還是獨立機構的時期。」

他也相信，成為波克夏公司的成員之一，讓史考特費澤「有機會進行某種獨特的活動，而不必拚命爭取資金。我不會要求巴菲特提供額外的資金，」他強調，「也不會從其他事業轉移資金到史考特費澤。我只希望可以自由使用史考特費澤自己創造的資金，然後投資於我們想要的活動。身為公開上市公司，我們不能這麼做，因為每項投資都會受到最嚴格的審查。身為波克夏的一份子，就不會發生這種遭遇。」

最後，他說與波克夏合併「使得我們得以慢慢地——非常緩慢——擴大事業經營視野。最初，我們認為只能在既有事業領域內尋求成長機會，但現在開始察覺，我們也可以朝其他方向發展。我們當前的目標之一是從事垂直化的擴張，而不再單純尋求水平發展機會。過去，我們只負責製造成品，然後賣給經銷商，由後者處理零售服務，現在我們相當強調發展符合產品需要的經銷系統。」

即使沒有擴張到其他事業領域，史考特費澤的營運也非常成功。公司目前有二十二個部門，員工人數七千五百人，本身規模就足以列名美國五百大企業，每年營業收入約十億美金，年度盈餘約一．五億美金。公司獲利約有八〇%來自三個領域：（一）柯比是旗下規模最大、最重要的事業，還有配合柯比營運的其他史考特費澤獨資擁有事業；（二）世界百科全書；（三）坎貝爾（Campbell Hausfeld）。

事業合併當時，《世界百科全書》讓巴菲特和蒙格最感興趣。這套百科全書最初是在一九一七年由芝加哥的韓森—貝婁公司（Hanson-Bellows Company）出版，後來被馬歇爾費爾德三世（Marshall Field III）收購而成為該新創公司的旗艦產品，也就是後來的費爾德企業教育公司（Field Enterprises Educational Corporation），然後《世界百科全書》又在一九七八年轉賣給史考特費澤。目前，《世界百科全書》的全球發行數量高達一千兩百萬套，美國與加拿大境內每四個家庭平均就擁有一套。精裝版《世界百科全書》現在主要仍然銷售給學校和圖書館，少數銷售給家庭。一九九四年開始，《世界百科全書》開始販售光碟版本，現在也可以透過網路下載，最近甚至宣布和美國線上時代華納（AOL Time Warner）合作。網際網路普及化，明顯影響了《世界百科全書》的銷售，其銷貨金額在一九九〇年原本占史考特費澤的四〇％，目前則只有七％。相同期間內，年度獲利也由三千五百萬減少為一千七百萬美金。

坎貝爾是史考特費澤製造業的另一個主要附屬機構，專門生產動力設備，包括空氣壓縮機、絞盤、氣動工具、發動機、噴漆系統、高壓清洗機、電焊機等。公司最初成立於一八三六年，是俄亥俄州歷史最悠久的企業之一。坎貝爾製造公司（Campbell Manufacturing）最初製造玉米播種機和其他農具。後來，約瑟夫・豪斯費爾德（Joseph Hausfeld）成立另一家事業，專門生產一種稱為壓縮王（Pressure King）的空氣壓縮機。一九四〇年，兩家公司合併而成為目前的坎貝爾（Campbell Hausfeld），一九七一年，坎貝爾成為史考特費澤的附屬事業。目前，坎貝爾六個主要生產線創造的營業收入與獲利，大約占全公司的三分之一。這個部門面臨的挑戰，主要是來自家得寶、沃爾瑪百貨等大型零售商生產的自有品牌與商品化產品，包括空氣壓縮機在內。

史考特費澤旗下事業，營業收入與獲利最豐碩者，當屬柯比吸塵器。柯比每年在全球各地銷售的吸塵器數量約五十萬台，其中有三分之一是銷售到海外市場。這些吸塵器雖然建議只供家庭使用，但因為馬力十足，也經常運用於商業目的。史考特費澤藉由八百三十五個工廠經銷商銷售吸塵器，而後者又透過挨家挨戶方式銷售。一九九〇年代末期，經銷商採用的挨家挨戶銷售方式，造成了某種程度的道德爭議，這對於波克夏公司誠屬罕見。

一九九九年秋天，《華爾街日報》頭版報導，某些人控訴柯比採用高壓銷售策略，欺詐年長與低收入消費者。根據《奧馬哈世界先鋒報》（*Omaha World-Herald*）後續報導，拉爾夫．舒伊曾經聯絡華倫．巴菲特，向他請教因應辦法。但舒伊表示，「巴菲特只對我說他已經說過很多次的意見：『務必謹慎，務必公平對待顧客。』」即便如此，有關這項報導可能對於他老闆造成的不便，舒伊還是覺得很抱歉。他告訴《世界先鋒報》的記者，「華倫的聲譽無可挑剔。《華爾街日報》等於是說，『這是華倫．巴菲特，這位乾淨先生卻涉及骯髒事業。』舒伊堅持，「這並不是骯髒事業。」柯比目前採用的銷售方法，和一九三〇年代完全相同，顧客抱怨的情況非常罕見。《世界先鋒報》也曾經報導，巴菲特每年大約會收到波克夏海瑟威事業不滿意顧客一百封左右的抱怨信函，有關柯比吸塵器的部分還不到一％。[11]

舒伊不用擔心他老闆對於柯比吸塵器報導的反應，對於這位波克夏旗下經營者的表現，巴菲特只有正面肯定。他對於舒伊的評論，清楚表現於他在一九八五年併購史考特費澤後第一年的董事長致股東信函。「和史考特費澤同樣令我們滿意的，」巴菲特說，「是拉爾夫．舒伊，他任職公司執行長九年……。拉爾夫的經營與資本配置紀錄令人嘆為觀止，我們非常高興能夠和他共事。」[12]一年後，談到史考特費澤與舒伊，他告訴股東們：「一年的共事經驗，更加深了我們對於兩者的熱忱。拉爾夫是個卓越的企業家，坦白正直的人。對於工作，他是個多才多藝、精力無窮的人：他管理的事業，可以說各行各業都有，卻能有效掌控營運、機會，妥善處理問題。就如同我們旗下事業的其他經理人一樣，能夠與拉夫共事，實在是一種樂趣。我們的好運還繼續著，」他總結強調。[13]

經過八年後，他進一步解釋為何對於舒伊抱著如此正面的看法。「拉爾夫之所以成功的理由，」他告訴股東們，「實際上並不複雜。班・葛蘭姆早在四十五年前就教導我，投資想要取得不凡的結果，未必需要做不凡的事情。最近我滿訝異地發現，這個說法也同樣適用於企業管理。經理人必須做的，就是有效處理最基本的事情，注意力不要分散了。這正是拉爾夫成功的祕訣。他設定正確的目標，永遠不會忘掉自己想做的。在個人的層面上，我很高興能夠和拉爾夫共事。他擅長直指問題核心，自信而不自以為了不起。」[14] 另外，如同前文曾經提到的，舒伊退休當時，他曾經讚賞其貢獻，巴菲特說，「身為經理人，拉爾夫隸屬於波克夏名人堂。」[15]

另一方面，拉爾夫・舒伊也同樣推崇他的老闆。「我最欽佩他的地方，」舒伊說，「是其迅速掌握問題的能力，而且大致知道如何解決。他也是個很容易相處的人。他十分善於鼓舞人心，雖然屬於比較安靜的那種。我也喜歡他能夠創造某種平等的氛圍，雖然這個世界上沒有真正的平等，不論在智力或財務資源方面都是如此。但他能提供平等的概念與感覺。」如同很多波克夏其他事業經理人一樣，他第一次碰到巴菲特時，有兩件事讓他覺得特別訝異。「第一，」

舒伊說，「他很平易近人，很親切；第二，他非常瞭解我們的事業。」

舒伊發現巴菲特的管理風格最值得讚賞。「我們每隔一週都會談話，」他解釋，「如此可以讓他隨時瞭解我的情況。他會提供很好的建議，但不會說：『你必須按照我的方式做。』我也不會對他說：『我可以這麼做或那麼做嗎？』因為他不期待你這麼做。這是他最了不起的地方——讓你有足夠的自由發揮空間，可以完全按照自己的意思做事情。這種情況下，你不能把責任歸咎到他身上。他如果說：『你按照你自己的方式做。』如果沒成功，顯然只有一個人要負責，那就是你自己。很少人能夠如此。」運用這種態度對待手下經理人，舒伊說，「他讓你覺得，他實際上是老闆，但又不像是老闆，這是很不容易辦到的。我看待這家公司，就像是自己的事業，就像自己是大股東，而且我也能隨心所欲做任何事，但我不會隨便冒險。另一方面，我會不斷拚命工作，相信我們可以做得比今天更好。」

舒伊也表示，自從與波克夏合併後，巴菲特對他產生了頗大的影響。「對於我們應該關注的事項，他影響了我的想法，尤其是我們與零售顧客之間的關係。相較於過去，我現在花更多時間處理零售顧客方面的議題。除了企業執行長的立場之外，我也站在投資人的立場考慮企業經營。我與顧客之間息息相關。華倫認為如此——毫無疑問——這是相當獨特的哲學。」

至於他自己的管理風格，舒伊相當重視溝通的方法。「我花很多時間學習如何有效溝通，」他說，「我發現自己和別人溝通時，經常扮演權威角色。『你為什麼不這麼做？那有什麼問題？』我發現溝通的態度應該顯得更善體人意、更節制些，而不要太露骨、客觀，或用命令的形式；換言之，不該是告訴，而應該是請求。如此一來，溝通才能真正發揮作用，更能夠幫助別人，讓他們可以更獨立。你需要鼓勵人們自行思考。」事實上，舒伊很在意「人們受到鼓舞做某些事情而讓自己成功。當人們體會我曾經引導他們，讓他們做某些原本不會做的事情，然後他們後來對我說：『我很感激你這麼做。』我就會得很棒。」

舒伊高度推崇「企業家精神」（entrepreneurialism），這點應該不足為奇。如同十年前他在《克里夫蘭企業》（Cleveland Enterprise）寫的，「驅動企業家的力量，是他想要控制自己的命運，想要做得比別人好的慾望……。創業機會不只是賺錢，或藉由優異產品與優異價值而讓顧客滿意。這類機會是要改變人們的生活，讓他們思考過去所不知道的挑戰與目標。」[16] 因此，當被問到如果要成立另一家新公司，應該會是哪種形式的公司，他說，「由企業家和創業經理人管理的投資事業，一家可以被分割為許多小部門的事業。我覺得所有權形式是最關鍵的性質。實質擁有事業——即使是個小企業——也會明顯著不同於大企業聘用的專業經理人。」

至於他所經營的大公司，其未來的可能發展，舒伊說，「我希望在目前營運的某些領域內，進行更廣泛的多角化作業，譬如教育。我們如果能夠更進一步參與，不只是提供資訊而已，而是更直接參與教育程序本身，應該會更好。譬如協助孩童們更有效閱讀、更輕鬆學習數學。我認為新的互動式科技，應該可以提供很多新機會，讓學童們更容易學習。過去，總是請一位老師面對著全班三十個學童——大家的能力、興趣與技巧都各自不同。教育需要根據學習者的條件而客製化，我認為這方面有很多機會。」

可是，如何判別機會呢？「我們專注市場，」舒伊說，「因此不斷試著評估市場下一階段的可能發展。我們關心的不是我們目前已經置身其中而視其為目標，而是後續的市場機會，琢磨及早介入的可能性。」同樣地，引用史考特費澤的教育事業做為例子說明，他說，「就拿《世界百科全書》而言。我們都知道教育必須有所改進，但需要弄清楚究竟是要透過授課制度做改變，譬如引用某些電子工具，或改變教材內容。無論如何，改變是絕對會發生的，我們希望能夠預先琢磨出可能的發展方向，做出最大的貢獻。」

舒伊瞭解，這方面的變動之一來自於新科技。雖然他相信科技對於柯比的影響不大，對於坎貝爾的影響可能稍大，但因為資訊蒐集與傳播等面貌的改變，科技會繼續對於《世界百科全書》的發展造成顯著影響。舉例來說，當被問到世界百科距今十年後所將面臨的最大競爭者，舒伊說，「我不知道這會是誰，但絕對不會是目前從事百科全書的業者。這個領域正在進行雙重的革命，一是處理新知識的方式，以及如何消化，另一是如何透過最有效的方式讓人們瞭解。就這方面來說，世界百科的表現超過其他同業，但我想將有更多人試著參與競爭。而且我知道一件事，」他總結，「這些人將來自電子領域。」

關於世界百科與史考特費澤的未來前途，現在將是肯恩·史梅爾斯伯格（Ken Smelsberger）

的責任，他是新接任的公司執行長，長期服務於公司（資歷二十八年）。這個接班人的計畫安排妥當、進行順利，充分彰顯舒伊的專業和領導能力，也可以做為其他波克夏附屬機構處理管理權轉移的典範。史梅爾斯伯格是從公司內部慢慢晉升，由製造經理人、營運副總裁、部門總裁、集團副總裁、財務與管理資深副總裁，最後擔任企業總裁兼執行長。很少企業執行長能夠像拉爾夫・舒伊一樣，長期培養接班人選。就拉夫看來，當今沒有其他任何人更適合接手經營史考特費澤。這也說明了舒伊的識人之明，長期以來安排他擔任各種重要職務，允許他成功或失敗，然後在適當時機退居幕後。

至於波克夏海瑟威的將來，舒伊說，「我希望這個組織能夠整合在一起，而分解成為許多單位，分解但不至於拆散整家公司。我曾經和華倫討論過這個問題，而我似乎是站在另一邊，但我認為他一旦離開，任何人接手都不可能繼續依照他的方式管理。我知道股東們擔心這方面的問題，」他說，「他們大有理由擔心，因為不論指定誰接手，這個人都絕對不會是另一位華倫・巴菲特。他是個非常特別的人，所以你很難找到像他這樣的人。很少人可以採行他目前的管理方式，很少人能夠像他這樣影響別人。他能夠讓你激發出好表現，一方面是為了你自己，另一方面則是為了讓他引以為傲。這是相當罕見的特質。」

## 拉爾夫・舒伊的經營宗旨

- 你和員工之間的溝通很重要。你應該和他們討論，聽他們訴說關心的事情，而不是單純告訴他們應該怎麼做。你應該鼓舞他們，讓他們想要有所成就。
- 企業精神的威力無與倫比。即使是大企業，你也應該讓經理人擁有公司的部分所有權，就如同企業家一樣，讓他們得以發展自己部分的事業。
- 留意科技帶來的發展機會。有時候，我們甚至完全無法預期科技可能帶動的進步。我們必須保持開放心胸，留意這方面機會。

# 指定者：蘇珊・雅克

● 波仙珠寶公司

蘇珊・雅克（Susan Jacques）目前是巴菲特旗下唯一的女性CEO，她有三項專職：波仙珠寶公司執行長、妻子，以及兩個年輕小孩的母親。如同蘿絲・布朗金一樣，蘇珊也是在國外出生（辛巴威），而且沒有上過大學。她從企業內部晉升，但不同於其他波克夏海瑟威旗下CEO，她是由華倫・巴菲特指定擔任經營者，也是波仙珠寶第一位非家族成員執行長。

我們坐在她辦公室二樓會議室，可以鳥瞰下方的購物中心，也是每年接待波克夏股東的場所。她擁有政治領袖特有的風度和魅力，思緒反應敏捷，但永遠都是業務高手。華倫曾經特別強調——「看好你的荷包」；受到蘇珊・雅克魅力的感染，各位往後的珠寶都會由波仙提供。

---

一九九七年的董事長致股東信函，華倫・巴菲特表示，波仙珠寶總裁兼執行長蘇珊・雅克，「是業主所能期待的最優秀經理人。」[1]她代表企業CEO的異類。她是波克夏旗下事業目前唯一的女性經營者（過去還有另一位女性，即NFM的蘿絲・布朗金，但已過世），也是

最年輕者，當時只有三十四歲。除此之外，她是華倫．巴菲特親自指定擔任企業執行長的三位非家族成員（另兩位分別為《水牛城新聞》的史丹．利普西，以及費西海默兄弟西服公司〔Fechheimer Brothers〕執行長布萊德．金斯特勒〔Brad Kinstler〕）。雅克管理波克夏旗下規模最小的事業（就營業金額來說）。她不同於其他波克夏CEO，在公司被合併前，絕對稱不上富裕——因為她從來不是公司股東——合併後也是如此。她代表波克夏接班模式的成功。

雅克之所以是異類，不僅在波克夏經理人之間是如此，在其所屬行業內也是如此。珠寶產業的經營者大多是中年猶太男士。「當我剛擔任這項職務時，經常開玩笑說我有三方面缺陷：我太年輕、我是女人、我是非猶太人的異教徒（goy）。」雅克不認為這些缺陷對她構成障礙。「我認為，人們的成就取決於能力，」她說。就巴菲特對她的推崇，以及其經營珠寶事業的持續成功，其能力是無庸置疑的。

一九五九年出生於非洲羅德西亞——現在稱為辛巴威——雅克的父母分別是英國人和澳洲人，他們在當地經營木材生意，養育三個女兒，蘇珊是老二。如同很多小女孩，她從小就喜歡珠寶。星期五下午，當她和姊妹們拿到每週的零用錢，雅克回憶，「我們就會到商店裡，他們經常販售些便宜的戒指——五分錢或十分錢的戒指。每個星期五，我都會買個戒指。即使是那個時候，我也很喜歡珠寶……。」[2] 高中畢業後，由於不確定自己準備做什麼，「我不知道是否應該念大學，」她說，「所以我決定不去。母親說，如果我不準備念大學，起碼應該去念秘書課程，這樣至少還可以找個秘書工作。所以我去讀了一年的秘書課程，然後到英國殖民地規模最大的珠寶商蘇格蘭珠寶（Scottish Jewellery）擔任初級秘書。」當時羅德西亞殖民地正要轉型為辛巴威獨立國家，局勢相當混亂，她父母把三個女兒送回英國待了一年。

蘇珊回到辛巴威後，蘇格蘭珠寶提供給她兩個工作機會，除了秘書之外，還有行銷職務。「我決定做些不同的事情，所以選擇了行銷，」她說，「但很快就發現自己不懂珠寶方面的知識，如果我決定待在這個行業，就必須接受珠寶方面的教育。」她的同事當時正參加美國加州聖塔摩尼卡美國寶石學院（Gemological Institute of America，簡稱 GIA）的函授課程，於是雅克決定來美國就讀六個月課程。一九八〇年，取得GIA文憑後，她沒有立即返回美國，而決定在美國寶石服務協會（U.S. Gemological Services）的寶石分級實驗室工作，準備取得英國寶石協會會員（Fellow of the Gemmological* Society of Great Britain）資格。一九八二年，雅克以優異成績取得全世界最傑出研究者的獎賞。同年稍後，她的一位朋友，也就是美國寶石學院的同學亞倫・佛雷曼（Alan Friedman）因為其家族在內布拉斯加奧馬哈經營波仙珠寶，所以邀她加入公司服務。

波仙珠寶是在一八七〇年由路易斯・波仙（Louis Borsheim）成立於奧馬哈，波仙家族經

＊賈克強調，這個 Gemmological 是英國拼法。

營了四分之三世紀，一九四七年，路易斯．佛雷曼（Louis Friedman）與其妻子麗貝卡（Rebecca）買下這家珠寶店。（麗貝卡．佛雷曼是NFM創辦人蘿絲．布朗金的妹妹，但布朗金家族並沒有向巴菲特推薦波仙珠寶。）路易斯的兒子伊薩多（Isadore，暱稱「艾克」，Ike）於一九四八年參與家族事業，並且把這家小型珠寶店轉型為全球首屈一指的珠寶商。一九七三年，艾克向他父親買下這家公司。雅克於一九八二年九月加入公司擔任銷售助理時，公司是由艾克、兒子亞倫與女婿馬文．柯恩（Marvin Cohn）負責經營。

「艾克．佛雷曼有著相當不尋常的特徵，」雅克說，「擁有電腦般的腦力、可以根據珠寶識人、清楚顧客過去曾經買過什麼東西、瞭解顧客擁有什麼。他是了不起的談判高手、不可思議的採購，不可思議的銷售高手。」[3] 如同她敘述的，幫他工作從開始就是一種學習過程。「當我第一天踏進銷售店面，」她說，「我跑去找艾克，對他說：『你知道的，我過去從來沒有做過銷售工作，我希望能夠先觀摩一週，看看別人怎麼做，先學點經驗，看看事情應該怎麼做。』但他卻說：『嗯，我現在就需要妳。事實上，現在有個顧客上門，麻煩妳去招呼他。』所以我就去招呼這位男士，但我完全沒有受過訓練，所以也沒有向他推薦任何東西。結果，我按照標價兩百九十五美金賣給他一個胸針，然後寫好單據並收錢，再包裝成禮物交給他，他就離開了。事後，艾克跑來問我：『他有沒有買什麼？』我告訴他經過，然後他說：『你沒有到我這裡問價錢。』我說：『我不知道還要問價錢。』他說：『喔，你不能按照標價賣東西。你必須向我問價錢。』所以，那位可憐的先生，可能是第一位按照零售價格在波仙買東西的顧客。」

雅克進入公司服務當時，波仙珠寶已經是奧馬哈市中心的地標；店面營業面積有七千五百平方英尺，員工三十五人。四年後的一九八六年，座落在奧馬哈道奇街（Dodge Street）小型封閉式購物中心攝政庭園（Regency Court）的店面，營業面積擴展為二萬七千平方英尺。同年，蘇珊・雅克被晉升為珠寶販售經理人與採購，工作責任要求更高。最初，她相當樂意接受這方面的挑戰，但經過幾年後，漸漸感到心力疲憊，因此考慮接受加州寶石學院提供的教職工作。但公司方面希望她繼續留下來，也願意考慮改善她的工作條件。除此之外，她還有繼續留在奧馬哈的另一個理由。一九八七年的聖誕節銷售旺季，店面聘用了某位叫做基尼・鄧恩（Gene Dunn）的男士。他是奧馬哈望族之後，曾經從事許多不同行業，當他認識蘇珊時，正準備收購某櫥櫃公司。「他開玩笑地說，為了邀我外出，他不得不放棄剛有眉目的寶石事業，因為他如果繼續留在公司上班，我就不可能跟他約會，」雅克說。[4] 結果，她繼續留在奧馬哈，而且在一九九〇年和基尼・鄧恩結婚。

同時，波仙珠寶本身也發生了某些變動。一九八八年聖誕節期間，華倫・巴菲特來到店裡，想要購買戒指。他過去曾經來店裡光顧過幾次生意，也算是老顧客之一，所以店員與公司高級主管都和他相當熟稔。當他挑選戒指的時候，艾克・佛雷曼的女婿唐納・耶魯（Donald

Yale）大聲說：「不要賣給華倫戒指，把整個商店都賣給他！」[5] 隔年的年初，巴菲特打電話詢問佛雷曼家族是否有意出售波仙珠寶。「對於巴菲特而言，波仙有幾個深具吸引力的特色，」雅克說，「其中之一，珠寶生意是個快樂的行業。你招呼心情愉快的客戶；你幫助人們慶祝特殊時刻。更重要者，我們的事業經營得相當成功，聲譽幾乎無可挑剔，我想華倫相當重視這點。但最讓華倫感興趣者，」雅克繼續說，「很可能是艾克．佛雷曼。艾克是個精力旺盛的人——我必須說，他真是如此。他是我們這個行業的傳奇人物，甚至到了現在，凡是和他打過交道的人，只要談起他就有說不完的故事。華倫之所以收購波仙珠寶，至少有一部分原因和艾克有關。這點無庸置疑。」

艾克．佛雷曼確實有意出售事業，所以一九八九年二月，佛雷曼、唐納．耶魯與華倫．巴菲特舉行了一場會議。「關於正題，」耶魯說，「大概只談論了十分鐘。他問了五個問題，然後提出收購價格。」巴菲特詢問的五個問題為：「銷貨金額多少？毛利多少？費用多少？存貨多少？你是否願意留任？」關於前面四個問題，佛雷曼立即答覆，甚至不需查閱帳冊，至於第五個問題，他也做了肯定的回應。「我們三個人，後來在巴菲特的辦公室碰頭，」耶魯說，「艾克和華倫握手，慶祝交易完成。」協議達成後，耶魯回憶，「巴菲特說：『現在忘掉我們之間所發生的一切，請你們繼續做過去做的。』完全沒有討論未來發展，也沒有談及我們的決策方式、擴張計畫、獲利目標等議題。他特別強調一點，他做這筆交易並不期待立即有收穫。」華倫・巴菲特支付現金買下八〇%的波仙珠寶，佛雷曼家族繼續擁有剩餘二〇%。收購價格沒有對外公布。所以波仙成為波克夏海瑟威旗下的第一家珠寶事業，但應該不會是最後一家。

對於這筆併購交易，佛雷曼和巴菲特都覺得很滿意。就像職業賭場喜歡在進門與出口處設置高級珠寶店一樣，波克夏現在也依法炮製，在公司總部所在地設置一家高級珠寶店，希望每年舉辦股東大會時（奧馬哈每年舉行的規模第二大盛會），能夠趁機招攬顧客。波仙珠寶雖然沒有轉手賣出，其規模也很小，但這是很了不起的策略性投資，很可能在短短幾年內，就回收最初的投資。

巴菲特在一九八九年的董事長致股東信函談到，「併入波克夏的第一年，波仙珠寶的表現完全符合預期。銷貨金額顯著成長，目前業績大約是四年前剛搬來現址水準的兩倍……。艾克・佛雷曼，也就是波仙珠寶的天才經營者——我沒有誇張——只有單一速度：快速前進。」關於這個主題，巴菲特意猶未盡地繼續說，「艾克・佛雷曼不僅是個超級生意人和了不起的表演者，更是個正直、高尚的人。我們收購這家企業時，財務報表並沒有經過審核，但所有的意外發現都是正面的。『你如果不懂珠寶，最好就要認識珠寶店老闆』，這句話說得沒錯，不論是買顆小鑽石或整家事業。」[6]

為了進一步解釋他為何如此看重艾克・佛雷曼，巴菲特告訴股東們一段小故事：「我隸屬於某個非正式團體，我們每隔兩年會聚在一起討論某些有趣的話題。去年九月，我們在聖塔菲的主教旅館（Bishop's Lodge）聚會，我邀請艾克、他太太蘿茲（Roz）和兒子亞倫一起來，講解有關珠寶和其行業的故事。為了讓大家開眼界，艾克從奧馬哈帶來了價值兩千萬美金的珠寶。這讓我覺得有些緊張——主教旅館可不是諾克斯金庫（Fort Knox）——因此在正式聚會前一天晚上舉辦的宴會中，我對他表達關於安全措施的疑慮。艾克把我拉到一旁。『看到那座金庫沒有？』他說，『今天下午，我變更了暗碼，甚至連飯店經理都沒辦法打開。』我總算鬆了口氣。艾克繼續說，『看到那兩位腰間帶著槍的彪形大漢沒？他們整個晚上都看守著保險箱。』這個時候，我總算放心，準備回到宴會上。但艾克靠在我耳邊說：『再說，華倫，』他低聲說，『珠寶根本沒有擺在保險箱裡。』」[7]

雖然想法有些古怪，佛雷曼也是個性堅忍的生意人。隨後兩年內，波仙珠寶持續蓬勃發展。然後，到了一九九一年九月，在沒有安排任何接班人的情況下，佛雷曼過世了。如同雅克解釋的，「華倫併購波仙珠寶，他實際上是收購艾克．佛雷曼，但艾克卻在兩年後不幸罹患肺癌，顯然完全不在計畫內。我相信華倫收購波仙時，想必認為艾克起碼還會待上二十年，所以根本不需考慮接班人，或做任何這類安排。」更麻煩的是，亞倫．佛雷曼原本應該接替其父親擔任公司總裁，卻提早離開公司而先在奧馬哈、後到加州比佛利山莊另行創業；所以艾克的女婿唐納．耶魯接任公司總裁。所有這些變動，使得公司執行副總裁職務出缺，蘇珊．雅克也晉升到這個職務。

雖然很高興受到重用，也很樂意承擔更大的責任，但十四個月後，她的第一個小孩出生，不免又面臨另一次兩難抉擇：小孩或事業。由於先生全力支持，她決定返回工作崗位。「基尼根本不想聽我講有關離職的事情，」她幾年後如此告訴某記者，「他是我得以成功的支柱。他非常、非常樂意支持女性追求事業，而且很有風度地貢獻所能。」她終究能夠在工作與個人生活之間取得平衡，也成為公司其他女性員工的典範。「我們的管理團隊有很多女性成員，」她說，「而家庭對我們來說很重要。我們覺得你如果能夠維繫和睦的家庭生活，貢獻必要的時間……然後還決定繼續工作，工作才會有效率。雖然不免還是有些罪惡感，所幸我知道自己並不會是很好的家庭主婦。」[8]

一九九四年初，她的老闆唐納．耶魯也面臨相同的平衡問題。他的妻子珍妮斯（Janis）罹患癌症，如同他當時表示的，「我對於家庭負有責任，對於公司也負有責任，而現在顯然不可能兼顧。我會優先考慮家庭，」他覺得自己需要辭掉公司總裁的職務，「這完全是我個人的決定，」他強調，「華倫相當理解、也支持我的決定。」[9]可是，不論如何理解或支持，他現在必須幫這家珠寶公司挑選經營者。處理過程中，如同蘇珊．雅克當時認為的，巴菲特開始邀請公司的高級主管到他辦公室。

「唐納表示即將離職後不久，」她回憶，「某天早晨大約十點左右，華倫打電話給我，表示：『今天下午妳有沒有時間到我的辦公室談談？』當然，我們都知道唐納打算離開，因此我認為華倫想要召見管理團隊的每個成員。我認為他可能想要知道最新發展情況，所以我告訴他，我很樂意過去。但我立刻發現自己的穿著似乎不太得體。如果要和華倫碰面，我希望自己看起來必須夠專業。」

當時我和先生住在農場，距離珠寶店大約有半個鐘頭車程，但我們在辦公室附近還有一棟小公寓。「所以我打電話給先生，」她回憶，「我說：『華倫要我到他辦公室，我必須回家換衣服。可是基尼，』我說，『我的鞋子在農場，衣服則在公寓。』所以他說：『妳去公寓換衣服，我回農場幫妳拿鞋子。』因此基尼快馬加鞭開車趕回家幫我拿鞋，卻在高速公路上被警察攔下。他告訴警察：『你恐怕不相信，但我太太和華倫．巴菲特今天下午有約，我必須趕回家幫她拿鞋。』那位警察說：『說得好，我今天還沒有聽過。』但他還是放了基尼一馬，只提出警告。」

打扮整齊後，雅克前往會見巴菲特。開始談話後，她很快就發現，巴菲特並非單純只想知道最近的發展，他想讓她接任公司總裁。「我大吃一驚，」她說，「完全出乎我的預料之外。我告訴他：『我可以試試看。但萬一結果不符預期，你可不可以讓我回頭做我原本做的？』他說：『這恐怕會有點困難，蘇珊，但我們當然可以試試。』他也確實這麼做了。他給了我大好機會，我也很幸運，事態發展相當成功。」但故事還沒有結束。「等到我擔任總裁的消息正式公布，」她補充，「我們接到一通恭喜的電話，是當初在高速公路攔下基尼的警察。他應該很高興基尼沒有騙他，我和巴菲特確實有場約會。」

一九九四年一月擔任公司總裁以來，雅克盡力維繫波仙珠寶的傳統。如同艾克・佛雷曼一樣，她通常都待在商店賣場，員工們可以看到她。她在主樓層設立辦公室，秉持著佛雷曼堅持的顧客至上經營哲學。所以公司的銷貨與盈餘繼續加速成長，店面與員工也得以持續擴張。一九九七年，波仙珠寶執行長被推選進入全國寶石商名人堂（National Jeweler Hall of Fame），也是第三位女性獲頒此榮銜。

一九八二年，雅克剛加入波仙珠寶當時，公司店面為七千五百平方英尺，員工三十五人。到了二〇〇〇年，商店面積擴增為兩萬平方英尺，員工三百七十五人。自從她擔任總裁後，銷貨金額倍增；就單一店面銷貨來說，波仙目前僅次於紐約蒂芙尼（一・三億美金）。她承認，所有這些成就也讓公司付出代價。「我們偶爾會聽到顧客抱怨和某些負面評價，認為我們已經不再是過去的波仙珠寶了，」她說，「我們試著維持固有的家族文化。我們很多人，包括管理團隊的成員在內，在公司併入波克夏前，都曾經和佛雷曼家族長期共事。但企業經營者本身是業主，而且事業是家族的生計所在，其狀況顯然不同於我們目前隸屬於某大企業的一部分。即使我們仍然想按照艾克的哲學繼續經營，但營運方面的某些考量勢必不同。」

她相信波仙與波克夏合併，對於公司營運顯然有好處。她認為即使沒有和波克夏合併，「波仙珠寶仍然會成功，也會繼續是整個產業的領導者之一，」但她也承認，「與波克夏之間建立的關係，顯然有助於擴大顧客群。」公司參加每年五月在奧馬哈舉辦的波克夏股東大會，就代表了重要的正面助益。正常情況下，波仙珠寶星期天休息，但如果碰到股東大會開會（母親節前的週末），星期天會照常營業，波克夏一萬五千位忠實股東將成為波仙的潛在顧客。每年的這三天週末期間，業績只有聖誕節假期足以媲美。

趁著每年舉辦的股東大會，雅克有機會結識波克夏其他營運經理人（時思糖果執行長恰克．哈金斯的結婚手鐲就是在此購買）。她覺得和這些企業執行長多加聯繫，應該會有幫助。波仙在奧馬哈的鄰居布朗金家族，對她的幫助就很大。「我們相當仰仗他們的幫忙，也經常和他們溝通想法，譬如銷售助理的佣金制度，還有人力資源、市場行銷等議題，因為我們是身處相同環境的零售商。可是，」她補充，「我們希望，也計畫和其他企業之間多加溝通，彼此做些腦力激盪。」譬如說，她引用紐澤西伍德布里奇的商務客機公司為例，這家公司銷售噴射機的部分所有權給公司機構、企業家、明星運動員、社會名流與富豪。「如果能夠經常向他們請益與溝通，應該很有幫助，」她說，「因為我們服務的顧客群很類似。」

但她相信，最顯著的潛在綜效，應該存在於波克夏的三家珠寶事業之間：波仙，總部設立在肯薩斯市的賀茲伯格鑽石（Helzberg Diamonds），以及總部設在西雅圖的班布里奇珠寶（Ben Bridge Jewelers）。「其中存在太多、太多可能，」她說，「採購、信用卡處理、信用展期等。此外還有存貨、存貨管理、薪酬、鑑定、廠修，以及產業相關議題。我們之間存在許多合作可能性，可以善用各自擁有的一切，使得大家的事業都變得更強大。」

就某些方面來說，珠寶集團的成員彼此之間屬於競爭者，舉例來說，賀茲伯格在奧馬哈有四家店面。但雅克認為他們之間所存在的信任感，應該足以進行某些合作。「賀茲伯格被波克夏併購前，」她承認，「我對他們有不同的看法，絕對視其為敵手。但現在隸屬於相同集團，我真的認為我們擁有不同的哲學。我是說，我會告訴顧客，他們如果不想跟我們買，那麼他們可以去跟賀茲伯格買。當然，我不會把顧客送給他們，他們也不會把顧客送給我們，但在推薦其他珠寶商前，我當然會先考慮我們的姊妹事業，至少我們都同樣隸屬於波克夏集團。」

雅克表示，能夠幫華倫．巴菲特工作，「實在是高度的榮幸。我的意思是說，他是個非常、非常特別的人。他具有同理心，令人覺得溫馨，他可能是我見過最聰明的人之一。他講話絕對不會想要壓過你，也不會講些你聽不懂的話。他不論做什麼事情都很有智慧。他也是個最棒的老闆。他永遠都願意提供幫助，不論任何時候，你只要想和他說話，他永遠都在那裡。」

當被問到老闆和她之間的差別，她用英國腔伶俐地回答，「華倫喜歡買東西，我喜歡賣東西。」

由於波克夏是「選擇性併購者，尤其是對於我們這個行業，」同業有時候會透過她探詢把事業賣給巴菲特的可能性。雖然她對於自己的立場相當堅持，「我永遠都請他們直接和華倫聯絡，因為事業併購並非我的工作領域，」但她也承認，偶爾會「針對相關交易提供意見給華倫參考。」她也相信，珠寶行業裡還有許多潛在的業者，可能適合成為波克夏家族成員。「相當多的珠寶業者，家族結構類似於班布里奇，事業是由許多家族共同擁有，每個家族不免會擔心家長萬一不能繼續管事的後續發展。如果能夠獲得華倫・巴菲特挑選，實在是一種榮幸，這也是我們覺得驕傲的地方。」

這種情況下，我們就不難理解，雅克為何會說巴菲特是對其職業生涯影響最大的人。「你不論幫誰工作，」她說，「對方多少都會對你構成影響，我認為華倫對我的影響是正面的，讓我真正熱愛工作，也讓我相信自己，讓我有自信，而且永遠做正確的事情。他經常說：『你的行為必須讓你即使登上明天報紙的頭條新聞，也不會覺得羞愧。』我不論做什麼事情，永遠都會記住他這個叮嚀。我認為這是為人處世的最佳準則——永遠誠實對待自己，誠實對待周遭的人，承認自己的錯誤。」事實上，她認為誠實、正直與誠信是「經營我們這個行業的最關鍵要素。如果欠缺這些要素，」她說，「你在這個行業裡就待不久了。」

她認為事業經營成功的另一項關鍵要素，是與人相處的能力。「我通常和大家都合得來，」她說，「你如果懂得如何和人相處，聽取他們的說法、解決問題，通常就能獲得人們的尊敬，讓自己更有機會成功。」另外，她也十分能夠體認團隊成員所做的貢獻。「我周遭的人，很多都具備我所欠缺的能力。我們擁有很好的團隊——非常年輕的團隊——工作成效很好的團隊。」最後，她認為專注力也很重要。「你的日常工作絕對不能喪失目標，而且要不斷有所進步，讓你的顧客能夠享有更棒的經驗。」

談到波仙目前的經營狀況，她說，「我們實際上經營三種不同的業務。我們銷售珠寶、手錶與禮品。此三者是全然不同的行業。我們的業務約有八〇%來自珠寶，其餘兩者各占一〇%。但三者的基本經營哲學則完全相同：儘可能讓顧客完全滿意。每當顧客上門，我相當堅持他們必須受到最殷勤的招呼。有時候，這種態度可能讓顧客抓狂，因為他們只希望到處看看，不希望一直被打擾。但我絕對不希望看到有顧客被疏忽。顧客如果得不到妥善招呼，就不會有生意。」

持續堅持顧客至上的哲學，使得公司得以保有卓越的聲譽，這也是雅克認為波仙珠寶掌握的重要競爭優勢之一。除此之外，波仙還具有其他競爭優勢。她表示，「我們擁有充分的專業人手。舉例來說，我們店裡有十五位領有寶石專家證照的員工，其他珠寶店如果有一位這類專家就很了不起了。我們有關產品的所有一切後續服務，幾乎都在自家店裡完成。我們有自己的工作台，自己修理，而且店裡隨時保有充分的存貨。」

店面的所在地點也代表另一種優勢。「座落在奧馬哈，」她說，「讓我們得以儘可能壓低營運費用。」這方面結果，就如同華倫．巴菲特幾年前對波克夏股東解釋的：「我們的營運成本……大約占銷貨金額的十八%，相較於一般競爭對手的四〇%……。就和沃爾瑪百貨一樣，根據十五%營運成本設定的價格，讓那些高成本競爭對手根本看不到車尾燈，因此市占率持續提高，波仙珠寶的情況也類似。適用於尿布行業的，也適用於珠寶行業。我們採行的低價策略，他繼續說，「拉高了營業額，也允許我們持有大量存貨，數量大約是一般珠寶業者的十倍或更多。」[10]公司隨時都有十萬種商品可供販售，雅克摘要總結表示：「由最具專業精神員工，秉持著最親切的服務熱忱，精挑細選價格最優惠的商品。」

滿有趣地，雖然對於公司全心投入，但被問到她的鍾情所在，雅克毫不猶豫地說，「我的家庭，還有我的工作。但家庭永遠擺在前面，因為我認為家庭將伴我直到天荒地老。我雖然也相信會在波仙待上很長一段期間，但畢竟不確定是否會到老死。」她承認，「每當我離開這裡回家，我就會嘗試把門關上。我不會把工作帶回家，因為我不可以這麼做。回到家裡後，我要有另一個全然不同的生活。如果把工作帶回家，對我的家人顯然不公平。所以我開車回家時，等於是從生命的某一部分，跨到另一部分。」她承認，如何拿捏這兩部分生命之間的平衡，有時候並不簡單。「最大的挑戰，」她表示，「是如何盡力平衡自己的個人生活——勝任的妻子，兩個孩子的媽媽，還有每天對於波仙承諾的成長與成功。我覺得自己決定成為職業婦女是個相當明智的決策。但每當工作需要外出旅行時，譬如珠寶採購或參加各種組織的董事會，就會覺得特別辛苦，因為要和家人分開。」[11]

除了需要花精神處理前述衝突之外，她不覺得身為女人對於事業有何影響。「我從來不覺得，」她說，「女性在職場上受到什麼不公平的待遇。我認為當我被晉升為公司總裁時，年齡確實曾經是個問題，因為我當時才三十四歲，但我不認為性別是個問題。」事實上，她相信，「某些機會之所以發生在我身上，是因為我是個女人。所以我覺得自己身為女人，實在非常、非常幸運，因為這幫我敞開好幾扇門。可是，」她補充，「我不覺得自己有必要做變動。相關變動會自然而然發生。我總是在正確時機，處在正確的地方。我就是剛好站在浪頭上。」

一九九九年，婦女珠寶協會（Women's Jewelry Association）頒發「年度最佳零售表現獎」（Annual Award for Excellence in Retail）給雅克。她發現過去幾年來，珠寶產業的女性高級主管人數顯著增加，《財星雜誌》五百大企業目前有兩位女性經營者，但她也瞭解這方面還有很大的進步空間。「對於年輕女性來說，看到珠寶產業不再像過去一樣，主要都是由男性主導，應該會覺得倍感鼓舞，」她說，「我由這家公司的最底層做起，而最終晉升成為企業執行長，應該可以給很多人無限希望。如同我經常告訴員工們的，我不可能永遠在這裡。事實上，」她補充，「當我聽到包裝部門的女孩對我說，有一天她希望做我的工作，我覺得太棒了。有一次，我在珠寶研討會發表演講，有位年輕女人跑來對我說：『你的演講給我很大的啟發。妳真的鼓舞了我。』這就是我最想聽到的事情。」另一方面，雅克也大力提拔女性主管。波仙珠寶的七位執行經理人之中，有兩位男性、五位女性——顯示這個產業未來的可能發展。

雅克認為，珠寶產業與奧馬哈社區對她確實不薄，所以她也應該有所回饋。她目前擔任美國寶石學院理事（Governor of the Gemological Institute of America），也是美國珠寶商董事會秘書（Secretary of the Jewelers of America Board），而且身為珠寶商警戒委員會董事會（Jewelers Vigilance Committee Board）成員之一。至於本地社區，她是奧馬哈商會（Omaha Chamber of Commerce）、克雷頓大學（Creighton University），以及美國肺臟協會（American Lung Association）的董事會成員，也是內布拉斯加醫療中心諮詢委員會（Nebraska Medical Center Advisory Council）成員。自從一九九五年以來，她就隸屬於青年總裁組織／內布拉斯加分會（Nebraska Chapter of Young Presidents Organization）的成員。

雅克深信珠寶產業的未來發展非常樂觀，因為這個產業可以提供人們不可或缺的特定需求。「沒錯，我們所販售的商品是珠寶，」她說，「但實際上是隸屬於愛情與浪漫的產業。珠寶只是紀念人生特殊時刻或事件的表徵。當某個年輕小伙子前來購買訂婚戒指，他購買的實際上並不是鑽石或其座台。他所購買的，是對於某位他愛慕、想共度一生伴侶的愛情表徵。所以這是個處理喜慶與快樂的行業，人們永遠會追求喜慶與快樂。當然，」她承認，「我們的生意會受到可支配所得的影響。景氣好的時候，生意蓬勃，碰到景氣衰退，生意也會顯得低迷。即便如此，也不至於死氣沈沈。人們不會只因為錢財不足而錯失慶祝的時機；只是花費變得較少而已。所以我認為，珠寶業的前途大有可為，我們有很好的機會。」

至於波仙珠寶本身的未來發展，雅克也很樂觀。「過去幾年來，我們的銷售業績呈現加速成長，」她說，「因為我們專注於核心事業，提供絕佳服務、理想的價格、以及精選的商品。

也因為我們的生意大部分仰賴口碑相傳，這也是最棒的。最好的生意往往來自於滿意顧客推薦給親朋好友。我認為只要繼續這麼做，我們就會繼續成長。」雅克期待事業成長的動力是來自內部，而不是透過併購其他事業，或拓展新據點。「我們的單一營運據點，以及壓低費用比率的能力，」她說，「就是我們擁有的最大本錢與長處。這是我們無法在別的地方複製的。我們最不想做的，就是像我們的主要競爭對手一樣，設立四千或五千平方英尺的新店面。我們的規模以及精選的商品，才是我們得以脫穎而出的關鍵。」

對於公司的營業銷貨，她並不期待網路平台可以扮演重要角色。「有關愛情與浪漫的商品銷售，很難透過點擊滑鼠或敲打鍵盤進行，」她說。「年輕女性如果知道她們收到的訂婚戒指是網路上購買的，興奮之情恐怕會大減。購買戒指的行為本身，就蘊含著濃烈的情緒成分，絕對不是電腦可以取代的。另一方面，關於新科技的運用，波仙珠寶也不會疏忽。「相較於過去，這讓我們可以接觸更廣泛的潛在顧客。網路運用愈普及，愈多家庭使用電腦，人們使用這方面工具愈覺得自在，這些就會成為我們理想的溝通媒介，最終也會促進我們的銷售。二〇〇〇年底，我們新闢的波仙珠寶『線上婚禮禮物清單』（bridal registry online），大幅提升網路銷貨，也促進我們在新、舊顧客之間的曝光程度。」

她體認網路會讓公司面臨更激烈的競爭，但她相信：「對我們構成威脅的最大競爭對手，最終必定是某些大型連鎖店，這些事業就如同我們一樣，會同時設置實體店面與網路平台。長期而言，純粹的網路平台不會成功。它們沒有辦法賺錢。就行銷花費來看，它們會賠錢。我不認為它們可以長期生存。我也不認為這類創業公司成立一、兩年後，後續的投資還會源源不斷；投資銀行畢竟期待回報，不可能不斷提供資金填補看似無底的洞。」

至於她本身，雅克說她在可預見的未來，應該還會繼續待在公司，退休計畫應該是遙不可及的事情。「確切而言，」她說，「我眼前還有很長一段路要走。」在華倫・巴菲特的要求下，她也安排了可能的接班人選。「可是，」她補充，「各位如果處在我的年齡，恐怕很難想像接班人選，因為我可能還會在這裡待上二十年。我想任何人都不願意擔任二十年的第二小提琴手。」

如同對於珠寶行業與波仙的未來充滿樂觀願景一樣，她也認為波克夏海瑟威的未來一片光明。當被問到巴菲特離開之後的公司可能發展，她毫不猶豫地說，「非常成功。他擔保了這點。他非常努力確保這點。我想當他走了之後，絕對不想看到任何根本改變。我知道他希望公司繼續成長，而且我也認為情況將會如此，因為他是如此知人善用，他知道如何挑選適當人選。我確信，」她補充，「他已經有了周詳的安排，確保管理轉移能夠平順進行，我真的一點也不擔心。」

蘇珊・雅克不是那種凡事喜歡擔心的人，事實上，她認為自己最大的特長就是樂觀。「我相信正面的態度具有感染力，」她說，「不論在家或工作，我都是如此，因為笑容不必花錢，熱情的招呼代表整個世界。我認為個人的態度，還有周遭人的態度，會對生活造成顯著的影響。如果某人對你抱怨連連，你的反應絕對不同於面對愉快、熱情的人；同樣的道理，如果你對別人抱怨連連，他們的反應也絕對不同於面對愉快、熱情的你。總之，我認為正面的態度很重要，我非常努力要辦到這點。」

**蘇珊．雅克的經營宗旨**

- 承認自己的錯誤。
- 誠實、誠信與正直。
- 試著和大家和睦相處。保持正面態度，可以感染周遭的人。
- 組成適當的工作團隊。
- 保持專注。我永遠思考如何讓顧客覺得高興。

# 零售商之寶：傑夫・康門特

## 賀茲伯格鑽石公司

賀茲伯格鑽石公司（Helzberg Diamonds）的辦公室——由傑西潘尼百貨（JCPenney）建築改裝——座落在密蘇里肯薩斯市的密蘇里河右岸，該處適合經營零售商店，所以在公司辦公室附近設立了一家珠寶店。

處在傑夫・康門特（Jeff Comment）周遭，人們通常十分自在。他除了對自己經營的事業十分熱中之外，對於信仰、家庭、帆船、跑車與雪茄也同樣熱中。這位巴菲特旗下的執行長，展現了幾種管理祕訣：第一，想要透過網路銷售價值三百美金以上的商品確實有困難，這個事實也擴大了波克夏零售事業的經濟護城河；第二，波克夏每個事業都有明確的接班計畫，如同波克夏業主們設計的慈善捐獻計畫，協助股東思考慈善活動、捐贈行為，以及他們自身的遺產一樣，每位經營者每年都要提名CEO接班人選給波克夏總部，協助思考組織未來的管理結構。巴菲特要求旗下CEO，每年或每隔幾年要寄信告知事業接班人選，他本身也從事這項管理工作，預留只有他死後才能開封的文件，內容寫著：「我昨天走了，我建議╳╳（人名）接替我擔任波克夏海瑟威執行長職務。」

第三，康門特強調，巴菲特旗下的CEO，幾乎都會積極參與社區活動，擬定明確的慈善計畫；第四，事業創辦者的熱忱很難複製和模仿；第五，想要和賀茲伯格或其他波克夏事業競爭，業者需要擁有穩固的基礎、人才、時間與資本。賀茲伯格鑽石公司擁有持久性競爭優勢，而且非常賺錢，但康門特承認自己和波克夏合併後，犯下某些錯誤。很幸運地，他有能力立即重整旗鼓，目前又成為最主要的珠寶零售業，也保有每個店面的最高平均銷售金額。

---

傑佛瑞．康門特（Jeffrey W. Commet）是賀茲伯格鑽石公司的董事長兼執行長，公司座落在密蘇里北肯薩斯市，他喜歡敘述自己取得目前職務的故事。他原本在公司擔任總裁兼營運長，直到一九八五年為止，當時身兼董事長、執行長和業主的小巴內特．賀茲伯格（Barnett C. Helzberg Jr.）把事業賣給華倫．巴菲特。「巴內特想退休，」康門特說，「而我同意留下來繼續經營公司，所以等到併購交易完成後，我對華倫說：『好了，順便提一點，我們一直沒有談到我要如何稱呼自己。』巴菲特說：『你可以隨便高興怎麼稱呼自己，只要抬頭和職務相稱就行了。』所以我稱呼自己董事長兼執行長。現在如果有人問我，公司有沒有設立總裁的職務，我就說：『沒有，因為上一任做得不好，所以我們取消這個職務了。』」

關於這個職稱，傑夫．康門特相當堅持，「我實際上是業務員，公司可以稱呼我為董事長或執行長，華倫也可以稱呼我為董事長或執行長，但我就是個做業務的人，我喜歡賣東西，這也是我在公司裡扮演的真正功能——盡一切所能多賣些鑽石。」以康門特對行銷的執著，不難理解他早就知道自己想做什麼。一九四三年，出生於印第安那韋恩堡（Fort Wayne），一九六六年畢業於印第安那大學，取得行銷學士學位，他回憶，「大學畢業後，我進入福特汽車擔任區域銷售代表，也就是公司與經銷商之間的聯絡人，但我並不擅長這工作，」他說，「因為這不是做銷售，我只是在公司與經銷商之間來回傳話。我只知道自己想從事銷售工作。」

結果，福特汽車成為康門特最後一個從事與銷售職務無關的公司。「我決定從事零售業務，」他說，「因此前往佛羅里達，進入坦帕市的瑪斯兄弟百貨公司（Maas Brothers）。他們要我參加主管培訓課程，但課程已經開始，我來不及參加，所以他們說：『你先到銷售部門待六個月，等到下一次開課再過來參加訓練。』因此我的第一個聖誕節銷售旺季，就專門銷售男士配飾。我決定這個聖誕節，我要銷售最多男士領帶，而且確實辦到了。經過這次嘗試，我知道零售業確實適合自己。」離開瑪斯兄弟百貨後，他於一九七一年與一九七四年分別加入邁阿密的伯丁斯百貨（Burdines）與喬登瑪什（Jordan Marsh），擔任較重要的職務。一九七九年加入費城的約翰沃納梅克（John Wanamaker）擔任資深副總裁，並在一九八三年晉升執行副總裁，一九八四年擔任總裁兼營運長。一九八八年，小巴內特．賀茲伯格找康門特擔任他們家族經營的珠寶事業總裁，於是他搬到肯薩斯市。

一九一五年，巴內特的祖父莫理斯・賀茲伯格（Morris Helzberg）在肯薩斯的肯薩斯市創辦賀茲伯格鑽石公司，開啟真正的家族事業。「第一年，莫理斯的房東提議花費五百美金整理店鋪門面，條件是每個月房租由原來的二十五美金調漲為二十九美金，」他的孫子後來敘述，「經過再三琢磨，家族決定接受這項提議。打從開始，整個家族就介入這家小店鋪的經營。碰到重大的事故——譬如房租調漲四美金——全家人通常就會進行漫長的討論，每個人都可以表達意見。」一九四五年，莫理斯最小的兒子巴內特繼承父業成為經營者，他的兒子小巴內特則於一九六三年接任這項職務。[1]

一九八八年，傑夫・康門特擔任總裁時，賀茲伯格的事業已經由原來的十二尺寬門面大幅成長，在美國中西部擁有七十家店面，而且在賀茲伯格與康門特領導下，事業規模更是年年壯大。到了一九九四年，賀茲伯格鑽石已經在全美二十三州擁有一百三十四家店面，年度銷貨金額二・八二億美金。巴內特・賀茲伯格這時已經六十歲，開始擔心資產過分集中，雖然完全由家人持有；另外，他開始積極介入許多非營利社區計畫，因此著手規劃某些可行方案，包括出售公司或讓公司掛牌上市，並與摩根史丹利討論各種發展可能性。他已經不想介入公司日常運作，但必須確定決策不至於對公司員工、企業文化造成負面影響，也不想違背服務顧客的根本哲學。另外，他希望公司繼續完整留在肯薩斯市，而且在可預見的未來繼續成長。[2]

同年春天，他還在思考這個問題的解決辦法，剛好因公來到紐約。這個時候，華倫．巴菲特出現了。巴菲特後來對股東敘述這段故事，「一九九四年五月，大約在波克夏股東大會結束後一週左右，我當時正好穿越紐約第二十五街和第五大道路口，有位女士呼喊我，跟我說她參加了我們的股東大會覺得很高興。幾秒鐘後，有位男士剛好聽到這位女士叫我，於是也停下來，結果他就是小巴內特．賀茲伯格，他擁有四股波克夏股票，而且也參加了這次的股東大會。在我們短短幾分鐘的街頭談話過程中，巴內特談到他經營的事業，覺得我或許有興趣收購。當人們如此說時，他們所謂的事業通常只是某個小攤子——當然有可能發展為下一個微軟。所以我請巴內特把資料寄給我，心想此事大概發展到此為止。」[3] 結果不然。蠻奇怪地，雖然賀茲伯格想要出售公司，而且也是他主動談起這個話題，卻不想提供巴菲特需要的資料。如同巴菲特事後回憶，「我是那種人家如果問我時間，我會先跟他要社會安全號碼的人。但我最後還是對自己說：『把東西寄給我，笨蛋。』」[4]

研究過相關資料後，巴菲特告訴賀茲伯格，他確實有興趣。「巴菲特第一次寫信給我時，」賀茲伯格後來表示，「他說我們有很多地方和波克夏海瑟威相似，對我來說，這是最大的恭維。」[5] 巴菲特也邀請賀茲伯格前往奧馬哈討論這筆交易，如同康門特記憶的，「巴內特和我在星期一早晨飛到奧馬哈，我們隨身攜帶了摩根史丹利整理的資料。但華倫說：『我對於這些財務報表沒興趣。我不想和摩根史丹利扯上關係。』然後，他對巴內特說：『你為什麼想出售事業？』巴內特說了十或十五分鐘，然後華倫說：『好，你準備脫手，然後做些別的事情。』接著，他轉頭對我說：『談談你們的事業，還有我應該收購的理由。』我當時回答得相當粗魯，大意是說：『你希望聽短的版本，或是長的版本？』因為我擔心他沒有時間聽我慢慢說。但他看著巴內特，然後說：『我相信你的事業要價不斐，所以最好還是談談長的版本。』所以我大概說了一個半小時，並回答了他提出的十幾個問題。聽我說明完畢後，他對巴內特說：『我幾天內會給你電話，告訴你這個事業值多少錢。』整個過程就是這麼簡單。」

過了幾天，巴菲特確實打了電話給賀茲伯格。如同賀茲伯格後來回憶的，「原則上，我們和華倫・巴菲特之間的協商方法——就是你根本沒有協商的餘地。他怎麼說，就是怎麼辦。」[6]賀茲伯格真正想要的，是股票交易——他不想要現金，最終他與巴菲特針對價格達成協議（但從來沒有對外公布）。他們也同意傑夫・康門特將接管公司，這是巴菲特非常樂意看到的安排。

如同他隨後告訴波克夏股東的：「我們花了點工夫才對價格達成協議，但我心中對於兩項要點從來沒有任何懷疑。第一，賀茲伯格正是我們想要擁有的事業；第二，傑夫是我們想要的經理人。事實上，傑夫如果不負責經營，我們根本不會考慮收購。收購一家沒有適任經營團隊的零售商，等於是買下沒有電梯的艾菲爾鐵塔。另外，巴內特從他取得的價款中，拿出相當部分與公司同事們分享，雖然他完全沒有必要這麼做。某人的行為如此慷慨，你向他買東西應該不會吃虧。」[7]

賀茲伯格對於這筆交易也覺得很滿意。「華倫．巴菲特打從第一天開始，就代表我們的夢想，好得離譜的夢想，」他說，[8]「我很高興我們三代經營的事業，能夠在可敬的波克夏海瑟威旗下繼續繁榮成長。我相信事業所有權的轉移，會讓賀茲伯格鑽石公司的同仁成為贏家，也會讓波克夏海瑟威的股東成為贏家，我們家族也是贏家，而最重要的是——這家優秀公司的顧客也會成為贏家。」[9]至於傑夫．康門特，他也很高興看到公司能夠賣給波克夏。

這筆收購交易對於公司營運幾乎沒有造成任何重大影響。康門特說，「唯一的重大變動，是發生在收購交易完成隔天，華倫打電話給我，他說：『你知道你今天要做什麼嗎？』我說，『做什麼？』他說：『你要切斷過去所有的銀行關係，因為從現在開始，我就是你的銀行。』關於這件事，我處理得相當專業，但有時候還是不免暗中竊笑——因為這些年來，銀行經常不願給我們真正想要的。但除了銀行關係之外，波克夏海瑟威從來沒有要我做出什麼真正重大的改變。雖然我們做了某些策略性調整，但這些都是原本就會發生的，而且完全由我們主動決定，不是波克夏。其他方面都沒有變動。」

即使巴菲特習慣干預旗下事業的營運，他大概也沒有理由如此對待賀茲伯格鑽石公司。他介入干預經營的情況只發生過一次。「一九九五年的營運狀況很理想，」康門特說，「這也是巴菲特收購我們的時間。其後第一年，我們發生大麻煩。一九九六年的業績嚴重衰退，理由有幾點：我們過度擴充、人手不足。札萊什（Zales）重整成功，儼然又是生龍活虎的競爭對手；席格涅（Signet）挹注龐大資金給旗下的史特寧（Sterling，另一家競爭對手）。而且，」他補充，「我們都睡著了。」

「我打電話給華倫，向他報告十二月份的數據，還有全年度預測，情況顯然不理想。他說：『好了，你打算怎麼辦？』我說：『我需要三十天，』這也是我認為自己可以爭取到的時間，『然後我會前往奧馬哈報告我的計畫。』後來我跑去向他報告，這也是公司合併後，我第一次來到奧馬哈拜見華倫．巴菲特。我對他說，公司準備做些根本的變革還有某些調整。我並沒打算讓他批准我的計畫，只是告訴他我們準備採取的行動。他想知道一九九七年的規劃，也想知道營運狀況什麼時候可以恢復到他當初收購的水準。我告訴他，一九九七年應該會回穩，一九九八年會有明顯的轉機。結果我們確實在一九九七年回穩，一九九八年顯著復甦，然後繼續成長，二〇〇〇年創下公司成立八十六年以來的最佳業績。」

賀茲伯格鑽石的店面數量每年都有成長，目前全美三十八州共設立了兩百三十六個店面，是美國規模第五大的鑽石連鎖零售商。「可是，」康門特說，「我們最傑出的表現，是每家店面平均營業額來到兩百二十萬美金，是整個產業排名第一。我們的競爭對手大多介於一百萬到一百五十萬美金之間，少部分來到一百五十萬美金左右，所以我們遙遙領先。」

賀茲伯格得以創造如此優異的店面業績，祕訣在於：慎選店面地點（通常是最佳購物中心的最佳店面）、花大錢整修門面、第一流的店面設計、嚴格訓練店員、精選商品組合、樹立強勢品牌。

整合前述措施，賀茲伯格二〇〇一年銷貨金額超過五億美金，稅前利潤估計有五千萬美金，相較於波克夏當初併購賀茲伯格的狀況，成長率超過四〇％。

賀茲伯格的珠寶店面多數座落大型購物中心，但約有二〇％屬於獨立（stand-alone）商店，也就是康門特所謂的「free standers」。

康門特認為，賀茲伯格能夠蓬勃發展，應該歸功於他們是珠寶產業內，首先體認到應該運用非傳統方式經營的業者，「珠寶業者通常都是以珠寶產品本身為訴求對象，」他說，「但業者……，並不真正瞭解零售業，他們不懂珠寶店不該被視為單純的珠寶店，而應該是販售珠寶的零售店，其中存在重大差異。我們現在主要是零售業者。當然這並不表示我們不懂珠寶，我想強調的是說我們懂得零售業務，而且零售的重要性絕對不下於珠寶本身。」

關於這方面的第一個原則，康門特說，必須強調店面的環境氛圍。「店面必須經過審慎設計，」他說，「必須能夠吸引顧客上門，而且非常樂意待在店裡。我們擁有高級珠寶店的最精緻裝潢，購物中心內沒有其他店面的設計裝潢會比我們更漂亮；第二，」他繼續說，「視產品花色配置安排，必須涵蓋你想販售的整個類別與價位，而且整個陳列必須具有足夠的吸引力，使得顧客看到展示櫃，就不禁想要擁有或購買。我們以前的利基市場是中產階級，所以顧客仍然可以在店裡買到九十九美金的珠寶，但公司現在的目標客層定為高端中產階級。我們瞭解顧客，而且永遠誠懇對待顧客。」

「第三，關於顧客服務，你必須確定手下行銷人員做了充分準備。我們擁有高度專注的團隊，全心準備招呼顧客、秉持高度熱忱。相較於多數競爭同業，他們的服務態度更好、專業知識更足。事實上，」他說，「團隊才是賀茲伯格的基石所在。任何人都可以營造漂亮的店面、採購迷人的商品、拷貝我們的目錄或收音機廣告，可是你不能拷貝人員。培養忠誠、專業的人員，需要很長、很長的時間。」康門特提出總結，「你必須徹底瞭解自己的品牌與行銷，並結合商店的氛圍、產品與服務。這種思維雖然存在於其他特殊零售商，譬如服飾百貨店 The Gap，以及女裝專賣店 The Limited，但不存在於珠寶業。我們領先著手這方面的努力，也因此贏在起跑線。這幫我們在一九九〇年代爭取了很多市占率，並得以保持戰果。」

當被問到他加入賀茲伯格之後的最大成就，康門特首先指出，「（目睹）這個事業的發展，更強調零售業而不是珠寶店。我們改變了經營焦點；關於這方面調整，我們深感驕傲。至於第二項重要成就，則是同事具備的專業水準顯著提升。剛進公司時，我們約有七十個店面、八百位同事，現在則有兩百三十六家店面、三千位同事。營業額雖然成長為三倍，同事們仍然秉持最高的服務精神，沒有喪失熱忱。」第三項重要成就，他說，「是我很驕傲能夠給予波克夏海瑟威投資人所獲得的報酬。我們是非常、非常賺錢的事業——可能排名在珠寶業的前一〇%，至少就稅前利潤而言是如此。」

公司展現的優異績效，無疑讓傑夫．康門特與老闆的關係更融洽。但他們兩人保持的關係，顯然不同於巴菲特和其他營運經理人之間的關係，因為康門特是受雇職員，不是賀茲伯格的業主。一般來說，巴菲特是向業主／經營者收購事業，而且要求管理團隊繼續留任。但就賀茲伯格鑽石的案例來說，業主並非實際經營者，傑夫．康門特才是經營者，而且在事業合併後預期還會繼續經營。

所以這筆併購交易的狀況稍微不同，但巴菲特事前已經瞭解，而且他和康門特顯然都不認為有問題。「巴內特是個老實人，」康門特說，「不論是對公司內部或對巴菲特，他都公開承認這點。他會說：『我是最大業主，但傑夫才是經營者。他對於這個事業的瞭解遠超過任何人。公司的大大小小都期待接受他領導，他們並不認為我是領袖。我的意思是說，我的名字雖然還掛在門上，就像過去一樣，可是傑夫才是真正的負責人。』」

「這筆交易充滿誠實的氛圍，」康門特說，「這可能也有助於華倫對我的信賴。我是說，某個像巴內特的人，信賴我這樣的一個人，把一切都交給我。這對於華倫來說，顯然意義重大。我想，他知道有了我，就和擁有業主一樣好。即便如此，他仍然問我是否願意幫他經營這家公司，我說：『我熱愛這家事業、熱愛公司同事，我全心投入這家公司，希望它盡可能發展。我認為成為波克夏的附屬機構，對於事業經營應該大有幫助，我很樂意幫你工作。』」

如同其他企業執行長一樣，康門特發現自己很樂意幫巴菲特工作。當被問到身為巴菲特小圈子的成員是否有什麼特殊感覺，他說，「安全感。不是那種錯誤的安全感。這是讓你可以幫公司、同事、投資人做任何事情而絲毫不用擔心的那種安全感。對於龐大的組織來說，這很不容易。我想在這裡也模仿我從華倫身上體會到的安全感。」康門特補充，「華倫和我是兩個完全不同的人，但我們彼此信任，也彼此尊重。我想，他的所有經理人也應該是如此。可是，此處存在許多信賴感。外面的人或許很難理解這種化學反應。目前的企業普遍缺乏這種化學成分。他們雖然還是能夠發揮功能、戰術上正確，不過卻缺乏熱忱，喪失對於事業的熱情。這裡不會有這種現象。」

「我認為華倫是個天才，不過是透過他特有的方式呈現，」康門特說，「雖然他可能不高興如此被形容。某些人表現的才華往往很冷漠，如同電腦般的機械化。可是，華倫則非常熱情、溫暖、人性化。兩年前，因為我們許多經理人從來沒有見過華倫，所以我邀請他參加我們舉辦的一場領袖討論會並共進晚餐。他不常參加這類活動。我們稱此為『華倫之夜』，與會人士約有兩百五十人，會場有個小舞台，還有一張鋪著桌布的小牌桌，上面擺著幾罐櫻桃口味可樂，還有一個麥克風，桌旁有張破舊的椅子。總之，情況看起來就像我們剛破產。華倫在桌邊坐下來，講了幾個小笑話，然後身子就往後靠說：『你們可以問我任何想問的問題，各位想要我回答的任何問題。』」

「如同你知道的，」康門特繼續說，「華倫從來不提供投資建議。我們有位店面經理人，三十歲，剛離婚，有兩個小孩，她說：『我的情況是……，我從事……的工作，請問你有什麼建議？』華倫回答：『我通常不回答這種問題，但妳例外。』於是，他開始談論如何分散投資，三十歲前應該積極冒險，但到了四十或五十歲就要保守一點。他談論股票市場，『不要害怕行情波動，不要經常買賣，不要執著於無關緊要的瑣事，不要關心每天的新聞，不要讓自己擔心受怕。』他談了大約十分鐘。說完後，他又強調：『這是免費的，但只有對妳是如此。』他的表現，就像父親對女兒的談話，只不過是面對兩百五十人，這實在太珍貴了。大約經過兩小時，我發現自己必須站起來收場，因為察覺華倫有些疲倦，但我們的店面經理人實在太愛他了。這就是一般人不知道的華倫．巴菲特。」康門特說。

至於他個人和巴菲特的關係，康門特則顯得非常謙虛。大家都知道巴菲特經常詢問旗下營運經理人，請他們推薦相關領域內，適合波克夏收購的事業，而且巴菲特最近才收購西雅圖的班布里奇珠寶（Ben Bridge Jewelers），但康門特堅持他對於這筆交易全無貢獻可言。「對於班布里奇的併購案，我完全沾不上邊，」他強烈聲明。「這完全是班布里奇人員的功勞，」雖然他也承認，華倫確實透過他蒐集一些資料，「他曾和我聊過這方面話題，」康門特說，「而每當我掛掉電話，就會得意地對自己說：『老天，感覺太棒了，我竟然給華倫．巴菲特提供建議。』華倫沒要我推薦任何事業，但我很早曾經跟他談過班布里奇，因為這家事業有很多不錯的人。

他們掌握明確的利基市場。過了一陣子後，有次我們一起參加波克夏股東大會，他把我拉到一旁，手臂搭著我肩膀說：『我希望你知道，我們和布里奇完成了合併交易，大概一週內就會宣布。』」

康門特顯然不願承認自己對於華倫・巴菲特有任何影響力，卻很樂意承認巴菲特對他的影響。康門特雖然不認為他的老闆協助他發展其管理風格、信念或哲學；但巴菲特「強化了這些。我想，他當初之所以想收購賀茲伯格鑽石的理由之一，就是我們兩人之間存在顯著的化學作用。他和我在很多哲學議題上都存在相同看法，我們彼此賞識對方，也彼此尊敬。正因為如此，他強化了我所擁有的很多基本價值。」當被問到誰對他經商方式的影響最大，他首先提到自己的母親，「她可能是影響我人生最大的人，」他說，「她天生懂得銷售，是個了不起的採購與銷售者，擁有不凡的個性和魅力。」

康門特描述這些人協助他發展的管理風格，是「藉由設定事業經營方向而領導。這是最重要者，」他說，「務必確定我們忠於自己的使命，任何優秀的企業執行長都應該這麼做，這是你所不能授權的。可是，一旦這麼做了之後，其次就要建立可靠的團隊，成員必須具備執行相關策略的戰術能力，然後給他們足夠的機會去執行。不過某些時候，」他承認，「對於這些戰術議題，我做得太過頭了。但我手下有七位了不起的副總裁，他們深具完成工作的戰術能力。而且因為我充分授權，他們也都能夠有效管理相關領域的活動。」有一點他永遠都會嚴密監督，那就是數據。「我知道生意在哪裡，」他說，「我知道哪些店面是發動機、哪些店面很掙扎、哪些商品類別有問題。我知道——最重要者——哪些店面或商品類別很掙扎。我通常也相當擅長處理或整頓問題。」

當被問到成功的CEO必須具備的最重要條件，他說，「最重要者——尤其是在當今世界，雖然過去也是如此——是品格（character）。我會說品格，然後畫線特別強調，再畫線強調，然後再畫線。這也正反映了華倫的看法。巴菲特曾經告訴他旗下的經理人，『我們可以喪失銷路、喪失生意，但我不可以喪失正直品格。』他說得完全正確。對於這個事業，我必須扮演指導人。不論做什麼事，我都必須成為品格的典範。」第二個重要條件，他說，必須具備「對於使命的熱忱。必須瞭解使命的精神所在，協助公司把使命具體化。我對於我們的使命擁有強烈的熱忱，希望公司所有人都有種念頭：『我必須穿上運動鞋，才能跟上傑夫的腳步，因為他對於所作所為充滿熱忱。』最後還有，」他說，「你必須持續督促自己具備所需要的一切而讓公司成功。這可能意味著很多東西。對於目前的我來說，這代表我要多懂得科技發展，學習如何更適當運用既有的科技。」

當然，對於某些領域，他覺得已經具備做好工作所需要的能力，他說，「對於這個行業究竟應該隸屬於特殊零售的哪些專門領域，我有著很敏銳的直覺。這可能是來自過去三十年工作所累積的經驗，但你也必須具備天生的直覺。關於珠寶業，我曾經評估某些機會，然後說：

『不，我不準備這麼做。』舉例來說，我們曾經有過擴展國際市場的機會，來自日本的業者邀請我們到日本，準備在五年內設立五十家賀茲伯格珠寶店。我婉拒了這個提議，但有位同業競爭者前往日本，結果慘遭滑鐵盧。」

另外，他說，「我是個企業家，我永遠都允許公司做些其他的事情。但另一方面，我們必須隨時保持高度專注，絕對不可忘卻誰是我們的顧客，我們所創造的品牌如何和他們關連在一起。」歸根究柢，他覺得這方面最了不起的能力，就是「糾集一群人，領導他們，讓他們覺得自己主持表演。我可以扮演這方面的角色，」他說，「所以我知道情況什麼時候脫軌，然後能夠把飛機降到一萬英尺高度。那些幫我工作的人，如果要我上升到四萬英尺高空，而且我也想待在四萬英尺，那就代表工作確實做得很好，」他補充，「但想要辦到這點，你需要一個正確的團隊。」

康門特不只擔任賀茲伯格鑽石公司領導人，他也是社區領袖，積極參與許多社區組織，包括大肯薩斯市商會（Greater Kansas City Chamber of Commerce）、大肯薩斯市民委員會（Greater Kansas City Civic Council）、美國之心（Heart of America）、聯合勸募會（United Way）、威廉賈威爾學院（William Jewell College），還有其他等等。「我熱愛這些組織，」他說，「它們都是了不起的機構，對於整座城市很有幫助。」讓他覺得最貼心的組織，是成立於一九九五年的「聖誕老人禮品」（Santa’s Gifts）慈善活動，這項活動在每年聖誕節之前兩週，派遣聖誕老人造訪兒童醫院，贈送給每位兒童「我是愛心熊」的賀茲伯格公司吉祥物。康門特自己捐贈聖誕老人服裝，並造訪全國各地的兒童——二〇〇〇年，他造訪達拉斯、芝加哥、費城、肯薩斯市的九所兒童醫院。這個活動在全球各地有四十多位聖誕老人，贈送玩具熊給一萬五千位兒童，而且讓兒童和聖誕老人合拍照片。過去兩年，奇異電器與聯邦快遞都是這項活動的共同贊助者。「這類活動讓大家都成為贏家，」康門特說，「它對於自家公司、顧客、員工與交易夥伴都有好處，它讓我們由各種不同管道觸及參與者的生活。」

康門特參與這項活動的經驗，讓他寫下一本自行出版的書《喬納森透過聖誕老人之眼》（*Jonathan Through Santa's Eyes*）。他表示，這本書的靈感來自一位名叫喬納森的十一歲小孩，康門特曾經於一九九七年在芝加哥的路德綜合醫院（Lutheran General Hospital）探望他。「喬納森因為感染愛滋病而不久人世，」康門特回憶，「護士告訴我，他可能只剩下一個月的生命，甚至不確定他是否想要看到聖誕老人，但我還是決定走進他房間。看到我，他的雙眼亮了起來，挺直在他的輪椅上。最初，」康門特說，「房間裡有不少人，包括他母親、護士、兒童照顧專家、公關人員，以及攝影師。喬納森這時已經無法說話了，因為聲帶被病毒破壞，但我還是跟他說話，他發出聲音，揮舞著手。房間裡的人，因為受不了感傷的情景而一個個離開，過了十五分鐘後，只剩下喬納森和我。我們度過一小段美好時光。他雖然不能說話，但還是透過他的方式說：『我很高興看到你來，你給了我愉快的一天。』這是非常令人感動的經驗，」康門特補充。「他給了我無限的啟示。」

不論是出版這本書——所有收入都捐獻給伊麗莎白格拉瑟兒童愛滋病基金會（Elizabeth Glaser Pediatric AIDS Foundation）——或參與聖誕老人禮品活動，都是源自於康門特的宗教信仰。「我是個基督徒，」他說，「雖然我很少在生意場上談論基督教，但我希望這可以成為我追求人生目標的燈塔。」信仰也促使康門特更早期曾自行出版另一本著述《商場使命》（*Mission in the Marketplace*）。「當時我正處於過渡期，」他回憶，「我原本在費城的約翰沃納梅克百貨（John Wanamaker）擔任總裁，我們正要併入華盛頓的 Woodward and Lothrop 百貨公司。我當時被很多事情糾纏撕裂，因為我在費城已經待了八、九年，一手創辦很多東西，叫我放手實在頗為困難。但基督教信仰使得一切變得簡單些。這本書就是出自當時的感受，說明如何兼顧信仰，又同時能夠扮演成功的生意人，甚至能夠實際幫助事業經營者更成功。」如同他在一九九七年向《肯薩斯明星報》（*Kansas City Star*）記者表達的，基督教信仰的重點之一，就是強調正直的重要性。「新約與舊約倡導的主要原則之一，」他說，「就是待人處世必須講究誠實的品格。這並不代表軟弱，而是彰顯領袖的信念與品格。如果秉持著信念與品格經營事業，收穫將遠超過割喉競爭。」[11]

他年輕時顯然不是如此。「二十多歲的時候，」康門特說，「我是生活雜亂無章、經常飲酒過度，典型的瘋狂年輕人。有一天，我來到衛理公會教堂，填寫一份小卡片。不要問我為什麼。我不太喜歡有人找我。教堂牧師原本在美國海軍擔任牧師，是個相當粗獷的人。某個星期四晚上十一點多，有人敲我的房門。我當時正在喝啤酒、抽雪茄，結果是教堂牧師。隨後六個月期間，這位牧師幾乎每個星期四晚上都過來和我一起喝啤酒。他成為我最好的朋友，引領我尋找做為基督徒的信仰。受洗成為基督徒後，我的人生方向改變了，包括價值觀在內，也開始思考應該如何規劃人生。後來，」他繼續說，「當我遇到妻子瑪莎（Martha）時，她也有類似的價值觀。如果沒有牧師預先引領，瑪莎根本不會給我機會，因為她對於過去的我絕對沒有興趣。」無疑地，信仰與妻子被視為是他人生最重要的兩件大事。

他說，妻子是對他個人生活影響最大的人。「她經常糾正我，」他說，「當然也是我一輩子最愛的人。」我們結婚三十年，今天的我，有很大一部分是她協助塑造的。她真是我的夥伴。他們分享很多東西，包括兩個成年兒女——萊恩（Ryan）和克莉絲汀（Kristen）。康門特有許多嗜好，包括蒐集古董跑車與帆船。一九九九年，他有機會實現人生夢想之一。「仙力時手錶（Citezen Watches）的執行打電話給我，他對我說，『我知道你喜歡帆船運動。』然後帶著開玩笑的口吻說：『你有沒有參加過美洲杯帆船賽？』我說：『沒有，我還沒有到達那種水準。』」不論康門特的水準如何，他後來被邀請——並且接受——進入丹尼斯．康納（Dennis Conner）的十七人隊伍，參加第一次計時賽。這是由仙力時手錶贊助的比賽。[12] 如同康門特指出的，這是相當不尋常的機會，也不是他平常可以期待的。

現年五十七歲，他絲毫沒有退休的打算，仍然準備留在賀茲伯格鑽石公司繼續打拚。雖然有其他幾家公司找他過去幫忙，他卻表示，「我完全不考慮到別的地方工作，理由有三點。第一，我對波克夏海瑟威負有責任和義務。波克夏海瑟威與華倫收購我們公司時，他們做了重大投資。我是促成這筆交易的主要關鍵之一，所以我必須對波克夏海瑟威負責。第二，對於和我一起工作的三千位員工，我負有責任和義務。對我來說，這很重要。我所做的每個決策，都可能影響這些人的生活。而且他們信賴我，把公司託付給我。這聽起來或許有些老套，但我覺得很重要。最後，在這裡工作，我覺得很有趣，很有成就感。因此，如果有人打電話對我說，『嗨，你願不願意到ABC工作，這是五十億美金的大企業，你可以晉升到大聯盟。』我會對他們說：『嘿，我已經在大聯盟了。』」

有關他所謂「大聯盟」公司的未來發展，康門特表示，他期待事業會按照最近幾年的速度持續成長，但他絕對不考慮進行大規模併購。「我曾經目睹企業合併，我看過太多這類的併購，而這是我們最不想經歷的。我們或許能夠做二十個店面的交易，」他解釋，「但考慮到我們的服務傳統，而服務是我們得以維持每個店面高營業額的主要依據，我們如果跑去併購一百個店面的連鎖業者，很可能會因此垮掉。」談到公司目前每個店面平均營業額高達兩百二十萬美金，他說，「我們的目標是每個店面兩百五十萬美金，平均每年新增加一〇%的店面，也就是說，每年新增二十到二十五個店面，而且每個店面業績都會成長。每個新店面都將是一顆小寶石，它們將是最頂級購物中心的最頂級商店，並且是我們自己的店面。這些店面看起來就跟我們一樣，由我們的人販售我們的產品。這才是我們準備做的。」

他不期待網路將在他的事業內扮演重要角色，「我們有個引以為傲的公司網站，提供諸多公司和產品資訊給消費者，絕對有助於吸引顧客上門。公司也設立了網路商店，但我們如果仰賴網路商店的話，恐怕很快就會破產。我們發現凡是造訪公司網站的消費者，九十五%是查詢最近的店面地址。大致而言，網路平台很難銷售價值超過三百美金的東西。我們網路平台的平均每筆交易，金額遠低於實體店面。人們想要看到產品實際的樣子。你如果準備花一千或兩千美金購買寶石，自然就想看到寶石的實際樣子，因為每個寶石都不同。我們認為網站只是品牌策略的一環，雖然每天的點擊率都顯著成長，但不期待能夠透過網路本身創造大量業績。」

展望美國每年產值高達四百三十億美金的珠寶零售產業，[13] 康門特認為前途大好，「嬰兒潮人口已屆退休年齡，」他說，「很多資金和財富都會流動。許多財富累積已經醞釀到成熟階段，很多人不想繼續把資金擺在共同基金，不論美國或全世界，珠寶生意會愈來愈熱絡。我認為珠寶業未來十年應該會蓬勃發展，」至於同業競爭，康門特似乎不特別擔心，「最大競爭者，仍然是全國性連鎖零售商，但我們會繼續朝經營差別化的方向努力。想要趕上我們，反而會讓我們變得更強大。」

至於波克夏海瑟威的未來發展，康門特說，「我個人認為，華倫總有一天必須整頓整個集團的基礎結構。我是說，相較於其他大企業，我們的基礎結構相對有限，但華倫所建構的集團規模相當龐大，現在應該是進行整合的時候了。而且，」他補充，「波克夏海瑟威如果設置些許基礎結構，而我不能每週都和華倫講電話，那也不會是世界末日。就如同我受益於他一樣，我希望同事與波克夏海瑟威投資人也能夠受益。總之，無論如何，改變總是必要的，事情不可能永遠維持不變。」

「人們問我是否擔心華倫．巴菲特退休，其實我並不擔心。他旗下的營運經理人都是傑出人物，我相信他已經做了必要的安排，公司在他退休或過世後，必定會交到適當接班人手中。一切還是要回歸於信賴。我信賴他。我們曾經談過接班計畫，但他沒有告訴我基礎結構將如何安排，也沒有說主要接班人是誰。他沒有談到複雜的細節，但就他的睿智程度判斷，不可能不預作安排。」康門特也不擔心巴菲特離開後，波克夏將會發生重大變動。「我不認為情況會顯著改變，」他說，「我不會看到波克夏出現劇烈變化。我就是不認為會如此。將來或許會有兩、三個人負責經營波克夏，不像現在的華倫，但這些主要經營者同樣會認同波克夏目前的經營方式。我相信波克夏不會有問題，相信波克夏海瑟威的主事者，會繼續按照類似的方法經營事業。」

傑夫．康門特真正關心的是他遺留下來的成就，「我並不期待自己成為多麼了不起的人物，」他說，「但我希望自己留下來的成就是人們想要模仿的，也就是讓我覺得驕傲、讓我的小孩覺得驕傲、讓我的妻子覺得驕傲的成就。」如同他在二〇〇〇年告訴珠寶商慈善基金（Jeweler's Charity Fund），「對於我來說，生命的意義就是留下『成就』。我經常告訴我的小孩，人生的意義是：『你做了什麼事情讓這個世界變得更好？』當你觀察人生想要遺留下來的成就，就能確定自己設定的優先順序是否正確。對於我來說，最優先者是信仰，其次是家庭，然後是我如何對待那些我在人生旅途上曾經遇到的人們。」[14]

**傑夫．康門特的經營宗旨**

- 成為員工與顧客的模範。
- 對於所從事工作保持熱忱。
- 專注發展自身的特長，事業自然會興隆。我們強調所提供的熱忱服務、舒適的店面，還有符合顧客需要的各種產品。

# 新進者：蘭迪・華森／哈羅德・梅爾頓

## 賈斯汀品牌／艾可美建材品牌

雖然是波克夏集團的新進者，但賈斯汀靴子（Justin Boots）與艾可美磚瓦（Acme Brick）都是歷史相當悠久的事業，這兩家機構都具備了典型巴菲特投資的所有條件。

對於波克夏這家排斥高科技的綜合事業來說，似乎有理由收購主要的西式靴子品牌，並投資磚料製造業者。雖然大家都忙著追求虛與實結合的案子，但巴菲特與波克夏卻完成了靴子與磚料的併購交易。

波克夏先前所投資的鞋類事業，績效頗令人失望，但賈斯汀品牌（Justin Brands）似乎會有較佳的表現。

約翰・賈斯汀（John Justin）的身體欠安，不適合接受採訪，所以目前擔任董事長職務的約翰・羅奇（John Roach）——好友兼公司長期董事——同意接受訪問，談論約翰・賈斯汀、賈斯汀實業（Justin Industries）、艾可美磚瓦（Acme Brick）、賈斯汀靴子（Justin Boots）、華倫・巴菲特，以及波克夏海瑟威等話題。羅奇過去擔任「無線電器材公司」（Radio Shack）董事長兼執行長，他曾經參與數以百計合併、併購、合夥等交易的買方或賣方。

羅奇是個身材高大的德州人，典型的美國南方紳士。好萊塢電影業者如果想找人扮演英俊的德州企業或政治領袖，羅奇應該是最適當的人選。

除此之外，我們還有艾可美磚瓦的執行長哈羅德・梅爾頓（Harrold Melton），以及賈斯汀品牌的執行長蘭迪・華森（Randy Watson），所以總共有三個人接受訪問。在我所訪問的人當中，他們也是唯一穿著賈斯汀西部牛仔長靴的人。

---

總部座落在德州沃斯堡（Fort Worth）的「賈斯汀實業」（Justin Industries）是一家不太尋常的企業，因為該公司是由兩個全然不同的事業構成。事實上，這兩個事業之間的唯一關連，就是它們隸屬於同一家公司；其中歷史較悠久者，已經成立超過一百年。賈斯汀靴子成立於一八七九年，赫曼・賈斯汀（Herman J. Justin）在德州西班牙堡（Spanish Fort）創立這家公司；艾可美磚瓦（Acme Brick）則是另一家公司，一八九一年由喬治・班奈特（George E. Bennett）創辦於沃斯堡。這兩家公司在一九六八年合併，當時已經擁有艾可美磚瓦的第一沃斯公司（First Worth Corporation），向小約翰・賈斯汀（John S. Justin Jr.，他是創辦人赫曼・賈斯汀的孫子）收購了賈斯汀靴子。一九六九年，賈斯汀成為第一沃斯公司的董事長；一九七二年，公

司改名為賈斯汀實業，隨後二十五年則繼續收購其他公司，擴張集團版圖。

一九九九年四月，賈斯汀高齡已經八十二，健康狀況不佳。他掌管家族事業長達六十一年，覺得自己現在必須停止繼續參與公司的日常業務。為了出售事業，賈斯汀安排了一套計畫進行某些調整。賈斯汀退休後，公司董事會任命其成員約翰・羅奇（John Roach）擔任非執行董事長，監管前述計畫執行。羅奇當時六十二歲，曾經擔任坦迪公司（Tandy Corporation）——現在的無線電器材公司——董事長兼執行長，他是在賈斯汀的董事會請求協助時，才決定離開前述職務。羅奇深具公司重整經驗，而且曾經參與無數企業合併與併購交易，所以非常適合在這個時候出面協助賈斯汀實業。「這些年來，在約翰領導下，公司蓬勃發展，」羅奇談到賈斯汀而表示，「他更是一位正直的紳士，道德高尚，對於自己的公司引以為傲。他可以說是西方世界的典範。他覺得我們目前安排的計畫相當好，卻認為自己沒有足夠的精力執行。這套計畫的主要宗旨，」羅奇解釋，「是把賈斯汀實業旗下的各個部門，整合成為鞋類與建材等兩家公司，使得兩者可以從事全然不同的事業。」關於整合行動，一九九九年夏天，公司董事會任命蘭迪・華森——他從一九九三年就進入賈斯汀靴子公司服務——擔任新成立的賈斯汀品牌公司執行長，並任命哈羅德・梅爾頓——他於一九五八年就服務於艾可美磚瓦公司——擔任新成立的艾可美建材品牌公司（Acme Building Brands）執行長。

「計畫頗有進展，」羅奇說，「我們把旗下的事業整合為兩個集團，而且管理團隊都能充分發揮功能。我們分別幫這兩個集團設計不同的成長策略，因為這兩家公司將來如果各自發展的話，必須展現足夠的成長動能。不論銷貨或盈餘，這兩家企業都有不錯的成長。到了二〇〇〇年春末，也就是兩家新公司成立一年多之後，陸續吸引某些業者想要收購我們的製鞋或建材事業，但沒有任何業者想要同時收購兩者。然後，有一天，電話響了，那是華倫·巴菲特來的電話。」

如同巴菲特後來向波克夏海瑟威股東們解釋的，「五月四日，我收到某個名叫做馬克·瓊斯（Mark Jones）陌生人的傳真，提議和波克夏共同收購一家不具名的事業。我回了一份傳真向他解釋，我們通常不會和其他人共同進行投資，但他如果願意提供細節資料，而且相關交易確實成交，我們很樂意支付佣金給他。他回覆告知我們，這家神祕公司就是賈斯汀。」[1] 這個時候，巴菲特聯絡約翰·羅奇。「華倫顯然已經研究過我們的事業，」羅奇說，「他對於兩家公司都有高度興趣。我一直等他給予進一步指示，看看要怎麼繼續進行，但他始終沒有提出任何建議。所以，我最後說：『華倫，我們如何進行呢？你是不是打算派會計師過來查閱我們的財務帳冊？或者參觀工廠，還有作業情況？』結果，他說：『約翰，你知道的，波克夏海瑟威總部總共只有十二·八個人員（有位員工每週只工作四天），我沒有人手可以派遣過去查帳或參觀工廠。如果有人要過去的話，那就是我自己來了。』我說：『很好。』於是我們安排他的訪問行程。」

「當時，我們還和其他的潛在買家洽談，」羅奇說，「華倫來訪那天，剛好有位潛在買主派了會計師到公司查閱財務帳冊。因此約翰．賈斯汀陪同華倫到我的辦公室」——不在賈斯汀實業的辦公大樓，而是在沃斯堡市中心的坦迪公司辦公大樓——「他鼓勵約翰敘述整個事業的發展歷史，說明他的家族如何介入，後來如何演變。當然約翰很樂意說故事，說完後，華倫開始簡單介紹波克夏海瑟威，大約經過四十五分鐘，約翰顯然很喜歡華倫。然後，約翰（賈斯汀）就先離開了，由公司的管理團隊接手，做了一些簡報。華倫強調，他已經研究過相關的營業數據，但不想涉及詳細的財務報表資料。他真正關心的是公司的競爭優勢定位、市場占有率，以及潛在競爭者。

「當然，」羅奇說，「他也想認識那些實際負責經營事業的人。我們花了一整天的時間在一起，他基本上只做兩件事：蒐集有助於瞭解我們事業的相關資訊，溫和推銷波克夏海瑟威。到了最後，我們商討這些事業究竟值多少錢，討論可能的價格區間。老實說，」羅奇承認，「他所提到的價格區間很有意思，大概就是最後交易的價格，但我還是故意拖延他，因為要讓其他潛在買主有時間提出報價。我們預計在幾週後召開董事會，所以讓所有潛在買主知道，他們必須在董事會召開前提出報價。當然，我給大家幾天的時間準備，包括華倫在內，但他幾個鐘頭就提出報價。他把報價資料傳真過來，然後打電話問我們收到與否。我告訴他，我們已經收到，然後他說：『我還沒有把資料拿給律師看，但條件就是這樣。』我認為這是好現象，因為律師一旦介入，事情往往會變得複雜，時間也會拖延。」

「我們也邀請了所有潛在買家到董事會做簡報，華倫因故沒辦法到場，因此派了波克夏位在洛杉磯之法律事務所 Munger, Tolles, and Olson 的外部律師鮑伯．丹能（Bob Denham）代表參加。鮑伯做了簡短的報告，到了下午大約五點左右，我們通知他，希望擬定更明確的合約，以及交易另外包含六點左右的內容，他說他大概可以在二十分鐘內找到華倫。沒錯，大約就在二十分鐘後，華倫到達某地的飯店，鮑伯和他通上電話。他研究我們提到的幾點內容，然後華倫說，『嗯，很好。這是我們當初就應該提到的。』明確的合約在幾天內就簽署妥當，交易也在不到一週內對外宣布。」

對於這筆交易的安排，雙方都覺得很滿意。合併案正式宣布後，約翰．羅奇說，「約翰．賈斯汀與我都非常高興，因為賈斯汀實業是由美國一家備受推崇的企業收購。華倫．巴菲特與波克夏的經營哲學與實行辦法，將讓公司目前的管理團隊有機會繼續展現其明確市場形象與公司傳統。我們相信這次的併購將有益於我們的股東、顧客、員工與社區。」巴菲特則表示，「波克夏有超過六萬名員工（目前已經超過十萬人），但四千平方尺的公司總部只有十三位人員。我們不僅鼓勵旗下事業充分獨立經營，實際上也仰賴這種營運方式。賈斯汀完全符合這種經營模式。該公司是由第一流團隊負責經營的第一流事業。領導賈斯汀創造優異營運績效的經營者，將留在沃斯堡繼續負責經營，就如同過去一樣。」[2] 這雖然是意向明確的聲明，但某記者事後還是問巴菲特，他是否會前往沃斯堡監督或實際經營該事業。巴菲特回答：「不。這些工作由該處的管理團隊負責。如果約翰（賈斯汀）想要邀我過去吃牛排，那我就會過去和他共享牛排，至於公司經營，我會留給該處的管理團隊負責。」

為了慶祝這筆交易大功告成，約翰．賈斯汀送了一雙鴕鳥皮製作的西部牛仔靴子給巴菲特。[3] 把他經營一輩子的事業轉交給勝任者後，約翰．賈斯汀在七個月後過世。

當被問到巴菲特之所以收購賈斯汀實業，動機究竟是靴子或磚瓦，約翰．羅奇說，「我想靴子事業不免存在特殊感情，因為這和美國傳統西部文化有關。但這家公司的真正價值在於磚瓦與建材。雖然缺乏迷人的魅力，卻是真正賺錢的事業。華倫為了收購賈斯汀實業，支付的代價是每股二十二美金」——總計約為六億美金——「但其中大約有十八美金（約五億美金）應該是用以支付建材，剩餘的四美金（約一億美金）才是支付靴子。我想，」羅奇補充，「華倫之所以想收購賈斯汀，真正的原因應該是我們擁有的穩固競爭地位，每個事業占有顯著的市場，消費者高度認同的老牌商標，以及絕對勝任的管理團隊。關於賈斯汀實業，他可以體認這些和他打交道的都是非常正直的人，這在一般商場上並不常見。另外，公司裡的人服務期間大多很久，擁有充分的經驗，華倫希望運用他們的長才與經驗。」

事實上，對於巴菲特的整體表現，羅奇也深有感觸。「我們可以清楚看到，」他說，「他這些年來收購的事業，幾乎所有的經營者直到現在都仍然待在他的旗下，因為他們享有充分的自主權。其他併購活動很少出現這種現象，原有經營者通常不會繼續保有充分自主權，因為併購者往往自以為有更高明的計畫，雖然實際上並非如此。華倫清楚自己收購了優秀的事業，他會讓既有經營者繼續負責，就像過去一樣。不過，他確實，」羅奇強調，「過來要求他預定的牛排，同時也花了一個鐘頭時間和兩家公司的經營者相處。他明確地告訴他們，兩家公司是完全獨立營運的事業，關於業務的規劃與執行，他們可以完全作主，繼續強化原本具備的市場競爭優勢。整體而言，」他說，「這是我見過最沒有爭議性的企業所有權移轉。但這是因為華倫隸屬於完全不同的境界。他是我見過絕無僅有的人，雖然我過去曾經和全國頂尖的許多企業家打過交道。總之，他踏出全然不同的步調。」

既然正面肯定巴菲特，羅奇對於波克夏海瑟威抱有好感，想必也不令人覺得意外。「波克夏顯然是一家價值導向的企業，擁有奇妙的願景，」他說，「迥然不同的願景，但很奇妙，強調長期營造價值，而不隨著每季盈餘報告起舞。強調長期價值的哲學絕對值得肯定，我不認為有任何問題。波克夏過去的績效已經多方面證明這點。歸根究柢，價值就是價值；總之，只要能夠創造優異的品牌、顯著的市占率、充裕的現金流量，那就是致勝的策略。」

除了原本就規劃把賈斯汀實業劃分為兩個獨立單位之外，波克夏海瑟威入主後，幾乎沒有發生任何變動。少數重大變動，是公司兩位高級主管退休，包括賈斯汀實業的總裁兼執行長狄耿森（J.T. Dickenson）與資深副總裁兼財務長理查・薩維茲（Richard Savitz），這兩個職位也因為兩個集團分離而不復存在。除此之外，羅奇說，「實際上，不是波克夏海瑟威告訴或要求我們怎麼做，反而是我們向波克夏海瑟威請教應該怎麼做。至於波克夏的回答，通常都是『按照你們認為最恰當的方法做。』」如同計畫原本的安排，合併交易完成後，約翰・羅奇又待了一陣子，協助事業順利過渡。幾個月後，隨著賈斯汀實業解散，他也跟著離職，賈斯汀品牌的經營權完全交給蘭迪・華森，艾可美建材品牌則交到哈羅德・梅爾頓手中。

華森在二〇〇〇年春天接手管理的事業，當初是由赫曼・喬伊・賈斯汀（Herman J. ["Joe"] Justin）創立於一八七九年，他是來自印第安那拉法葉（Lafayette）的皮革師傅，最初幫德州西班牙堡居民訂製皮靴，當時很少商店販售高級皮靴，他設立店面的第一年，販售了一百二十雙皮靴，每雙八・五美金。他也設計一套衡量工具，讓顧客可以自行測量腳的大小，方便遠地消費者可以透過郵購方式訂製靴子。藉由口碑相傳，賈斯汀的生意愈來愈穩固。十年後，他把店面搬遷至德州諾可納（Nocona），逐漸發展成為後來的家族事業，他的妻子以及七個兒女也大多參與事業經營。一九〇八年，他最大的兩個兒子約翰和厄爾（Earl）成為事業合夥人，公司名稱也改為H.J. Justin and Sons。[4]

一九一八年，赫曼・賈斯汀（喬伊）過世。一九二四年，事業改組為公司組織，約翰、厄爾及弟弟艾維斯（Avis）擔任公司董事，而喬伊的所有小孩也分別取得公司股份。一年後，由於需要增加人手、擴充店面，於是搬遷到九十五英里外的沃斯堡。可是喬伊的女兒伊妮德

（Enid）不願搬遷，她繼續留在諾可納，並成立「諾可納靴子公司」（Nocona Boot Company）。伊妮德的公司最終成為賈斯汀的最主要競爭對手之一。雖然面臨競爭，但在第一次大戰結束到第二次大戰開始前，賈斯汀的業績翻了三倍，主要是受惠於一九二〇年代盛行的西部牛仔電影，消費者對於西部牛仔文化相當熱中。即使是在經濟大蕭條期間，靴子的銷售狀況也沒有明顯受到影響。事實上，公司經營相當成功，使得當時主事的約翰決定也生產長筒靴和綁帶靴子。[5]

約翰的擴大經營決策，結果證明並不成功，到了一九四九年，公司營運發生困難。約翰的兒子，也就是當時三十二歲的小約翰，他自認為知道如何反敗為勝。他買下叔叔艾維斯的股份成為公司大股東，並從父親手中取得公司經營權。身為賈斯汀的經營者後，小約翰立即著手改革，建立現代化工廠，並發展第一代公司管理制度。另外，他也開始強調廣告行銷策略，產品逐漸由美國西南部拓展到全國，賈斯汀靴子也成為西部經典。[6]

一九六八年，小約翰把自家公司賣給第一沃斯公司（First Worth Corporation），換取後者的股票。第一沃斯也就是艾可美磚瓦的母公司，當時的經營者是湯姆林（D.O. Tomlin）。公司雖然合併，但根據協議，小約翰將繼續經營賈斯汀家族事業。另外，這筆合併交易，也讓小約翰成為第一沃斯公司的最大股東，但他同意湯姆林繼續擔任公司總裁兼執行長。最初，小約翰對於這筆合併交易相當滿意，但基於種種理由，逐漸發現他的新事業夥伴並不符預期。不到一年時間，他威脅提出控告，準備取消事業合併約定，但他當然不想走上漫長而昂貴的法律訴訟途徑，於是要求第一沃斯公司董事會開除湯姆林的總裁兼執行長職務。「我清楚表達自己的立場，」賈斯汀後來表示，「董事會成員大多也認同我的看法。他們擔心當時的公司經營方式，所以決定開除湯姆林，任命我取代他的職務。」[7]

三年後的一九七二年，賈斯汀把公司名稱改為賈斯汀實業。隨後二十五年期間，他著手拓展製鞋與建材事業。一九八一年，他向姑姑伊妮德買下諾可納靴子；一九八五年，他收購威斯康辛的齊普瓦鞋業公司（Chippewa Shoe Company）。另外，公司生產線也擴充包含皮帶、帽子，以及摩托車專用靴子；授權生產賈斯汀牛仔褲；一九九〇年，賈斯汀併購德州埃爾帕索（El Paso）的靴子製造商湯尼拉馬公司（Tony Lama Company）。[8] 他在十年後把公司賣給華倫．巴菲特時，就全美國西部牛仔靴子市場總值四．五億美金來說，賈斯汀靴子的市占率為三十五%，就當時的價格點衡量，其市占率則有七十五%。

蘭迪．華森接手掌管賈斯汀品牌時，他已經四十五歲，在公司服務五年（一九九三年進入公司）。華森雖然未持有公司股權，也沒有參與合併協商，但他同意繼續經營是巴菲特決定併購的考量之一。同樣地，華森也認同巴菲特為首的波克夏買主。「當我們聽說公司將被收購，」華森說，「整個公司上下難免覺得焦慮，擔心——經過一、二十年後——將出現重大變動。但巴菲特決定併購賈斯汀，實在是對於約翰．賈斯汀所創造之成就的恭維。他瞭解我們的事業；

他瞭解這個品牌，還有公司歷史與傳統的重要性。對於我們這種悠久的家族事業來說，這個收購交易大有可能影響我們所隸屬的西部牛仔產業。但買家如果是波克夏海瑟威，這種事情不會發生——沒有下檔傷害。」

有一點讓華森特別感到高興，「巴菲特來到此處，對我們談到自主經營。『我在奧馬哈有個四千平方尺的辦公室，』他說，『我們有十二．五位員工，實在沒有場地容納九百五十人，所以你們必須留在沃斯堡，繼續經營你們的事業。你可以運用我所能提供的資源，隨你們決定用多或用少。』」除此之外，華森又說，「我很樂意見到可供我們使用的資本，能用來擴充我們事業的經濟護城河。」除了賈斯汀之外，波克夏還擁有布朗鞋業和戴克斯特鞋業。「併購賈斯汀後，波克夏可以提升製鞋業的市占率，」華森表示，「我們所擁有的一百二十年歷史傳統代表顯著意義，還有強勢的品牌認同，這些應該都有助於波克夏的製鞋集團發展。我曾經目睹美國製鞋業的興起與衰退，乃至趨於平淡，我相信將來有一天，波克夏的製鞋事業將創造顯著的現金流量。」

就賈斯汀來說，提升市占率相當困難，因為他們在這個相當有限的市場已經擁有很多，因此也成為自己最大的競爭者。「西部牛仔零售顧客群本身並沒有成長，」華森說，「所以我們不準備白費力氣，重新投入資金創立新品牌，而是採用既有品牌，打入其他價格點。截至目前為止，」他補充，「進展還算成功，爭取到額外的貨架空間。」他們也推出賈斯汀原創工作靴。

「我們引用強勢的賈斯汀品牌打進工作職場，」他說，「運用大家已經信賴的品牌素質、歷史、傳統，推出鋼頭加固、無鋼頭加固與其他各類型的工作靴，銷路相當不錯。」

關於賈斯汀的未來發展，華森說，「我們需要留意西部牛仔市場的規模，以及我們所銷售的是一種生活方式與態度。不論西部牛仔市場突然成長、保持不變或萎縮，我們都會持續力圖成長，透過新的行銷管道與價格點，提供消費者需要的產品，爭取更高的市占率。」當被問到他是否希望看到波克夏收購其他更多的鞋類業者，華森說，「多角化經營各種鞋類產品，應該是好事，但不論波克夏是否這麼做，實在不太重要。對於賈斯汀隸屬於波克夏與其策略的一部分，我們覺得相當自在。」

至於他自己的未來，現年四十三歲的華森說，「自從一九八〇年，我踏進西部牛仔產業以來，已經二十年了，也計畫繼續待在這裡。這是一種滲透進入血液的東西。古老西部充滿迷人魅力，代表一種生活方式，甚至握手也蘊含特殊意味，『年輕人，到西部去吧！』（Go West, young man）是種美國夢。這是一種神祕的、獨特的氛圍，絕對不同於其他任何行業。對於我來說，我們的顧客很特殊。」

賈斯汀靴子所瀰漫的西部牛仔氛圍，顯然不同於艾可美磚瓦——過去姊妹事業——的氛圍。這方面的差異也說明了兩者在與波克夏合併後，為何成為全然獨立的事業。艾可美建材品牌執行長哈羅德・梅爾頓表示，「蘭迪和我的部門之間，從來就不存在增大綜效。蘭迪和我只有在社交場合偶爾碰面，這大概也是我們之間的溝通情況，因為我們經營兩個全然不同的事業。我們的產品不同，行銷管道不同，顧客也不同。」事實上，即使是在合併前，就這方面來說，賈斯汀實業和波克夏海瑟威頗為類似，這可能也是巴菲特對於這樁合併交易感到興趣的原因之一。

如同賈斯汀品牌一樣，艾可美建材品牌，實際上也是由許多不同的建材事業構成——艾可美磚瓦、費澤萊特（Featherlite）、美國磁磚（American Tile Supply）、德州石材（Texas Quarries），以及玻璃網狀系統（Glass Block Grid System）。歷史最悠久的艾可美磚瓦在一八九一年成立於沃斯堡，創辦人是喬治．班奈特（George E. Bennett），他在一八五二年出生於俄亥俄春田市（Springfield）。班奈特十六歲離家前往西部，先在密蘇里聖約瑟夫市（St. Joseph）的批發商詹姆斯麥考德（James McCord）工作，一八七四年在密蘇里巴特勒市（Butler）成立自己的事業。但一八七〇年代中期發生經濟大蕭條，迫使他結束剛成立不久的事業。這時，班奈特搬遷至德州達拉斯，在麥考密克收割農具公司（McCormick Reaper and Harvester Company）擔任業務員，而且很快被晉升為全州業務經理。一八八四年，他離開麥考密克公司，前往達拉斯的湯姆金斯工具公司（Tompkins Implement Company）擔任總經理，同時成立另一家自己的買賣事業。[9]

班奈特是個有野心的年輕人，隨時都留意著周遭的機會。十九世紀末期，德州的磚瓦產業才剛開始起步，但磚瓦需求已經明顯增加。瞭解這種趨勢發展，而且對於這方面事業也有興趣，班奈特開始尋找適當的設廠地點。一八九〇年，他在帕克郡（Parker County）羅克溪（Rock Creek）找到廠址，因為當地的黏土適合燒製磚瓦。他買下土地，設立第一間工廠。一年後，艾可美壓製磚瓦公司（Acme Pressed Brick Company）正式運轉。如同班奈特預期的，磚瓦需求旺盛，使得艾可美磚瓦開張後，訂單應接不暇，而且隨後二十年內，公司持續擴大、成長。一九〇七年，喬治・班奈特過世，他的二十歲兒子瓦特・班奈特（Walter F. Bennett）接替公司總裁職務。年輕的班奈特不只繼承了公司，也繼承了公司的問題。喬治・班奈特過世同年，金融危機導致公司銷售業績大減，公司被迫裁員，跟著引發工人罷工。情況惡化到喬治的兒子不得不關廠，開始幫公司尋找買主。當時剛好碰上德州密特蘭（Midland）發生大火，整座城市幾乎全部燒毀，建材需求激增，使得班奈特的公司得以絕處逢生、恢復營運。[10]

艾可美磚瓦的營運持續成功，但磚瓦的使用量到了一九二〇年代開始減少，取而代之的是其他建材，尤其鋼筋水泥。這種趨勢持續到一九五〇年代，玻璃開始大量被運用，尤其是辦公大樓，使得磚瓦市場更是雪上加霜。到了一九六〇年代，建材運用更廣泛：水泥、石棉水泥、鋁材、鋼材、塑膠與泥磚。這些年來，絕大部分的磚瓦生產業者不是被併購，就是關門大吉。艾可美磚瓦成立當時的一八九一年，美國境內有五千家磚廠，每年生產磚塊一百億個。到了一九六八年，磚廠約剩四百五十家，年產量九十億塊。[11]

為了因應趨勢發展，在當時總裁湯姆林的領導下，艾可美磚瓦開始收購磚瓦產業之外的建材事業，包括德州三家公司——座落在達拉斯專門生產水泥磚的諾蘭布朗尼公司（Nolan Browne Company）；沃斯堡的麥當勞兄弟人造石公司（McDonald Brothers Cast Stone Company）；以及盧伯克（Lubbock）的 ACF 預鑄產品公司（ACF Precast Products）——還有阿肯薩斯小岩市（Little Rock）的水泥灌注公司（Concrete Casting Corporation）。加入這些事業後，意味著公司不再局限於生產磚瓦，所以艾可美磚瓦也應該更改名稱，隨後稱為第一沃斯公司（First Worth Corporation）。[12] 第一沃斯繼續藉由併購活動擴張事業，一九六八年收購賈斯汀靴子。如同前文提到的，小約翰．賈斯汀隔年取代了湯姆林而成為第一沃斯的總裁兼執行長，並在一九七二年更改公司名稱為賈斯汀實業。賈斯汀持續擴展這兩個領域的事業。到了一九九九年春天，賈斯汀把事業賣給華倫．巴菲特時，企業的年度營業收入已經超過五億美金——大約四分之三來自建材——年度盈餘超過兩千八百萬。

哈羅德．梅爾頓接手擔任艾可美建材品牌總裁兼執行長時，他取得了賈斯汀實業的絕大部分，而這也是華倫．巴菲特有意併購的主要理由。「根據我的印象，」梅爾頓表示，「從歷史角度說，磚瓦生意長久以來始終是賈斯汀實業最賺錢的事業，但不論是鞋類或建材，我們都有強勢的品牌。就整筆交易來說，巴菲特從鞋類事業得到很好的相對價值。至於建材方面，從公司盈餘紀錄來看，他應該支付了合理價格。相較於其他建材，我們磚瓦事業獲得的成就，他應該相當喜歡，」他說，「因為艾可美建材在六個州——全國使用磚瓦最多的區域——的市占率超過五〇%。

巴菲特對於有機會收購艾可美建材，如果覺得很高興的話，那麼梅爾頓應該也同樣高興自己有機會幫巴菲特工作。「剛得知華倫・巴菲特即將來訪，」他說，「我並非關心他可能已經準備展開收購活動，而比較在意他竟然願意來和我們談。坦白說，我覺得這實在太棒了，因為像他這種身分、具備如此敏銳生意眼光、如此擅長投資的人，竟然願意根據他對我們的瞭解，而來參觀我們的事業。我有些生意上的朋友，他們非常期待華倫・巴菲特願意造訪，希望自己經營的事業很有成就，而足以吸引巴菲特對他們感到興趣。我想這是一種恭維——對於我，對於我們過去和目前所有員工的恭維。」

有機會實際認識巴菲特後，梅爾頓也沒有失望，「我這輩子經常和會計師、財務人員打交道，不論是在目前這個領域或其他場合，」這位過去曾經擔任財務學教授的CEO說，「我覺得華倫有點像是講究數據的人。我並不是想要把他歸類，我只是說，講究數字的人，個性通常都比較有所保留（reserved），但華倫完全不是如此，他相當人性化、態度親切，很容易相處。他也是個邏輯清晰的人，很快就能掌握事情關鍵所在。對他來說，基本的事業知識實在太容易了，因為當我和他談論我們行業特有的層面，包括如何演變到今天這種狀況，以及將來準備怎麼做，他立即就能瞭解我們的所在、我們是什麼、將來將如何等。這是非常罕見的才能。事實上，」他補充，「即使我們公司未來十年繼續求售，也不可能找到比華倫・巴菲特更適合的買家。他對於事業的態度、對於人的態度、他的事業哲學等，基本上都和艾可美建材品牌與管理團隊彼此一致。無庸置疑的，我們和華倫．巴菲特合作，絕對勝過其他買家。」

當被問到是否希望和波克夏海瑟威其他營運經理人會面，他說，「我很高興有機會這麼做，能夠和其他人見面。對我來說，這應該很有趣，因為整個波克夏集團，我只認識華倫．巴菲特和馬克．漢柏格（Marc Hamburg，波克夏的副總裁兼財務長）。這應該會很棒。」但這類的聚會不只是因為他個人喜歡，他也認為有助於公務，因為與其他部門的經理人做溝通，絕對會有正面效益。「我覺得，不論於私或於公，大家相互溝通，只要彼此都具有合理程度的智慧，通常都應該會有收穫。所以如果有機會能夠和波克夏海瑟威的人們相處，尤其他們都是華倫．巴菲特親自挑選的人，對我來說想必會很有幫助。我不知道他們能夠從我身上得到什麼，但我相信自己會學到很多，不論是個人或事業經營方面。」

梅爾頓顯然已經很清楚如何經營他的事業，「根據我看過的所有調查資料顯示，艾可美磚瓦，」他說，「都是美國最著名的磚瓦品牌。對於美國西南部的主要磚料市場而言，房屋新買家認識艾可美品牌的比率高達七十五%。我說的不是營造商，而是說消費者。名稱識別比率次高的磚料品牌只有十五%，所以根本不能比較。」品牌識別比率如此高，梅爾頓說，主要是因為廣告的緣故，「從一九七〇年代中期開始，我們就持續做廣告與公開宣傳，甚至到了今天還是如此。長久以來，我們一直都有強勢的宣傳廣告計畫。」最近，艾可美磚瓦運用華倫．巴菲特做為引子，在《運動畫刊》（*Sports Illustrated*）刊登特別封面廣告，上面寫著「磚料是我做過的最佳投資」。

艾可美磚瓦執行長強調，還有個因素需要考慮，「根據我們的計畫與安排，」他說，「艾可美磚瓦公司的產品，有九十五％是直接送到最終使用者手中。就全國的業者來說，這個比率只有三十五％左右。長久以來，我們一直在建構自己的行銷系統，所以有自己的倉庫、自己的人手——六個州設置了四十處倉庫，透過這些行銷管道，我們把產品直接運送給最終使用者。」

關於他如何經營事業，梅爾頓說他相信成功的營運經理人需要具備三種條件。「最重要一點，經營哲學必須強調誠實與正直，所有相關決策都必須展現這兩種素質，不論是有關人事的決策，或是有關顧客問題的決策，或是任何決策，你必須確定所有的決策都奠定在誠實與正直的基礎上。第二，」他說，「你必須確定所有的員工隨時都知道，我們是個團隊，大家共同創造一家更棒的公司，提升公司的價值。你必須確定每位員工都認為自己是團隊的一部分——甚至是最重要的部分——乃至於認為自己是業主，就像你自認為是業主一樣。第三，你必須能夠掌控一切，隨時都能感受到事業經營的狀況。你必須建立一套暢通的管理資訊系統，能夠持續提供訊息，讓你隨時清楚事業營運狀況。」

對於自己所做之努力，又如何判斷其成功程度呢？梅爾頓說，「我可以透過幾種方式衡量成功。第一，我們公司的就業狀況很穩定，因為建立了家庭的氛圍，雖然員工有兩千八百人。

我們非常關心員工，他們認識我，我也認識他們，我熟悉他們的妻兒。另一種衡量方式，」他說，「我們所經營的是全美國最賺錢的磚料生產業者。對我來說，我們用以處理員工和顧客所運用的哲學，還有用以建構艾可美品牌所採用的策略，顯然都有效發揮作用，而且完全展現在獲利能力上。」

當被問到獲利展望時，梅爾頓說，「過去十年來，全國磚料產業稍有成長。過去有一陣子，磚料使用呈現衰退趨勢——營建商改用其他建材——但最近十年則有復甦的現象。透過我們成立的全國性協會——我們在全國各地設立了一些促銷機構，稱之為磚料諮詢委員會——也是磚料產業有史以來第一次做這方面嘗試，積極做廣告與宣傳。這些努力正在發揮作用，所以磚料產業還會繼續成長，前提是我們要努力做廣告。」

關於他自己的未來，梅爾頓說，他現年六十四歲，還沒有退休的打算，「我第一次碰到華倫·巴菲特時，」他說，「他就曾經問過這個問題，我告訴他，我會繼續做到他想要找人取代我為止。所以我沒有任何退休的打算，我就是繼續往前走。但即使我離開，」他強調，「我也不認為艾可美會有任何重大改變，因為公司每個人都和我秉持著相同的哲學。這已經嵌入公司。我們感染相關人員，讓他們瞭解艾可美的哲學。我們試圖教導他們、協助他們、提升他們，我們一起努力。」他也不擔心他的離開會造成外來的變動，因為如同他說的，「我們的經營哲學，基本上和華倫·巴菲特的哲學吻合。」

至於巴菲特離開可能造成的影響，梅爾頓說，「我完全不瞭解他的接班計畫，但根據他多年來展露的邏輯思緒與睿智表現，我相信他應該會謹慎備妥接班計畫，而且這個計畫應該有助於波克夏與所有旗下的營運事業。我完全不擔心。」

**哈羅德・梅爾頓的經營宗旨**

- 誠實與正直應該主導所有的決策。
- 所有的員工都應該秉持共同的營運目標，藉以提升企業價值，創造更好的公司。
- 建構優異的管理資訊系統與其他控制系統，持續監控公司的財務表現。

# PART 06

# 各有特色的波克夏執行長

# 巴菲特執行長的六十個特色

信心、勇氣、動力、創造力，以及平衡風險與報酬的能力，這些都是成功經理人應該具備的共同特質。關於巴菲特旗下的執行長，我們不免想知道，他們具有什麼共通和不同特質。

由於這個組織的成員彼此之間並不熟識，也沒有正式管道經常相處，他們應該是相當理想的控制組觀察對象。表面上看起來，巴菲特旗下執行長具有四項共通處：（一）他們是由相同一個人，按照相同準則挑選；（二）事業被併購後，繼續做原本相同的事情；（三）與其他波克夏事業或產業之間，沒有必要合作，也沒有產生增大綜效；（四）沒有嘗試去結合巴菲特旗下的各個執行長。

以下是他們所呈現的其他類似處：

1. 自主。每位執行長都被期待獨立經營與管理，就如同自己並不隸屬於某上級組織。每位執行長可以自行決定向母公司報告的頻率。除了簡單的月份財務報表之外，沒有規定必須提出任何報告、進行集會、電話聯絡，也不需要整合職務功能或裁撤冗員。每位執行長皆超然獨立，沒有必要關心自己部門之外的事務，也不必在意其他經理人的作為。他們也不必經常關心企業評估價值、盈餘預測或媒體關係。

2. 組織結構。企業完全扁平化，沒有基本設施，沒有官僚體系。組織傾向於自給自足，儘量不受到外界干預，決策快速。他們擁有全球企業連接和資源擴大的競爭優勢範圍，可運用資本充裕。

3. 獨立發展。企業執行長不受波克夏影響或塑造。公司合併前，經營者與企業本身已經深受巴菲特肯定。

4. 導師的重要性。執行長們大多受到父母或導師的顯著影響。沒有這些人的引領，他們無法成現在的為事業領袖。

5. 熱愛工作。執行長熱愛他們的工作，以及所開創或發展的事業，而且準備繼續經營。他們從來沒打算離開、另創競爭事業。就如同創辦人與企業家的布朗金女士，他們是抱著「死而後已」的熱忱工作。這是波克夏得以成功的奧祕——也是將來得以繼續成功的關鍵。

6. 長期導向。波克夏吸引長期投資人，而且巴菲特培養了獨特的經營團隊，他們準備永續經營（只要健康狀態允許的話）。波克夏享有家庭與家族導向的效益，還有跨世代的家族管理與家族團隊。

7. 價值。巴菲特旗下的每位執行長，都有明確的價值觀、無可動搖的信念和原則、毫不妥協的正直品格。他們的成功或許可以藉由金錢衡量，但他們重視自己與老闆、事業成就、同事們之間的關係。每位執行長都各自以一流的方式，經營一流的事業。

8. 謙虛。雖然已經達到事業與財富成功巔峰，但每位執行長仍然抱著謙虛的態度。（多數人認為自己的故事不足以吸引讀者。）

9. 對於華爾街投資市場存疑。企業被巴菲特收購前，凡是屬於公開上市公司者，其執行長普遍厭惡股票市場分析師、盈餘預測、財務數據傳言、媒體關係、法律規範……等呈現的短期心態，只希望把該做的工作做好。波克夏管理當局與股東們持有的長期心態，使他們有機會擱置前述外部干擾，全神貫注經營事業。

10. 合理價格。對於自己經營的事業，執行長們只希望收購價格合理，而不是最高價格。這些企業如果另尋買主或掛牌公開上市，往往可以取得更好的價格，但他們寧願選擇巴菲特，主要就是因為其管理風格與其他種種理由。業主／經營者願意按照合理價格出售事業，這是必要的不成文準則。如果沒有適當的管理團隊，波克夏不會對於任何事業擁有的資產、客戶群、天然獨占地位、員工、淨值、主導性市占率等條件有興趣。企業主如果只想賣最高價格，而不在意事業維繫，波克夏對於這類管理團隊不感興趣。經營者如果只想賣個好價錢，這種心態就不太可能繼續留在波克夏體系。接受併購的企業應該更重視其他條件：獨立、永續經營、員工保障、客戶留置、資本取得、新老闆的條件、現金，以及企業的根本經營哲學（是否相容）。很多執行長表示事業與波克夏合併，巴菲特成為新的老闆，這是最理想的安排。

11. 企業觀點。巴菲特的執行長們大多把波克夏視為其獨立事業歷經生命週期的另一個階段。他們不認為其事業或工作，將因為和波克夏合併而有所不同。他們曾經長期經營其事業，因此將事業視為使命而不只是工作。

12. 睡眠因子。這些執行長們很少會因為某些憂慮而輾轉難眠，他們不擔心外部壓力或事業遭到出售的威脅，也不需憂慮來自公司總部的干預或內部政治鬥爭。企業執行長們通常都擁有充裕財富，也可以自行安排時間從事慈善活動。

13. 長期建構事業。最適合併購的事業，其執行長曾經花費一輩子時間建構其事業。如果是經過三個世代經營的非科技家族事業，而且擁有可觀的市占率則更理想。每位執行長都持續投資，試圖改善其事業。

14. 專注於事業經營。對於執行長來說，專注事業的根本工作，其重要性遠超過強調財務數據。某些執行長根本不根據預算運作，另一些執行長全神貫注事業成長與擴張；他們在意的是營運，不是短期財務數據，考量重點是事業本身，而不是母公司、其他附屬機構、股票市場、經濟狀況或其他事業。

15. 接班計畫。每位執行長都安排了明確的接班計畫。某位經營者採用無記名方式，由手下經理人推選事業接班人；有兩位執行長在接受本書作者訪問後，兩個月內移轉其執行長職務。巴菲特每年都會要求其執行長們更新接班人計畫，而這些執行長們會把相關機密文件寄給巴菲特（辦公室或住家）。

16. 業主經理人。他們會食用自己烹調的食物。每位執行長與多數經理人都是波克夏的股東，他們自費參加波克夏每年舉行的股東大會，他們所做的決策都以股東利益為考量。管理團隊成員本身的財富，通常九〇%以上持有波克夏股票。他們的個人財務利益通常也和經營事業有關，薪資報酬直接取決於經營績效，所以每位執行長獲取的報酬，都和其他附屬事業或母公司經營表現無關。他們通常都不喜歡提供任何投資建議。

17. 慈善活動與企業公民意識。每位執行長都至少積極參與一項慈善活動，貢獻時間與金錢。多數慈善活動屬於本地性質，和醫療、孩童、教育等議題有關。每個事業——尤其是零售事業——都扮演負責的企業公民，積極參與社區公益活動。

18. 管理風格。巴菲特的執行長們都是親自動手、態度友善、手段靈活、行為務實的人。雖然有少數執行長出身自名牌商學院MBA，但沒有人採用典型的MBA經營策略；多數執行長認為管理的藝術成分超過科學。他們強調以身作則與啟發，充分尊重員工與同事。

19. 鄉村俱樂部成員。波克夏的營運經理人，多數是白人、男性、大學畢業、平均年齡六十四歲，長期擔任經理人職務。多數隸屬於鄉村俱樂部，經常打高爾夫球。他們之所以被巴菲特挑選，並不是因為他們和高爾夫球有關，或出身自名牌商學院；他們只是剛好具備這些共通性質。

20. 特殊獎勵。波克夏新併購的事業經營者，通常會受邀到喬治亞著名的奧古斯塔高爾夫球俱樂部（Augusta National），與巴菲特和其他營運經理人打一場球，球友有時候還包括比爾．蓋茲和微軟的經理人，甚至還有其他企業領袖，譬如奇異電器的傑克．威爾許（Jack Welch），以及首都傳媒的湯姆．墨菲。對於那些不打高爾夫球的人，巴菲特則會邀請他們參加在首都華盛頓舉行的盛大餐會，參與者都是企業和政治領袖，甚至包括美國總統。

21. 辦公室。小而能夠發揮功能的辦公室。如果秘書不在座位上，很多執行長會自行接電話。辦公桌上往往擺著很多計畫、文件與閱讀資料，雖然少數經理人的桌子整理得很整齊。但有位執行長的辦公桌正中央甚至擺著釘書機，四處散放著文件，牆上掛著波克夏的三副小廣告。

22. 長處。盈餘歷史績效、簡單的事業、聲譽、正直品格、資本取得充裕、管理深度與繼承，隨時能夠和華倫．巴菲特聯絡。

23. 營運地理範圍。主要是國內市場，但國際化發展趨勢愈來愈明顯。

24. 內部成長。所有的執行長都是經由內部晉升。某些在沒有選擇的情況下，成為家族成員。除了史丹·利普西之外，沒有任何經理人是為了解決問題而空降。

25. 超額資本。每位執行長賺取的企業盈餘，除非能夠用以提升企業的長期獲利能力，否則就必須把超額資金送回公司總部進行重新配置。同理，任何執行長如果需要向總部融通資金，就必須按照內部報酬率支付利息。

26. 動機。所有經營者在成為巴菲特執行長前，就存在強烈的動機，想要創造自身的成就。每位執行長都有很高的工作期待，不希望讓老闆、員工、顧客、供應商與股東們覺得失望。他們的工作動機，不再是為了追求財務自由，而是想創造個人成就、工作滿足感、接受挑戰、趣味、自我實現等。

27. 退休。波克夏對於退休的看法有異於傳統，而且非常合理。經理人如果還想工作，為何要退休呢？很多執行長覺得，波克夏賦予他們工作的動機。「如果不是因為華倫，」法蘭克·魯尼說，「我早就退休了。他讓我想繼續做下去。」所有的大型企業，可能只有波克夏不希望所併購之企業經營者退休，甚至還說服已經退休者復出工作。換言之，波克夏不鼓勵退休；事實上剛好相反。每位經理人都被要求繼續工作，只要他們仍然想工作的話。波克夏的退休年齡，由NFM的布朗金女士（也就是B女士）為準，她在高齡一百零四歲還繼續工作，直到生命最後一天。波克夏鼓勵員工繼續工作到正常退休年齡後。

28. 事業改善。這方面的改善比較像是演進而不是革命。管理、方法、科技、系統、行銷、生產、工程、經銷，以及事業經營每個層面的改善都應該持續進行。具有業主心態而全心投入事業經營的經理人，應該體認這方面所有的重要變化。

29. 素質。對於波克夏而言，每個層面——管理、原料、倫理、供給商、顧客與員工關係等的素質都沒有妥協的餘地。

30. 綜效。一般合併或併購活動經常談到的字眼「綜效」，完全不存在於波克夏。企業合併，整體員工數量增加，通常會產生冗員，增進總部對於每個部門的控制，因而提升整體企業的效率。波克夏不認同這種文化。波克夏的併購活動從來沒有、將來可能也永遠不會造成裁員。

31. 科技。網路科技在某些重要領域獲得認可，但對於某些營運領域接受程度不高。喬登家具的戴德曼兄弟，只在公司網站掛上「建構中」的告示，準備另外等待適當時機才開始發展。《水牛城新聞》的史丹・利普西一直等到其他同業開始使用網站後，才買下www.buffalo.com。另外還有恰克・哈金斯，他一直等到巴菲特積極催促，才開始發展時思糖果的網站。至於強調顧客主動回應的保險公司蓋可，則繼續積極從事其網路投資。

32. 對老闆的讚賞。每位執行長對於巴菲特都讚譽有加，認為他是最棒的老闆。這些執行長每年都自費參加波克夏的股東大會，坐在一般觀眾席，沒有特別優待，也沒有配戴特殊識別卡。每位執行長大概每個月或更久提出一次報告。大家都會找藉口打電話給他，凡事希望聽取他的意見。大家都把他當做事業夥伴。

33. 烘焙師傅，不是屠宰師傅。對於失敗企業的重整，一般執行長會積極裁員與減薪，但巴菲特旗下的執行長們，這些年來都持續聘請新員工。波克夏的事業每年成長，目前員工超過十萬人。波克夏原來從事的紡織事業已經結束，製鞋事業則因為受到海外廉價勞工競爭而整個產業陷入困境，除了這些產業之外，波克夏旗下的事業從未大量裁員。

34. 精力無窮。波克夏執行長們的另一項特質就是精力無窮。你如果從事自己熱愛的工作，而且與信任和喜歡的人合作，自然會充滿熱忱。很少人可以和這群人一樣，永遠不覺得疲倦。

35. 政治學。關於企業管理，多數執行長們抱持的政治觀點認為：政府管得愈少愈好。他們多數願意協助那些幫助自己的人。絕大多數人認為遺產稅太高。不同於老闆，多數人是共和黨人。少數認為，把財富留給家人之後，應該在有生之年把財富捐獻出來。

36. 最大的奢侈。身為波克夏家族成員的最大效益之一，是可以使用企業商務飛機旅行。

幾乎所有的董事會成員與絕大多數的波克夏營運經理人，都自費購買了奈特傑（NetJets）的部分所有權商務飛機，讓他們可以進行奢華的旅行。少數人在和波克夏合併前，就已經購置飛機。波克夏可能是美國唯一沒有提供商務飛機給營運經理人的大企業。

37. 積極閱讀者。巴菲特與公司的閱讀風氣盛行。正常情況下，多數經理人的大部分時間都用於閱讀。每位執行長都天生充滿好奇心。

38. 巴菲特之後的波克夏。雖然大家都認為這將是波克夏最難度過的難關，但多數人相信華倫會有正確的安排，就如同他一向以來的情況。每個人都相信他會謹慎思考接班問題。相較於其他公司，波克夏的接班計畫更明確。巴菲特一旦退休（根據他自己的定義，這是他過世的五年後），每位經理人將繼續按照先前方式管理其事業。不論是部分擁有或獨資事業，全部都必須繼續經營，並按照過去方式進行。

39. 外部諮詢。沒有必要安排外部諮詢，因為每個經理人都可以直接拿起電話和全世界最睿智的顧問講話。任何重大決策都可以拿起電話解決——不論涉及多大的金額，經常只需要幾分鐘時間。

40. 身體與健康狀況。所有執行長的身體狀況都相當不錯。多數人看起來精力旺盛，大量喝水，大多會做某種運動：走路、晨跑、走樓梯而不搭電梯，偶爾打高爾夫球。每個人看起來都比實際年齡輕。

41. 穩固的競爭優勢。所有的執行長如果必須和自己經營的事業競爭的話，起碼必須落後一億美金到十億美金之間。即使充分瞭解經營竅門，並且掌握合約、資本和人才，但波克夏畢竟是很難對抗的競爭者。

42. 沒有管理合約。巴菲特與旗下執行長之間沒有簽訂任何合約，但從來沒有任何經理人成為競爭對手。任何人都可以自由離開，可以和波克夏競爭，但沒有人這麼做。唯一的合約，就是合併交易的提議和接受。每位經理人都得到承諾：每個人都可以繼續做下去，謀求公司的最大利益。

43. 家庭。波克夏就是有關家族的組織，家族事業、家族管理、家族股東、以及家庭。理想的事業是由第三代或第四代業主與經營者掌管。「巴菲特基金會」將確保許多家族世代將繼續控制和管理。許多經理人是基於家族理由把事業賣給波克夏。相較於波克夏，很少有其他大企業瞭解家族事業的需要與需求。

44. 擴大能力圈。每進行一次併購，波克夏就擴大其能力圈範圍。每位既有與新加入隊伍的執行長，都可以針對其擅長領域，建議新的合作對象。每位經理人都增強推薦網絡的資源，尋找最適合成為波克夏家族的新成員。

45. 盡職調查。表面上看起來，華倫．巴菲特進行併購好像都沒有善做盡職調查。正常情況下，併購者會閱讀投資銀行提供的報告，派遣一整隊的會計師和顧問進行最詳盡的調查，最起碼也要盤點存貨。但巴菲特完全不來這套。反之，憑著他五十多年經驗，他知道應該尋找什麼，知道如何辨識，他可以在幾分鐘內就做成決策。他只要閱讀最近三年的資產負債表和損益表就能提出報價。

46. 擴張安全邊際。班傑明・葛拉漢教導巴菲特，任何投資都必須預留安全邊際（margin of safety）。每新增添一位執行長，波克夏的安全邊際就往上提升一層，理由就像能力圈一樣。新併購一家珠寶零售連鎖店，可以增添巴菲特既有的安全邊際，因為他瞭解相關事業，而且新的執行長可以提供適當建議。

47. 榮譽。任何企業被波克夏家族雀屏中選，顯然是一種榮譽。任何人能夠被選為波克夏附屬機構的經營者，也同樣是一種榮譽。很多經理人表示，能夠被這位最頂尖的投資專家和資本家看中，更是一種榮譽。

48. 獨特文化。波克夏的文化獨特。每位執行長都覺得他們沒有老闆。收購一家公司，然後讓既有管理團隊繼續經營，顯然不是尋常的安排。波克夏沒有真正的企業總部、沒有企業組織圖、公司沒有設立部門副總。波克夏模式未必普遍適用，但確實吸引了某些業主與創辦人，吸引了最頂尖之中的最頂尖者。

49. 不成文的併購準則。公司的數據如果正確，巴菲特就願意收購——換言之，如果符合價值投資的模型。但如果沒有得到當前營運經理人的認可，他是不會收購的。對於波克夏來說，有關收購交易的最佳資訊來源，顯然就是現任的經營者，有關潛在管理團隊的聲譽，最佳資訊來源也是當前經營者。

50. 參考依據。每個新併購都會引進新人選，如此也可以擴大收購買賣的參考依據。你只要拿起電話，就可以撥電話給當前的營運經理人（很多營運經理人都會自己回電話，甚至會在名片上顯示住家電話），請教推薦人選。

51. 快速交易。所需要的時間，甚至比一棟正常房子的買賣還快。波克夏擁有決斷力、資金與專業，足以收購幾乎各種行業的事業。對於絕大部分個案來說，往往只需要幾天的時間，甚至幾個鐘頭。

52. 維持現狀。波克夏想要收購的事業都很單純、易懂。所有的營運經理人都承認，自從公司被收購後，他們從來沒有做過去所沒有做的事情，除了因此避開許多外部的糾纏，譬如注重每季短線績效的媒體或分析師，而不是更重要的長期表現。他們甚至不需思考有關超額資本的配置問題。反之，他們把剩餘的資金寄往奧馬哈，做更有效的運用。

53. 併購者的選擇。評估買家時，多數賣家會考慮對方的財力，是否為接收事業的最有利組織。除了這兩點之外，如果賣家根本不在意買家是誰，巴菲特就不感興趣。波克夏收購的對象，想要的是經營業主，而不是財務玩家。

54. 經驗累積。每次新併購都會讓波克夏變得更好。就如同麥當勞，它可以把最成功的特許經營權建構為模型，波克夏也可以根據過去成功的收購經驗，將其建構為未來適用的模型。

55. 忽略市場價格。附屬機構不關心波克夏的市場價格，他們只關心自身事業的每日營運。市場價格最終必定反映企業根本的帳面價值與內涵價值，以及每個營運事業所創造之個別盈餘的總和。

56. 競爭祕密。一般來說，經理人不願透露本身事業經營的競爭優勢祕密，但有時候還是會洩漏某些資訊。但波克夏的文化很特別，因為同業即使充分瞭解其競爭優勢所在，通常也難以競爭。

57. 絕佳溝通者。所有的執行長都能明確表達自己想要表達的意見。不論是公開辯論或媒體訪問，他們都知道如何因應，但因為這些人全神貫注於本身事業的經營，處理前述外務可能會影響其工作熱忱與目標。

58. 講究經營榮譽。就個人來說，所有的營運經理人都是基於這種長期信念而被波克夏吸引。

59. 較少而優質的決策。市場上的個人投資者可能會犯下更多、更糟的決策，但波克夏投資模型的情況剛好和市場相反。

60. 競爭意圖。波克夏的每位執行長都有強烈的競爭慾望。每個人都想成為贏家——大贏家。

# 巴菲特執行長的評價與薪水

對於這些經過謹慎挑選的營運經理人，必須給予激勵、評價，然後提供薪酬。本書最初幾章探討巴菲特如何慎選他的執行長，中間部分章節則討論巴菲特如何管理與獎勵他們，本章則準備討論波克夏特有的評價與薪酬給付辦法。

巴菲特的一九八八年致股東信函曾經解釋，波克夏旗下的執行長與一般執行長的差異。

「我們近距離觀察他們的表現，明顯不同於我們所幸可以遠距離觀察的很多其他執行長。有些時候，這些執行長顯然不適任於工作與職務，但還是安全無虞。企業管理的荒謬之處，在於不適任的執行長如果想保住工作，簡單程度遠超過不勝任的下屬。」

「舉例來說，某位秘書之所以被雇用，是因為她的打字速度至少每分鐘八十個字，如果她實際上只能打五十個字，恐怕很快就會工作不保。這類工作通常都有合理的標準，即工作績效可以被衡量，如果表現不符標準就會被淘汰。同理，新就任的業務人員如果不能很快創造足夠的業績也會被解雇，任何藉口都無益於實際表現。」

「但表現不彰的執行長，經常可以長期占據職務，這種現象之所以發生的理由之一，是因為這份工作很少存在績效標準。即使有衡量標準，通常也很含糊，很容易被迴避或尋找藉口。

對於很多企業來說，老闆往往先射箭，然後才畫標靶，所以箭總是射中靶心。

「企業執行長和下屬之間，還有另一項很少人察覺的區別：執行長沒有直屬長官可以評定其表現。業務經理如果收留不勝任的業務人員，他自己很快就會遭殃，所以基於本身利益考量，自然會淘汰不適任者；辦公室經理人如果聘請不勝任的秘書，也會面臨類似的狀況。」

「但執行長的上司是董事會，董事會很少能夠衡量執行長的績效表現，通常也不必實際為此負責。董事會如果犯錯而聘僱不勝任的企業執行長，然後聽任其發展，那又如何？即使企業因為這項錯誤而被收購，這種結果對於董事會成員也有好處（他們的地位愈高，著地愈柔軟）。」

「最後，董事會與執行長的關係，理當情投意合。董事會裡，如果對執行長提出批判，情況就如同在社交場合打嗝一樣。但對於不勝任的辦公室經理人，就沒有這方面的顧忌了。」

「這些論述不應該被解釋為對於執行長或董事的總括譴責，他們大多努力工作，甚至有些真正傑出者。可是這些成員的失敗，反而讓查理和我自覺幸運，因為我們和三家所屬機構經理人保持永恆的關係，他們熱愛自己的事業，他們的想法就像業主，講究正直與能力。」

波克夏評定經理人的方法，首先從篩選程序開始。透過正確的篩選，巴菲特得到他想要的：那些熱愛自己事業、強調企業倫理的經理人。事業併購後，他們繼續保持既有的原則。

這些營運經理人無法推選或影響波克夏董事會成員，所以董事會對於企業能夠保持超然客觀的態度，也能充分代表大部分的公司股東。

波克夏對於營運經理人的評估方式很簡單。企業收購前，企業與執行長已經設定了績效衡量基準，這也成為執行長績效衡量和評估的基準，評估程序也因此可以自行管理。

巴菲特另外採用一套經理人評估工具：股東大會年度報告，以及董事長致股東信函；他經常藉此評論表現傑出的經理人。對於全球金融界與巴菲特旗下的其他經理人來說，這些報告和信函都是廣受推崇的讀物，所以任何營運經理人如果在此受到肯定，都代表無上的殊榮。

波克夏年度股東大會開幕，都會播放一段包含所有經理人的影片，所以有一萬五千位業主會拍手向巴菲特的執行長們致意。二〇〇〇年，拉爾夫・舒伊退休後，他被推選進入波克夏名人堂。沒有其他公司，可以在單一場合聚集如此眾多的業主與經理人，每年表揚傑出人士。

## 股票選擇權獎勵

管理人員的股票選擇權已經成為企業重要的報酬工具，尤其是科技業者，但波克夏海瑟威完全不運用股票選擇權。巴菲特未來的繼承者，也就是將來掌管整個波克夏事業的經營者，董事會可能決定發放股票選擇權，但他們過去從來沒有發放任何股票選擇權給予營運經理人。

下列表格列舉了一般大型上市公司之「選擇權執行長」（option CEO）與波克夏「業主執行長」（owner CEO）之間的差異。

表 6.1 波克夏的執行長與一般上市公司執行長差別

| 選擇權執行長 | 業主執行長 |
| --- | --- |
| 導致盈餘高估，管理人員股票選擇權的成本永遠不會顯示在盈餘或資產負債表。 | 盈餘包含所有管理人員支領的報酬。 |
| 通常會在選擇權執行當時，為了繳交稅金賣掉全部或大部分股票。 | 預扣稅金，可以享受長期免稅的複利效應。 |
| 選擇權執行長不會因為選擇權而賠錢。最糟情況是：他們不賺錢。 | 業主執行長和其他業主一樣，必須承擔下檔虧損的風險。 |
| 選擇權執行長可以受惠於股價波動，而重新設定其股票選擇權價格。 | 業主執行長和任何其他股東一樣：他們當初購買股票的價格為固定。 |
| 可以運用股價短期波動而挑選選擇權的執行時機與數量。 | 業主執行長不會藉由管理手段，試圖干預股價短期波動。 |
| 不管股價如何，選擇權執行長都寧可公司買回庫藏股，而不是發放現金股利。 | 業主執行長會照顧全體股東的最大利益，因為其利益與股東利益一致。 |
| 選擇權執行長一旦執行股票選擇權，這方面的動機就不復存在。這會鼓勵經理人流動。 | 業主執行長的經營動機會愈來愈強烈，因為他們持有的股票價值愈高，也就愈不想離職。 |
| 不承擔風險而快速累積財富，而且不需仰賴企業的根本價值。只要股價上漲，就能賺錢。 | 財富累積緩慢，而且要承擔風險，因為一切要取決於企業根本價值。企業帳面價值上漲，才能賺錢。 |
| 選擇權執行長是利用公司的錢，購買自己個人的股票。 | 業主執行長是利用自家資金購買股票。 |
| 非常關心股價短期波動，可能試圖影響媒體與專業分析師做樂觀的預測。 | 不涉及外部利益，只會關心內部的長期營運。 |

附注：巴菲特的執行長們不只是波克夏的業主，很多人其實是管理事業的少數股東。

讀者應該不難理解，「業主執行長」的作法，最符合長期股東與經理人利益一致的需求。

波克夏收購的事業，即使採用管理人員股票選擇權，波克夏也會終止這項措施，認列這方面費用，改用對等的現金報酬方案。

「事實上，被併購的公司如果發放股票選擇權做為管理人員薪酬的一部分，波克夏一旦收購該公司，這方面的認列成本就會上升，」華倫·巴菲特在年度致股東信函表示，「這種情況下，由於被併購公司採用標準——而我們認為完全錯誤——的會計原則處理選擇權成本，公司盈餘會被高估。每當波克夏收購這類發放選擇權的公司，我們會立即將其取代為經濟價值對等的現金報酬方案，暴露隱藏的成本，認列實際的費用。」[2]

## 巴菲特執行長的薪酬

波克夏不發放管理人員股票選擇權，而是讓多數經理人擁有波克夏股票，這類的安排通常在幾分鐘之內就能解決，甚至不用簽訂契約，或簽署防止競爭條款，而且持續一輩子。他們都是自主的員工。

巴菲特表示，「波克夏嘗試採用符合資本配置原理的合理薪酬制度，舉例來說，我們給予拉爾夫·舒伊的薪酬，是根據史考特費澤——而不是波克夏——的營運表現，這顯然比較合理，因為他需要為自己經營的事業負責，但為什麼要幫別人經營的事業負責呢？如果根據波克夏的命運而發放現金紅利或股票選擇權，拉爾夫取得報酬將顯得全然缺乏憑據。舉例來說，拉爾夫經營史考特費澤如果揮出全壘打，但查理和我管理的波克夏卻搞砸了，顯然不該讓他承擔負面後果；反之，如果好事是發生在波克夏，而史考特費澤的表現落後，他有什麼理由獲取股票選擇權或現金紅利的好處呢？」

「設定薪資報酬，我們許諾大號的紅蘿蔔，而且必須和經理人可以直接控制的東西掛勾。企業營運如果需要大量的資本投資，他們所額外使用的資本，我們都會收取較高的成本，但對於所釋放出來的資本，也同樣認列較高的績效。」

「資金不是免費，這種處理方式對於史考特費澤來說很明顯。拉爾夫如果可以運用額外的資金，賺取較高的報酬，他可以因此而受益：額外資本賺取的盈餘，凡是超過某門檻水準，分派的紅利也會增加。可是，紅利計算是對稱的：額外投資的報酬如果低於標準，短缺的部分也會讓拉爾夫和波克夏付出代價。這種雙向安排造成的結果，使得拉爾夫如果能夠把他不能有效運用的資金送回奧馬哈，將可以讓他得到報償——而且是相當不錯的報酬。」

「在上市公司的描述下，幾乎所有的薪酬方案，都被形容為管理階層利益和股東利益彼此一致。對於我們來說，所謂的利益一致，是要同時涵蓋上檔和下檔，而不只是賺錢的時候。很多利益一致的方案，往往違背這個原則，意味著『正面我贏，反面你輸。』」

典型的股票選擇權安排存在常見的匹配錯置，選擇權價格不會定期成長，藉以反映保留盈餘累積所造成的公司財富。事實上，發放十年期股票選擇權，並分派偏低的股息，配合複利利率，經理人即使原地踏步，也同樣可以獲取重大利益。憤世嫉俗者可能會說，付給業主的款項減少了，持有選擇權的經理人卻大賺錢。但我還沒有看到股東委託聲明書載明這個重點，要求股東同意選擇權發放計畫。

「我忍不住要提一點，我們和拉爾夫．舒伊達成的薪酬協議，大約花了五分鐘就搞定了，就在收購史考特費澤後，完全不需要律師或薪酬顧問的協助。這份協議蘊含著幾個簡單的概念——不過完全不是薪酬顧問偏好採用的條件，他們除非認為你有大問題（這點當然需要每年重新審核），否則不可能輕易出現大手筆。我們和拉爾夫達成的協議，內容從來不曾改變。早在一九八六年，他覺得這份協議有道理，我也覺得有道理，現在還是如此。我們旗下其他機構的經理人，薪資安排也同樣簡單，雖然每個協議的內容，都因為個別事業的經濟條件不同而稍有差異，有些經理人也擁有某些事業的部分所有權等等。」

「我們隨時隨地都追求理性。任何薪酬安排如果取決變化莫測的基準，和經理人的個人成就無關，這種處理方式或許能夠討好某些經理人，畢竟誰會拒絕免費彩券呢？可是，這類安排對於公司是種浪費，導致經理人模糊了應該關心的事情。另外，母公司的非理性行為，很可能鼓勵附屬機構跟著模仿。」

「就波克夏來說，只有查理和我對於整個事業負有管理責任，所以也只有我們兩人應該根據整個事業的整體表現支領薪酬，但公司和工作顯然已經通過我們兩人的謹慎設計，所以我們可以只做想做的事，可以只和我們喜歡的人們往來。更重要者，我們很少被迫去做無聊或不愉快的事情。另外，對於公司同仁創造的物質資源與精神糧食，我們都是受益者。處在這種悠閒環境下工作，我們不期待股東會認可，而給予我們實際上並不需要的龐大報酬。」

「事實上，即使完全不支領報酬，查理和我也很樂意擔任目前的輕鬆工作。歸根究柢，我們認同羅納．雷根總統的信條：『辛勤工作也許還不至於真的致人於死，但我琢磨著，為什麼要冒險呢？』」[3]

## 巴菲特執行長的未來機會

很難想像波克夏將來會有高達一千億美金的公開市場價值。

巴菲特的未來發展，關鍵在於其過去與目前的事業經營模式。它雖然主要是一家產物意外保險公司，實際上卻遠不僅於此。沒有任何私有或公開上市公司，旗下擁有更多樣化規模和多角化類型的事業。相較於其他企業，波克夏集團旗下事業的SIC（標準工業分類代碼，standard industrial codes）類別數量無與倫比（請參考五二二頁的附錄四）。

更重要者，波克夏擁有的各種行業，都沒有涉及違反獨占方面的法律問題，不論是哪個產業或領域，波克夏的市場占有程度都相對有限。

這意味著波克夏面臨更多的機會，巴菲特旗下執行長們也各自面臨更多機會。因為波克夏在經營行業的種類方面，從來沒有——將來也不會——被限制，它可以收購任何類型的事業，擴張機會全然不受限制。

美國紐約證券交易所（NYSE）掛牌的國內或外國股票有三千多種，總市值超過十七兆。波克夏即使擁有高達一千億美金的資本市值，也不過占了紐約證券交易所的〇・六%。如果考慮整個世界的公開上市股票市場，巴菲特旗下執行長面臨的機會更可觀了，因為波克夏只占整體世界股票市場的〇．二%。但由於波克夏附屬企業大多屬於私有企業，就此而言，巴菲特掌握的資本約占世界整體資本市場的〇．一%。這意味著世界整體資本市場中，還有九十九．九%代表波克夏的未來發展機會。

另一方面，波克夏掌握的資本持續成長，但世界資本也同樣是如此。資本主義的基本原理是適者生存；所以這位全球最佳資本配置者將擁有更多的資本。

接著來看看巴菲特執行長們各自擁有的機會：布朗金、柴爾德、沃夫與戴德曼在內布拉斯加、猶他、愛達荷、德州、麻州與新罕布夏各自擁有可觀的家具市場，但他們整體掌握的市場，只占美國家具市場三百七十億美金的二%。在各自市場，布朗金與柴爾德另外還經營家用電器、用具與地板建材，銷貨金額雖然可觀，但仍然只占全國市場微不足道的比率。這四個事業的執行長，每開設一個新店面，年度營收可以增加六千萬美金。布朗金家族複製其設立在肯薩斯市的內布拉斯加家具商場，每年銷貨金額可能成長一倍；柴爾德在拉斯維加斯設立新店面，並在鹽湖城一天車程的距離內設立數家大型店面；戴德曼兄弟即將拓展其麻州北岸的市場，新機會遍及整個新英格蘭地區。

康門特與雅克的部門，只代表美國零售珠寶市場每年四百三十億美金營業額的一．五%。康門特的賀茲伯格鑽石每設立一個新店面，可以創造額外兩百二十萬美金的營業額。波仙珠寶的低成本事業、資本基礎、充裕客源，而且店面座落在一萬五千位波克夏最忠實、富有業主顧客每年朝聖地點，在品牌認知與網路的協助下，預期事業將持續成長。

奈斯里與辛普森的蓋可保險，只占美國國內汽車保險市場每年營業額一千三百五十億美金的五%。藉由網路平台——已經證明是優異的經營模式——配合龐大的廣告預算，可以拓展浩大的資本市場，協助蓋可保險掌握更多機會。辛普森有更多投資上市公司的機會，因為有更多公司符合其資本市值投資準則，另外，他並不局限於投資美國資本市場。

詹恩每年創造的營業額，只占美國產物意外再保險市場兩千八百九十億美金的一小部分，大約只有二%，占全球（非人壽）保險市場二．一三兆美元的不到一%。波克夏的再保險部門，也是美國規模最大的再保險業者，在全球各地的再保險市場都占有顯著地位。

美國領有證照的飛機駕駛員，大約有一〇%曾經參加烏吉公司的訓練課程。飛安公司專門提供飛行訓練服務，顧客包括絕大多數區域性小型航空公司與企業商務客機專業飛行員，少數是大型航空公司、軍事、機構組織與私人飛行員。飛安公司是美國境內規模最大的飛行模擬器製造商，但僅占世界市場的二〇%。踏入這個市場的門檻很高，每座飛行模擬器的平均成本約一千五百萬美金。由於軍事飛行員數量減少，再加上航空業蓬勃發展，美國聯邦法律規定航空公司飛行員六十歲必須退休，而且商業飛行員每年必須接受規定時數的訓練，使得飛安公司的業務量大增，未來發展樂觀。公司的最大客戶，剛好也是隸屬於波克夏的姊妹事業。

桑圖利創造並掌握六〇%的部分所有權企業商務客機市場，但只占目前整體企業商務客機市場的三%。這個行業的贏家將是控制新飛機供給的業者，目前的企業商務客機訂單，有三分之一屬於奈特傑控制；桑圖利訂購了四百八十架噴射機，而且還有權追加一百五十架。這個市場的潛在顧客，包括全球十五萬五千位富豪與企業，奈特傑現今的客戶有兩千位，尚未開發的潛在市場占九十七%。奈特傑擁有理想的事業經營模式，而且擁有「先來者」的優勢；所以對於私有噴射機運輸行業來說，奈特傑占有的地位如同聯邦快遞在快遞運輸產業的地位。這方面的投資報酬想必極高。

利普西在水牛城經營的報紙事業，由於讀者減少，以及網路與其他媒體形式的競爭，未來成長潛能相對有限，營業收入與獲利有可能衰退。波克夏新聞部門仍然可能併購其他報社，前提是合理的價格與傑出的團隊。另外，利普西有可能在水牛城拓展其他媒體領域，甚至跳脫該市場。

哈金斯擄獲了加州盒裝巧克力與糖果店面的絕大部分市場，但在加州之外卻鮮有建樹。巧克力未來顯然不太可能被取代，單是美國境內，巧克力的年度消費量，每人每個月將近一磅！加州的巧克力消費量每個月高達三千五百萬磅，時思糖果只掌握其中七%。就美國每年整體巧克力消費量三十四億磅來考慮，時思糖果的巧克力銷售量只占一%。根據日本與德州的實驗顯示，盒裝巧克力並不適合長途運輸，但美國各地機場或購物中心零售貨架上販售的巧克力，卻相當成功。如果能夠想出有效辦法，將巧克力拓展到加州與美國境外，對於時思糖果將是重大機會，網路或許是擴張業務的主要工具。

舒伊與史梅爾斯伯格（Ken Smelsberger）掌握了紙本百科全書在全國學校與圖書館的八十五%市場、北美直立式吸塵器五%市場，以及北美消費者與商用小型空氣壓縮機的二十九%市場。個人電腦與光碟嚴重衝擊紙本百科全書銷售，但教育相關產品仍然存在許多機會。世界百科全書面臨的挑戰，是如何掌握高達一百五十億美金的教育產品市場，不僅是百科全書產品，也包括同儕教學系統 Tudor Link，以及藉由學校影響力銷售家庭產品的 Earning for Learning（賺錢學習）等。柯比吸塵器運用七十年來的有效行銷方式，繼續在世界市場販售吸塵器。小型空氣壓縮機製造事業則受到產業商品化，以及全國連鎖大賣場，譬如家得寶、勞氏零售、沃爾瑪百貨競爭等影響。

雖然自有品牌產品帶來巨大的壓力，但對於史考特費澤來說，小型手提式動力工具仍然代表無窮機會。該公司旗下另外十九家正在萌芽的企業，都有可能成長為百年巨樹，乃至於成為巴菲特與波克夏引以為榮的事業。

華森經營的部門，掌握了價值高達四千五百億美金西部牛仔產品的大部分（三十五%）市場，如果又出現另一波都市牛仔風或其他類似流行，這方面的行銷絕對會大幅成長。

梅爾頓經營的事業，每年生產十億個磚塊，約占美國整體磚料市場九十億磚塊的十一%。沒有任何東西可以較磚塊更永恆，對於很多人來說，也沒有任何東西會較投資住家更重要。磚塊幾乎是人類有史以來一直使用的建材，將來想必也會繼續被使用，尤其是在美國南部與西南部。由於母公司資金充裕，艾可美建材品牌想必會繼續收購其他建材事業。波克夏會繼續拓展其隔熱、屋頂、地毯等製造業。

美國每年銷售的鞋子高達十二億雙，魯尼生產的鞋子數量只占其中很小比率。但如同他所說的，「只要人們生來赤腳，製鞋產業就會繼續存在。」加重海外生產的比重，布朗鞋業可以降低其營運成本並提升獲利。

波克夏每年銷售金額超過四百億美金，只占美國國內生產毛額的區區〇．四％，或占全球整體年度購買力的〇．二％。由另一個角度觀察，全球年度銷售金額的九十九．八％代表波克夏的成長機會。

# 巴菲特之後的波克夏

將來不久後的某天，波克夏海瑟威勢必將整個企業的領導指揮權杖，由現任的執行長轉交給繼任者。對於某些人來說，這可能代表北美資本主義社會最重要的一刻。

巴菲特離開後，波克夏會變成何種樣貌？繼任的執行長是按照什麼準則挑選？波克夏海瑟威的未來將如何發展？這些問題大概只有華倫．巴菲特本人才能回答，但過去很多研究分析資料可以做為預測未來發展的參考。

誰將成為波克夏下一任執行長與營運經營者，可能只有極少數董事會成員清楚。華倫．巴菲特桌上有一封寫著繼任人選的信函，但只有在巴菲特過世後才能打開這封信。

巴菲特旗下所有事業的執行長，根據規定都必須建議其接班人。以下是巴菲特每年都會寄給波克夏企業執行長的相關備忘錄：

備忘錄

致：波克夏海瑟威經理人（「全明星」）

來自：華倫．巴菲特

日期：二〇〇〇年八月二日

我上一次寄送備忘錄是兩年前的事情了，內容主要是大家需要遵循的某些法則，以及提供各自經營事業接班人名單的相關事宜。這段期間內，波克夏又收購了幾家事業；所以對於某些人來說，這是第一次看到這份備忘錄。

以下是大家務必銘記在心的幾個事項：

1. 我們禁得起金錢損失，甚至是相當嚴重的金錢損失。但我們禁不起名譽損失，即使是一丁點的名譽損失也不行。我們經營事業的任何所作所為，如果被某位不友好而明智的記者刊載在頭版新聞報導，我們必須可以坦然面對。就很多方面來說，包括併購活動在內，波克夏都因為聲譽而蒙受利益，所以我們絕對不允許名譽受損。

2. 按照各自的風格成功管理自家事業。波克夏將繼續保持這種狀態。關於事業經營狀況，各位可以按照自己的方式，經常或偶爾向我報告，但有個條件：萬一發生什麼壞消息，務必及早讓我知道。

3. 凡是有關退休後福利，以及任何不尋常的大額資金支出，各位需要向我報告。我鼓勵大家尋找補強式的併購機會（tuck-in acquisitions）。我們曾經進行過幾次這類的補強式併購，每個案例幾乎都提升了企業價值。

4. 關於我們經營的事業，需要儘可能擴大經濟護城河，防範競爭者入侵。對於所經營的事業，各位必須將其視為家族僅有的資產，未來五十年必須持續經營而不可出售的事業，我們必須想盡辦法，不論在經銷、製造、品牌、併購等方面去建立可長可久的競爭優勢。

5.各位如果遇到任何大型事業的業主或經理人，其具備理想的經濟條件與管理團隊，而可能成為波克夏收購的適當對象，務必推薦給我。就這方面來說，我們幾位經理人確實幫了很大的忙；最近羅納德・佛格森（Ron Ferguson，通用再保險公司）介紹我認識「美國責任保險集團」（U. S. Liability）的鮑伯・貝利（Bob Berry）。

6.以下情況，請不用引薦：想要尋找演講者的任何領域機構，包括商會、大學畢業典禮、論壇等，這方面的所有邀約請幫我婉拒，完全不必事先和我聯絡。

7.最後，請各位寄一封信給我（也可以寄到我家），更新各位推薦接班人的資料，也就是各位如果突然不能管事，希望由誰來接替管理目前的事業。關於這位候選人或其他可能人選，務必簡單說明其長處與短處。對於大部分人來說，過去已經提供這方面的資訊，或已經做過口頭報告。但我還是希望各位定期提供更新資料，尤其是我們最近又收購一些新事業，希望各位提供書面內容，而不只是讓資訊留在我的腦海裡。各位所提供的任何這方面資料，都屬於機密性質。當然，有幾個事業是由兩位以上的人共同經營，譬如布朗金家族、戴德曼兄弟，以及布里奇家族等，這些事業可以忽略這個項目。

感謝各位的協助。

這份備忘錄提到波克夏的文化，以及每個管理功能的重要性。巴菲特旗下事業的每個層面，都有清楚的接班計畫，包括巴菲特本人的職務也是如此。

巴菲特任命路易斯・辛普森擔任投資活動的候補執行長，所以現在的重點是誰將接手營運執行長職務。巴菲特的工作包含三部分：董事長、資本配置執行長，以及營運執行長。巴菲特的長子霍華（Howard）最有可能接任董事長職務，繼續保持事業的家族形式，並維繫其父親創造的多世代家庭事業。至於如何選擇、評價、激勵，以及支付酬勞給共同執行長，也將關係著波克夏海瑟威的未來成敗。

想要推測誰是巴菲特接班人，可以從他挑選辛普森負責資本配置的原因著手。辛普森在波克夏服務超過二十年，也是相關領域內少數真正成功的基金經理人。辛普森的風格與信念和巴菲特相似。辛普森深受巴菲特推崇，兩人也維持非常親密的關係。波克夏董事大多和辛普森熟識；他擁有完整而傲人的資歷和紀錄。辛普森相當富有，他工作的主要目的在於樂趣，而且個性忠誠，短期內完全沒有退休的打算。

根據前述條件觀察，巴菲特挑選的營運執行長，應該是一位資深員工、成功的管理者、採取不干涉的管理模式。除此之外，他應該和巴菲特熟悉，兩人經常聯絡，甚至每天都會通電話；他和波克夏的董事們也應該彼此熟悉，工作資歷和紀錄完整；身家富裕，工作是為了樂趣，短期內沒有退休計畫。目前符合這些條件的經理人只有一個。

股東們可以確定一點，辛普森絕對不可能成為營運接班人，因為他已經被挑選負責資本配置工作。另外，波克夏經營者的薪酬成本也勢必提高；執行長的職務如果分由三個人擔任，他們支領的薪水不可能以目前的十萬美金劃分為三等分，各自領取三萬三千三百三十三美金。雖然管理成本增加，這些執行長接班人的工作負擔可能反而減輕。不論任何工作，一旦劃分為幾個部分，工作需求通常都會減輕。對於未來的董事長、資本配置執行長與營運執行長來說，他們負擔的職務雖然充滿挑戰，想必也會有對應的報酬與樂趣。安排三個不同人選，分別接替這位傳奇經營者的某方面職務，這可能是比較恰當的安排，這種情況有點像是大聯盟職業棒球隊有三位教練：總教練、投手教練與打擊教練，因為棒球隊更適合運用三頭馬車的管理方式。

以下列舉巴菲特挑選營運執行長接班人可能考慮的因素：

1. **內部人士**。巴菲特的接班人應該是波克夏附屬機構的內部人士。波克夏是個性質相當特殊的組織，不瞭解其文化的外部人士，很難贏得擔任執行長所需要的普遍尊敬。這個因素排除了唐納・葛蘭姆與其他許多非波克夏附屬機構執行長的人。
2. **年紀**。這位營運執行長接班人的年紀必須相當年輕，至少應該比巴菲特年輕十歲，也就是目前還不滿六十歲。單是這個因素，就有將近半數的巴菲特執行長被排除資格，因為他們的年紀不夠輕，年齡差距不夠大：烏吉（八十四歲）、柴爾德（六十九歲）、沃夫（六十九歲）、利普西（七十三歲）、哈金斯（七十六歲）、舒伊（七十六歲）、魯尼（七十九歲）與梅爾頓（六十四歲）。

3. 瞭解企業文化。將來想要成功領導企業集團，領導者必須了解文化。任何破壞或改變波克夏傳統的營運方式，都會導致經理人叛離，並嚴重影響企業整體價值。這是巴菲特將永遠坐鎮董事會、長期擔任董事長的原因，也是非家族成員的專業經理人不大可能接班的原因，譬如雅克、康門特與華森等人。家族企業成員出身的經理人或企業家，比較可能尊敬那些本能瞭解自由放任管理風格的人。任何人如果想套用MBA的形式管理自主經理人，有可能破壞已經建立的體系，驅使業主／經理人選擇提早退休，甚至另外成立競爭事業。

4. 小規模企業總部。巴菲特接班人自然會傾向採用小型總部組織，讓自己成為總體經理人（macro manager）。目前波克夏只有桑圖利符合這個條件：設立在另一個城市的小型總部。

5. 年資。營運領域接班人起碼要具備十年的附屬機構經營者資歷，最好是伴隨家族企業成長的創辦人。這個條件排除了新進的非家族企業專業經理人，譬如華森。

6. 獨立富有的大股東。如同巴菲特一樣，最佳接班人應該以追求整體企業利益為宗旨，他所做的任何決定，都是為了提升股東價值與個人財富。任何大股東所做的決策都會考量業主利益，其管理也會符合股東利益。符合這個條件的人，包括桑圖利、布朗金家族與戴德曼兄弟。

7. 經理人和董事會成員熟識。波克夏旗下附屬企業的經營者彼此並不熟識，因此理想的接班執行長，最好和各個附屬企業經營者與董事會成員熟識。總部設在奧馬哈的企業在這方面顯然占有優勢，因為旗下事業經營者與董事會成員每年都會參與股東大會。公司股東、經理人與董事會成員最後都會熟識奧馬哈當地零售業者，或搭乘奈特傑商務客機。就這個條件來說，顯然有利於雅克、布朗金家族與桑圖利，尤其是桑圖利，因為巴菲特的執行長幾乎都會和奈特傑打交道。

8. 頭腦。想要接替華倫．巴菲特，聰明才智顯然是必要條件之一。對於產物意外保險的專業知識以及對數字的敏銳度應該也有幫助。波克夏旗下事業經營者，有幾位出身名校，其中有兩個人對於數學特別專精：詹恩和桑圖利。桑圖利過去曾經擔任數學教授，這方面可能稍具優勢。

9. 獲利能力最高的經理人。如果單純考慮目前獲利能力，接班人應該是詹恩。

10. 公司員工最多的經理人。波克夏每五位員工就有一位是奈斯里的手下，雖然蕭氏實業（Shaw Industries）的鮑伯．蕭（Bob Shaw）管理的員工最多。

11. 管理模式。蓋可保險目前的管理結構，將是波克夏準備使用的模式。一位執行長負責資本配置（辛普森），另一位執行長負責事業營運（奈斯里）。

12. 發展為組織。最佳接班人是把旗下事業建構為全球性組織，也就是波克夏規模最大的附屬機構發展成為全球組織。符合這種條件的巴菲特執行長只有一個人：桑圖利。

13. 華爾街經驗。曾經在華爾街工作、服務投資人等經驗有益於波克夏未來的收購交易。桑圖利過去曾經在位於紐澤西的高盛服務華爾街最成功的投資人。很多公司需要花大錢獲得投資人背書，但桑圖利領導的部門卻已經擁有全球許多大客戶，這些都等同於背書。

14. 與巴菲特的日常聯絡。接班人的工作訓練包括每天用電話向巴菲特做口頭報告，而符合這個條件的只有兩個人：詹恩與桑圖利。

15. 應付媒體。懂得如何應付媒體、演講時可以不看稿、臨場回答記者提出的問題，這些都是巴菲特和蒙格重視的能力，他們兩人每年都會花六個小時公開接受訪問，並花費兩個半小時回答媒體提問。巴菲特的執行長如果拒絕接受媒體採訪，就不可能成為接班人，因為應付媒體永無止盡的提問是波克夏執行長的工作之一。桑圖利與戴德曼兄弟擁有這方面的優勢，因為波克夏附屬機構內，只有他們領導的事業設立公關經理人，並積極爭取媒體曝光機會。

16. 創新者。巴菲特的接班人顯然必須具備創新能力。就這方面來說，唯一合格的經理人是桑圖利，因為他的事業是自己一手開創的。

17. 全球視野。波克夏是個美國事業，但未來必須面對全球市場。桑圖利是最具有開發全球市場經驗的經理人。

18. 領導者的四項技能。波克夏最高主管必須具備四項技能：溝通（communication）、鼓舞激勵（motivation）、評估管理績效（manager evaluation）、給予報酬（compensation）。奈斯里與桑圖利都十分擅長這四種技巧。其中又以桑圖利天生具備領袖魅力與影響力。

19. 資產龐大。有處理龐大資產與營業收入的經驗（數十億美元），這也是巴菲特接班人的重要條件之一。符合此條件者包括詹恩、奈斯里與桑圖利。

20. 規模最大的潛在附屬機構。終有一天，奈特傑的規模發展將如同聯邦快遞，並成為波克夏旗下最大的獨資附屬機構，桑圖利自然將成為接班人。

21. 受到經理人與董事會成員信任。巴菲特的接班人必須得到下屬經理人，以及其任命者，即董事會成員的信任和尊敬。就這方面來說，幾乎每個經理人都符合資格，但桑圖利可能最適合。

22. 與業主打交道的經驗。波克夏旗下部門最常與業主打交道者，莫過於奈特傑。桑圖利的員工都稱呼客戶為「業主」，因為他們實際上都擁有飛機的部分所有權。他與「業主」打交道的特有經驗，將協助他成為波克夏的經營者。與董事會打交道，等同於與業主的代表打交道。得到絕大多數股東的信賴，相信企業執行長可以維護其利益，這是每一個接班人都必須具備的條件。

23. 接受挑戰。本書所採訪的巴菲特執行長中，只有一個人明白表示願意接受巴菲特接班人的挑戰。桑圖利已經擬定計畫，如果得到巴菲特認可以及董事會任命，他計畫召集所有經理人，請教他們在巴菲特領導下的工作情況，並在聽取報告後，要求所有經理人繼續按照既有方式工作，如同巴菲特收購每家企業後的安排一樣。

總結前述巴菲特可能考慮的條件，以及波克夏董事會將來考慮的準則，最有可能成為巴菲特接班人的候選者，是奈特傑的創辦人理查德．桑圖利。

為什麼巴菲特沒有公開宣布這項任命呢？可能有幾個理由：

- 巴菲特還有相當長的時間，可以掌管波克夏海瑟威，繼續領導它成長與擴張。
- 巴菲特只要可以維持身心健康的狀況，就會繼續領導波克夏。
- 如果預期自己至少還能任職十五年以上，現在就指定接班人似乎太早。每當收購一家新企業，就必須讓企業營運長清楚知道向誰負責。
- 從現在開始到巴菲特接班人實際管事這段期間，大有可能發生許多事情。

近幾年來，波克夏經營的事業持續轉型，成為擁有許多獨資經營機構的集團，也是規模愈來愈大的產物意外保險公司。波克夏將來可能朝其他方向發展，或許也適合選擇其他接班人。另外，理查德・桑圖利有可能退休（雖然這種可能性不高），或因為年紀太大而不適任，或者到時候已經沒有擔任這項職務的意願。

總之，巴菲特會在適當時機推薦最適當的接班人選，波克夏董事會也會挑選某位最適合傳承巴菲特文化的接班人。

如何衡量巴菲特接班人的績效表現呢？巴菲特表示，應該在十或十五年後，按照他的標準評估接班人：完全沒有失去旗下事業任何一位執行長。

## 波克夏海瑟威的未來

很多股東想知道波克夏海瑟威未來的可能發展。這家原本創辦於一八八九年的紡織廠，過去三十五年以來，在華倫・巴菲特領導下，轉型為規模最大的多角化經營公開上市公司。波克夏也是美國最重要的企業之一，旗下擁有許多上市公司與私有企業，但不屬於S&P五百指數成分股。巴菲特領導的這家公司，其所創造的富豪數量，遠超過共同基金、投資公司、避險基金、私有企業或公開上市公司。所有這一切並沒有借重於企業的基礎建設。波克夏管理旗下事業的方式，就如同管理股票投資組合。波克夏除了收購企業之外，同時也收購該企業既有的管理團隊，使得相關事業按照原本的方式繼續經營。波克夏從來不期待附屬機構之間產生增大綜效，而是期待永遠持有這些被併購的事業。

巴菲特離開後，這種經營哲學還能持續多久？波克夏的管理文化根深蒂固，將來想必還會持續很長一段時間。波克夏的組織架構不會輕易變動，因此應該經得起時間考驗。

對照奇異電器的情況，或許有助於瞭解波克夏的特殊之處。奇異電器由湯瑪斯·愛迪生（Thomas Edison）創立，在傑克·威爾許領導下，成為美國主要企業之一。根據威爾許的計畫，奇異電器主要經營十二種業務，並且在個別領域要成為數一數二的領導者。奇異電器為了維持成長動力，每年進行將近一百筆併購交易，而且不保留併購事業原先的管理團隊。如同絕大多數併購者一樣，奇異電器期待旗下所屬企業之間的營運能產生增大綜效。事實上，奇異電器最近在歐洲面臨違反獨占法的問題，因為他們要在十二個業務領域內都獨佔鰲頭。

另外，傑克·威爾許在四十五歲時接掌奇異電器，有充分的時間（二十年）影響該公司的文化；反之，巴菲特在三十四歲時入主波克夏，之後一直經營這家公司，不像一般美國人在六十五歲退休，可以說是美國企業任期最久的執行長之一：整整三十七年，而且還在持續中。

如果模仿奇異電器的方式，將波克夏發展為規模最大的綜合企業，建構龐大的基礎建設與公司總部，並由多個副總裁分別負責所經營的領域，這麼做摧毀巴菲特苦心經營的事業。即使是模仿美國最大的保險機構ＡＩＧ的經營模式，也足以扼殺波克夏。

因為採用與一般企業全然不同的經營模式，波克夏沒有制定長期策略的相關計畫。這家企業將隨著本身所掌握的機會而持續成長與擴張。波克夏的成長，主要是來自於現有事業的帳面價值增加，而不是併購其他事業。波克夏收購企業的全部或部分所有權，完全取決於股東最大利益。收購活動會儘可能避免受到股票市場影響，而且獨資收購的事業，其份量永遠都超過部分所有權事業。波克夏從來都沒有採用策略性計畫，將來也不會。除了紡織與製鞋之外，凡是波克夏參與併購的事業，無不具備絕佳價值。波克夏始終偏愛空頭市場、喜愛悲觀景氣。波克夏將繼續擴張其盈餘豐饒、價格反映價值以及管理絕佳的事業。

波克夏雖然專注於美國境內事業，但將來可能成為全球性的經濟體——併購符合相同條件的國際性事業。波克夏的資本只要有更好的用途，就會繼續用以收購其他事業，不可能分配股利給股東。

巴菲特離開後，波克夏公司所有權的三分之一，將由華倫・巴菲特與其妻子蘇珊名下，轉移到巴菲特基金會。七十一歲男性的預期壽命有十五・三年，六十九歲女性的預期壽命有十六・八年，但結合兩者的預期壽命則有二〇・七年（基於某種緣故，內布拉斯加富人的平均壽命較長）。

所以，波克夏的未來最終將轉移到巴菲特基金會。就目前價值三百五十億美金計算，未來如果每年按照一〇%成長，二十一年後的估計價值為兩千六百億美金。根據現行法律規定，基金會資產每年要出售或移轉五%波克夏股票（價值相當於一百三十億美金）。這些分派可能來自股票每年的成長或分派股利，而不至於動用基金會的本金。如果每年五%的分派是來自於出售股票，雖然金額相當龐大，但每年只涉及公司整體股票的一%。另外，根據現行法律規定，基金會控制事業的股權不得超過二〇%。為了符合這項規定，巴菲特基金會需要把部分股票由A股轉換為B股而放棄投票權。

將來，可能有更多事業選擇和波克夏合併，理由包括考慮營運自主、現金資產、長期經營導向與忠誠。只要業主／經營者基於家族、員工、顧客、供應商的利益，關心企業的長期生存，就會希望與波克夏之類的母公司合併。

只要繼續有遺產稅的考量，尤其是龐大的遺產，企業家就會為了保護其事業的未來而尋求買主。

企業如果想要降低營運成本並吸引資金，可能就會選擇成為波克夏的附屬機構。如同拉爾夫·舒伊強調的，經營者為了向外籌措資金，每年必須花費五十天於外部事務，他們如果與波克夏合併，就可以把這些時間運用於發展內部事業。

資本主義只要還講究績效，資本自然會流向獲利最佳的事業。這個黃金法則永遠適用：擁有最多黃金的企業將設定遊戲規則。交易機會將流向波克夏的資本配置者。

資本如果強調菁英管理，管理不善的事業勢必讓位給管理優異的事業。競爭性產業的生存法則，仍然是適者生存。波克夏的經營結構將繼續吸引最傑出的經理人。

巴菲特離開後，是否還會舉辦這種充滿動力的特殊年度股東大會？就波克夏所吸引的業主心態來說，他們如同巴菲特一樣希望永遠持有股票，因此每年的股東會仍將吸引秉持類似心態的投資人。如同安麗（Amway）舉辦的聚會，波克夏股東們永遠會支持他們擁有的事業。巴菲特離開後，業主們仍然會每年集會，設法促進事業發展，購買自己的產品與服務。

巴菲特離開後，波克夏勢必還能生存很長一段期間。理由在於其結構、成長機會、經營原則、經理人，以及最重要的長期股東。任何事業如果能夠得到巴菲特吸引的經理人和股東支持，都將能繼續生存、成長和繁榮。

# 附錄一、波克夏旗下的執行長們

東尼・奈斯里
蓋可保險公司

路易斯・辛普森
蓋可保險公司
（攝影：Michael Gamer）

亞吉・詹恩
波克夏再保險部門
（攝影：Capital Photo）

蘿絲・布朗金
內布拉斯加家具商場

艾爾．烏吉
飛安國際公司
（攝影：Roger Richie）

理查德．桑圖利
商務客機公司
（攝影：Ed Turner）

唐納・葛蘭姆
《華盛頓郵報》

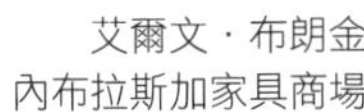

艾爾文・布朗金
內布拉斯加家具商場

法蘭克・魯尼
布朗鞋業公司
（攝影：Jay Rizzo）

比爾・柴爾德
威利家具公司
（攝影：Brent Cunninggham）

梅爾文・沃夫，星辰家具公司
（攝影：Alexander's Houston）

史丹・利普西，《水牛城新聞》
（攝影：Westoff Studio）

巴利＆艾略特・戴德曼
喬登家具公司
（攝影：Linda Holt）

恰克・哈金斯
時思糖果公司
（攝影：Franklin Avery）

拉爾夫・舒伊
史考特費澤公司

蘇珊・雅克
波仙珠寶公司
（攝影：Regency Photo）

傑夫・康門特
賀茲伯格鑽石公司
（攝影：David Riffel）

蘭迪・華森
賈斯汀品牌

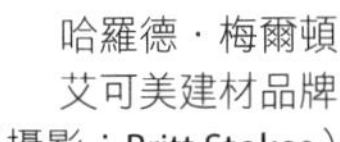

哈羅德・梅爾頓
艾可美建材品牌
（攝影：Britt Stokes）

# 附錄二、波克夏執行長訪問時間表

|  |  |
| --- | --- |
| 二〇〇〇年二月七日 | 路易斯．辛普森，蓋可保險總裁兼資本配置執行長，Rancho Santa Fe，加州 |
| 二〇〇〇年四月十三日 | 艾爾．烏吉，飛安公司創辦人，總裁兼執行長，Flushing，紐約 |
| 二〇〇〇年八月三日 | 東尼．奈斯里，蓋可保險總裁兼保險營運執行長，華盛頓特區 |
| 二〇〇〇年八月五日 | 拉爾夫．舒伊，史考特費澤公司，總裁兼執行長，Westlake，俄亥俄 |
| 二〇〇〇年八月八日 | 史丹．利普西，《水牛城新聞》，發行人兼總裁，水牛城，紐約 |
| 二〇〇〇年八月九日 | 東尼．奈斯里，蓋可保險總裁兼保險營運執行長，華盛頓特區 |
| 二〇〇〇年八月十四日 | 亞吉．詹恩，波克夏海瑟威再保險集團總裁，Stamford，康乃迪克 |
| 二〇〇〇年八月十六日 | 馬爾康．金恩．崔斯（Malcolm "Kim" Chace），波克夏海瑟威董事，Providence，羅德島 |
| 二〇〇〇年八月十七日 | 艾略特&巴利．戴德曼，總裁兼執行長，喬登家具，Natick，麻州商業廣告拍攝現場，Weston，麻州 |
| 二〇〇〇年八月十八日 | 法蘭克．魯尼，布朗鞋業公司，董事長兼執行長，Nantucket，麻州 |
| 二〇〇〇年八月二十五日 | 蘇珊．雅克，波仙珠寶，總裁兼執行長，奧馬哈，內布拉斯加 |

| | |
|---|---|
| 二〇〇〇年八月二十七日 | 艾爾文．布朗金，內布拉斯加家具商場，董事長兼執行長，奧馬哈，內布拉斯加 |
| 二〇〇〇年九月四日 | 比爾．柴爾德，威利家具，總裁兼執行長，鹽湖城，猶他 |
| 二〇〇〇年九月六日 | 約翰．羅奇，董事長，賈斯汀實業／哈羅德．梅爾頓，艾可美建材公司，總裁兼執行長／蘭迪．華森，總裁兼執行長，賈斯汀品牌，Fort Worth，德州 |
| 二〇〇〇年九月七日 | 梅爾文．沃夫，總裁兼執行長，星辰家具，休士頓，德州 |
| 二〇〇〇年九月八日 | 傑夫．康門特，董事長兼執行長，賀茲伯格鑽石，North Kansas City，密蘇里 |
| 二〇〇〇年九月二十一日 | 傑夫．康門特，董事長兼執行長，賀茲伯格鑽石，North Kansas City，密蘇里電話訪問 |
| 二〇〇〇年九月二十一日 | 恰克．哈金斯，總裁兼執行長，時思糖果，South San Francisco，加州電話訪問 |
| 二〇〇〇年一〇月十七日 | 唐納．葛蘭姆，董事長兼執行長，《華盛頓郵報》，華盛頓特區 |
| 二〇〇〇年一〇月十八日 | 理查德．桑圖利，總裁兼執行長，商務客機，Woodbridge，紐澤西 |

以上時間表不包含許多後續追蹤的電話、電子郵件與書信訪問。

# 附錄三、波克夏旗下各事業體列表

| 企業名 | 巴菲特的CEO | 網址 |
| --- | --- | --- |
| 波克夏海瑟威公司 | 華倫・巴菲特 | www.berkshirehathaway.com |
| 艾可美建材公司<br>American Tile Supply,<br>Featherlite,<br>Glass Block Grid System,<br>Texas Quarries | 哈羅德・梅爾頓 | www.acmebuildingbrands.com |
| 班・布里奇珠寶 | 愛德與強・布里奇 | www.benbridge.com |
| 班哲明・摩爾 | 伊凡・杜普伊 | www.benjaminmoore.com |
| 波克夏家鄉保險公司<br>Brookwood,<br>Continental Divide,<br>Cornhusker,<br>Cypress,<br>Gateway Underwriters,<br>Oak River,<br>Redwood | 羅德・艾爾傑德 | www.bh-hc.com |

| | | |
|---|---|---|
| 波克夏再保險公司 Division (see National Indemnity) | 亞吉・詹恩 | www.brkdirect.com |
| 藍籌印花公司 | | |
| 威斯科金融公司 | 查理・蒙格 | |
| 精密鋼鐵公司 | 泰瑞・派柏 | www.precisionsteel.com |
| 威斯科金融保險公司 | 唐納・伍斯特 | |
| 肯薩斯金融擔保 | 唐納・陶瓦魯 | |
| 柯特家具 | 保羅・阿諾德 | www.cort1 . com |
| MS Property | 羅伯特・伯德 | |
| 波仙珠寶公司 | 蘇珊・雅克 | www.borsheims.com |
| 水牛城新聞 | 史丹・利普西 | www.buffnews.com |
| 中央聯邦賠償公司 | 約翰・基薩 | www.csi-omaha.com |
| 戴克斯特鞋業 Pan Am Shoe | 彼得・朗德 | www.dextershoe.com |

| | | |
|---|---|---|
| 商務客機公司<br>Executive Jet Management,<br>Executive Jet Sales,<br>NetJets,<br>NetJets Europe,<br>NetJets Middle East | 理查德・桑圖利 | www.netjets.com |
| 費西海默兄弟西服<br>All Blit,<br>Nick Bloom,<br>Bricker-Mincolla,<br>Command,<br>Eagle,<br>Farrior's,<br>Fechheimer Band,<br>Flying Cross,<br>Griffey,<br>Harris,<br>Harrison,<br>Kale,<br>Kay,<br>Martin,<br>McCain, Metro,<br>Nationwide,<br>Pima,<br>Robert's,<br>Silver State,<br>Simon's,<br>West Virginia,<br>Zuckerberg's | 布萊德・金斯特勒 | www.fechheimer.com |

| | | |
|---|---|---|
| 飛安國際公司<br>Boeing,<br>MarineSafety,<br>Instructional Systems,<br>Simulation Systems,<br>Visual Simulation, FlightSafety Services,<br>Learnmg Centers,<br>Training Academies | 艾爾・烏吉 | www.flightsafety.com |
| 蓋可保險<br>GEICO Casualty,<br>GEICO Financial Services,<br>GEICO Indemnity,<br>GEICO General,<br>Insurance Counselors, Inc.,<br>International Insurance<br>Underwriters,<br>Safe Driver Motor Club | 東尼・奈斯里 | www.geico.com |
| 蓋可投資事業 | 路易斯・辛普森 | |
| 通用再保險公司<br>General Cologne RE,<br>Faraday,<br>General Cologne Life RE,<br>GenRe Securities,<br>General Star, Genesis,<br>Herbert Clough,<br>New England Asset Mgmt.,<br>US Aviation Underwriters | 羅納德・佛格森 | www.genre.com |

| | | |
|---|---|---|
| 賀茲伯格鑽石 | 傑夫・康門特 | www.helzberg.com |
| 布朗鞋業<br>Carolina Shoe,<br>Cove Shoe,<br>Double H Boot,<br>Isabela Shoe,<br>Super Shoe Stores, | 法蘭克・魯尼 | www.hhbrown.com |
| Lowell Shoe | | www.comfort2u.com |
| 國際冰雪皇后公司<br>Dairy Queen,<br>Orange Julius,<br>Karmelkorn Shoppes | 查克・穆提 | www.dairyqueen.com |
| 約翰曼非爾公司 | 傑瑞・亨利 | www.jm.com |
| 喬登家具 | 艾略特與巴利・戴德曼 | www.jordansfurniture.com |
| 賈斯汀品牌 | 蘭迪・華森 | www.justmboots.com |
| Chippewa Boot | | www.chippewaboots.com |
| Nocona Boot | | www.nocona.com |

| | | |
|---|---|---|
| Tony Lama Boot | | www.tonylama.com |
| 中美能源公司 | 大衛・索科爾 | www.midamerican.com |
| Northern Electric & Gas | | www.northern-electric.co.uk |
| CalEnergy | | www.calenergy.com |
| MiTek | 基恩・圖姆斯 | www.mitekinc.com |
| 國家保險公司集團<br>Columbia Insurance Company,<br>Berkshire Hathaway Life Insurance Company of<br>Nebraska,<br>National Fire & Marine Insurance Company,<br>National Indemnity Company,<br>National Indemnity Company of Mid-America,<br>National Indemnity Company of the South,<br>National Liability & Fire Insurance Company,<br>Wesco-Financial Insurance Company,<br>Northern States Agency, Inc.,<br>Pacific Gateway Insurance Agency,<br>Ringwalt & Liesche Co. | 唐納・伍斯特、亞吉・詹恩 | www.nationalindemnity.com |

| | | |
|---|---|---|
| 內布拉斯加家具公司<br>Floors Inc.,<br>Homemakers Furniture | 艾爾文與隆恩・布朗金 | www.nfm.com |
| R. C. 威利家具 | 比爾・柴爾德 | www.rcwilley.com |
| 史考特費澤公司 | 肯恩・史梅爾斯伯格 | |
| Adalet | | www.adalet.com |
| Campbell Hausfeld | | www.chpower.com |
| Carefree of Colorado | | www.digidot.com/carefree |
| Cleveland Wood Products | | www.cwp-sfz.com |
| Douglas/ Quikut (Ginsu) | | www.quikut.com |
| France | | www.franceformer.com |
| Halex | | www.halexco.com |
| Kingston | | www.kingstontimer.com |
| Kirby Vacuum | | www.kirby.com |
| Meriam Instrument | | www.meriam.com |

| | | |
|---|---|---|
| Northland<br>Powerwinch | | www.northlandmotor.com |
| Scot Laboratories | | www.scotlabs.com |
| Scottcare | | www.scottcare.com |
| Stahl<br>United Consumer<br>Financial Service | | www.stahl.cc |
| Wayne Combustion | | www.waynecombustion.com |
| Wayne Water Systems | | www.waynepumps.com |
| Western Enterprises | | www.westernenterprises.com |
| Western Plastics | | www.wplastics.com |
| 世界百科全書公司 | | www.worldbook.com |
| 時思糖果 | 恰克・哈金斯 | www.sees.com |
| 蕭氏實業 | 鮑伯・蕭 | www.shawinc.com |
| 星辰家具 | 梅爾文・沃夫 | www.starfurniture.com |
| 美國責任保險集團 | 湯瑪斯・納尼 | www.usli.com |

# 附錄四、波克夏各子公司的SIC代碼

大型企業經營的業務往往包含很多不同類別。可是，波克夏海瑟威經營的事業，其涵蓋範圍更廣，包括一百二十五個不同事業領域，以下列示這些事業的「標準工業分類代碼」(Standard Industrial Code，SIC)。

SIC與事業內容

| SIC | 事業內容 | SIC | 事業內容 |
|---|---|---|---|
| 一七五二 | 地板鋪設 | 二〇二三 | 冰淇淋配料 |
| 二〇二四 | 冰淇淋製造 | 二〇二六 | 製造乳品皇后配料 |
| 二〇六四 | 糖果製造 | 二二七三 | 地毯製造 |
| 二三一一 | 男士與男童制服 | 二三二一 | 制服襯衫 |
| 二三二六 | 軍服 | 二三三一 | 襯衫 |
| 二三三七 | 警察制服 | 二三三九 | 女性與青少年制服 |
| 二三八九 | 樂隊制服 | 二七一一 | 日報 |
| 二七三一 | 書籍出版與印刷 | 二七四一 | 資料庫發行商 |

| 二八四一 | 肥皂與專用清潔劑製造 | 二八四二 | 光滑劑製造 |
| --- | --- | --- | --- |
| 二八五一 | 顏料 | 三〇八六 | 鞋類絕緣與襯墊 |
| 三〇八九 | 戶外露營用品製造 | 三〇八九 | 塑料模型 |
| 三一四二 | 家用拖鞋製造 | 三一四三 | 男鞋製造 |
| 三一四四 | 女鞋製造 | 三一四九 | 運動鞋製造 |
| 三二五一 | 磚料製造 | 三三一二 | 特殊金屬加工 |
| 三三一六 | 鋼材倉儲 | 三三六三 | 鋁材壓鑄 |
| 三三六四 | 非鋁材壓鑄 | 三四二一 | 餐具 |
| 三四二九 | 管夾接頭 | 三四三三 | 爐具製造 |
| 三四五一 | 機床附件 | 三四六九 | 卡車車體製造 |
| 三四九四 | 壓縮氣體配件和調節器製造 | 三四九六 | 儀表 |
| 三四九九 | 金屬結構產品 | 三五三一 | 船艇絞車與絞盤 |
| 三五三六 | 起重機 | 三五四五 | 機密衡量儀器 |
| 三五四六 | 動力手工具 | 三五四八 | 焊接設備 |

| 代碼 | 產業 | 代碼 | 產業 |
|---|---|---|---|
| 三五六一 | 水泵 | 三五六三 | 空氣與瓦斯壓縮機 |
| 三五八九 | 服務業機器 | 三六一二 | 整流器與變壓器 |
| 三六二一 | 小功力電動機製造 | 三六二九 | 電子工業裝置 |
| 三六三五 | 家用吸塵器製造 | 三六四四 | 集配盒與接合盒製造 |
| 三六七八 | 電子接頭 | 三六九九 | 飛行模擬器製造 |
| 三七一二 | 飛行器銷售 | 三七一三 | 卡車車體製造 |
| 三七一五 | 卡車掛車 | 三八二三 | 自動控制 |
| 三八二三 | 度量儀器 | 三八四一 | 醫療設備 |
| 三八四二 | 鞋類義肢嵌物 | 三九一四 | 銀器 |
| 三九四九 | 運動設備 | 三九九一 | 珠寶貴金屬 |
| 四二一三 | 建材運輸 | 四二二六 | 倉儲 |
| 四五二二 | 飛行租賃 | 四五八一 | 航空器維修 |
| 四七二九 | 旅遊管理 | 四九一一 | 能源生產與分配 |
| 五〇三二 | 磚石建材 | 五〇三三 | 絕緣器材 |

| | | | |
|---|---|---|---|
| 五〇五一 | 鋼材服務中心 | 五〇六三 | 建材 |
| 五〇七四 | 水管與取暖設備 | 五〇八七 | 消防器材 |
| 五〇八八 | 航空器零件 | 五〇九四 | 貴金屬 |
| 五一一三 | 紙類產品批發 | 五一三六 | 制服批發 |
| 五一四三 | 奶製品 | 五一四五 | 糕餅製造 |
| 五一四九 | 一次性使用塑膠批發 | 五四四一 | 糖果、堅果與糖果商店 |
| 五六三二 | 手提包 | 五六六一 | 鞋類商店 |
| 五六九九 | 零售制服 | 五七一二 | 家具商店 |
| 五七一三 | 地板材料商店 | 五七二三 | 家庭用品商店 |
| 五七三一 | 消費電子產品商店 | 五七三四 | 電腦商店 |
| 五八一二 | 冰淇淋商店 | 五九四四 | 珠寶商店 |
| 五九四六 | 照相機商店 | 五九四七 | 銀器與禮品零售 |
| 五九六一 | 型錄與郵購 | 五九六三 | 百科全書直銷 |
| 五九九九 | 警用物品供給 | 六〇三六 | 儲貸機構 |

| | | | |
|---|---|---|---|
| 六〇九九 | 外匯兌換 | 六一四一 | 消費者融通公司 |
| 六一五三 | 短期商業信用 | 六二一一 | 註冊投資顧問、經紀人／交易商 |
| 六二三一 | 證券與商品交易所 | 六二八二 | 投資顧問 |
| 六三一一 | 汽車、人壽、火災、航運與意外保險／再保險 | 六三三一 | 意外保險公司 |
| 六三三一 | 火災、航運與意外保險 | 六三五一 | 雇員忠誠保險 |
| 六三九九 | 航行保險 | 六四一一 | 保險代理 |
| 六五一二 | 非住宅建築營運 | 六五一九 | 房地產出租 |
| 六五三一 | 房地產代理人與經理人 | 六七一九 | 投資控股公司 |
| 六七九四 | 許可與特許銷售 | 六七九九 | 商品契約交易公司 |
| 七三五九 | 航空器租賃 | 七三七二 | 教育器材設計與生產 |
| 七三八九 | 交易贈品券與獎勵方案 | 七八一二 | 視覺模擬 |
| 八二四九 | 航空學校 | 八二九九 | 飛行指導 |
| 八六九九 | 汽車所有人協會 | | |

附注：這份表格不包含沒有SIC的行業類別，譬如航空器部分所有權與辦公家具租賃。另外，這份表格也不包含波克夏部分擁有企業的SIC，譬如可口可樂與美國運通。

# 附錄五、波克夏旗下各公司的創辦與併購時間表

| 創立年份 | |
|---|---|
| 一八三六 | 坎貝爾製造公司創立 |
| 一八七〇 | 波仙珠寶創立於奧馬哈 |
| 一八七七 | 《華盛頓郵報》創立 |
| 一八七九 | 賈斯汀靴子創立 |
| 一八八〇 | 《水牛城晚間新聞》創立 |
| 一八八三 | 布朗鞋業創立 |
| 一八八六 | 可口可樂創立 |
| 一八八八 | 海瑟威製造公司創立 |
| 一八八九 | 波克夏棉紡織製造公司創立 |
| 一八九一 | 艾可美磚瓦創立 |
| 一八九三 | 蘿絲·布朗金出生於十二月三日 |
| 一九〇六 | 柯比清潔器發明 |
| 一九一二 | 星辰家具創立 |

| | |
|---|---|
| 一九一四 | 史考特機械行創立 |
| 一九一五 | 賀茲伯格鑽石公司創立 |
| 一九一五 | 史考特費澤公司創立 |
| 一九一七 | 世界百科全書第一次出版 |
| 一九二〇 | 坎貝爾創立 |
| 一九二一 | 時思糖果創立 |
| 一九二八 | 喬登家具創立 |
| 一九三三 | 威利家具創立 |
| 一九三六 | 蓋可保險公司創立 |
| 一九三七 | 內布拉斯加家具賣場創立，B女士當時四十四歲，起始投資五百美金 |
| 一九四〇 | 國家保險公司創立 |
| 一九五一 | 飛安公司由創辦人烏吉以一萬五千美金房貸創立；恰克·哈金斯加入時思糖果 |
| 一九五四 | 波克夏海瑟威創立 |
| 一九五七 | 戴克斯特鞋業創立 |
| 一九六一 | 東尼·奈斯里進入蓋可 |
| 一九六四 | 商務客機公司創立 |

| | |
|---|---|
| 一九六七 | 華倫・巴菲特開始管理波克夏海瑟威 |

**波克夏旗下各子公司併購年份**

| | |
|---|---|
| 一九七二 | 兩千五百萬美金併購時思糖果 |
| 一九七三 | 一千一百萬美金併購《華盛頓郵報》十五%股權 |
| 一九七四 | 唐納・葛蘭姆與華倫・巴菲特擔任《華盛頓郵報》董事 |
| 一九七四 | 拉爾夫・舒伊進入史考特費澤公司 |
| 一九七六 | 部分併購蓋可保險 |
| 一九七七 | 三千四百萬美金併購《水牛城新聞》 |
| 一九八〇 | 路易斯・辛普森開始管理蓋可保險 |
| 一九八二 | 亞吉・詹恩進入波克夏海瑟威 |
| 一九八三 | 五千五百萬美金併購內布拉斯加家具賣場的八〇%股權 |
| 一九八三 | 蘇珊・雅克加入波仙珠寶，當時二十三歲，薪水每小時四美金 |
| 一九八四 | 理查德・桑圖利併購商務飛機公司 |
| 一九八五 | 波克夏海瑟威終止最初的紡織事業 |
| 一九八六 | 現金三・一五億美金併購史考特費澤公司 |

|  |  |
|---|---|
| 一九八九 | 併購波仙珠寶 |
| 一九九一 | 併購布朗鞋業 |
| 一九九一 | 東尼．奈斯里擔任蓋可保險執行長 |
| 一九九二 | 併購「羅威爾鞋業」（Lowell Shoe） |
| 一九九三 | 蘇珊．雅克擔任波仙珠寶執行長，年齡三十四歲；四．二億美金股票併購戴克斯特鞋業 |
| 一九九五 | 併購賀茲伯格鑽石公司；併購威利家具 |
| 一九九六 | 二十三億美金併購剩餘的蓋可保險股權；十五億美金併購飛安公司；創立B股，價值是A股的三十分之一 |
| 一九九七 | 併購星辰家具 |
| 一九九八 | 七．二五億美金（三．五億美金現金與三．七五億美金股票）併購商務客機公司 |
| 一九九九 | 蘿絲．布朗金在八月九日以一〇四歲高齡過世 |
| 二〇〇〇 | 併購艾可美磚瓦；併購賈斯汀靴子；拉爾夫．舒伊退休 |

附注：整體併購公司平均創立於一九〇九年，也就是華倫．巴菲特開始管理波克夏海瑟威的五十八年前。

# 附注

## Part 01 波克夏之神：巴菲特

### 導論：天才執行長華倫・巴菲特

1. 請參考華倫・巴菲特的「董事長致股東信函」，一九八七年。
2. 請參考華倫・巴菲特的「董事長致股東信函」，一九八九年。

### 巴菲特挑選CEO之道

1. 泰利・派柏寫給作者的信，二〇〇一年六月二七日。
2. 請參考華倫・巴菲特的「董事長致股東信函」，一九九四年。
3. 請參考華倫・巴菲特的「董事長致股東信函」，一九九一年。
4. 請參考華倫・巴菲特的「董事長致股東信函」，二〇〇〇年。
5. 請參考華倫・巴菲特的「董事長致股東信函」，一九八一年。
6. 請參考華倫・巴菲特的「董事長致股東信函」，一九九二年。
7. 請參考華倫・巴菲特的「董事長致股東信函」，一九九五年。
8. 請參考華倫・巴菲特的「董事長致股東信函」，二〇〇〇年。
9. 請參考華倫・巴菲特的「董事長致股東信函」，一九九八年。

## Part 02 波克夏資本來源：保險業三大CEO

### 經營者：東尼．奈斯里／蓋可保險公司

1. 請參考 Alan Breznick, “GEICO Revs Up to Try to Triple Its Market Share,” *Washington Post*, March 30, 1998。
2. 請參考華倫．巴菲特的「董事長致股東信函」，一九九五年。
3. 同上。
4. 請參考華倫．巴菲特的「董事長致股東信函」，一九八〇年。
5. 請參考 Roger Lowenstein, "To Read Buffett, Examine What He Bought,” *Wall Street Journal*, January 18, 1996。
6. 請參考 Stan Hinde, How Billionaire Buffett Bid at $70,” *Washington Post*, November 6, 1995。
7. 請參考 Roger Lowenstein, "To Read…。
8. 請參考 Albert B. Crenshaw, “Premium Partners; Single-Minded GEICO Was Just Buffett’s Style. Now They’re Together for the Long Haul,” *Washington Post*, September 18, 1995。
9. 請參考 John Taylor, “Buffett Ends Long GEICO Waltz,” *Omaha World-Herald*, August 26, 1995。
10. 請參考 Albert B. Crenshaw, “Premium…。
11. 請參考華倫．巴菲特的「董事長致股東信函」，一九九六年。
12. 請參考華倫．巴菲特的「董事長致股東信函」，一九九五年。
13. 請參考華倫．巴菲特的「董事長致股東信函」，一九九六年。
14. 請參考華倫．巴菲特的「董事長致股東信函」，一九九八年。
15. 請參考華倫．巴菲特的「董事長致股東信函」，二〇〇〇年。
16. 請參考 Noble Sprayberry, “Working Happy,” *San Diego Union-Tribune*, October 18, 1999。

## 替補資本配置者：路易斯・辛普森／蓋可保險公司

1. 請參考華倫・巴菲特的「董事長致股東信函」，一九九五年。
2. 請參考 Devon Spurgeon, "Envelope, Please: Not One to Be Caught Unprepared, Mr. Buffett Makes His Plans Clear," *Wall Street Journal*, October 17, 2000。
3. 請參考 David A. Vise, "GEICO's Top Market Strategist Churning Out Profits; Lou Simpson's Stock Rises on His Successful Ideas," *Washington Post*, May 11, 1987。
4. 請參考 Suzanne Wooley with Joan Caplin, "The Next Buffett," *Money*, December, 2000。
5. 同上。
6. 請參考 David Barboza, "Following the Buffett Formula; GEICO Chief May Be Heir to Legend," *New York Times*, April 29, 1997。
7. 請參考 Suzanne Wooley with Joan Caplin, "The Next Buffett"。
8. 請參考 David Barboza, "Following the Buffett Formula。
9. 請參考 James Clash, "The Next Warren Buffett," *Forbes*, October 30, 2000。
10. 請參考華倫・巴菲特的「董事長致股東信函」，一九九五年。
11. 請參考 David A. Vise, "GEICO's Top Market Strategist Churning Out Profits"。
12. 請參考 *San Diego Union-Tribune*, May 11, 1997。
13. 請參考 David Barboza, "Following the Buffett Formula"。
14. 請參考 David A. Vise, "GEICO's Top Market Strategist Churning Out Profits"。
15. 請參考華倫・巴菲特的「董事長致股東信函」，一九八二年。
16. 請參考華倫・巴菲特的「董事長致股東信函」，一九八六年。
17. 請參考 David A. Vise, "GEICO's Top Market Strategist Churning Out Profits"。

18. 請參考 Brendan Boyd, "Investor's Notebook," Uexpress Online, , February 10, 2001。
19. 請參考 Stan Hinden, "As Spring Blooms, So Do Annual Reports," *Washington Post*, April 26, 1993。
20. 請參考 Suzanne Wooley with Joan Caplin, "The Next Buffett,"。
21. 請參考 Barboza, "Following the Buffett Formula‥。
22. 請參考 Spurgeon, "Envelope, Please"。
23. 同上。
24. 請參考 Clash, "The Next Warren Buffett,"。

## 意外經理人：亞吉．詹恩／波克夏再保險部門

1. 請參考華倫．巴菲特的「董事長致股東信函」，二〇〇〇年。
2. 請參考 Devon Spurgeon, "Envelope, Please: Not One to Be Caught Unprepared, Mr. Buffett Makes His Plans Clear," *Wall Street Journal*, October 17, 2000。
3. 請參考 Anthony Bianco, "Warren: The Buffett You Don't Know," *Business Week*, July 5, 1999。
4. 請參考華倫．巴菲特的「董事長致股東信函」，一九九六年。
5. 請參考華倫．巴菲特的「董事長致股東信函」，一九九〇年。
6. 請參考華倫．巴菲特的「董事長致股東信函」，一九九七年。
7. 請參考 Andy Kilpatrick, *Of Permanent Value: The Story of Warren Buffett* (AKPE, 2000), 第 245 頁。
8. 請參考華倫．巴菲特的「董事長致股東信函」，二〇〇〇年。
9. 請參考 Janet Kormblum, "Site Runs the Risk of a $1 Billon Grab," *USA Today*, October 25, 2000. P. 3D。
10. 請參考華倫．巴菲特的「董事長致股東信函」，二〇〇〇年。
11. 同上。

12. 請參考華倫・巴菲特的「董事長致股東信函」，一九八九年。
13. 請參考華倫・巴菲特的「董事長致股東信函」，一九九二年。
14. 請參考華倫・巴菲特的「董事長致股東信函」，一九九四年。
15. 請參考華倫・巴菲特的「董事長致股東信函」，一九九六年。
16. 請參考華倫・巴菲特的「董事長致股東信函」，一九九九年。
17. 請參考 Kilpatrick, *Of Permanent Value*，第 238 頁。
18. 請參考 Spurgeon, “Envelope, Please…”。

## Part 03 波克夏三大傳奇創辦人CEO

### 天生好手：蘿絲・布朗金／內布拉斯加家具商場

1. 請參考 Linda O'Bryon, Warren Buffett Interview, Nightly Business Report, April 26, 1994。
2. 請參考 Robert Dorr, “Rose Blumkin, 1893-1998: Remembering Mrs. B, ” *Omaha World-Herald*, August 10, 1998。
3. 請參考 Rich Rockwood, "Model of Success,” www.focusinvestor.com。
4. 請參考 Robert Dorr, “Rose Blumkin”。
5. 請參考 Barnaby J. Feder, “Rose Blumkin, Retail Queen, Dies at 104,” *New York Times*, August 13, 1998。
6. 請參考 Jim Rasmussen, “Omaha, Neb.-Based Furniture Store Owner Happy at No. 2,” *Omaha World-Herald*, June 2, 1999。
7. 請參考 Warren Buffett, "Chairman’s Letter to Shareholders,” 1983。
8. 請參考 Feder, “Rose Blumkin”。

9. 請參考 Andrew Cassel, Interview with Rose Blumkin, December 14, 1989。
10. 請參考 Linda O'Bryon, Rose Blumkin Interview, Nightly Business Report, June 1, 1994。
11. 請參考 Robert Dorr, "Rose Blumkin"。
12. 請參考 Rockwood, "Model of Success"。
13. 請參考 Dorr, "Rose Blumkin"。
14. 請參考 Cassel, Interview。
15. 請參考 "The Life and Times of Rose Blumkin, An American Original," advertising supplement to the *Omaha World-Herald*, December 12, 1993。
16. 請參考 Andrew Cassel, "Andrew Cassel Column," *Philadelphia Inquirer*, August 14, 1998。
17. 請參考 Cassel, Interview。
18. 請參考 Cassel, Interview。
19. 請參考 "The Life and Times"。
20. 請參考 Feder, "Rose Blumkin"。
21. 請參考 Cassel, Interview。
22. 請參考 Feder, "Rose Blumkin"。
23. 請參考 Rockwood, "Model of Success"。
24. 同上。
25. 請參考 Dorr, "Rose Blumkin"。
26. 請參考 Cassel, Interview。
27. 請參考 Cassel, Interview。
28. 請參考 Rockwood, "Model of Success"。

29. 請參考華倫・巴菲特的「董事長致股東信函」，一九八三年。
30. 請參考 Linda O'Bryon, Rose Blumkin Interview"。
31. 請參考華倫・巴菲特的「董事長致股東信函」，一九八三年。
32. 請參考 Cassel, Interview。
33. 請參考 Feder, "Rose Blumkin"。
34. 請參考 Joyce Wadler, "Blumkin: Sofa, So Good; The First Lady of Furniture, Flourishing at 90," *Washington Post*, may 24, 1984。
35. 請參考 "The Life and Times"。
36. 請參考 Frank E. James, "Furniture Czarina: Still a Live Wire at 90, A Retail Phenomenon Oversees Her Empire," *Wall Street Journal*, May 23, 1984。
37. 請造訪 http://www.nebraskafurnituremart.com/pages/timeline.htmo "Factoids"。
38. 請參考 Cassel, Interview。
39. 請參考 Feder, "Rose Blumkin"。
40. 請參考 Linda O'Bryon, Warren Buffett Interview。
41. 請參考 Rockwood, "Model of Success"。
42. 請參考 Cassel, Interview。
43. 請參考 Andy, Kilpatrick, *Of Permanent Value: The Story of Warren Buffett* (AKPE, 2000) 第 413 頁。
44. 請參考 Rockwood, "Model of Success"。
45. 請參考 Roger Lowenstein, *Buffett: The Making of an American Capitalist* (Doubleday, 1996), 第 247 頁。
46. 請參考 Linda O'Bryon, Warren Buffett Interview。
47. 同上。

48. 請參考華倫・巴菲特的「董事長致股東信函」，一九八三年。
49. 請參考 Rockwood, "Model of Success"。
50. 請參考 Wadler, "Blumkin: Sofa, So Good"。
51. 請參考 Feder, "Rose Blumkin"。
52. 請參考 Linda O'Bryon, Warren Buffett Interview。
53. 請參考 Dorr, "Rose Blumkin"。
54. 請參考 Frank E. James, "Furniture Czarina"。
55. 請參考華倫・巴菲特的「董事長致股東信函」，一九八四年。
56. 請參考 Cassel, Interview。
57. 請參考 Associated Press, "Mrs. B, 96, Starts Over in Furniture Business," *St. Louis Post-Dispatch*, November 12, 1989。
58. 請參考 Rockwood, "Model of Success"。
59. 請參考 Associated Press, "Mrs. B"。
60. 請參考 Cassel, Interview。
61. 請參考 "The Life and Times"。
62. 請參考 Larry Green, "At 96, Feuding Matriarch Opens New Business," *Los Angeles Times*, December 18, 1989。
63. 請參考 Cassel, Interview。
64. 請參考 Green, "At 96, Feuding Matriarch"。
65. 請參考 Feder, "Rose Blumkin"。
66. 請參考 "The Life and Times"。
67. 請參考華倫・巴菲特的「董事長致股東信函」，一九九二年。

68. 請參考 Kilpatrick, *Of Permanent Value*”。
69. 請參考 O'Bryon, Warren Buffett Interview。
70. 請參考 Robert Dorr, “Nearly 104, Mrs. B Retires: Gone From the Sales Floor but Not From Business, Mrs. B’s Business,” *Omaha World-Herald*, October 26, 1997。
71. 請參考 Rockwood, "Model of Success”。
72. 請參考 Dorr, “Rose Blumkin”。
73. 請參考 “The Life and Times”。
74. 請參考 Anonymous, "Mrs. B., Buffett in Cable TV Spot,” *Omaha World-Herald*, February 8, 一九九五。
75. 請參考 Green, "At 96, Feuding Matriarch”。
76. 請參考 Lowenstein, *Buffett*，第 249 頁。
77. 請參考 Cassel, Interview。

## 夢想家：艾爾．烏吉／飛安國際公司

1. 請參考 Al Ueltschi, “The History and Future of FlightSafety International,” The Wings Club Thirty-fourth General Harold R. Harris Sight Lecture, The Wings Club, May 21, 1997。
2. 同上。
3. 同上。
4. 同上。
5. 同上。
6. 同上。
7. 同上。

8. 同上。
9. 同上。
10. 同上。
11. 同上。
12. 同上。
13. 同上。
14. 同上。
15. 請參考 National Business Aircraft Association, "NBAA Honors FSI Founder," 1991。
16. 請參考 Ueltschi, "The History and Future"。
17. 同上。
18. 同上。
19. 同上。
20. 同上。
21. 請參考華倫・巴菲特的「董事長致股東信函」，一九九六年。
22. 請參考 Ueltschi, "The History and Future"。
23. 請參考波克夏哈薩威新聞稿，October 15, 1996。
24. 請參考 Ueltschi, "The History and Future"。
25. 請參考 Associated Press, "Berkshire Chief Buys New York Company," October 16, 1996。
26. 請參考 Paul Lowe, "Billionaire Buffett on Business Aviation," *Aviation International News*, 1999。
27. 請參考 National Business Aircraft Association, "NBAA Honors"。
28. 請參考 FlightSafety brochure。

29. 請參考“Warren buffett Buys FlightSafety for $1.50 Billion,” *Aviation News*, 1996。
30. 請參考 Andy, Kilpatrick, *Of Permanent Value: The Story of Warren Buffett* (AKPE, 2000)。
31. 請參考 Mike Busch, “Simulator-Based Recurrent Training Product Comparison,” *AVweb*, may 5, 1998。
32. 請參考 Fleming Meeks, “The Pilots’ Pilot (FlightSafety International) (The 200 Best Small Companies in America),” *Forbes*, November 13, 1989。
33. 請參考 Judy Temes, “ No Fancy Digs, Just Big Profits; Founder Keeps FlightSafety Lean, Shareholders Happy,” *Crain’s New York Business*, February 5, 1990。
34. 請參考 Ueltschi, “The History and Future”。
35. 同上。
36. 請參考華倫・巴菲特給作者的信函，二〇〇〇年四月一〇日。
37. 請參考 jerry Wakefield, “Achievement: al Ueltschi,” [Kentucky] *State Journal*, 1979。

## 創新者：理查德・桑圖利／商務客機公司

1. 請參考 Anthony Bianco, “What’s Better Than a Private Plane? A Semiprivate Plane,” *Business Week*, July 21, 1997。
2. 同上。
3. 請參考 Ron Carter, "Stars in the Sky: Executive Jet Becoming Transportation of Choice of the Rich and Famous,” *Columbus Dispatch*, December 12, 1999。
4. 請參考 Joann Muller, “Gimmick Gives Industry a Lift; Fractional Ownership Moves Private Jets within Reach of Small Firms, Individuals,” *Boston Globe*, August 3, 1997。
5. 請參考華倫・巴菲特的「董事長致股東信函」，一九九八年。
6. 請參考 Ron Carter, “Executive Jet Has Big Fan: Buffett,” *Columbus Dispatch*, August 26, 1998。

7. 請參考“Flying Buffett,” *Forbes.com*, September 21, 1998。
8. 請參考 Carter, “Executive Jet Has Big Fan”。
9. Ron Carter, “Executive Jet to Announce World-Record Order,” *Columbus Dispatch*, June 13, 1999。
10. 請參考 Carter, “Executive Jet Has Big Fan”。
11. 請參考 Warren Berger, “Hey, You’re Worth It,” *Wired*, June 2001。
12. 同上。
13. 請參考 Bianco, “What’s Better Than a Private Plane?”。
14. 請參考華倫・巴菲特的「董事長致股東信函」，一九九八年。
15. 請參考 MedAire, Press Release, February 24, 2000。
16. 請參考 Executive Jets, “NetJets U.S. Investment Summary, Year 2000,” September 1, 2000。
17. 請參考華倫・巴菲特的「董事長致股東信函」，一九九八年。
18. 請參考 John Edwards, “Billionaire Discusses Strategy for Picking Stocks,” *Las Vegas Review-Journal*, October 19, 1998。
19. 請參考 Roger Bray (?), “Supersonic Joys Shared Out: Business Travel High-Speed Aircraft,” *Financial Times* (London), October 26, 1998。
20. 請參考 The Sandman, The Motley Fool, “Executive Jet,” May 17, 2000。
21. 請參考 Paul Burnham Finney, “The Sonic Boom in Shared Jets,” *Frequent Flyer Magazine*, March 2000。
22. 請參考 Don Stancavish, “Woodbridge, N.J., Company Sells Time Shares of Aircraft,” *Record* (New Jersey), October 29, 2000。

## Part 04 波克夏六大家族企業繼承人CEO

### 門徒：唐納．葛蘭姆／《華盛頓郵報》

1. 請參考 Barbara Matusow, “Citizen Don,” *Washingtonian*, August 20, 1992。
2. 同上。
3. 請參考 Jeffrey Toobin, "The Regular Guy,” *New Yorker*, March 20, 2000。
4. 請參考 Richard J. Cattani, “Kay Graham’s Story As Told by Herself,” *Christian Science Monitor*, February 18, 1997。
5. 請參考 Andy, Kilpatrick, *Of Permanent Value: The Story of Warren Buffett* (AKPE, 2000)，第 276～277 頁。
6. 請參考 Toobin, "The Regular Guy”。
7. 請參考 Matusow, “Citizen Don”。
8. 請參考 Roger Lowenstein, *Buffett: The Making of an American Capitalist* (Doubleday, 1996), 第 182～183 頁。
9. 同上。
10. 請參考 Toobin, "The Regular Guy”。
11. 請參考 Roger Lowenstein, *Buffett*，第 185 頁。
12. 參考 Toobin, "The Regular Guy”。
13. 請參考 Matusow, “Citizen Don”。
14. 請參考 Felicity Barringer, “Media Talk: Emphasizing Journalism to Stock Analysts,” *New York Times*, December 11, 2000。
15. 請參考 Matusow, “Citizen Don”。
16. 請參考 Audit Bureau of Circulation (March 91- March01)。
17. 參考 Toobin, "The Regular Guy”。

18. 同上。
19. 請參考 Frank Swaboda and Howard Kurtz, “Donald Graham Is Named Post Co. President, CEO,” *Washington Post*, March 15, 1991。
20. 請參考 James Harding, "Inside Track: From Watergate to Web," *Financial Times* (London), December 17, 1999。
21. 參考 Toobin, "The Regular Guy"。
22. 同上。

## 第三代繼承人：艾爾文．布朗金／內布拉斯加家具商場

1. 請參考 Jim Rasmussen, “Omaha, Neb.-Based Furniture Store Owner Happy at No. 2,” *Omaha World-Herald*, June 2, 1999。
2. 請參考華倫．巴菲特的「董事長致股東信函」，一九八八年。
3. 請參考 Barnaby J. Feder, “A Retailer’s Home-Grown Success,” *New York Times*, June 17, 1994。
4. 同上。
5. 請參考 Steve Jordon, "Furniture Mart to Buy Iowa Company," *Omaha World-Herald*, September 14, 2000。
6. 請參考 Feder, “A Retailer’s Home-Grown Success”。
7. 請參考華倫．巴菲特的「董事長致股東信函」，一九九七年。
8. 請參考華倫．巴菲特的「董事長致股東信函」，一九九五年。
9. 請參考華倫．巴菲特的「董事長致股東信函」，一九九七年。
10. 請參考華倫．巴菲特的「董事長致股東信函」，一九九九年。
11. 同上。
12. 請參考 John L. Ward, “Keeping the Family Business Healthy,” Jossey-Bass Publisher, 1987。

13. 同上。
14. 請參考華倫．巴菲特的「董事長致股東信函」，一九八四年。

## 退休經理人：法蘭克．魯尼／布朗鞋業公司

1. 請參考 Carol Beggy and Beth Carney, "Tee Time for Clinton to Be Delayed?" *The Boston Globe*, August 18, 1999。
2. 請參考 Sheila McGovern, "Factory Closing Rocks Richmond," *Montreal Gazette*, October 21, 2000。
3. 請參考華倫．巴菲特的「董事長致股東信函」，一九九一年。
4. 同上。
5. 請參考 Andy, Kilpatrick, *Of Permanent Value: The Story of Warren Buffett* (AKPE, 2000)，第 459～460 頁。
6. 請參考 Robert Preer, "Shoes, Jobs in Decline⋯," *Boston Globe*, January 3, 1995。
7. American Apparel and Footwear Association, November 2000。
8. 請參考 Preer, "Shoes, Jobs in Decline."。
9. 請參考 Kilpatrick, *Of Permanent Value*，第 459 頁。
10. 請參考 Frederic M. Biddle, "Morse Sells Lowell Unit to H.H. Brown," *Boston Globe*, December 3. 1992。
11. 請參考華倫．巴菲特的「董事長致股東信函」，一九九二年。
12. 請參考華倫．巴菲特的「董事長致股東信函」，一九九三年。
13. 請參考 Kilpatrick, *Of Permanent Value*，第 463 頁。
14. 請參考 *Forbes*, October 10, 1994。
15. 請參考 Kilpatrick, *Of Permanent Value*，第 463～464 頁。
16. 同上，第 464 頁。
17. 請參考 *Business Week*, October 12, 1998。

18. 請參考 Kilpatrick, *Of Permanent Value*，第 465 頁。
19. 請參考華倫・巴菲特的「董事長致股東信函」，一九九八年。
20. 請參考華倫・巴菲特的「董事長致股東信函」，一九九三年。
21. 請參考華倫・巴菲特的「董事長致股東信函」，一九九九年。
22. 請參考華倫・巴菲特的「董事長致股東信函」，一九九一年。
23. 請參考 *Business Week*, July 5, 1999。

## 講究原則的經理人：比爾・柴爾德／威利家具公司

1. 請參考 E.K. Valentin & Jerald T. Storey, "R.C. Willey Home Furnishings: A Case Study," John B. Goddard School of Business & Economics, Weber State university, 1999。
2. 請參考 Cover story, "The Berkshire Bunch," *Forbes*, October 12, 1998。
3. 請參考華倫・巴菲特的「董事長致股東信函」，一九九九年。
4. 請參考 Karl Kunkel, "Place Your Bets, Ladies and Gentlemen," *High Points*, July 2000。
5. 請參考 Stephen W. Gibson, "R.C. Willey Got Its Humble Start Selling Refrigerators to Farmers," *Deseret News*, April 11, 1999。

## 人生夥伴：梅爾文・沃夫／星辰家具公司

1. 請參考華倫・巴菲特的「董事長致股東信函」，一九九七年。
2. 請參考 John Taylor, "Berkshire Adds Third Furniture Store to Stable of Companies," *Omaha World-Herald*, June 25, 1997。
3. 請參考華倫・巴菲特的「董事長致股東信函」，一九九七年。

4. 請參考 Kimberley Wray, "Buffett's Galaxy Grows: Investor Inks Deal for Star Furniture," *Home Furnishings News (HFN)*, June 30, 1997。
5. Nina Farrell, "Made in the Shade," *High Points*, August 1998。
6. 同上。

## 娛樂購物高手：艾略特&巴利．戴德曼／喬登家具公司

1. 請參考 Andrew Edgecliffe-Johnson and Victoria Griffith, "Furnishing an Entertainment Revolution," [London] *Financial Times*, October 16, 1999。
2. 請參考 Kimberly Wray, "Jordan's 'Bad Boys' Score Again," *Home Furnishings News (HFN)*, April 20, 1998。
3. 請參考 Patti Doten, "A Matched Set," *Boston Globe*, January 25, 1999。
4. 請參考 Arthur Lubow, "Wowing Warren," *Inc.*, March 2000。
5. 請參考 Doten, "A Matched Set"。
6. 請參考 Lubow, "Wowing Warren"。
7. 請參考 Doten, "A Matched Set"。
8. 請參考 Lubow, "Wowing Warren"。
9. 同上。
10. 同上。
11. 請參考 Doten, "A Matched Set"。
12. 請參考華倫．巴菲特的「董事長致股東信函」，一九九九年。
13. 請參考 Lubow, "Wowing Warren"。
14. 請參考 Kimberly Blanton, "Brothers Will Sell Jordan's Furniture," *Boston Globe*, October 12, 1999。

15. 請參考 Lubow, “Wowing Warren”。
16. 請參考 Eric Convey and Tim McLaughlin, “Buffett Is Sold on Jordan's; Billionaire to Buy Furniture Chain,” *Boston Herald*, October 12, 1999。
17. 請參考 Blaton, “Brothers Will Sell Jordan's Furniture”。
18. 請參考 Lubow, “Wowing Warren”。
19. 請參考 Brian McGrory, “Doing Things the Right Way,” *Boston Globe*, October 12, 1999。
20. 請參考 Edgecliff-Johnson and Griffith, “Furnishing an Entertainment Revolution”。
21. 請參考華倫・巴菲特的「董事長致股東信函」，一九九九年。
22. 請參考 Jessica Goldbogen, “The Fabulous Tatelman Brothers,” *High Points*, December 1999。
23. 請參考 Lubow, “Wowing Warren”。
24. 請參考 Patricia Resende, “It's Party Time for Employees,” *Boston Herald*, February 26, 1999。
25. 請參考 Lubow, “Wowing Warren”。
26. 請參考 Brian McGrory, “Barry, Eliot Go Against Tide,” Boston Globe, May 11, 1999。
27. 請參考 Lubow, “Wowing Warren”。
28. 請參考 McGrory, “Barry, Eliot Go Against Tid”。
29. 請參考 Lubow, “Wowing Warren”。
30. 請參考“The Customer Is King,” *Cabinet Maker*, August 4, 2000。
31. 請參考 Doten, “A Matched Set”。
32. “Retailer Entrepreneurs of the Year: Barry and Eliot Tatelman,” *Chain Store Age*, December 1, 1997。
33. 請參考 Doten, “A Matched Set”。
34. 同上。

35. 請參考 Bella English, "Camp Comfort: Tatelmans Create Weeklong Refuge Where HIV-Infected Children Can Just Be Kids," *Boston Globe*, August 10, 2000。

## Part 05 波克夏六大家族企業經理人CEO

### 轉機經理人：史丹．利普西／《水牛城新聞》

1. 請參考 Andy, Kilpatrick, *Of Permanent Value: The Story of Warren Buffett* (AKPE, 2000)，第 410 頁。
2. 請參考"Path to Billions Began with a Newspaper Route," *Buffalo News*, October 4, 1993，第 1 頁。
3. 請參考 John Henry, "Buffett in Buffalo," *Columbia Journalism Review*, November/December, 1998。
4. 請參考 Roger Lowenstein, *Buffett: The Making of an American Capitalist* (Doubleday, 1996)，第 204～205 頁。
5. 同上。
6. 同上。
7. 同上，第 208～215 頁。
8. 同上，第 217～218 頁。
9. 請參考 Henry, "Buffett in Buffalo"。
10. 請參考華倫．巴菲特的「董事長致股東信函」，一九八九年。
11. 請參考 Henry, "Buffett in Buffalo"。
12. 同上。
13. 同上。
14. 請參考華倫．巴菲特的「董事長致股東信函」，一九八四年。

15. 請參考華倫．巴菲特的「董事長致股東信函」，一九八三年。
16. 請參考華倫．巴菲特的「董事長致股東信函」，一九八五年。
17. 請參考華倫．巴菲特的「董事長致股東信函」，一九八九年。

## 效忠者：恰克．哈金斯／時思糖果公司

1. 請參考 Karola Saeckel, "California's Sweetheart," San Francisco Chronicle, February 14, 1996。
2. 同上。
3. 請參考 Frank Green, "Candy Land; Working in See's Kitchen Is Sweet Job for Loyal Crew," San Diego Union-Tribune, December 12, 1985。
4. 請參考 Laurie Ochoa, "Land of Milk and Toffee," Los Angeles Times, December 22, 1996。
5. 請參考 Nancy Rivera Brooks, "After 70 Years, Success Is Sweet to See's Candies," Los Angeles Times, May 10, 1991。
6. 請參考華倫．巴菲特的「董事長致股東信函」，一九九九年。
7. 請參考華倫．巴菲特的「董事長致股東信函」，一九八四年。
8. 請參考 Saeckel, "California's Sweetheart"。
9. 請參考華倫．巴菲特的「董事長致股東信函」，一九八三年。
10. 請參考華倫．巴菲特的「董事長致股東信函」，一九八四年。
11. 請參考華倫．巴菲特的「董事長致股東信函」，一九八五年。
12. 請參考華倫．巴菲特的「董事長致股東信函」，一九八六年。
13. 請參考華倫．巴菲特的「董事長致股東信函」，一九八八年。
14. 請參考華倫．巴菲特的「董事長致股東信函」，一九九一年。
15. 請參考 Mary McNamara, "In Their Capable Hands," Los Angeles Times, July 19, 1999。

16. 請參考 Saeckel, "California's Sweetheart"。
17. 請參考 Gavin Power, "See's Seeks to Sweeten Profits by Closing Unprofitalbe Stores," San Francisco Chronicle, April 11, 1994。
18. Michelle Gabriel, "The Candy Man," South Bay Acent, February/March 1998。
19. 請參考 Andy, Kilpatrick, Of Permanent Value: The Story of Warren Buffett (AKPE, 2000)，第 403 頁。

## 專業者：拉爾夫・舒伊／史考特費澤公司

1. 請參考華倫・巴菲特的「董事長致股東信函」，二〇〇〇年。
2. 請參考 Lynne Thompson, "Venture Idealist," *Inside Business*, October 1999。
3. 同上。
4. 同上。
5. 請參考 John Ettorre, "Business: Sweeping the Competition," *Cleveland Magazine*, May 1993。
6. 請參考 Kenneth N. Gilpin, "President Resigns at Scott & Fetzer," *New York Times*, September 7, 1984。
7. 請參考 Roger Lowenstein, *Buffett: The Making of an American Capitalist* (Doubleday, 一九九六)，第 265 頁。
8. 請參考華倫・巴菲特的「董事長致股東信函」，一九八五年。
9. 同上。
10. 同上。
11. 請參考 Robert Dorr, "Kirby Sales Tactics: Berkshire's Vacuum Unit Draws Unwanted Attention," *Omaha World-Herald*, October 11, 1999。
12. 請參考華倫・巴菲特的「董事長致股東信函」，一九八五年。
13. 請參考華倫・巴菲特的「董事長致股東信函」，一九八六年。
14. 請參考華倫・巴菲特的「董事長致股東信函」，一九九四年。
15. 請參考華倫・巴菲特的「董事長致股東信函」，二〇〇〇年。

16. 請參考 Ralph Schey, "Entrrepreneurial Opportunity," *Cleveland Enterprise*, Summer 1991。

## 指定者：蘇珊・雅克／波仙珠寶公司

1. 請參考華倫・巴菲特的「董事長致股東信函」，一九九七年。
2. 請參考 Mary De Zutter, "Borsheim's Chief Credits Friedman as Retail Mentor," *Omaha World Herald*, June 26, 1994。
3. 同上。
4. 同上。
5. 請參考 Andy, Kilpatrick, *Of Permanent Value: The Story of Warren Buffett* (AKPE, 2000)，第 452 頁。
6. 請參考華倫・巴菲特的「董事長致股東信函」，一九八九年。
7. 同上。
8. 請參考 De Zutter, "Borsheim's Chief Credits Friedman as Retail Mentor"。
9. 請參考 Kilpatrick, *Of Permanent Value*，第 455 頁。
10. 請參考華倫・巴菲特的「董事長致股東信函」，一九九〇年。
11. 請參考 Online Career Center, "About Susan Jacques," *USA Today*, January 20, 2001。

## 零售商之寶：傑夫・康門特／賀茲伯格鑽石公司

1. 請參考 Andy, Kilpatrick, *Of Permanent Value: The Story of Warren Buffett* (AKPE, 2000)，第 467-468 頁。
2. 請參考 "Helzberg to Merge with Berkshire Hathaway," *Jewelers' Circular*, April 1995。
3. 請參考華倫・巴菲特的「董事長致股東信函」，一九九五年。
4. 請參考 Jennifer Mann Fuller, "Warren Buffett to Buy Helzberg Shops," *Kansas City Star*, March 11, 1995。

5. 同上。
6. 請參考 Kilpatrick, *Of Permanent Value*，第 467 頁。
7. 請參考華倫．巴菲特的「董事長致股東信函」，一九九五年。
8. 請參考 Fuller, “Warren Buffett to Buy Helzberg Shops”。
9. 請參考 “Helzberg to Merge with Berkshire Hathaway”。
10. 請參考 Marianne Wilson, “CEO Suits Up for Christmas,” *Chain Store Age*, December 1, 1997。
11. 請參考 Helen T. Gray, “By Applying Biblical Principles, Speaks Find Success in Bunisess,” *Kansas City Star*, November 7, 1997。
12. 請參考 Kent Pulliam, “How About a Boat Rice in October?” *Kansas City Star*, September 25, 1999。
13. 請參考 International Council of Shopping Centers, White Paper on Sales by Store Type, 1999。
14. 請參考 Jeffrey W. Comment, Address to Jewelers’ Charity Fund, Las Vegas, NV, June 4, 2000。

## 新進者：蘭迪．華森／賈斯汀品牌、哈羅德．梅爾頓／艾可美建材品牌

1. 請參考華倫．巴菲特的「董事長致股東信函」，二〇〇〇年。
2. 請參考「賈斯汀實業」新聞稿，2000 年 6 月 20 日。
3. 請參考 Gregory Winter, “Private Sector: Giving Buffett the boots in a Corporate Farewell,” *New York Times*, June 25, 2000。
4. 請參考 Diana J. Kleiner, “Justin Industries,” Handbook of Texas Online, February 15, 1999。
5. 同上。
6. 同上。
7. 請參考 Irvin Farman, Standard of the West: The Justin Story (Texas Christian University Press, 1996), 第 172∼181

頁。

8. 請參考 Kleiner, "Justin Industries"。
9. 請參考 Farman, Standard of the Wes, 第 174～175 頁。
10. 同上。
11. 請參考 Edwin E. Lehr, Colossus in Clay: Acme Brick Company (The Donning Company, 1998), 第 145 頁。
12. 同上，第 147～149 頁。

## Part 06 各有特色的波克夏執行長

1. 請參考華倫·巴菲特的「董事長致股東信函」，一九八八年。
2. 請參考華倫·巴菲特的「董事長致股東信函」，一九九七年。
3. 請參考華倫·巴菲特的「董事長致股東信函」，一九九四年。

# 寰宇圖書分類

## 技　術　分　析

| 分類號 | 書名 | 書號 | 定價 |
|---|---|---|---|
| 1 | 波浪理論與動量分析 | F003 | 320 |
| 2 | 股票 K 線戰法 | F058 | 600 |
| 3 | 市場互動技術分析 | F060 | 500 |
| 4 | 陰線陽線 | F061 | 600 |
| 5 | 股票成交當量分析 | F070 | 300 |
| 6 | 動能指標 | F091 | 450 |
| 7 | 技術分析 & 選擇權策略 | F097 | 380 |
| 8 | 史瓦格期貨技術分析 ( 上 ) | F105 | 580 |
| 9 | 史瓦格期貨技術分析 ( 下 ) | F106 | 400 |
| 10 | 市場韻律與時效分析 | F119 | 480 |
| 11 | 完全技術分析手冊 | F137 | 460 |
| 12 | 金融市場技術分析 ( 上 ) | F155 | 420 |
| 13 | 金融市場技術分析 ( 下 ) | F156 | 420 |
| 14 | 網路當沖交易 | F160 | 300 |
| 15 | 股價型態總覽 ( 上 ) | F162 | 500 |
| 16 | 股價型態總覽 ( 下 ) | F163 | 500 |
| 17 | 包寧傑帶狀操作法 | F179 | 330 |
| 18 | 陰陽線詳解 | F187 | 280 |
| 19 | 技術分析選股絕活 | F188 | 240 |
| 20 | 主控戰略 K 線 | F190 | 350 |
| 21 | 主控戰略開盤法 | F194 | 380 |
| 22 | 狙擊手操作法 | F199 | 380 |
| 23 | 反向操作致富術 | F204 | 260 |
| 24 | 掌握台股大趨勢 | F206 | 300 |
| 25 | 主控戰略移動平均線 | F207 | 350 |
| 26 | 主控戰略成交量 | F213 | 450 |
| 27 | 盤勢判讀的技巧 | F215 | 450 |
| 28 | 巨波投資法 | F216 | 480 |
| 29 | 20 招成功交易策略 | F218 | 360 |
| 30 | 主控戰略即時盤態 | F221 | 420 |
| 31 | 技術分析 ・ 靈活一點 | F224 | 280 |
| 32 | 多空對沖交易策略 | F225 | 450 |
| 33 | 線形玄機 | F227 | 360 |
| 34 | 墨菲論市場互動分析 | F229 | 460 |
| 35 | 主控戰略波浪理論 | F233 | 360 |
| 36 | 股價趨勢技術分析—典藏版 ( 上 ) | F243 | 600 |
| 37 | 股價趨勢技術分析—典藏版 ( 下 ) | F244 | 600 |
| 38 | 量價進化論 | F254 | 350 |
| 39 | 讓證據說話的技術分析 ( 上 ) | F255 | 350 |
| 40 | 讓證據說話的技術分析 ( 下 ) | F256 | 350 |
| 41 | 技術分析首部曲 | F257 | 420 |
| 42 | 股票短線 OX 戰術 ( 第 3 版 ) | F261 | 480 |
| 43 | 統計套利 | F263 | 480 |
| 44 | 探金實戰 ・ 波浪理論 ( 系列 1) | F266 | 400 |
| 45 | 主控技術分析使用手冊 | F271 | 500 |
| 46 | 費波納奇法則 | F273 | 400 |
| 47 | 點睛技術分析—心法篇 | F283 | 500 |
| 48 | J 線正字圖 · 線圖大革命 | F291 | 450 |
| 49 | 強力陰陽線 ( 完整版 ) | F300 | 650 |
| 50 | 買進訊號 | F305 | 380 |
| 51 | 賣出訊號 | F306 | 380 |
| 52 | K 線理論 | F310 | 480 |
| 53 | 機械化交易新解：技術指標進化論 | F313 | 480 |
| 54 | 趨勢交易 | F323 | 420 |
| 55 | 艾略特波浪理論新創見 | F332 | 420 |
| 56 | 量價關係操作要訣 | F333 | 550 |
| 57 | 精準獲利 K 線戰技 ( 第二版 ) | F334 | 550 |
| 58 | 短線投機養成教育 | F337 | 550 |
| 59 | XQ 洩天機 | F342 | 450 |
| 60 | 當沖交易大全 ( 第二版 ) | F343 | 400 |
| 61 | 擊敗控盤者 | F348 | 420 |
| 62 | 圖解 B-Band 指標 | F351 | 480 |
| 63 | 多空操作秘笈 | F353 | 460 |
| 64 | 主控戰略型態學 | F361 | 480 |
| 65 | 買在起漲點 | F362 | 450 |
| 66 | 賣在起跌點 | F363 | 450 |
| 67 | 酒田戰法—圖解 80 招台股實證 | F366 | 380 |
| 68 | 跨市交易思維—墨菲市場互動分析新論 | F367 | 550 |
| 69 | 漲不停的力量—黃綠紅海撈操作法 | F368 | 480 |
| 70 | 股市放空獲利術—歐尼爾教賺全圖解 | F369 | 380 |
| 71 | 賣出的藝術—賣出時機與放空技巧 | F373 | 600 |
| 72 | 新操作生涯不是夢 | F375 | 600 |
| 73 | 新操作生涯不是夢—學習指南 | F376 | 280 |
| 74 | 亞當理論 | F377 | 250 |
| 75 | 趨向指標操作要訣 | F379 | 360 |
| 76 | 甘氏理論 ( 第二版 ) 型態 - 價格 - 時間 | F383 | 500 |
| 77 | 雙動能投資—高報酬低風險策略 | F387 | 360 |
| 78 | 科斯托蘭尼金蛋圖 | F390 | 320 |
| 79 | 與趨勢共舞 | F394 | 600 |
| 80 | 技術分析精論第五版 ( 上 ) | F395 | 560 |

## 技 術 分 析 (續)

| 分類號 | 書名 | 書號 | 定價 |
|---|---|---|---|
| 81 | 技術分析精論第五版(下) | F396 | 500 |
| 82 | 不說謊的價量 | F416 | 420 |
| 83 | K 線理論 2: 蝴蝶 K 線台股實戰法 | F417 | 380 |

## 智 慧 投 資

| 分類號 | 書名 | 書號 | 定價 |
|---|---|---|---|
| 1 | 股市大亨 | F013 | 280 |
| 2 | 新股市大亨 | F014 | 280 |
| 3 | 新金融怪傑(上) | F022 | 280 |
| 4 | 新金融怪傑(下) | F023 | 280 |
| 5 | 金融煉金術 | F032 | 600 |
| 6 | 智慧型股票投資人 | F046 | 500 |
| 7 | 瘋狂、恐慌與崩盤 | F056 | 450 |
| 8 | 股票作手回憶錄(經典版) | F062 | 380 |
| 9 | 超級強勢股 | F076 | 420 |
| 10 | 約翰・聶夫談投資 | F144 | 400 |
| 11 | 與操盤贏家共舞 | F174 | 300 |
| 12 | 掌握股票群眾心理 | F184 | 350 |
| 13 | 掌握巴菲特選股絕技 | F189 | 390 |
| 14 | 高勝算操盤(上) | F196 | 320 |
| 15 | 高勝算操盤(下) | F197 | 270 |
| 16 | 透視避險基金 | F209 | 440 |
| 17 | 倪德厚夫的投機術(上) | F239 | 300 |
| 18 | 倪德厚夫的投機術(下) | F240 | 300 |
| 19 | 圖風勢—股票交易心法 | F242 | 300 |
| 20 | 從躺椅上操作:交易心理學 | F247 | 550 |
| 21 | 華爾街傳奇:我的生存之道 | F248 | 280 |
| 22 | 金融投資理論史 | F252 | 600 |
| 23 | 華爾街一九〇一 | F264 | 300 |
| 24 | 費雪・布萊克回憶錄 | F265 | 480 |
| 25 | 歐尼爾投資的 24 堂課 | F268 | 300 |
| 26 | 探金實戰・李佛摩投機技巧(系列 2) | F274 | 320 |
| 27 | 金融風暴求勝術 | F278 | 400 |
| 28 | 交易・創造自己的聖盃(第二版) | F282 | 600 |
| 29 | 索羅斯傳奇 | F290 | 450 |
| 30 | 華爾街怪傑巴魯克傳 | F292 | 500 |
| 31 | 交易者的 101 堂心理訓練課 | F294 | 500 |
| 32 | 兩岸股市大探索(上) | F301 | 450 |
| 33 | 兩岸股市大探索(下) | F302 | 350 |
| 34 | 專業投機原理 I | F303 | 480 |
| 35 | 專業投機原理 II | F304 | 400 |
| 36 | 探金實戰・李佛摩手稿解密(系列 3) | F308 | 480 |
| 37 | 證券分析第六增訂版(上冊) | F316 | 700 |
| 38 | 證券分析第六增訂版(下冊) | F317 | 700 |
| 39 | 探金實戰・李佛摩資金情緒管理(系列 4) | F319 | 350 |
| 40 | 探金實戰・李佛摩 18 堂課(系列 5) | F325 | 250 |
| 41 | 交易贏家的 21 週全紀錄 | F330 | 460 |
| 42 | 量子盤感 | F339 | 480 |
| 43 | 探金實戰・作手談股市內幕(系列 6) | F345 | 380 |
| 44 | 柏格頭投資指南 | F346 | 500 |
| 45 | 股票作手回憶錄 - 註解版(上冊) | F349 | 600 |
| 46 | 股票作手回憶錄 - 註解版(下冊) | F350 | 600 |
| 47 | 探金實戰・作手從錯中學習 | F354 | 380 |
| 48 | 趨勢誡律 | F355 | 420 |
| 49 | 投資悍客 | F356 | 400 |
| 50 | 王力群談股市心理學 | F358 | 420 |
| 51 | 新世紀金融怪傑(上冊) | F359 | 450 |
| 52 | 新世紀金融怪傑(下冊) | F360 | 450 |
| 53 | 金融怪傑(全新修訂版)(上冊) | F371 | 350 |
| 54 | 金融怪傑(全新修訂版)(下冊) | F372 | 350 |
| 55 | 股票作手回憶錄(完整版) | F374 | 650 |
| 56 | 超越大盤的獲利公式 | F380 | 300 |
| 57 | 智慧型股票投資人(全新增訂版) | F389 | 800 |
| 58 | 非常潛力股(經典新譯版) | F393 | 420 |
| 59 | 股海奇兵之散戶語錄 | F398 | 380 |
| 60 | 投資進化論:揭開"投腦"不理性的真相 | F400 | 500 |
| 61 | 擊敗群眾的逆向思維 | F401 | 450 |
| 62 | 投資檢查表:基金經理人的選股秘訣 | F407 | 580 |
| 63 | 魔球投資學(全新增訂版) | F408 | 500 |
| 64 | 操盤快思 X 投資慢想 | F409 | 420 |
| 65 | 文化衝突:投資,還是投機? | F410 | 550 |
| 66 | 非理性繁榮:股市。瘋狂。警世預言家 | F411 | 600 |

## 智　慧　投　資（續）

| 分類號 | 書名 | 書號 | 定價 |
|---|---|---|---|
| 67 | 巴菲特 & 索羅斯之致勝投資習慣 | F413 | 500 |
| 68 | 客戶的遊艇在哪裡？ | F414 | 350 |
| 69 | 投資詐彈課：識破投資騙局的五個警訊 | F418 | 380 |
| 70 | 心理學博士的深度交易課 | F424 | 500 |
| 71 | 巴菲特的繼承者們：波克夏帝國20位成功CEO傳奇 | F425 | 650 |

## 共　同　基　金

| 分類號 | 書名 | 書號 | 定價 |
|---|---|---|---|
| 1 | 柏格談共同基金 | F178 | 420 |
| 2 | 基金趨勢戰略 | F272 | 300 |
| 3 | 定期定值投資策略 | F279 | 350 |
| 4 | 理財贏家 16 問 | F318 | 280 |
| 5 | 共同基金必勝法則 - 十年典藏版（上） | F326 | 420 |
| 6 | 共同基金必勝法則 - 十年典藏版（下） | F327 | 380 |

## 投　資　策　略

| 分類號 | 書名 | 書號 | 定價 |
|---|---|---|---|
| 1 | 經濟指標圖解 | F025 | 300 |
| 2 | 史瓦格期貨基本分析（上） | F103 | 480 |
| 3 | 史瓦格期貨基本分析（下） | F104 | 480 |
| 4 | 操作心經：全球頂尖交易員提供的操作建議 | F139 | 360 |
| 5 | 攻守四大戰技 | F140 | 360 |
| 6 | 股票期貨操盤技巧指南 | F167 | 250 |
| 7 | 金融特殊投資策略 | F177 | 500 |
| 8 | 回歸基本面 | F180 | 450 |
| 9 | 華爾街財神 | F181 | 370 |
| 10 | 股票成交量操作戰術 | F182 | 420 |
| 11 | 股票長短線致富術 | F183 | 350 |
| 12 | 交易，簡單最好！ | F192 | 320 |
| 13 | 股價走勢圖精論 | F198 | 250 |
| 14 | 價值投資五大關鍵 | F200 | 360 |
| 15 | 計量技術操盤策略（上） | F201 | 300 |
| 16 | 計量技術操盤策略（下） | F202 | 270 |
| 17 | 震盪盤操作策略 | F205 | 490 |
| 18 | 透視避險基金 | F209 | 440 |
| 19 | 看準市場脈動投機術 | F211 | 420 |
| 20 | 巨波投資法 | F216 | 480 |
| 21 | 股海奇兵 | F219 | 350 |
| 22 | 混沌操作法 II | F220 | 450 |
| 23 | 智慧型資產配置 | F250 | 350 |
| 24 | SRI 社會責任投資 | F251 | 450 |
| 25 | 混沌操作法新解 | F270 | 400 |
| 26 | 在家投資致富術 | F289 | 420 |
| 27 | 看經濟大環境決定投資 | F293 | 380 |
| 28 | 高勝算交易策略 | F296 | 450 |
| 29 | 散戶升級的必修課 | F297 | 400 |
| 30 | 他們如何超越歐尼爾 | F329 | 500 |
| 31 | 交易，趨勢雲 | F335 | 380 |
| 32 | 沒人教你的基本面投資術 | F338 | 420 |
| 33 | 隨波逐流～台灣 50 平衡比例投資法 | F341 | 380 |
| 34 | 李佛摩操盤術詳解 | F344 | 400 |
| 35 | 用賭場思維交易就對了 | F347 | 460 |
| 36 | 企業評價與選股秘訣 | F352 | 520 |
| 37 | 超級績效—金融怪傑交易之道 | F370 | 450 |
| 38 | 你也可以成為股市天才 | F378 | 350 |
| 39 | 順勢操作—多元管理的期貨交易策略 | F382 | 550 |
| 40 | 陷阱分析法 | F384 | 480 |
| 41 | 全面交易—掌握當沖與波段獲利 | F386 | 650 |
| 42 | 資產配置投資策略（全新增訂版） | F391 | 500 |
| 43 | 波克夏沒教你的價值投資術 | F392 | 480 |
| 44 | 股市獲利倍增術（第五版） | F397 | 450 |
| 45 | 護城河投資優勢：巴菲特獲利的唯一法則 | F399 | 320 |
| 46 | 賺贏大盤的動能投資法 | F402 | 450 |
| 47 | 下重注的本事 | F403 | 350 |
| 48 | 趨勢交易正典（全新增訂版） | F405 | 600 |
| 49 | 股市真規則 | F412 | 580 |
| 50 | 投資人宣言：建構無懼風浪的終身投資計畫 | F419 | 350 |
| 51 | 美股隊長操作秘笈：美股生存手冊 | F420 | 500 |
| 52 | 傑西・李佛摩股市操盤術(中文新譯版) | F422 | 420 |
| 53 | 擊敗黑色星期一的投資鬼才：馬丁・茲威格操盤全攻略 | F423 | 500 |

## 程式交易

| 分類號 | 書名 | 書號 | 定價 |
|---|---|---|---|
| 1 | 高勝算操盤(上) | F196 | 320 |
| 2 | 高勝算操盤(下) | F197 | 270 |
| 3 | 狙擊手操作法 | F199 | 380 |
| 4 | 計量技術操盤策略(上) | F201 | 300 |
| 5 | 計量技術操盤策略(下) | F202 | 270 |
| 6 | 《交易大師》操盤密碼 | F208 | 380 |
| 7 | TS 程式交易全攻略 | F275 | 430 |
| 8 | PowerLanguage 程式交易語法大全 | F298 | 480 |
| 9 | 交易策略評估與最佳化(第二版) | F299 | 500 |
| 10 | 全民貨幣戰爭首部曲 | F307 | 450 |
| 11 | HSP 計量操盤策略 | F309 | 400 |
| 12 | MultiCharts 快易通 | F312 | 280 |
| 13 | 計量交易 | F322 | 380 |
| 14 | 策略大師談程式密碼 | F336 | 450 |
| 15 | 分析師關鍵報告 2─張林忠教你程式交易 | F364 | 580 |
| 16 | 三週學會程式交易 | F415 | 550 |

## 期貨

| 分類號 | 書名 | 書號 | 定價 |
|---|---|---|---|
| 1 | 高績效期貨操作 | F141 | 580 |
| 2 | 征服日經 225 期貨及選擇權 | F230 | 450 |
| 3 | 期貨賽局(上) | F231 | 460 |
| 4 | 期貨賽局(下) | F232 | 520 |
| 5 | 雷達導航期股技術(期貨篇) | F267 | 420 |
| 6 | 期指格鬥法 | F295 | 350 |
| 7 | 分析師關鍵報告(期貨交易篇) | F328 | 450 |
| 8 | 期貨交易策略 | F381 | 360 |
| 9 | 期貨市場全書(全新增訂版) | F421 | 1200 |

## 選擇權

| 分類號 | 書名 | 書號 | 定價 |
|---|---|---|---|
| 1 | 技術分析 & 選擇權策略 | F097 | 380 |
| 2 | 交易，選擇權 | F210 | 480 |
| 3 | 選擇權策略王 | F217 | 330 |
| 4 | 征服日經 225 期貨及選擇權 | F230 | 450 |
| 5 | 活用數學・交易選擇權 | F246 | 600 |
| 6 | 選擇權賣方交易總覽(第二版) | F320 | 480 |
| 7 | 選擇權安心賺 | F340 | 420 |
| 8 | 選擇權 36 計 | F357 | 360 |
| 9 | 技術指標帶你進入選擇權交易 | F385 | 500 |
| 10 | 台指選擇權攻略手冊 | F404 | 380 |
| 11 | 選擇權價格波動率與訂價理論 | F406 | 1080 |

## 債　券　貨　幣

| 分類號 | 書名 | 書號 | 定價 |
|---|---|---|---|
| 1 | 賺遍全球：貨幣投資全攻略 | F260 | 300 |
| 2 | 外匯交易精論 | F281 | 300 |
| 3 | 外匯套利 I | F311 | 450 |
| 4 | 外匯套利 II | F388 | 580 |

## 財　務　教　育

| 分類號 | 書名 | 書號 | 定價 |
|---|---|---|---|
| 1 | 點時成金 | F237 | 260 |
| 2 | 蘇黎士投機定律 | F280 | 250 |
| 3 | 投資心理學 ( 漫畫版 ) | F284 | 200 |
| 4 | 歐丹尼成長型股票投資課 ( 漫畫版 ) | F285 | 200 |
| 5 | 貴族 · 騙子 · 華爾街 | F287 | 250 |
| 6 | 就是要好運 | F288 | 350 |
| 7 | 財報編製與財報分析 | F331 | 320 |
| 8 | 交易駭客任務 | F365 | 600 |

## 財　務　工　程

| 分類號 | 書名 | 書號 | 定價 |
|---|---|---|---|
| 1 | 固定收益商品 | F226 | 850 |
| 2 | 信用衍生性 & 結構性商品 | F234 | 520 |
| 3 | 可轉換套利交易策略 | F238 | 520 |
| 4 | 我如何成為華爾街計量金融家 | F259 | 500 |

國家圖書館出版品預行編目(CIP)資料

巴菲特的繼承者們：波克夏帝國 20 位成功 CEO 傳奇 / 羅伯.邁爾斯(Robert P. Miles)
著；黃嘉斌譯. -- 初版. -- 臺北市：寰宇, 2018.07
面；　公分
譯自：The Warren Buffett CEO : Secrets from the Berkshire Hathaway Managers
ISBN 978-986-95687-7-7（平裝）

1.投資學

563.5　　107007748

寰宇智慧投資 425

# 巴菲特的繼承者們 ：波克夏帝國 20 位成功 CEO 傳奇

The Warren Buffett CEO: Secrets from the Berkshire Hathaway Managers
Published by John Wiley & Sons, Inc., Hoboken, New York.


作　　者　羅伯・邁爾斯（Robert P. Miles）
譯　　者　黃嘉斌
編　　輯　陳曉妤
排　　版　菩薩蠻電腦科技有限公司
封面設計　YUNING LEE
美術設計　菩薩蠻電腦科技有限公司

發 行 人　江聰亮
出 版 者　寰宇出版股份有限公司
臺北市仁愛路四段 109 號 13 樓
TEL：(02) 27218138　FAX：(02)27113270
劃撥帳號：1146743-9
E-mail：service@ipci.com.tw
http：www.ipci.com.tw
登 記 證　局版台省字第 3917 號
定　　價　650 元
出　　版　2018 年 7 月初版一刷

ISBN　978-986-956-877-7